"十二五"
国家重点图书出版规划项目

LTE FDD/EPC Network Planning, Design and Optimization

4G 丛书

LTE FDD/EPC
网络规划设计与优化

□ 汪丁鼎　景建新　肖清华　谢懿　编著

人民邮电出版社
北　京

图书在版编目（CIP）数据

LTE FDD/EPC网络规划设计与优化 / 汪丁鼎等编著
. -- 北京 : 人民邮电出版社，2014.6（2018.7重印）
（4G丛书）
ISBN 978-7-115-34870-8

Ⅰ. ①L… Ⅱ. ①汪… Ⅲ. ①无线电通信－移动网－
网络规划②无线电通信－移动网－网络设计 Ⅳ.
①TN929.5

中国版本图书馆CIP数据核字(2014)第045134号

内 容 提 要

  本书全面系统地讲解了 LTE FDD/EPC 核心网和无线网规划设计与优化的理论方法、技术和工程实践，重点论述了 LTE/EPC 网络规划和工程设计，包括核心网架构特性、组网方案、网元设置、网元测算及规划方法、无线网链路预算、容量估算、站址选择、小区参数规划、网络仿真和工程安装设计等，并提供了室内分布系统的综合解决方案，同时阐述了 LTE FDD 网络优化的新技术、方法及典型问题分析，探讨了 LTE 混合组网的必要性和工程实现等方面的问题。

  本书内容丰富翔实，论述深入浅出，针对性强，既有网络规划设计与优化的理论方法的系统论述，又有大量实际案例的详细分析，在技术研究和工程实践上均有较高的参考价值。本书既适合从事网络工程工作的规划设计优化人员、工程管理人员和设备研发人员学习参考，也可供大专院校通信专业的师生阅读。

 ◆ 编　　著　汪丁鼎　景建新　肖清华　谢　懿
   责任编辑　刘　洋
   责任印制　杨林杰
 ◆ 人民邮电出版社出版发行　　北京市丰台区成寿寺路 11 号
   邮编　100164　　电子邮件　315@ptpress.com.cn
   网址　http://www.ptpress.com.cn
   北京中石油彩色印刷有限责任公司印刷
 ◆ 开本：787×1092　1/16
   印张：28
   字数：686 千字　　　　　　　　　　2014 年 6 月第 1 版
   印数：3 601 – 3 700 册　　　　　　　2018 年 7 月北京第 4 次印刷

定价：89.00 元
读者服务热线：(010)81055488　印装质量热线：(010)81055316
反盗版热线：(010)81055315

序

当前，第四代移动通信技术已日臻成熟，世界各大主流运营商均在积极进行 4G 网络的演进升级。风起于青萍之末，如期来临的 4G 不仅是一项新技术，更是移动互联网时代的一场革命，将对移动通信发展带来深远影响。部署 4G 网络对于网络规划建设来说既蕴育着机遇，又充满挑战。"九层之台，起于垒土"，规划建设是网络发展之本。为抓住机遇，迎接挑战，做好 LTE 部署的准备工作，作者编写了本书，为运营商的 LTE 混合组网试验工程，为即将到来的 LTE FDD 商用网规划建设提供参考和借鉴。

本书作者工作于华信咨询设计研究院有限公司，作者已经出版过有关 TD-LTE 无线网络规划、设计和优化的书籍，见证了 LTE 标准萌芽、诞生、发展的历程，积累了 LTE 技术和工程建设方面的丰富经验。

在这部著作中，作者依托其在网络规划和工程设计方面的深厚技术背景，系统地介绍 EPC 核心网络架构特性、组网方案、网元设置、网元测算及 LTE FDD 无线网络规划、设计和优化，并介绍了 LTE 混合组网等内容，总结了 LTE/EPC 组网从理论到实践的方法和经验。本书将有助于工程设计人员更深入地了解 LTE/EPC 网络，更好地进行 LTE/EPC 网络规划和工程建设。本书的出版适逢 4G 牌照发放，LTE FDD/EPC 开始规模试验网的建设与测试，对即将到来的 LTE FDD/EPC 规模化网络部署将会有重要的参考价值和指导意义。

中国电信集团公司科技委主任 韦乐平

2014 年 2 月

前　言

　　自我国开展 3G 商用，启动移动互联网时代以来，移动通信进入了快速发展的阶段，特别是在智能手机普及的推动下，移动互联网呈现出了快速发展的势头，用户使用移动互联网已经成为一种习惯。随着智能终端的日益普及和移动网络宽带化，移动互联网爆发出巨大的生机和活力。移动互联网、物联网的结合，给未来信息化发展提供了广阔的空间。据估计，未来 5 年，移动互联网业务量每年复合增长率将达到 80%以上。未来 10 年，移动互联网数据流量将增长 500～1 000 倍，3G 技术将难以满足未来高速数据业务的需求。LTE 采用了革命性的 OFDM 和 MIMO 技术，系统性能得到了大幅度提升，能够有力地支持快速增长的移动互联网数据业务。发展 4G、建设 LTE 网络成为我国当前信息化发展的重要任务。

　　2013 年 8 月，国务院出台了《关于促进信息消费扩大内需的若干意见》，该文件对信息通信行业产生了深远影响，把握全球移动互联网发展机遇、促进 LTE 产业快速发展成为国家的战略。LTE 在国内的发展迎来了重要的契机。当前，LTE FDD 试验网如火如荼的建设和试验测试中，呈现出多地开花的态势。随着 LTE 规模试验网的建设，我国移动通信即将进入LTE 时代。在此背景下，在工程技术应用领域，需要加强针对 LTE FDD 网络规划、设计和优化方面的研究，为即将来临的 LTE FDD 大规模网络建设做好技术储备。

　　本书作者均是华信咨询设计研究院从事移动通信网络研究的专业技术人员，长期跟踪研究 LTE 系统标准、规范与组网技术，参与国内 LTE FDD 试验网规划、设计和测试，对 LTE FDD技术有较深刻的理解。本书在编写过程中融入了作者在长期从事移动通信网络规划设计和优化工作中积累的经验和心得，可以使读者较全面地理解 LTE FDD 系统技术和网络规划、设计、优化等内容。

　　本书第 1 章 LTE/EPC 系统概述及其演进概要介绍了 LTE 系统的发展和系统架构，并对两种 LTE 制式进行了比较，最后对 LTE-A 进行了介绍。第 2 章 LTE FDD 无线网系统主要介绍了 LTE FDD 无线网系统的技术及实现方案，重点介绍了物理层无线帧结构、上下行物理信道及信号和物理层过程。第 3 章 EPC 核心网系统主要介绍了 EPC 核心网的发展情况及基本的网络参考模型，描述了 EPC 主要网元的功能及相关接口协议，然后对 3GPP 接入架构和非 3GPP 接入架构进行了介绍，最后对 EPC 网络和 2G/3G 网络分组域及电路域的互操作进行了介绍和比较。第 4 章 EPC 核心网规划设计介绍了 EPC 网络的组网方案、网元设置、路由原则、码号及 EPC 网络相关支撑系统要求等方面内容，并给出了一些规模测算的规划方法。第 5 章 LTE FDD 无线网络规划介绍了无线网络规划的内容，包括发展策略、目标和业务分析，对 LTE FDD 的频率进行了分析，重点对 LTE FDD 的覆盖规划、容量规划、组网策略与技术、参数规划进行了分析，最后介绍了 LTE 与其他系统的干扰协调以及网络规划仿真。第6章 LTE FDD 无线网工程设计与工艺要求介绍了 LTE FDD 无线网实际工程设计的内容和要求，还介绍了基站的选址、勘察和设计，以及工程中关注较多的基站共建共享、节能减排的设计和方法，最后对工程建设中基站机房、塔桅和天馈的建设工艺要求进行了分析。第7章 LTE FDD 室内覆盖系统规划设计介绍了 LTE FDD 室内覆盖系统，包括分布系统的分类、需求，重点对室内覆盖和容量及干扰进行了分析，还介绍了室内覆盖系统的设计并给出了设计案例。第8章 LTE FDD 无线网络优化重点介绍了 LTE FDD 无线网络优化，包括优化原则和思路，优化的算法、参数、测试、KPI，并介绍了 LTE 的网优新技术，最后重点介绍了 LTE FDD 网优典型问题分析。第9章 LTE FDD 和 TD-LTE 混合组网介绍了 LTE FDD 和 TD-LTE 混合组网，对 LTE 频段进行了探讨，分析了 LTE 混合组网的必要性、必然性，并对 LTE 混合组网进行了技术分析，最后提出了 LTE 混合组网的策略和落地实施方案及建议。

全书由华信咨询设计研究院有限公司总工程师朱东照统稿。汪丁鼎编写了第1、5、8、9章，景建新编写了第3、4章，肖清华编写了第7章，谢懿编写了第2、6章。华信设计院是国内最早从事 LTE 移动通信网络规划、设计与优化的设计院之一，在 LTE 网络规划、设计和优化方面具备雄厚的技术实力和丰富的实践经验。在本书的编写过程中，得到了华信公司多位领导和同事的大力支持，特别是公司余征然总经理和网络规划研究院汤建东院长的大力支持，在此表示衷心感谢！同时，在这里也向李虓江、吴成林、刘昕、余毅、刘东升、范展宏、陈光瑞、徐辉等同仁表示感谢！在本书的编写过程中，还得到了中国电信北京研究院、华为技术、中兴通讯、爱立信等单位的支持和帮助，另外我们还参考了许多学者的专著和研究论文，在此一并致谢！

本书适合从事 LTE FDD 移动通信系统规划、设计、网络优化和维护工作的工程技术人员与管理人员参考使用，也可作为高等院校移动通信相关专业师生的参考书。

由于时间仓促，加之编者水平有限，书中难免有疏漏与不当之处，恳请读者批评指正。本书编辑电子邮箱：liuyang@ptpress.com.cn。

作 者
2014 年 3 月于杭州

目　　录

1

规划上相比 LTE FDD 要复杂。

2011 年第四季度，全球 LTE 用户数为 880 万，其中美国超过 560 万用户，占全球的 63%；其次为日本，约为 110 万，占全球 12%；韩国为 74 万用户，占 8%。截止到 2012 年第四季度，全球 LTE 用户数已达到 6 833 万。

2．国内发展情况

LTE 在国内的发展主要有中国移动 TD-LTE 走在前面。2007 年，工业和信息化部正式将 LTE-TDD 命名为 TD-LTE。2009～2010 年，工信部在北京完成多厂家、多基站的技术验证外场，并进行了较为完备的外场测试。根据国家"新一代宽带无线移动通信网"重大专项实施计划的安排，2011 年中国移动选择了上海、广州、深圳、南京、杭州和厦门 6 个大中城市进行了规模试验网建设，并进行了相关测试工作。2013 年年中，中国移动启动了大规模的 TD-LTE 的设备招标。LTE FDD 在国内发展较为缓慢，还处于试验网测试阶段。

1.1.4　LTE 全球业务情况

目前，LTE 对移动互联网业务发展的影响仍主要表现在提高业务体验上，业务类型也主要集中在部分原有 3G 业务，具有鲜明 LTE 4G 特征的业务还没有真正定型发展起来。国外运营商已经推出的商用 LTE 具体业务正在逐步跟随整个移动互联网的发展脚步。

LTE 现有主要业务集中在以下几类：基于高数据流量的视频类业务，例如手机视频、视频电话、视频会议等；基于现有技术的融合类业务，将多种业务特点进行有效融合，例如基于 LBS 的各类业务融合、IM 与语音视频功能的融合等；基于新技术的创新类业务，例如结合云计算的移动云业务、无线 Wi-Fi 技术应用的 Wi-Fi 路由器业务等。

手机视频点播和直播业务、基于 VoIP 的视频电话业务、视频会议业务、手机在线游戏业务、LBS 业务和融合类业务对承载业务的网络提出了更高的要求，高带宽、高速率和低时延成为了这些业务发展的基础。在当前的 3G 网络下，这些业务均已得到快速发展，但当下的 3G 网络已不能满足其进一步发展的需要，而 LTE 网络的出现正好解决了这个瓶颈问题。同时，这几类业务是从传统互联网业务即固网业务移植到移动互联网环境中，成为移动互联网业务，这种移植本身就体现了当下移动互联网业务发展的大趋势，即固网业务向移动业务的迁移趋势。

融合类业务的出现应证了移动互联网业务融合的趋势，LBS、SNS、IM、视频分享以及其他各类新兴业务的融合式发展成为现在业务发展的一个亮点，越来越多的单一业务逐渐发展成集各大类业务为一体的业务平台，这也将成为未来业务发展的主流趋势之一。移动云概念的出现与不断发展，推动着移动互联网的"云化"趋势。可以预见，移动云服务将成为未来另一个移动互联网业务竞争的战场。由于移动云技术可以被广泛应用于各个领域并融入众多业务之中，因此，移动云的发展也将备受瞩目。LTE 的高带宽和低延时特性，为云业务的发展提供了良好的推动力。

1.2　LTE 系统架构

1.2.1　EPS 架构

EPS（Evolved Packet System，演进型分组系统）包括 E-UTRAN（Evolved Universal

Terrestrial Radio Access Network，演进型通用陆地无线接入网）和 EPC（Evolved Packet Core network，演进型分组核心网）。前者是针对于 LTE 的接入网技术，后者则属于 SAE（System Architecture Evolution，系统架构演进）的技术。

EPS 架构如图 1-1 所示。

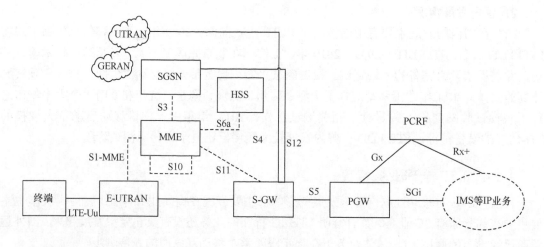

图 1-1　EPS 系统

LTE 完全基于分组交换，是一个 IP 网络，只存在 PS 域，对 CS 域业务的支持通过 PS 域完成。从核心网的观点来看，LTE 摒弃了 2G/3G 网络中存在的双核心网结构，即话音核心网（MSC/VLR）和分组核心网（SGSN/GGSN）。在 LTE 网络中，分组核心网成为管理终端移动性和处理信令的唯一，各种业务通过 IMS（IP Multimedia Subsystem，IP 多媒体子系统）提供给终端用户。这种扁平化的架构大大降低了控制平面的时延，由空闲态转移到激活态的时延要求为 100ms，休眠态转移到激活态的时延要求为 50ms。

1.2.2　LTE 架构

3GPP 定义了 LTE 接入网 E-UTRAN 接口的工作原则。

（1）信令与数据传输网络在逻辑上是独立的。

（2）E-UTRAN 和 EPC 的功能完全区分于传输功能。E-UTRAN 和 EPC 采用的寻址方法不和传输功能的寻址方法绑定。事实上，某些 E-UTRAN 或 EPC 的功能可能会放置在同一个设备中，某些传输功能并不能分成 E-UTRAN 部分的传输功能和 EPC 部分的传输功能。

（3）RRC 连接的移动性管理完全由 E-UTRAN 进行控制，使得核心网对于无线资源的处理不可见。

（4）E-UTRAN 接口上的功能，应定义得尽量简化，应尽量减少接口功能划分和选项数量。

（5）一个接口应该基于通过这个接口控制的实体逻辑模型来设计。

（6）一个物理网元可以包含多个逻辑节点。

LTE 的具体架构如图 1-2 所示。

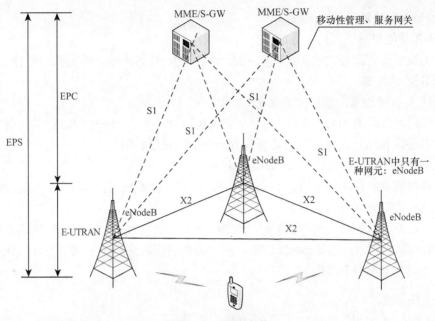

图 1-2　LTE 网络架构

LTE 接入网由 eNodeB（envolved NodeB，演进型 NodeB）和 MME/S-GW（Mobility Management Entity/Serving Gateway，移动性管理实体/服务网关）两部分构成。eNodeB 之间由 X2 接口相连，eNodeB 与 MME/S-GW 通过 S1 连接。eNodeB 除具有原来的 NodeB 功能外，还能完成原来 RNC 的大部分功能，包括物理层、MAC 层、RRC、调度、接入控制、承载控制和接入移动性管理等。

1.2.3　功能划分

与 3G 系统相比，由于重新定义了系统网络架构，LTE 和 EPC 之间的功能划分也随之有所变化，需要重新明确以适应新的 EPS 架构，如图 1-3 所示。

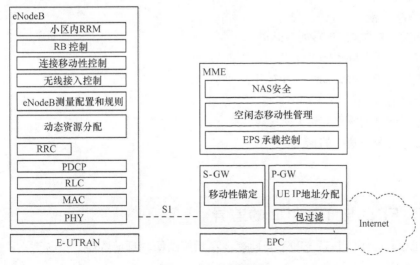

图 1-3　EPS 功能划分

1. eNodeB 功能

eNodeB 功能包括下列几个方面。

（1）无线资源管理相关的功能，如无线承载控制、接纳控制、连接移动性管理、上/下行动态资源分配/调度等。

（2）IP 头压缩与用户数据流的加密。

（3）终端附着时的 MME 选择。由于 eNodeB 可以与多个 MME/SAE 网关之间存在 S1 接口，因此在终端初始接入网络时，需要选择一个 MME 进行附着。

（4）提供到 EPC 网关的用户面数据的路由。

（5）寻呼消息的调度与传输。eNodeB 在接收到来自 MME 的寻呼消息后，根据一定的调度原则向空中接口发送寻呼消息。

（6）系统广播信息的调度与传输。系统广播信息的内容可以来自 MME 或者操作维护，这与 UMTS 系统是类似的，eNodeB 负责按照一定的调度原则向空中接口发送系统广播信息。

（7）测量与测量报告的配置。

2. MME 功能

MME 具有如下功能。

（1）寻呼消息分发。MME 负责将寻呼消息按照一定的原则分发到相关的 eNodeB。

（2）接入层的安全控制。

（3）空闲状态的移动性管理。

（4）移动性管理涉及核心网节点间的信令控制。

（5）SAE 承载控制。

（6）NAS（Non-Access Stratum，非接入层）信令的加密与完整性保护等相关处理。

（7）跟踪区列表管理。

（8）PDN GW（Public Data Network GW，公用数据网络网关）与 S-GW 的选择。

（9）向 2G/3G 切换时的 SGSN 选择。

（10）漫游及鉴权。

3. S-GW 功能

服务网关（S-GW）具有如下功能。

（1）终止由于寻呼原因产生的用户平面数据包。

（2）支持由于终端移动性产生的用户平面切换。

（3）合法监听。

（4）分组数据的路由与转发。

（5）传输层分组数据的标记。

（6）计费。

1.3　LTE FDD 与 TD-LTE 的差异

LTE FDD 与 TD-LTE 系统的差异性表现在系统结构、频谱资源、设备型态、规划设计、业务支持等方面。

（1）系统结构的差异表现在双工方式、帧结构、物理层等方面，下文将展开详细描述。

（2）频率资源。相比较而言，LTE FDD 不能充分利用零散的频谱资源，导致一定的频谱浪费。TD-LTE 不需要对称频段，在频率资源分配上更加灵活。

（3）设备型态的差异主要体现在基站射频部分和天馈系统上。TD-LTE 采用 BBU+RRU 的方式，LTE FDD 除了采用 BBU+RRU 方式外，还有常见的射频和基带部分合在一起的宏基站方式。在天馈系统上，TD-LTE 采用了智能天线，而 LTE FDD 多采用 2×2 天线来实现网络覆盖。

（4）两者在规划设计流程上是大同小异的，区别在于由于智能天线带来的塔桅和天馈系统安装工艺的影响。

（5）数据和多媒体业务的特点在于上下行非对称性，TD-LTE 可以根据业务量的分析，对上下行帧进行灵活配置，以更好地满足数据业务的非对称性要求。

1.3.1　双工方式差异

LTE FDD 采用频分双工（FDD），TD-LTE 采用时分双工（TDD），这是两种完全不同的双工方式。LTE FDD 是在分离的两个对称的频率信道上传送收发信号，频段上彼此隔离，用保护频段来分离接收与传送信道。TDD 模式的接收和传送是在同一频率信道，即载波的不同时隙，用保护时间来分离接收与传送信道，如图 1-4 所示。

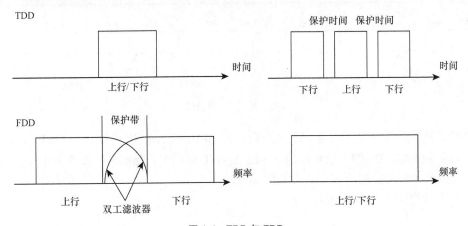

图 1-4　TDD 与 FDD

但同时，TDD 相较于 FDD 也存在明显不足。

（1）TDD 的时间资源分给了上行和下行，发射时间只有 FDD 的一半。如果 TDD 要发送和 FDD 同样多的数据，需要增大 TDD 的发送功率。

（2）TDD 上行受限，覆盖范围明显小于 FDD。

（3）TDD 收发信道同频，无法进行干扰隔离，系统内和系统外存在干扰。

（4）为了避免和其他系统的干扰，TDD 需要预留较大的保护带。

TDD 方式的工作特点使其具备如下优势。

（1）灵活配置频率，可使用 FDD 不易使用的零散频段。

（2）可以通过调整上下行时隙转换点，提高下行时隙比例，能够很好地支持非对称业务。

（3）具有上下行信道的一致性，基站接收和发送可以共用部分射频单元。

（4）接收上下行数据时，不需要收发隔离器，只需一个开关即可。

（5）具有上下行信道互惠性，能够更好地采用传输预处理技术，如智能天线。

1.3.2 帧结构差异

在帧结构设计上，LTE FDD 的 10ms 无线帧分为 10 个子帧，每个子帧包括两个时隙，每时隙长 0.5ms，如图 1-5 所示。

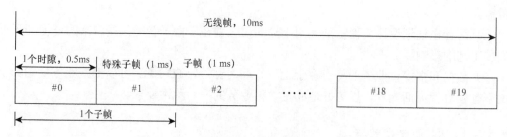

图 1-5　FDD 帧结构

TD-LTE 每个 10ms 的无线帧包括两个长度为 5ms 的半帧，每个半帧由 4 个数据子帧和 1 个特殊子帧组成，如图 1-6 所示。

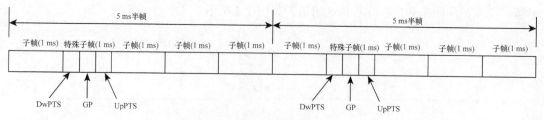

图 1-6　TDD 帧结构

特殊子帧包括 3 个特殊时隙，即 DwPTS、GP 和 UpPTS，总长度为 1ms。DwPTS 和 UpPTS 的长度可配置，其中 DwPTS 的长度为 3～12 个 OFDM 符号，UpPTS 的长度为 1～2 个 OFDM 符号，相应的 GP 的长度为 1～10 个 OFDM 符号。

其他在帧结构上的差异见表 1-1。

表 1-1　　　　　　　　　　　TD-LTE 与 LTE FDD 在帧结构上的差异

差异化项目	LTE FDD	TD-LTE	
信号产生	上行：SC-FDMA（单载波频分多址），15kHz 载波间隔；下行：OFDMA、7.5/15kHz 子载波间隔	与 FDD-LTE 相同	
编码/调制	Turbo 和卷积码+QPSK、16/64QAM	与 LTE FDD 相同	
帧格式	10×1ms 子帧	10×1ms 子帧	5ms/10ms 周期
CP 长度	4.7μs（正常）16.7μs（扩展）33.3μs（扩展 7.5kHz）	正常子帧 4.7μs（正常）16.7μs（扩展）33.3μs（扩展 7.5kHz）	特殊子帧 DwPTS、GP、UpPTS

续表

差异化项目	LTE FDD	TD-LTE	
时隙/子帧（TTI）符号数/时隙	2×0.5ms 时隙 7 符号/时隙（正常） 6 符号/时隙（扩展）	正常子帧 2×0.5ms 时隙 7 符号/时隙（正常） 6 符号/时隙（扩展）	特殊子帧 9 种配置（正常） 7 种配置（扩展） （DwPTS∶GP∶UpPTS）
DL→UL 保护周期		特殊子帧 9 种配置（正常） 7 种配置（扩展）	
DL∶UL 非对称及 DL→UL 转换	10DL∶10UL	7 种配置	

由于帧结构的不同，LTE FDD 与 TD-LTE 相比较，具备的差异性资源或技术如下。

（1）频谱资源

根据 3GPP 的规定，EARFCN 频段的 1～21、24 用于 FDD，而 33～43 用于 TDD，具体可参见第 5 章的 LTE 频率规划。

（2）上下行时隙配比

TD-LTE 可以根据不同的业务类型，调整上下行时隙配比，以满足非对称业务需求。

（3）特殊时隙的应用

为了节省开销，TD-LTE 允许利用特殊时隙 DwPTS 和 UpPTS 传输系统控制信息。如上行导频可以在 UpPTS 中发送，而 LTE FDD 只能利用普通数据子帧来传输。另外，DwPTS 也可以用于传输 PCFICH、PDCCH、PHICH、PDSCH 和 PSCH 等控制信道和信息。

（4）多子帧调度/反馈

当 TD-LTE 的下行多于上行时，存在一个上行子帧反馈多个下行子帧的情况，TD-LTE 通过 Multi-ACK/NAK、ACK/NAK 捆绑等技术来实现。当上行子帧多于下行子帧时，同样存在一个下行子帧调度多个上行子帧的情况，即多子帧调度，而在 LTE FDD 中则不存在此类情形。

（5）同步信号设计

除 TDD 固有的特点，如上下行转换和特殊时隙外，TDD 与 FDD 在帧结构上的主要区别便是同步信号的设计。5ms 的同步信号周期，分为 PSS（主同步信号）与 SSS（辅同步信号）。TD-LTE 与 LTE FDD 中同步信号位置不同，如图 1-7 所示。

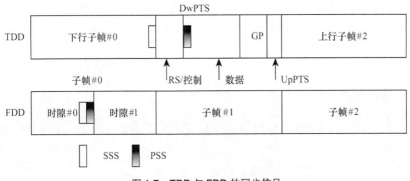

图 1-7　TDD 与 FDD 的同步信号

在 TDD 帧中，PSS 位于 DwPTS 的第 3 个符号，SSS 位于 5ms 第一个子帧的最后一个符号。在 FDD 帧结构中，主同步信号和辅同步信号位于 5ms 第一个子帧内前一个时隙的最后两个符号。利用 PSS、SSS 信号相对位置的不同，终端可以在小区搜索的初始阶段识别系统是 TDD 还是 FDD。

（6）HARQ 设计

在 LTE FDD 中，终端发送数据后，经过约 3ms 的处理时间发送 ACK/NACK，终端再经过 3ms 的处理时间确认，此时一个完整的 HARQ 处理过程结束，整个过程耗时 8ms。而在 TD-LTE 中，终端发送数据经 3ms 处理时间后，本来应该发送 ACK/NACK，但是经过 3ms 处理时间的时隙为上行，必须等到下行才能发送 ACK/NACK。系统在发送完 ACK/NACK 后，终端再经过 3ms 处理时间确认，整个 HARQ 处理过程耗时 11ms。

TDD 和 FDD 的 HARQ 过程如图 1-8 所示。

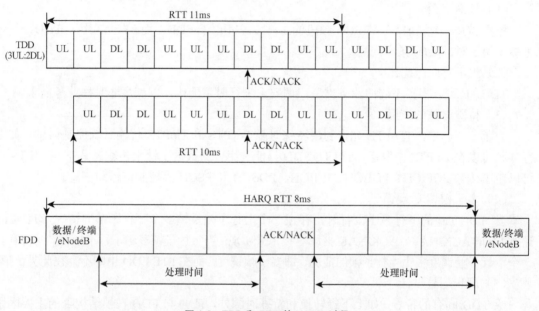

图 1-8　TDD 和 FDD 的 HARQ 过程

类似地，如果 TDD 终端在第 2 个时隙发送数据，同样，系统必须等到下行时隙时才能发送 ACK/NACK，此时 HARQ 的一个处理过程耗时 10ms。可见 TD-LTE 的 HARQ 过程更复杂，处理时间长度不固定，发送 ACK/NACK 的时隙也不固定，给系统的设计增加了难度。

1.3.3　物理层差异

对于 TD-LTE 和 LTE FDD 在物理层上的差异，下面从系统同步、参考信号和控制信令 3 个方面进行比较分析。

其中，系统同步的差异性见表 1-2。

表 1-2　　　　　　　　　　　TD-LTE 与 LTE FDD 的系统同步差异

差异化项目	TD-LTE	LTE FDD
终端定时	由定时提前量（Timing Advance）来控制	UL/DL 定时配置；GP
eNodeB 同步	eNodeB 同步为必需，同步信号位置可变	异步，eNodeB 同步为可选
随机接入前导	正常子帧：普通 RACH（类似 FDD） UpPTS：短 RACH（TDD 专用）	循环前缀 0.8/1.6ms 突发，在任何上行子帧上接收每个小区 64 个前导
PRACH（随机接入物理信道）前导格式	0，1，2，3，4	0，1，2，3
小区搜索	SSS 在时隙 0 的最后一个 OFDM 符号上	时隙 0 和 10 上传送 PSS 和 SSS
物理广播信道（P-BCH）	PSS 在 DwPTS 的第 3 个 OFDM 符号上	

参考信号的差异性见表 1-3。

表 1-3　　　　　　　　　　　TD-LTE 与 LTE FDD 的参考信号差异

差异化项目	TD-LTE	LTE FDD
小区专用下行参考信号	正常子帧：与 FDD 相同 特殊子帧：DwPTS（长度可变） UpPTS（无数据和控制信号）	1、2 或者 4 根天线，天线 1 和天线 2 的密度更大
终端专用下行参考信号	TDD 为必选	FDD 为可选
上行参考信号	每个子帧中两个长块	与 TDD 相同

控制信令的差异性见表 1-4。

表 1-4　　　　　　　　　　　TD-LTE 与 LTE FDD 的控制信令差异

差异化项目	TD-LTE	LTE FDD
下行控制信道	每次可以调度一个下行子帧和多个上行子帧	每次可以调度一个上行子帧和一个下行子帧
上行控制信道	一个上行子帧可以对多个下行子帧进行 ACK/NACK 确认	每个下行子帧都具有一个 ACK/NACK
下行控制信令	正常子帧：与 FDD 相同； DwPTS：最多两个 OFDM 符号	每个下行子帧中有 1～3 个 OFDM 符号
上行控制信令	在每个上行子帧中	与 TDD 相同
上行控制信令跳频	子帧内以时隙为单位进行跳频	与 TDD 相同
PUCCH 格式	取决于 TDD UL/DL 配置	每个子帧中 1bit、2bit 和 20bit
每个子帧上是否多个 ACK/NACK	是	否
DL/UL 定时	$n+k$（$k>4$），由 DL/UL 配置和子帧位置确定	$m+4$
HARQ RTT（ms）	取决于子帧位置	8

从标准发展的角度看，LTE FDD 和 TD-LTE 在标准和技术规范上存在非常大的共通性和统一性，主要体现在 LTE FDD 和 TD-LTE 共享相同的层 2 和层 3 接口，层 1（物理层）差异

主要在帧结构上，其他关键技术大体一致。这样，在系统侧和终端侧都能较容易且以低成本实现对 FDD 和 TDD 的双模支持。总之，通过对比分析 LTE FDD 和 TD-LTE 技术，并根据现有的网络部署和频段资源情况，可知两者的协同融合发展是大势所趋。

1.4　LTE-Advanced 技术

LTE-Advanced（LTE-A）是 LTE 的演进版本，其目的是满足未来几年内无线通信市场的更高需求和更多应用，满足和超过 IMT-Advanced 的需求，同时还保持对 LTE 较好的后向兼容性。LTE-A 采用了载波聚合（Carrier Aggregation）、上/下行多天线增强（Enhanced UL/DL MIMO）、多点协作传输（Coordinated Multi-point Tx&Rx）、中继（Relay）、异构网干扰协调增强（Enhanced Inter-cell Interference Coordination for Heterogeneous Network）等关键技术，能大大提高无线通信系统的峰值数据速率、峰值谱效率、小区平均谱效率以及小区边界用户性能，同时也能提高整个网络的组网效率，这使得 LTE 和 LTE-A 系统成为未来几年内无线通信发展的主流。

1.4.1　CA 技术

载波聚合是能满足 LTE-A 更大带宽需求且能保持对 LTE 后向兼容性的必备技术。目前，LTE 支持的最大带宽是 20MHz，LTE-A 通过聚合多个对 LTE 后向兼容的载波可以支持到最大 100MHz 带宽，从而能够实现更高的系统峰值速率。接收能力超过 20MHz 的 LTE-A 终端可以同时接收多个成员载波。

频谱聚合的场景可以分为 3 种，即带内连续载波聚合（Intra-Band，Contiguous）、带内非连续载波聚合（Intra-Band，Non-contiguous）和带外非连续载波聚合（Inter-Band，Non-Contiguous），具体参见图 1-9。

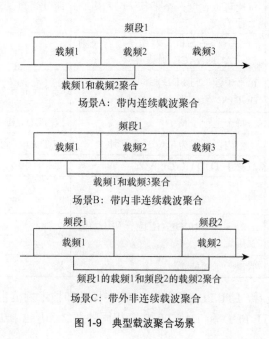

图 1-9　典型载波聚合场景

带外非连续载波聚合通常会造成共站同功率的两个成员载波的覆盖不相同。

标准中曾对 LTE-A 每个成员载波是否都要保证对 LTE R8 后向兼容性的问题进行过长时间的讨论。考虑到频谱效率、系统简单性、终端、eNodeB 复杂度和测试复杂度等因素，标准最后决定在 R10 中，CA 成员载波都是后向兼容的，在后续版本中考虑引入其他形态载波的可能性。

LTE-A 不同终端聚合的载波数目可以不同。FDD 系统中，同一个终端聚合的上/下行成员载波的数目也可以不同；但 TDD 系统中，通常上/下行成员载波的数目是相同的。

在 MAC 到 PHY 映射上，无论上行还是下行，每个成员载波有独立的 HARQ 实体，这种方式可以最大限度地重用 R8 的功能，并能保证较好的 HARQ 性能，缺点是可能需要反馈多个 ACK/NACK。

LTE 上行采用了单载波传输方式（DFT-S-OFDM），在 LTE-A 上行多载波聚合传输时，经过对 OFDM 和 NxDFT-S-OFDM 之间的评估之后，最终传输方式采纳了 Nx DFT-S-OFDM 的形式，即其中每个成员载波按独立的 DFT-S-OFDM 传输。

1.4.2　eMIMO 技术

LTE R8 下行支持 1, 2, 4 天线发射，终端侧 2, 4 天线接收，下行可支持最大 4 层（Layer）传输。上行只支持终端侧单天线发送，基站侧最多 4 天线接收。LTE R8 的多天线发射模式包括开环 MIMO、闭环 MIMO、波束赋形（BeamForming, BF）以及发射分集。

除了单用户 MIMO，LTE 中还采用了另外一种谱效率增强的多天线传输方式，称为多用户 MIMO，多个用户复用相同的无线资源通过空分的方式同时传输。

多天线技术的增强是满足 LTE-A 峰值谱效率和平均谱效率提升需求的重要途径之一。LTE-A 中，为提升峰值谱效率和平均谱效率，在上下行都扩充了发射/接收支持的最大天线个数，允许上行最多 4 天线 4 层发送，下行最多 8 天线 8 层发送，从而 LTE-A 中需要考虑更多天线数配置下的多天线发送方式。

（1）上行多天线增强

LTE-A 上行除了需要考虑更多天线数配置外，还需要考虑上行低峰均比的需求和每个成员载波上的单载波传输的需求。

对上行控制信道而言，容量提升不是主要需求，多天线技术主要用来进一步优化性能和覆盖，因此只需要考虑发射分集方式。经过评估，对采用码分的上行控制信道（PUCCH）格式 1/1a/1b 采用了 SORTD（Spatial Orthogonal Resource Transmit Diversity）的发射分集方式，即在多天线上采用互相正交的码序列对信号进行调制传输。上行控制信道格式 2 的分集方式还在讨论中。

对上行业务信道而言，容量提升是主要需求，多天线技术需要考虑空间复用的引入。同时，由于发射分集相对于更为简单的开环秩 1 预编码并没有性能优势，因此标准最终确定上行业务信道不采用发射分集，对小区边界的用户等可以直接采用开环秩 1 预编码。目前，2 发射天线和 4 发射天线下的低峰均比秩 1~4 的码本设计都已完成。

与 LTE 一样，LTE-A 的上行参考信号（Reference Signal, RS）也包括用于信道测量的 SRS（Sounding RS）和用于信号检测的 DMRS（Demodulation RS）。由于上行空间复用及多载波的采纳，单个用户使用的上行 DMRS 的资源开销需要扩充，最直接的方式就是在 LTE 上行 RS 使用的 CAZAC（Const Amplitude Zero Auto-Correlation，恒定幅度零自相关）码循环移位（Cyclic Shift）的基础上，不同数据传输层的 DMRS 使用不同的循环移位。还有一种可能是在时域的多个 RS 符号上叠加正交码（Orthogonal Cover Code，OCC）来扩充码复用空间。对于 SRS 信号，为了支持上行多天线信道测量以及多载波测量，资源开销相对于 R8 SRS 信号同样需要扩充，除了延用 R8 周期性 SRS 发送模式以外，LTE-A 还增加了非周期 SRS 发送模式，由 eNodeB 触发 UE 发送，实现 SRS 资源的扩充。

（2）下行多天线增强

因为支持的传输层数的增加，导致需要考虑更大尺寸的码本设计。因为 LTE-A 下行业务信道的传输可以采用专用参考信号，因此原则上下行发送可以基于码本也可以基于非码本。同时，对于闭环 MIMO，为了减少反馈开销，采用基于码本的 PMI 反馈方式。目前 8 天线码本的设计正在进行，初步采用双预编码矩阵码本结构，即把码本矩阵用两个矩阵的乘积表示，通常两个矩阵中一个是基码本，另一个是根据信道变化特征在基码本上的修正。为了进一步减少反馈开销，还可以考虑根据信道的变化快慢不同的统计特征分别进行长周期反馈（比如空间相关性）和短周期反馈（比如快衰因素）。

LTE-A 采用用户专用参考信号的方式来进行业务信道的传输，同一用户业务信道的不同层使用的参考信号以 CDM+FDM 的方式相互正交。

为了测量最多 8 层信道，除了原来的公共参考信号（Common RS）外，还引入了信道状态指示参考信号（Channel State Indication RS，CSI-RS），CSI-RS 在时频域可以设置得比较稀疏，各天线端口的 CSI-RS 以 CDM+FDM 的方式相互正交。

1.4.3　CoMP 技术

多点协作传输（Coordinated Multi-Point Transmission/Reception，CoMP）通过基站间协作传输来达到减少小区间干扰、提高系统容量、改善小区边缘覆盖的目的，是一种提升小区边界容量和小区平均吞吐量的有效途径。CoMP 是指地理位置上分离的多个传输点，协同参与为一个终端的数据（PDSCH）传输或者联合接收一个终端发送的数据（PUSCH）。参与协作的多个传输点通常指不同小区的基站。

多点协作传输（CoMP）的核心想法是当终端位于小区边界区域时，它能同时接收到来自多个小区的信号，同时它自己的传输也能被多个小区同时接收。在下行，如果对来自多个小区的发射信号进行协调以规避彼此间的干扰，能大大提升下行性能。在上行，信号可以同时由多个小区联合接收并进行信号合并，同时多小区也可以通过协调调度来抑制小区间干扰，从而达到提升接收信号信噪比的效果。

按照进行协调的节点之间的关系，CoMP 可以分为 Intra-siteCoMP 和 Inter-siteCoMP 两种，如图 1-10 所示。

（1）Intra-siteCoMP 协作发生在一个站点（Site，eNodeB）内，此时因为没有回传（Backhaul）容量的限制，可以在同一个站点的多个小区（Cell）间交互大量的信息。

（2）Inter-siteCoMP 协作发生在多个站点间，对回传容量和时延提出了更高要求。反过来说，Inter-siteCoMP 性能也受限于当前 Backhaul 的容量和时延能力。

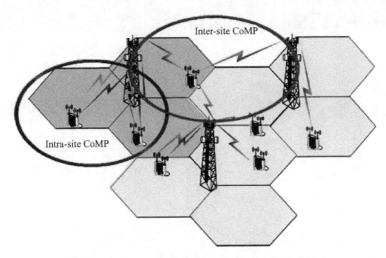

图 1-10   Intra-siteCoMP 和 Inter-site CoMP 示意图

按传输方式的不同，CoMP 技术可以分为联合处理（Joint Processing，JP）、协调调度/波束赋形（Coordinated Scheduling/BeamForming，CS/B）机制。

（1）JP 机制。在下行传输方向上，为一个终端服务的每个小区都保存有向该终端发送的数据包，网络根据调度结果以及业务需求的不同，选择其中的所有小区、部分小区或单个小区向该终端发送数据，即存在多个传输点向该终端传输数据，如图 1-11 所示。

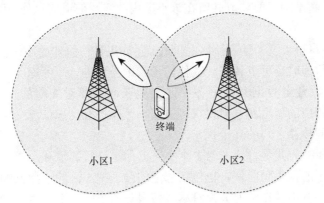

图 1-11   JP 技术

联合处理可以产生两方面的增益。其一，参与协作的小区发送的信号均为有用信号，降低了终端的总干扰水平。其二，参与协作的小区信号相互叠加，提高了终端接收到的信号功率水平。两者的综合作用提升了终端的接收信干噪比（SINR）。此外，不同小区的天线间距较大，还可能获得分集增益。

而对 JP 而言，业务数据在多个协调点上都能获取，对终端的传输来自多个小区，多小区通过协调的方式共同给终端服务，就像虚拟的单个小区一样，这种方式通常有更好的性能，但对 Backhaul 的容量和时延提出了更高要求。

在联合处理（JP）方式中，既可以由多个小区执行对终端的联合预编码，也可以由每个小区执行独立的预编码、多个小区联合服务同一个终端；既可以多小区共同服务来自某个小区的单个用户，也可以多小区共同服务来自多小区的多个用户。

（2）CS/B 机制。CS/B 的技术原理如图 1-12 所示。

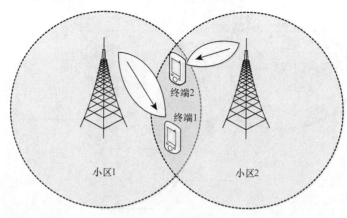

图 1-12 CS/B 技术

图 1-12 中，终端 1 和终端 2 的服务小区分别是小区 1 和小区 2，两个终端会被分配到不同的时间/频率资源上以避开干扰。进一步地，对于调度到相同资源上的两个终端，在进行波束赋形加权向量计算时，需要能控制彼此的干扰。即，小区 1 在计算终端 1 的波束赋形加权向量时，如能在终端 2 的方向上形成零陷，则终端 2 受到的干扰会降低，小区间的干扰会被抑制。为了实现这个目的，需要满足以下两个条件。

① 一个小区的基站除了要获取驻留在该小区内的终端信道信息外，还需要获取相邻小区内终端的信道信息。

② 要求调度信息可以及时地在小区之间传递。如果参与协作的小区由同一个 eNodeB 控制或有光纤直连，传递时延可以忽略。其他的场景则需要进一步考虑。

对 CS/B 而言，业务数据只在服务小区上能获取，即对终端的传输只来自服务小区（Serving Cell），但相应的调度和发射权重等需要小区间进行动态信息交互和协调，以尽可能减少多个小区的不同传输之间的互干扰。

一种常见的 CS/B 方式是，终端对多个小区的信道进行测量和反馈，反馈的信息既包括期望的来自服务小区的预编码向量，也包括邻近的强干扰小区的干扰预编码向量，多个小区的调度器经过协调，各小区在发射波束时尽量使得对邻小区不造成强干扰，同时还尽可能保证本小区用户期望的信号强度。

1.4.4 Relay 技术

Relay 技术主要用于覆盖增强。Relay 技术是指通信过程数据不是由基站直接与终端进行收发，中间增加了通过中继基站（Relay Station，RS）进行中转的过程，即基站不直接将信号发送给终端，而是先发给一个中继站，然后再由 RS 将信号转发给终端。Relay 节点（Relay NodeB）用来传递 eNodeB 和终端之间的业务/信令传输，目的是增强高数据速率的覆盖、临时性网络部署、小区边界吞吐量提升、覆盖扩展和增强、支持群移动等，同时也能提供较低的网络部署成本。

RN 通过宿主（Donor）eNodeB 以无线方式连接到接入网。RN 和宿主 eNodeB 间的接口定义为 Un 口，终端仍通过 Uu 口和 RN 相连。Un 口可以是带内的也可以是带外的，带内是指

eNodeB 和 RN 之间的链路（Link）与 RN 和终端之间的链路共享同一段频率，否则称为带外。

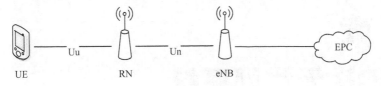

图 1-13　Relay 网络

按照 RN 是否具有独立的 Cell ID，3GPP 将 RN 分为两类。

（1）Type1 Relay

有独立的 Cell ID；传输自己的同步信道、参考信号等；终端直接从 RN 接收调度信令、HARQ 反馈等，并将自己的控制信道等信息直接发送给 RN。在 R8 终端看来，RN 就是一个 R8 基站，而 LTE-A 终端可以分辨 RN 和 eNodeB。

（2）Type2 Relay

没有独立的 Cell ID，不能形成新的小区；对 R8 终端是透明的，即 R8 终端意识不到 Relay 的存在；可以传输业务信道，但至少不能传输 CRS 和 PDCCH。

目前标准中主要关注带内 Type1 Relay。

关于各链路的资源使用，eNodeB→RN 和 RN→UE 两条链路在同一频带上时分复用，一个时间内只有一个传输；RN→eNodeB 和 UE→RN 两条链路在同一频带上时分复用，一个时间内只有一个传输。

另外，关于 Backhaul 链路的传输资源，在 FDD 系统中，eNodeB→RN 和 RN→eNodeB 分别在下行频带和上行频带上传输；TDD 系统中，eNodeB→RN 和 RN→eNodeB 分别在 eNodeB 和 RN 之间的 Backhaul 链路的下行子帧和上行子帧上传输。

为了完成带内回传，需要分配一些资源用来进行 eNodeB 和 RN 之间的信息传输，这些资源不能再被用作 RN 和终端之间的接入链路的传输。为了保持对 R8 终端的后向兼容性，在下行，RN 通过配置 MBSFN（多媒体广播多播服务单频网）子帧的方式来进行回传链路的传输，即在配置的 MBSFN 子帧中，RN 实际上在接收来自 eNodeB 的下行信息，此时 RN 不再给下辖的终端发送下行数据。而当 RN 向 eNodeB 传送信息时，可以通过调度使得 RN 下辖的终端在此时不再发送上行数据给 RN。

参考文献

[1] 肖清华，汪丁鼎，许光斌，丁巍. TD-LTE 网络规划设计与优化. 北京：人民邮电出版社，2013.

[2] 姜怡华，等. 3GPP 系统架构演进（SAE）原理与设计. 北京：人民邮电出版社，2013.

[3] 曾召华. LTE 基础原理与关键技术. 西安：西安电子科技大学出版社，2010.

[4] 沈嘉. LTE-Advanced 关键技术演进趋势. 移动通信，2008.8.

[5] 谢显中，雷维嘉. IMT-Advanced 标准发展分析. 信息通信技术，2010.1.

[6] 卢敏. LTE-Advanced：下一代无线宽带技术. 移动通信，2011.3.

[7] 华为技术. LTE-Advanced 关键技术及标准进展. 电信网技术，2010.5.

第2章
LTE FDD 无线网系统

2.1 无线帧结构

2.1.1 帧结构

LTE 采用的 OFDM 技术，子载波间隔Δf=15kHz，每个子载波为 2 048 阶 IFFT 采样，所以 LTE 的采样周期 T_s=1/(15 000×2 048)s。在本书中，除非特殊说明，时域内各组成部分的时间大小均为时间单位 T_s 的倍数。

LTE 系统下行和上行传输通过无线帧来实现。3GPP 规范定义了两种无线帧结构。

（1）Type 1，应用于 FDD。

（2）Type 2，应用于 TDD。

Type 1 类型 LTE FDD 的帧结构沿用了 UMTS 系统一直都采用的 10ms 无线帧的长度，包含 10 个长度为 1ms 的子帧（Subframe），其中每个子帧由两个长度为 0.5ms 的时隙（Slot）构成，如图 2-1 所示。

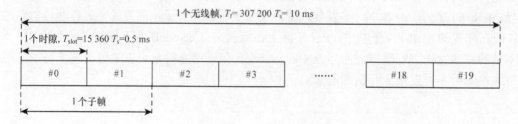

图 2-1 LTE FDD 帧结构

FDD 帧结构不但支持半双工 FDD 技术，还支持全双工 FDD 技术。半双工（Harf Duplex）技术指上、下行两个方向的数据传输可以在一个通道上进行，但是不能同时进行；全双工（Full Duplex）技术是上、下行两个方向的数据传输，不但可以在一个传输通道上进行，而且可以同时进行。

上、下行常规 CP 配置时，时隙结构如图 2-2 所示。一个时隙包含 7 个连续的 OFDM 符号，其中第 0 个 OFDM 符号的循环前缀 CP 长度为 160T_s，其他 6 个 OFDM 符号的 CP 长度为 144T_s。

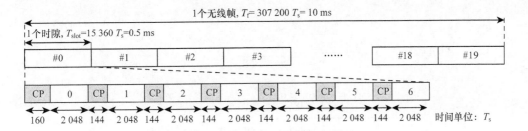

图 2-2　LTE FDD 常规 CP 时隙结构，Δf=15kHz

上、下行扩展 CP 配置时，时隙结构如图 2-3 所示。一个时隙只有 6 个 OFDM 符号，6 个 CP 的长度均为 $512T_s$。

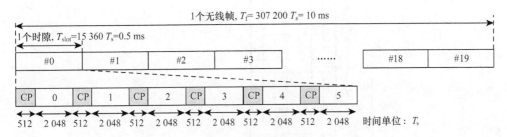

图 2-3　LTE FDD 扩展 CP 时隙结构，Δf=15kHz

在下行方向，还有一种超长 CP 配置，子载波间隔为 7.5kHz，仅仅应用于独立载波的 MBSFN（Multicast Broadcast over Single Frequency Network，多播/广播单频网络），时隙结构如图 2-4 所示。

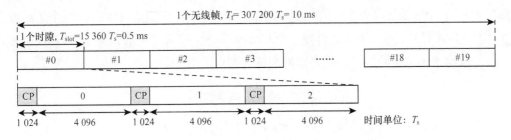

图 2-4　LTE FDD 扩展 CP 时隙结构，Δf=7.5kHz

2.1.2　物理资源分组

LTE FDD 系统的物理资源分组有 PRB（Physical Resource Block，物理资源块）、REG（Resource Element Group，资源单元组）和 CCE（Control Channel Element，控制信道单元）等。

1．PRB

一个 PRB 在时域上包含 7 个连续的 OFDM 符号（扩展 CP 时为 6 个 OFDM 符号），在频域上包含 12 个连续的子载波。PRB 的时域大小为一个时隙，即 0.5ms，如图 2-5 所示（以下行为例）。

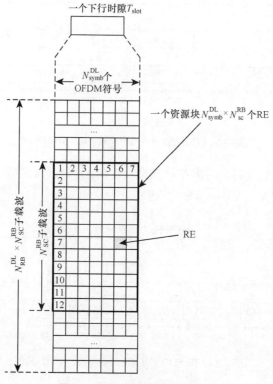

图 2-5　下行时隙结构和物理资源

其中 T_{slot} 表示 1 个下行时隙，N_{symb}^{DL} 表示下行 OFDM 符号数，N_{RB}^{DL} 表示下行系统带宽包含的 RB 数。一个 RB（Resource Block，资源块）包括 $N_{symb}^{DL} \times N_{SC}^{RB}$ 个 RE（Resource Element，资源单元），1 个时隙含有 $N_{RB}^{DL} \times N_{SC}^{RB}$ 个子载波，每个子载波带宽为 15kHz。每个子载波含有 N_{symb}^{DL} 个 OFDM 符号。在常规 CP 时为 7 个 OFDM 符号，扩展 CP 时为 6 个 OFDM 符号。

N_{RB}^{DL} 取决于小区中的下行传输带宽的配置，即：

$$N_{RB}^{min,\,DL} \leqslant N_{RB}^{DL} \leqslant N_{RB}^{max,\,DL} \qquad (2\text{-}1)$$

其中，下行为最小带宽时对应 $N_{RB}^{min,\,DL}=6$，下行为最大带宽时对应 $N_{RB}^{max,\,DL}=110$。

若一个 RB 中子载波的个数 $N_{SC}^{RB}=12$，则每个 RB 的带宽为 12×15kHz=180kHz

LTE 系统支持 1.4～20MHz 带宽灵活配置，不同系统带宽包含的 RB 数也不同，见表 2-1。

表 2-1　　　　　　　　　　　　　　　LTE 系统带宽与 RB 数

LTE 系统带宽（MHz）	1.4	3	5	10	15	20
RB 数（个）	6	15	25	50	75	100

2. REG

REG 是控制域中 RE 的集合，用于映射下行控制信道。每个 REG 由一个 OFDM 符号内的 4 个可分配的频域连续 RE 构成，如图 2-6 所示。

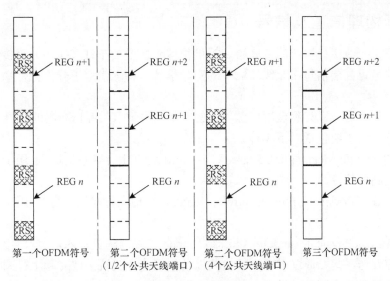

图 2-6　REG 资源单元

REG 的分布与数据映射（包括正常 CP 和扩展 CP 在 OFDM 符号中的映射图）如图 2-7 所示。

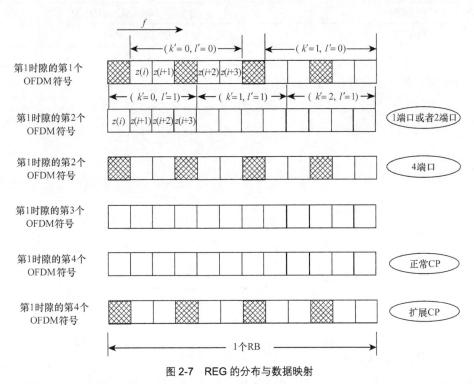

图 2-7　REG 的分布与数据映射

3. CCE

每个 CCE 由 9 个 REG 组成，包含 36 个 RE，控制信道中未被 PCFICH 或者 PHICH 所占用的 RE 为 N_{REG}，其中 $N_{CCE}=\lfloor N_{REG}/9 \rfloor$。

系统中可用 CCE 的编号从 $0 \sim N_{CCE}-1$。

2.2 上行物理信道及信号

物理层位于无线接口协议的最底层，提供物理介质中的 BIT（比特）流传输所需的所有功能。物理信道是高层信息在无线环境中的实际承载，物理信道可分为上行物理信道和下行物理信道。

上行物理信道是一系列物理层资源单元的合集，用于承载源自高层的信息。LTE FDD 定义的上行物理信道主要包括以下 3 种。

（1）PUSCH（Physical Uplink Shared CHannel，物理上行共享信道），用于承载物理层上行业务数据和高层信令。

（2）PUCCH（Physical Uplink Control CHannel，物理上行控制信道），用于承载物理层上行控制信息。

（3）PRACH（Physical Random Access CHannel，物理随机接入信道），用于承载随机接入前导序列的发送，基站通过对序列的检测以及后续信令交流，建立起上行同步。

上行物理信道的调制方式见表 2-2。

表 2-2　　　　　　　　　　　上行物理信道调制方式

上行物理信道	调制方式
PUSCH	QPSK，16QAM，64QAM
PUCCH	BPSK，QPSK
PRACH	QPSK

上行物理信道 3 层的映射如图 2-8 所示。

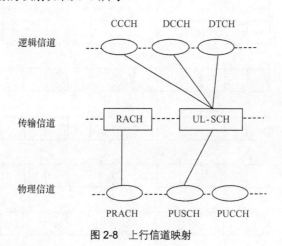

图 2-8　上行信道映射

2.2.1 PUSCH 信道

PUSCH 是 LTE 系统上行物理层的业务数据和控制信息承载信道，可以支持物理层各种传输机制，如链路自适应、HARQ 和高阶调制等。

LTE FDD 上行采用 SC-FDMA 技术，为了保证上行单载波传输特性，所以不支持单用户 PUSCH 和 PUCCH 同时发送，当 PUSCH 进行传输时，若同时有上行控制信息需要发送，则与上行业务数据一起复用到 PUSCH 中进行传输。

PUSCH 的处理过程如图 2-9 所示，包括加扰、调制、传输预编码、资源单元映射和 SC-FDMA 信号产生。

图 2-9　PUSCH 的处理过程

（1）加扰

PUSCH 采用加扰序列为 31 位的 Gold 伪随机序列，其初始值：

$$c_{\text{init}} = n_{\text{RNTI}} \times 2^{14} + \lfloor n_{\text{s}}/2 \rfloor \times 2^9 + N_{\text{ID}}^{\text{cell}} \tag{2-2}$$

（2）调制

PUSCH 支持 QPSK、16QAM 和 64QAM 调制方式。

（3）传输预编码

上行链路需要动态地给终端分配 PUSCH 资源，这就要求链路调度有较高的自由度，但同时会增加 DFT 算法的复杂度。为了降低 DFT 过程的复杂度，采用类似如 FFT 的算法，因此上行资源只能选择连续的 RB，并且 RB 个数满足 2、3、5 的倍数。

（4）RE 映射

在 RE 映射时，PUSCH 映射到子帧中的数据区域上。PUSCH 支持两种传输格式：非跳频传输（UL grant 命令字 FH 字段为 0）和跳频传输（UL grant 命令字 FH 字段为 1）。

PUSCH 为终端上行分配连续的物理资源，为了获得一定频率的分集增益，PUSCH 支持调频。基于 UL grant 的跳频传输为 Type 1，基于预定义跳频图案的传输为 Type 2。

（5）SC-FDMA 信号产生

在 SC-FDMA 信号生成时，需偏移 1/2 的子载波间隔。

2.2.2　PUCCH 信道

物理上行控制信道（PUCCH）用于承载上行控制信息，包括 ACK/NACK、CQI（Channel Quality Index，信道质量指示）、MIMO（Multiple Input Multiple Output，多入多出）回馈信息以及调度请求（SR，RI）信息等。PUCCH 是在系统没有分配 PUSCH 资源的情况下发送的，不同带宽和网络负荷、用户数以及复用系数情况下，需要配置的 PUCCH 数目有区别。一般情况下，5MHz 带宽配置为 2，10MHz 带宽配置为 4，20MHz 带宽配置为 8。

PUCCH 使用频带的两端资源，进行基于时隙的跳频传输。与 PUSCH 相比，PUCCH 对可靠性的要求更高，在相同物理资源上，多个用户通过码分进行复用传输。PUCCH 资源分配如图 2-10 所示。

CSI（Channel State Information，信道状态信息）包括 CQI、PMI 和 RI 信息，大小为 20bit；HARQ ACK/NACK 信息大小与系统下行传输采用的码字数相关，单码字传输时为 1bit，双码字时为 2bit。

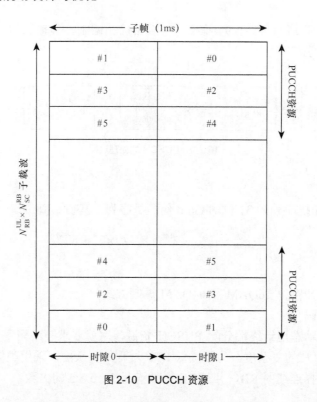

图 2-10　PUCCH 资源

　　PUCCH 不能与 PUSCH 同时传输，不能同时传输多个 PUCCH，以保证上行传输的单载波特性。PUCCH 具有多种格式，支持多种控制信息的组合反馈。不同的控制信息组合使用不同的 PUCCH 格式。PUCCH 格式及调制方式见表 2-3。

表 2-3　　　　　　　　　　　　　　　　PUCCH 格式

PUCCH 格式	调制方式	比特数	上行控制信息（UCI）	说明
1	N/A	N/A	SR	通过存在性判断确定是否进行 SR 请求
1a	BPSK	1	ACK/NACK SR& ACK/NACK	如果 SR 存在，在 SR 的资源发送 ACK/NACK
1b	QPSK	2	ACK/NACK SR& ACK/NACK	如果 SR 不存在，在 ACK/NACK 对应资源上发送
2	QPSK	20	CQI/PMI、RI、CQI/PMI& ACK/NACK（扩展 CP） RI&ACK/NACK（扩展 CP）	在扩展 CP 下，CQI/PMI 或者 RI 与 ACK/NACK 联合编码进行传输
2a	QPSK+BPSK	20+1	CQI/PMI+ACK/NACK RI+ACK/NACK	只在常规 CP 下存在
2b	QPSK+QPSK	20+2	CQI/PMI+ACK/NACK RI+ACK/NACK	

控制信息包括：

（1）已接收到的下行数据是否需要重传（ACK/NACK）。

（2）当前用户的信道状态信息（CQI/PMI/RI）。

（3）调度请求（SR）。

在无上行数据传输（即无 PUSCH）的子帧中，用户使用 PUCCH 反馈与该用户下行 PDSCH 数据传输有关的控制信息，其中，各类反馈信息长度不能超过 20 比特。对于大于 20 比特的，则使用 PUSCH 传输。

在频带内，不同格式的 PUCCH Format 所占用的物理资源区域如图 2-11 所示，其中 PUCCH Format 2/2a/2b 位于最边带。若 Format 2/2a/2b 区域内的最后一个 RB 中资源冗余，且数量大于 2，则可以用于 Format 1/1a/1b 的传输，即混合传输。每个时隙内最多支持一个 RB 用于混合传输；控制区域内的其他 RB 用于 PUCCH Format 1/1a/1b 传输。

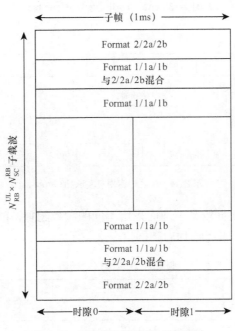

图 2-11 不同格式 PUCCH 时频映射

2.2.3 PRACH 信道

物理随机接入信道（PRACH）承载随机接入前导，用于非同步手机的初始接入、切换、上行同步和上行 SCH 资源请求。每个 PRACH 占用 6 个 RB，即 72 个子载波，且与 PUCCH 位置相邻。随机接入前导信号 Preamble 由两部分组成：CP 和 Sequence（信号序列），如图 2-12 所示。

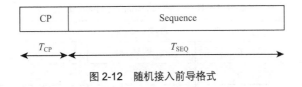

图 2-12 随机接入前导格式

小区中间用户发送 Preamble 与小区边缘用户发送 Preamble 不同，在边缘时 Preamble 放于子帧末尾发送，而用户在小区中间地带时则是在子帧中间发送，具体如图 2-13 和图 2-14 所示。随机接入信道引入了 GT（时间保护间隔）来防止 Preamble 对上行数据造成干扰。

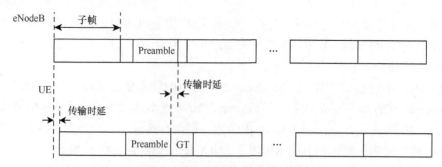

图 2-13　小区中间用户发送 Preamble

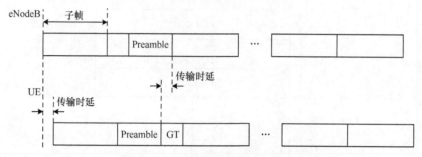

图 2-14　小区边缘用户发送 Preamble

　　CP 和 Sequence 可以根据场景不同而采用不同的参数配置，LTE FDD 支持 5 种随机接入前导格式，见表 2-4，具体采用哪种由高层信令来指示。

表 2-4　　　　　　　　　　　　　随机接入前导格式参数

前导格式	T_{CP}	T_{SEQ}
0	$3\,168T_s$	$24\,576T_s$
1	$21\,024T_s$	$24\,576T_s$
2	$6\,240T_s$	$2\times24\,576T_s$
3	$21\,024T_s$	$2\times24\,576T_s$
4（TDD）	$488T_s$	$4\,096T_s$

　　在 PRACH 资源映射中，一个上行帧中可以同时存在多个 PRACH 信道。LTE FDD 前导格式 0~3 可以有不同的随机接入配置，表 2-5 列举了 FDD 前导格式 0 的 16 种配置方式，图 2-15 为索引 9 的前导格式配置示意图。

表 2-5　　　　　　　　　　　　LTE FDD 前导格式 0 的随机接入配置

PRACH 配置索引	前导格式	系统帧编号	子帧编号
0	0	偶数	1
1	0	偶数	4
2	0	偶数	7
3	0	任意	1
4	0	任意	4
5	0	任意	7

续表

PRACH 配置索引	前导格式	系统帧编号	子帧编号
6	0	任意	1，6
7	0	任意	2，7
8	0	任意	3，8
9	0	任意	1，4，7
10	0	任意	2，5，8
11	0	任意	3，6，9
12	0	任意	0，2，4，6，8
13	0	任意	1，3，5，7，9
14	0	任意	0，1，2，3，4，5，6，7，8，9
15	0	偶数	9

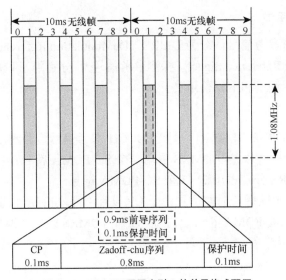

图 2-15　PRACH 配置索引 9 的前导格式配置

Preamble 使用 Zadoff-Chu 序列产生。Preamble Format 0～3 序列长度为 839，Preamble Format 4 序列长度为 139。Preamble 信号采用的子载波间隔与上行其他 SC-FDMA 符号不同。Format 0～3 频域资源位置如图 2-16 所示，子载波间隔 1.25kHz，是常规子载波间隔的 1/12。1 个 PRACH 信道包含 864 个子载波（6×12×12=864），其中长度为 839 的 Preamble 序列被映射至中间的 839 个子载波上。

对于 Format 0～3，Preamble 与 PUCCH 相邻，对于多于一个 PRACH 时，分别与频带两侧的 PUCCH 相邻。

Format 4 频域资源位置如图 2-17 所示，其子载波间隔 7.5kHz，是常规子载波间隔的 1/2。1 个 PRACH 信道包含 144 个子载波（6×12×2=144），长度为 139 的 Preamble 序列被映射至中间的 139 个子载波上。

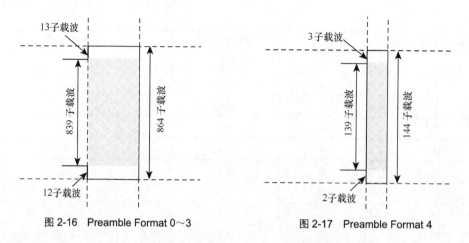

图 2-16　Preamble Format 0～3　　　　图 2-17　Preamble Format 4

对于 Format 4，Preamble 放置在频带边缘，并且根据系统帧号确定是在高频的一侧，还是在低频的一侧。

2.2.4　上行物理信号

上行物理信号只有参考信号，分为 DMRS（DeModulation Reference Signal，解调参考信号）和 SRS（Sounding Reference Signal，探测参考信号），分别用于 eNodeB 端的相干检测和解调以及上行信道质量测量和上行信道估计。

1．DMRS

解调参考信号分为 PUSCH 参考信号和 PUCCH 参考信号，分别承载着用于相干解调的信息。在 PUSCH 上，每个时隙内 DMRS 占用一个 SC-FDMA 符号；在 PUCCH 上，根据控制信道格式不同，DMRS 分别占用 2～3 个 SC-FDMA 符号。

DMRS 在 PUSCH 上映射的时隙位置由于 CP 设置不同，也有所区别。常规 CP 时，PUSCH 上 DMS 映射在第 4 个 SC-FDMA 符号上；扩展 CP 时，DMRS 映射在时隙中第 3 个 SC-FDMA 符号上，如图 2-18 所示。

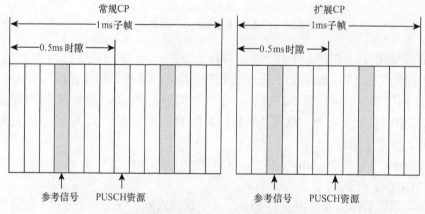

图 2-18　PUSCH 上 DMS 映射时隙位置

DMRS 在 PUCCH 上映射的时隙位置不仅和 CP 设置有关，而且和 PUCCH 信道格式相关。PUCCH 格式为 1/1a/1b，常规 CP 时，DMRS 在每个时隙上占用 3 个 SC-FDMA 符号；扩展

CP 时，DMRS 在每个时隙上占用两个 SC-FDMA 符号，如图 2-19 所示。物理资源映射过程中还包括跳频过程，以增加信号的随机性。

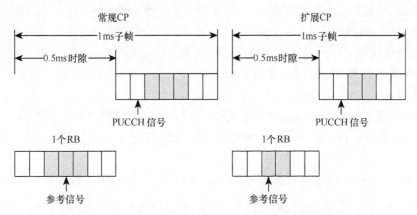

图 2-19　PUCCH（格式 1/1a/1b）上 DMRS 映射时隙位置

PUCCH 格式为 2/2a/2b，常规 CP 时，DMRS 在每个时隙上占用两个 SC-FDMA 符号；扩展 CP 时，DMRS 在每个时隙上占用 1 个 SC-FDMA 符号，如图 2-20 所示。PUCCH 格式 2/2a/2b 的参考信号也需要进行跳频，以增加信号的随机性。

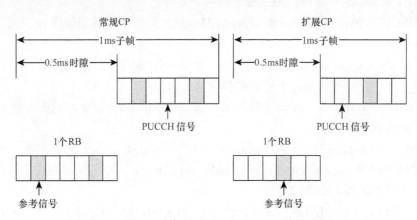

图 2-20　PUCCH（格式 2/2a/2b）上 DMRS 映射时隙位置

2. SRS

SRS 的作用是对上行信道质量进行估计，用于上行信道调度和子载波频率的选择性调度、链路适配、功率控制和保持上下行同步，以及利用信道对称性获得下行信道质量等。SRS 在不同频点以跳频的方式发送。

（1）时域参数

① 符号位置。位于配置 SRS 上行子帧的最后一个 SC-FDMA 符号。

② 子帧位置。UE 通过广播信息获得哪一个子帧中存在 SRS。配置了 SRS 的子帧的最后一个 SC-FDMA 符号预留给 SRS，不能用于 PUSCH 的传输。

③ 子帧偏移。终端通过 RRC 信令获得 SRS 所在的具体子帧位置。

④ 持续时间。终端通过 RRC 信令获知其传输时间是一次性的还是无限期的。

⑤ 周期。终端通过 RRC 信令获知其在一个持续时间内传输的周期，支持 2、5、10、20、

40、80、160ms 和 320ms。

⑥ 是否同时传输 SRS 与 ACK/NACK。终端通过 RRC 信令获知其是否允许同时传输 SRS 与 ACK/NACK。如果是，则使用截断的 PUCCH 来传输 ACK/NACK，即 PUCCH 的最后一个 SC-FDMA 符号被截断。

（2）频域参数

① SRS 带宽配置（SRS Bandwidth Configuration）。终端通过广播信息获得小区允许的 SRS 的带宽信息。

② SRS 带宽（SRS-bandwidth）。终端通过 RRC 信令获得具体的带宽配置。

③ 频域位置（Frequency Domain Position）。终端通过 RRC 信令获得具体的 SRS 传输 PRB 位置。

④ 跳频信息（Frequency-hopping Information）。终端通过 RRC 信令获知其是否进行 SRS 跳频。

⑤ Transmission Comb。终端通过 RRC 信令获知其使用的 Comb 信息。

2.3　下行物理信道及信号

LTE FDD 定义的上行物理信道主要包括以下 6 种。

（1）PDSCH（Physical Downlink Shared CHannel，物理下行共享信道），用于承载下行用户信息和高层信令。

（2）PDCCH（Physical Downlink Control CHannel，物理下行控制信道），用于承载下行控制的信息，如上行调度指令、下行数据传输（公共控制信息）等。

（3）PBCH（Physical Broadcast CHannel，物理广播信道），用于承载主系统信息块信息，传输用户初始接入的参数。

（4）PMCH（Physical Multicast CHannel，物理多播信道），用于承载多媒体/多播信息。

（5）PCFICH（Physical Control Format Indicator CHannel，物理控制格式指示信道），用于承载该子帧上控制区域大小的信息。

（6）PHICH（Physical Hybrid-ARQ Indicator CHannel，物理 HARQ 指示信道），用于承载终端上行数据的 ACK/NACK 反馈信息，和 HARQ 机制有关。

下行物理信道的调制方式见表 2-6。

表 2-6　　　　　　　　　　　　　　下行物理信道调制方式

下行物理信道	调制方式
PDSCH	QPSK，16QAM，64QAM
PDCCH	QPSK
PBCH	QPSK
PMCH	QPSK，16QAM，64QAM
PCFICH	QPSK
PHICH	BPSK

下行信道 3 层的映射如图 2-21 所示。

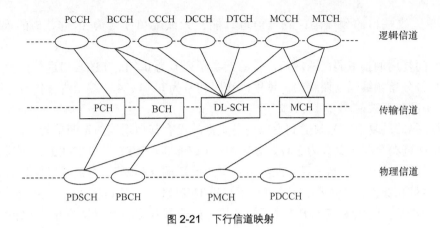

图 2-21　下行信道映射

2.3.1　PDSCH 信道

物理下行共享信道（PDSCH）用于承载数据信息，PDSCH 资源分配优先级最低，只能占用其他信道不用的 RB。终端需要先监听 PCFICH 信道。PCFICH 信道用于描述 PDCCH 的控制信息的放置位置和数值，然后终端去接收 PDCCH 的信息，进而接收 PDSCH 的信息。

PDSCH 的处理过程如图 2-22 所示，包括加扰、调制、预编码、资源单元映射和 OFDM 信号产生。

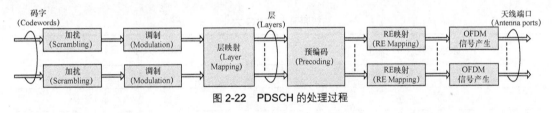

图 2-22　PDSCH 的处理过程

（1）加扰

加扰放在调制的前面，是对信息比特进行加扰，每个小区使用不同的扰码，使小区的干扰随机化，减小小区间的干扰。

（2）调制

调制是把信息比特变为复值符号。

（3）层映射

每一个码字中的复值调制符号被映射到一个或者多个层上。根据选择的天线技术不同，而采用不同的层映射。

层映射主要有如下 3 种。

① 单天线端口层映射：选择单天线接收或者采用波束赋形技术，只对应一个天线端口的传输。

② 空间复用的层映射：天线端口有 4 个可用，把两个码字的复值符号映射到 4 个天线端口上。

③ 传输分集层映射：是把一个码字上的复值符号映射到多个层上，一般选择两层或四层。

（4）预编码

把层映射后的矩阵映射到对应的天线端口上，预编码对应也有 3 种类型，如下所示。

① 单天线端口的预编码：物理信道只能在天线端口序号为 0、4、5 的天线上进行传输。

② 空间复用的预编码：两端口，使用天线序列号为 0、1、4 的端口进行传输。

③ 传输分集预编码：两端口，使用天线序列号为 0、1、4 的端口进行传输。

（5）资源单元映射

把预编码后的复值符号映射到虚拟资源块上的没有其他用途的资源单元上。

PDSCH 资源分配方案分为 3 种，分别为：TYPE 0、TYPE 1 和 TYPE 2。资源分配方案的原则是尽量少地使用控制信息就能实现资源的灵活调度和映射，有效降低控制信息的开销，提升系统容量和覆盖。资源分配方案 TYPE 0 和 TYPE 1 使用比特图（Bitmap）的形式来通知终端所分配资源块的位置，TYPE 2 使用资源块起始位置及资源块数量的方式通知终端所分配资源块的位置。

（1）资源分配方案 TYPE 0

将带宽内可用资源分为 RBG，每个 RBG 由 P 个连续的 PRB 构成，每个 RBG 通过一个比特来指示是否被占用，用 $N_{RBG} = \lceil N_{RB}^{DL} / P \rceil$ 长的比特来指示该终端的资源分配，1 表示该 RBG 被占用，0 表示不被占用。RA0 以 RBG 为单位进行资源分配，比较简单，但是会造成资源的浪费，尤其是对于小数据量业务（比如 VoIP 业务），可以将全部资源分配为一个 UE。系统带宽与 RBG 的大小见表 2-7。

表 2-7　　　　　　　　　　　　　　系统带宽与 RBG 大小

系统带宽（ N_{RB}^{DL} ）	RBG 大小（ P ）
≤10	1
11～26	2
27～63	3
64～110	4

（2）资源分配方案 TYPE 1

和 RA0 一样，根据系统带宽，确定 RBG 的个数 $N_{RBG} = \lceil N_{RB}^{DL} / P \rceil$，同样使用比特图的方式来指示资源分配的位置。但是，和 RA0 不同的是，RA1 继续将 N_{RBG} 分为 P 个子集，RBG 子集 P 对应以 p 为起始间隔（$0 \leq p \leq P$）的 RBG，从 P 子集中选择一个，通过 $\lceil \log_2(P) \rceil$ 个比特来指示，利用一个比特来指示是否偏移，其中 $\Delta_{shift}(p)=0$ 表示不偏移，否则 $\Delta_{shift}(p) = N_{RB}^{RBG\ subset}(p) - N_{RB}^{TYPE1}$，利用剩余的 $N_{RB}^{TYPE1} = \lceil N_{RB}^{DL} / P \rceil - \lceil \log_2(P) - 1 \rceil$ 个比特来进行 PRB 寻址。根据 RBG 子集编号 p，计算该子集中的 PRB 个数，确定偏移量，计算每个比特 $i = 0, 1 \cdots, N_{RB}^{TYPE1} - 1$ 对应的 PRB 编号。

TYPE 1 能够以 PRB 为单位进行资源分配，分配颗粒度更细，不会浪费资源，同时通过子集的设置能使分配的资源位置在频域上较为分散，有一定的频率分集增益。

（3）资源分配方案 TYPE 2

通过 RB 的起始位置（RIV）和连续分配 VRB 的长度 L_{CRBs} 来指示 UE 的资源分配。可以有效减少控制信令的开销，提升系统资源利用率。

对 PDCCH DCI Format 1A/1B/1D：

$$RIV = \begin{cases} N_{RB}^{DL}(L_{CRBs}-1)+RB_{start} & (L_{CRBs}-1) \leqslant \left\lfloor N_{RB}^{DL}/2 \right\rfloor \\ N_{RB}^{DL}(N_{RB}^{DL}-L_{CRBs}+1)+(N_{RB}^{DL}-1-RB_{start}) & \text{其他} \end{cases} \quad (2\text{-}3)$$

其中，$1 \leqslant L_{CRBs} \leqslant N_{RB}^{DL}-RB_{start}$。

对 PDCCH DCI Format 1C，N_{RB}^{step} 在 N_{RB}^{DL} 小于 50 时取值为 2，否则为 4，因此有：

$$RIV = \begin{cases} N'^{DL}_{VRB}(L'_{CRBs}-1)+RB'_{start} & (L'_{CRBs}-1) \leqslant \left\lfloor \dfrac{N'^{DL}_{VRB}}{2} \right\rfloor \\ \\ N'^{DL}_{VRB}(N'^{DL}_{VRB}-L'_{CRBs}+1)+(N'^{DL}_{VRB}-1-RB'_{start}) & \text{其他} \end{cases} \quad (2\text{-}4)$$

2.3.2　PDCCH 信道

物理下行控制信道（PDCCH）承载上下行调度设定信息和其他控制信息，其大小由 PCFICH 所标定的符号数所决定。具体内容有：

（1）下行链路调度分配，主要包括 PDSCH 资源分配、传输格式、HARQ 信息等。

（2）上行链路调度分配，主要包括 PUSCH 资源分配、传输格式、HARQ 信息等。

（3）功率控制信息，包括 PUSCH 和 PUCCH 的功率控制信息，以及基于终端的功率控制调整信息。

在频带范围内，未被参考信号以及 PCFIH 占用的 RE 都可以作为 PDCCH 使用。一个 PDCCH 是一个或者几个连续 CCE 的集合。根据 PDCCH 中包含 CCE 的个数，可以将 PDCCH 分为如表 2-8 所示的 4 种格式。

表 2-8　　　　　　　　　　　　　　支持的 PDCCH 格式

PDCCH 格式	CCE 个数	REG 个数	PDCCH 比特数
0	1	9	72
1	2	18	144
2	4	36	288
3	8	72	576

PDCCH 信道传输采用哪种格式是由 eNodeB 根据信道质量状况来决定的，如果信道质量较差，则采用 CCE 数量较多的格式，提高解码的准确性。LTE 系统支持一个子帧内传输多个调度信息，每个消息都独立地承载在 PDCCH 上，每个 PDCCH 信道在进行资源映射前，需要单独进行 CRC 校验、信道编码、根据聚合等级进行速率匹配，然后将多个 PDCCH 信道数据复用为一个数据流再进行加扰、调制、层映射、预编码和资源单元映射。PDCCH 向物理资源映射前需要进行以 REG 为单位的子块交织，从而得到一个频率分集增益。系统先将 PCFICH 信息映射到第 0 个 OFDM 符号上，然后将 PHICH 信息映射到该子帧的前 3 个 OFDM 符号上，最后将 PDCCH 信息映射到剩余的物理资源，PDCCH 信道占用的 OFDM 符号数由 PCFICH 指示。

1. PDCCH 聚合

PDCCH 可以使用一种树形方法进行聚合，有如下规则。

（1）当包含一个 CCE 时，PDCCH 可以在任意 CCE 位置出现，即可以在 0、1、2、3、4 号等位置出现。

（2）当包含两个 CCE 时，PDCCH 每两个 CCE 出现一次，即可以在 0、2、4、6 号等位置出现。

（3）当包含 4 个 CCE 时，PDCCH 每 4 个 CCE 出现一次，即可以在 0、4、8 号等位置出现。

（4）当包含 8 个 CCE 时，PDCCH 每 8 个 CCE 出现一次，即可以在 0、8 号等位置出现。

小区内可用的 CCE 个数取决于：半静态配置的系统带宽、天线端口数目、PHICH 配置值和动态配置的 PCFICH 值。

2. PDCCH 盲检测

PDCCH 信道支持多种格式，但是对于终端来说，这些信息是未知的，所以终端要对 PDCCH 信道进行盲检测。

为降低终端盲检测的复杂度，需要制定特殊机制来限制终端的搜索范围和解码次数，因此定义了搜索空间。一个搜索空间就是若干被监听的 PDCCH 构成的集合，它与 PDCCH 的格式、起始位置及空间大小相关。PDCCH 盲检测搜索空间分为公共搜索空间和专用搜索空间。公共搜索空间包含所有终端都需要监听的 PDCCH；专用搜索空间就是特定终端的搜索空间，不同 PDCCH 格式有不同的专用搜索空间大小和 PDCCH 数量，搜索空间起始位置由终端 RNTI、无线子帧号决定。终端根据其当前想要接收信息的具体情况决定在哪个空间进行盲检测，见表 2-9。

表 2-9　　　　　　　　　　　　　盲检测搜索空间

类型	搜索空间 $S_k^{(L)}$		PDCCH Candidates 数 $M^{(L)}$	DCI 格式
	竞争等级 L	Size [in CCEs]		
专用	1	6	6	0，1，1A，1B，2
	2	12	6	
	4	8	2	
	8	16	2	
公共	4	16	4	0，1A，1C，3/3A
	8	16	2	

盲检测过程如下：终端知道自己当前在期待什么信息，例如在 Idle 态终端期待 Paging 消息和 SI，发起随机接入（Random Access）后期待的是 RACH Response；在有上行数据等待发送的时候期待 UL Grant 等。但终端不知道当前 DCI 传送的 Format 消息类型，也不清楚自己需要的信息在哪个位置。为此，终端采取相应的 X-RNTI 同 CCE 信息进行 CRC 校验。如果 CRC 校验成功，那么终端对该信息进行确认，也清楚相应的 DCI Format、调制方式等，从而进一步解析出 DCI 内容。

为了减少终端盲解码的复杂度，协议规定终端对 DCI 格式 0/1A/3/3A 的 PDCCH 最多进行 6 次盲解码。对 DCI 格式 1C 的 PDCCH 盲解码，若承载的是系统广播消息，则 PDCCH 的起始位置为第 0 个 CCE；若承载的是随机接入信息，则起始位置为第 8 个 CCE。

2.3.3　PBCH 信道

PBCH 用于定期广播小区的系统信息。系统消息分为 MIB（Master Information Block，主信息块）和 SIB（System Information Block，系统信息块）两种。MIB 包含了系统的基本配置信息，在固定的 PBCH 资源上传输。SIB 主要承载在 PDSCH 上。

PBCH 传送的系统广播信息包括：下行系统带宽、SFN 子帧号、PHICH 指示信息、天线配置信息等；其中天线信息映射在 CRC 的掩码当中，见表 2-10。

表 2-10　　　　　　　　　　　PBCH 中 CRC 的掩码和天线对应关系

天线端口	PBCH CRC Mask
1	<0, 0, 0, 0, 0, 0, 0, 0, 0, 0, 0, 0, 0, 0, 0, 0>
2	<1, 1, 1, 1, 1, 1, 1, 1, 1, 1, 1, 1, 1, 1, 1, 1>
4	<0, 1, 0, 1, 0, 1, 0, 1, 0, 1, 0, 1, 0, 1, 0, 1>

BCH 传输信道映射到 4 个连续的无线帧（TTI=40ms）。40ms 定时通过盲检测扰码获取，PBCH 位于子帧 0 时隙 1 的前 4 个 OFDM 符号，紧随 PSS 和 SSS 之后，频域上占用中间的 72 个子载波。

正常 CP 情形下 PBCH 在时频结构中的位置如图 2-23 所示。

扩展 CP 情形下 PBCH 在时频结构中的位置如图 2-24 所示。

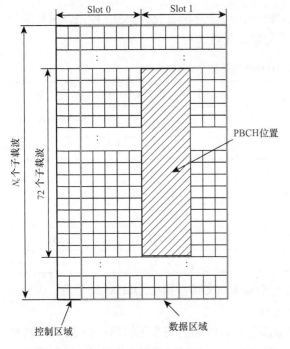

图 2-23　常规 CP 的 PBCH 位置

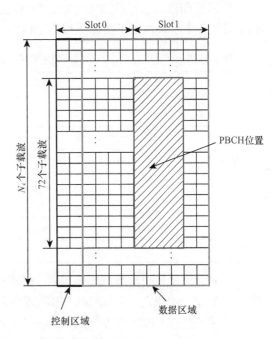

图 2-24　扩展 CP 的 PBCH 位置

PBCH 映射到每 1 帧的第 1 个子帧的第 2 个时隙的前 4 个符号。根据 CP 长度的不同，PBCH 对应的编码之后的信息比特长度为 1 920bit 或者 1 728bit，PBCH 映射的时候均假设基站有 4 天线。其中，PBCH 的发送周期为 40ms，对 Normal CP 而言，40ms 的物理资源共 $4 \times (4 \times 72 - 4 \times 12) = 960$ 个子载波，每个子载波上传输一个 QPSK 符号，传输 1 920bit，每 10ms 发送一个可以自解码的 PBCH。

MIB 信息为 24bit，经过 CRC 之后为 40bit，再经过 1/3 交织后为 120bit，经过速率匹配后为 1 920bit（常规 CP，扩展 CP 为 1 728bit），这些比特加扰后通过 4 个无线帧发射出去。

2.3.4　PMCH 信道

物理多播信道（PMCH）的基本结构与 PDSCH 类似。然而，PMCH 为单频网络而设计，多小区能以严格的时间同步传输同一个调制符号，理想情况下这使得来自不同小区的信号在循环前缀持续时间内接收，称为 MBSFN（MBMS Single Frequency Network，MBMS 单频网络）。其操作的信道实际上是来自多个小区的组合信道，为了避免混合正常参考信号和同一个帧上的 MBSFN 参考信号，不允许 PMCH 和 PDSCH 频分复用，但对 MBSFN 可以特别设计特定子帧用来传输 PMCH。

PMCH 与 PDSCH 的主要不同点如下。

（1）动态控制信令不能占用 MBSFN 子帧内多于两个以上的 OFDM 符号。

（2）嵌入在 PMCH 中参考信号的图样不同于 PDSCH 中的参考信号。

（3）总是使用扩展的循环前缀。

PMCH 不支持发射分集，层映射和预编码只能假设单天线端口（即天线端口 4）。

2.3.5　PCFICH 信道

物理控制格式指示信道（PCFICH）承载 CFI（Control Format Indicator，控制格式指示）。CFI 指示一个子帧内用于控制区域的 OFDM 符号数，见表 2-11。

表 2-11　　　　　　　　　　　PDCCH 分配 OFDM 符号数

子帧	分配给 PDCCH 的 OFDM 符号数	
	$N_{RB}^{DL} > 10$	$N_{RB}^{DL} \leqslant 10$
TDD 帧结构子帧 1 和 6	1, 2	2
MBSFN 子帧在支持 PDSCH 的载波上，天线端口 1 或 2	1, 2	2
MBSFN 子帧在支持 PDSCH 的载波上，天线端口 4	2	2
子帧在不支持 PDSCH 的载波上	0	0
非 MBSFN 子帧，配置 PRS	1, 2, 3	2, 3
其他	1, 2, 3	2, 3, 4

当 PCFICH 被正确解调出来以后，终端即可获取 PDCCH 占用的 OFDM 符号数。信息源比特为 2 bit，编码之后为 32 bit，编码效率为 1/16。

通过加扰和 QPSK 调制，总共形成 16 个复值符号，映射到每个子帧第一个 OFDM 符号的 4 个 REG 中并平均分配到整个频域带宽的不同区域，充分捕获频率分集增益，但占用资源位置与天线端口无关，即端口 1、2、4 映射相同，天线端口和 PBCH 相同。PCFICH 的时频映射如图 2-25 所示。

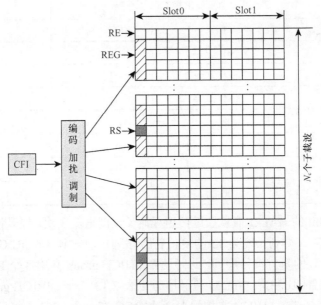

图 2-25 PCFICH 的时频映射

REG 的位置可由下式确定，可以看出 REG 的具体映射位置与物理小区 ID 相关，不同小区间的 PCFICH 有一定的频率偏移，避免了小区间 PCFICH 的互相干扰。

$$(N_{\text{SC}}^{\text{RB}}/2) \times (N_{\text{SC}}^{\text{RB}} \bmod(2 \times N_{\text{RB}}^{\text{DL}})) + \left\lfloor n \times \frac{N_{\text{RB}}^{\text{DL}}}{2} \right\rfloor \times N_{\text{SC}}^{\text{RB}}/2 \quad n \in \{0, 1, 2, 3\} \tag{2-5}$$

2.3.6 PHICH 信道

物理 HARQ 指示信道（PHICH）携带 1 bit 的 HARQ ACK/NACK，表示 eNodeB 是否正确接收到 PUSCH 的传输，通过 FDM、CDM 以及 I/Q 复用承载多个用户的 HARQ 反馈。不同 PHICH 信道映射到相同的 RE 构成 PHICH group（$n_{\text{PHICH}}^{\text{group}}$），组内通过正交序列 $n_{\text{PHICH}}^{\text{seq}}$ 来区分，因此一个 PHICH 资源通过两个参数来唯一标识（$n_{\text{PHICH}}^{\text{group}}, n_{\text{PHICH}}^{\text{seq}}$）。LTE FDD 的 PHICH group 数量由下式给定：

$$N_{\text{PHICH}}^{\text{group}} = \begin{cases} \left\lceil N_g (N_{\text{RB}}^{\text{DL}}/8) \right\rceil & \text{常规CP} \\ 2 \times \left\lceil N_g (N_{\text{RB}}^{\text{DL}}/8) \right\rceil & \text{扩展CP} \end{cases} \tag{2-6}$$

其中 $N_g \in \{1/6, 1/2, 1, 2\}$，具体值由高层提供。不同的 N_g 值表示 1 个 HARQ 进程占用不同的 RB 数，$N_g=1/2$ 表示 1 个 HARQ 进程分配两个 RB，$N_g=2$ 表示每个 RB 对应两个 HARQ 进程，N_g 的大小也决定了上行用户容量。$n_{\text{PHICH}}^{\text{group}}$ 取值范围为 $0 \sim N_{\text{PHICH}}^{\text{group}} - 1$。

PHICH 采用 Walsh 序列扩频操作。常规 CP 扩频码长度为 4，支持 8 组复数扩频码，扩展 CP 的扩频码长度为 2，支持 4 组复数扩频码，具体扩频序列见表 2-12。

表 2-12   PHICH 的扩频序列

序列号 $n_{\text{PHICH}}^{\text{seq}}$	正交扩频序列	
	常规 CP	扩展 CP
0	[+1 +1 +1 +1]	[+1 +1]
1	[+1 −1 +1 −1]	[+1 −1]
2	[+1 +1 −1 −1]	[+j +j]
3	[+1 −1 −1 +1]	[+j −j]
4	[+j +j +j +j]	—
5	[+j −j +j −j]	—
6	[+j +j −j −j]	—
7	[+j −j −j +j]	—

常规 CP 时，1bit 的 HARQ 信息经过信道编码（直接重复 3 次，提升接收准确性）、加扰、调制和正交序列扩频，得到长度为 12 的复值符号序列，映射到 3 个 REG 上进行传输；扩展 CP 时，得到长度为 6 的复值符号序列，此时两个 PHICH group 共用 3 个 REG 资源进行传输。

PHICH 信道位置即占用的 OFDM 符号序号见表 2-13，一个 PHICH group 由 3 部分组成，分别映射到一个 REG 上，PHICH 常规情况 3 个 REG 在一个 OFDM 符号中，扩展情况 3 个 REG 在不同的符号中。

表 2-13   PHICH 信道位置（OFDM 符号序号）

PHICH	非 MBSFN 子帧		MBSFN 子帧
	TDD 中子帧 1 和子帧 6	所有其他情况	混合载波承载 MBSFN
常规	0	0	0
扩展	1	2	1

PHICH 占用的 OFDM 符号数可采用两种配置：一是将 PHICH 固定在第 1 个 OFDM 符号，但这种方法可能影响 PHICH 的覆盖性能；二是采用半静态可配的 PHICH 长度。

PHICH 传输时使用与 PBCH 相同的发射天线端口，支持的端口数为 1、2 或 4。

2.3.7   下行物理信号

下行物理信号有参考信号和同步信号两类。

1. 参考信号

终端通过参考信号来进行信道估计，从而能够正确解调下行物理信道承载的数据。协议定义了以下 5 种下行物理参考信号。

① CRS（Cell-specific Reference Signal，小区专用参考信号），用于下行测量、同步及数据解调。

② MBSFN RS（MBSFN Reference Signal，MBSFN 参考信号），用于 MBSFN 多播广播业务传输的相关信道解调，包括信道估计、测量和同步。

③ URS（UE-specific Reference Signal，终端专用参考信号），用于波束赋形时下行共享信道的估计。

④ PRS（Positioning Reference Signal，定位参考信息），用于定位。

⑤ CSI RS（CSI Reference Signal，CSI 参考信号），在特定的子帧中的用户传输信道上稀松地打孔传输，用来获取信道状态。

参考信号 $r_{l,n_s}(m)$ 由下式来定义：

$$r_{l,n_s}(m) = \frac{1}{\sqrt{2}}(1 - 2 \times c(2m)) + \mathrm{j}\frac{1}{\sqrt{2}}(1 - 2 \times c(2m)) \quad m = 0, 1, \cdots, 2N_{\mathrm{RB}}^{\max,\mathrm{DL}} - 1 \qquad (2\text{-}7)$$

其中 n_s 是一个无线帧中的时隙号，l 是该时隙中的 OFDM 符号位置，$c(n)$ 是长度为 31 位的 Gold 伪随机序列。

（1）CRS

某个天线端口上某个时隙的 RE 位置用来传输 CRS，则同一基站其他天线端口的该位置不再传输数据，以避免天线间信号干扰。小区专用参考信号支持 1、2 或 4 个天线端口，常规 CP 和扩展 CP 下的 CRS 映射如图 2-26 和图 2-27 所示。

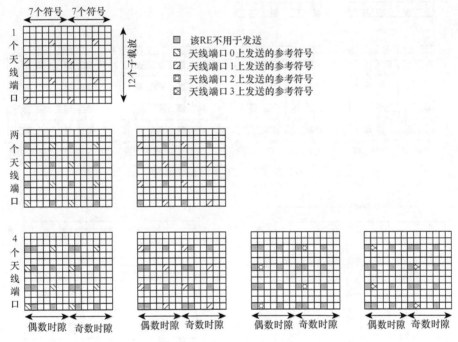

图 2-26　常规 CP 下的 CRS 映射

1 端口或 2 端口天线传输时，每个时隙有两个 OFDM 符号来承载 CRS；4 端口天线传输时，天线端口 0 和端口 1 有两个 OFDM 符号来承载 CRS，端口 2 和端口 3 有一个 OFDM 符号来承载 CRS。

CRS 位置间隔为 6 个子载波，绝对位置与物理小区 ID 直接相关，有 6 种偏移方案，可以保证相邻小区间有不同的参考信号频率偏移，避免小区间参考信号同频干扰。

（2）MBSFN RS

MBSFN RS 只能在扩展 CP 下使用，且参考信号位置与小区 ID 没有联系，不同小区的

MBSFN RS 在相同位置，MBSFN RS 只能在天线端口 4 上传输。频域上，子载波间隔为 15kHz 时，每两个子载波中有 1 个承载 MBSFN RS；子载波间隔为 7.5kHz 时，每 4 个子载波中有 1 个承载 MBSFN RS。时域上，每个子帧内有 3 个 OFDM 符号承载 MBSFN RS。具体映射位置如图 2-28 所示。

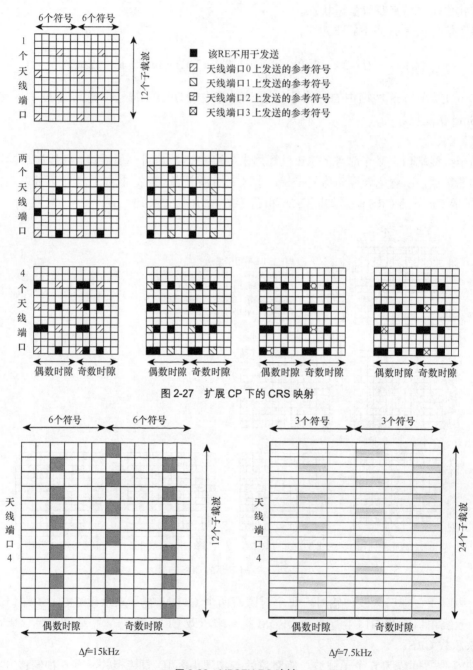

图 2-27　扩展 CP 下的 CRS 映射

图 2-28　MBSFN RS 映射

（3）URS

URS 只给采用波束赋形的终端使用，为了更好地支持波束赋形，需要额外的参考信号来更好地进行信道估计。URS 仅在特定用户的数据资源块上传输，而且由高层决定是否发送。URS 不能占用 CRS 资源，如果与 PBCH、PSS、SSS 信号发生资源碰撞时，需要进行打孔操作。URS 具体映射位置如图 2-29 所示。

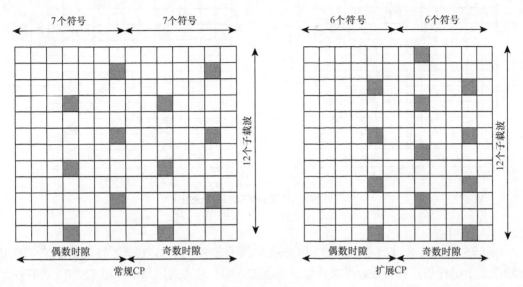

图 2-29　URS 映射

（4）PRS

PRS 在天线端口 6 上传输，仅承载在配置了 PRS 的下行子帧（普通子帧和 MBSFN 子帧）上，不会映射在用于传输 PBCH、PSS 和 SSS 的资源块上。PRS 映射位置和物理小区 ID 相关，有 6 种频率偏移方案，常规 CP 和扩展 CP 下的 PRS 具体映射位置如图 2-30 和图 2-31 所示。

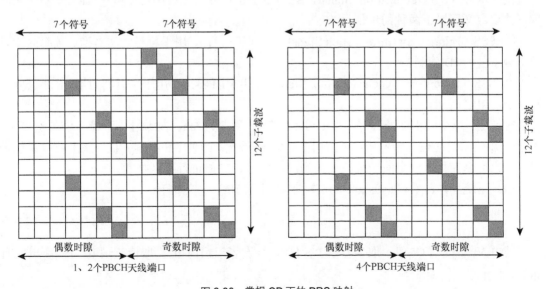

图 2-30　常规 CP 下的 PRS 映射

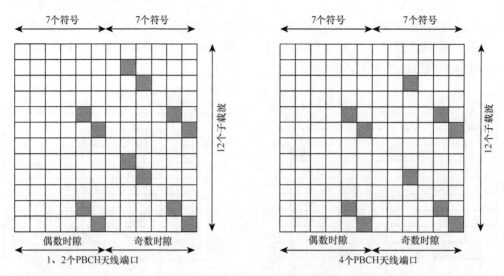

图 2-31　扩展 CP 下的 PRS 映射

（5）CSI RS

CSI RS 是协议 R10 版本引入的，也是基于小区的参考信号，它是在特定的子帧中的用户传输信道上稀松的打孔传输，用来获取信道状态。R10 之前的用户不知道 CSI RS 的存在，把它当作干扰处理。因为 CSI RS 打孔非常稀疏（CSI RS 相对来说设计简单，无需信道均衡），所以对 SINR 的影响很小。在使用 CoMP（Coordinate Multipoint，多点协作）的时候，用户需要信道估计不同小区的 CSI RS，要求同一个 CoMP 集合里的小区将 CSI RS 配置在不同的位置，以便关闭相应位置的 RE 资源使用，保证 CSI RS 的接收质量。

CSI RS 支持 1、2、4 或 8 天线端口发射，目前 CSI RS 只在子载波间隔 Δf=15kHz 时定义。

2. 同步信号

同步信号（Synchronization Signal，SS）用于小区搜索过程中 UE 和 eUTRAN 的时频同步，协议定义了以下两种同步信号。

① PSS（Primary Synchronization Signal，主同步信号），用于符号时间对准、频率同步以及部分小区的 ID 侦测。

② SSS（Secondary Synchronization Signal，辅同步信号），用于帧时间对准、CP 长度侦测及小区组 ID 侦测。

时域上，每个同步信号占用 1 个 OFDM 符号，周期为 5ms；频域上，不管系统带宽多少，主/辅同步信号总是位于带宽中心，占用 1.08MHz 带宽。即使 UE 在刚开机，还未获取系统带宽时，也可以在相对固定的子载波上找到同步信号，方便进行小区搜索。

LTE 系统里，PCI（Physical Cell ID，物理小区 ID）定义如下：

$$N_{\mathrm{ID}}^{\mathrm{cell}} = 3N_{\mathrm{ID}}^{(1)} + N_{\mathrm{ID}}^{(2)} \tag{2-8}$$

其中 $N_{\mathrm{ID}}^{(1)}$ 表示 PCI 组，取值范围 0～167，$N_{\mathrm{ID}}^{(2)}$ 表示组内 ID，取值范围 0～3，所以共有 504 个 PCI。

同步信号在 LTE FDD 帧结构中的位置如图 2-32 所示。

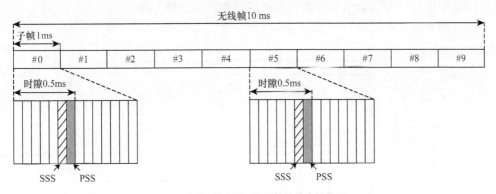

图 2-32　SS 在 LTE FDD 帧结构中的位置

2.4　LTE 系统协议

2.4.1　通用协议模型

接口是指给网络中不同网元之间信息交互提供的方式和渠道；接口协议是信息交互的规范和标准；协议栈是接口协议的架构。

LTE 的通用协议模型是一个"3 层两面"的架构。3 层是 L1：PHY（Physical Layer，物理层）；L2：DLL（Data Link Layer，数据链路层），包含 MAC（Medium Access Control，媒质接入控制）、RLC（Radio Link Control，无线链路控制）和 PDCP（Packet Data Convergence Protocol，分组数据汇聚协议）3 个协议功能模块；L3：NL（Network Layer，网络层），包含 RRC（Radio Resource Control，无线资源控制）和 NAS（Non Access Stratum，非接入层）两个协议功能模块。两面是用户平面和控制平面。通用协议模型如图 2-33 所示。

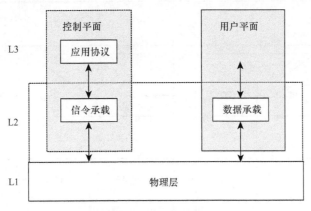

图 2-33　通用协议模型

这个协议模型适用于 E-UTRAN 相关的所有接口，即 S1 和 X2 接口。E-UTRAN 接口的通用协议模型继承了 UMTS 系统中 UTRAN 接口的定义原则，即控制平面与用户平面相分离，无线网络层与传输网络层相分离。除了能够保持控制平面与用户平面、无线网络层与传输网络层技术的独立演进之外，具有良好的继承性，这种定义方法带来的另一个好处是能够减少 LTE 系统接口标准化工作的代价。

按照这个模型，分别给出具体控制面和用户面的协议栈结构。

通用控制面协议栈结构如图 2-34 所示。

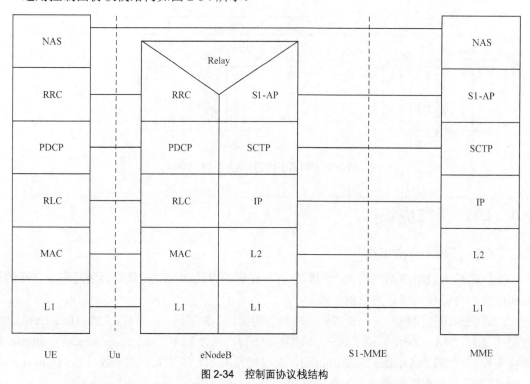

图 2-34 控制面协议栈结构

通用用户面协议栈结构如图 2-35 所示。

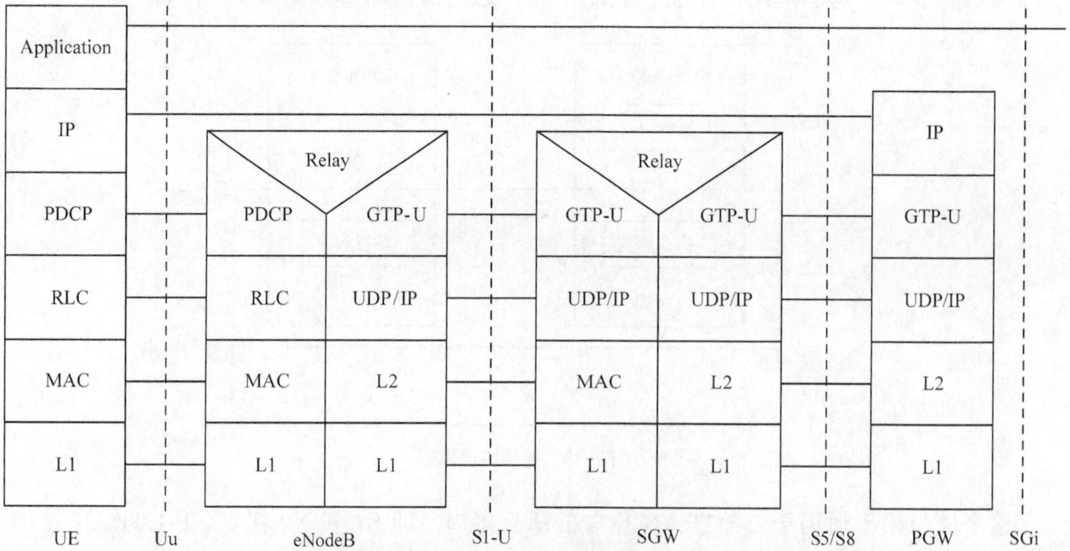

图 2-35 用户面协议栈结构

1. S1 接口

S1 接口定义为 LTE 和 SAE 之间的接口。根据通用协议模型，S1 接口包括两部分：控制面的 S1-C 接口和用户面的 S1-U 接口。S1-C 接口定义为 eNodeB 和 MME 功能之间的接口；S1-U 定义为 eNodeB 和 SAE 网关之间的接口。

借助 S1 接口，可以实现多个 SAE 网元和多个 eNodeB 网元之间接口功能，包括：

（1）SAE 承载业务管理功能，如建立和释放。

（2）终端在 LTE_ACTIVE 状态下的移动性功能，如 Intra-LTE 切换和 Inter-3GPP-RAT 切换。

（3）S1 寻呼、接口管理和 NAS 信令传输功能。

（4）网络共享、漫游和区域限制支持功能。

（5）NAS 节点选择功能和初始上下文建立功能。

2．X2 接口

X2 接口定义为各个 eNodeB 之间的接口，用于 eNodeB 之间的通信，同 S1 接口类似。X2 接口包含 X2-C 和 X2-U 两部分，X2-C 是各个 eNodeB 之间控制面间接口，X2-U 是各个 eNodeB 之间用户平面之间的接口。

X2-C 接口支持以下功能。

（1）移动性功能，支持终端在各个 eNodeB 之间的移动性，如切换信令和用户面隧道控制。

（2）多小区 RRM（Radio Resource Management，无线资源管理）功能，支持多小区的无线资源管理，如测量报告。

（3）通常的 X2 接口管理和错误处理功能。

X2-U 接口支持终端用户分组在各个 eNodeB 之间的隧道功能。

隧道协议支持以下功能。

（1）在分组归属的目的节点处 SAE 接入承载指示。

（2）减小分组由于移动性引起的丢失。

2.4.2　PHY 协议

PHY（Physical Layer，物理层）位于无线接口协议栈的最底层，其主要功能是为数据端设备提供传送数据的通道。

（1）传输信道的错误检测，并向高层提供指示。

（2）传输信道的纠错编码/译码、物理信道调制与解调。

（3）HARQ 软合并。

（4）编码的传输信道向物理信道的映射。

（5）物理信道功率加权。

（6）频率与时间同步。

（7）无线特征测量，并向高层提供指示。

（8）MIMO 天线处理、传输分集、波束赋形。

（9）发射分集。

（10）射频处理。

具体的帧结构、物理资源定义及上/下行物理信道等请参考 2.1～2.3 节相关内容。

2.4.3　MAC 协议

LTE 的 MAC 层结构如图 2-36 所示。

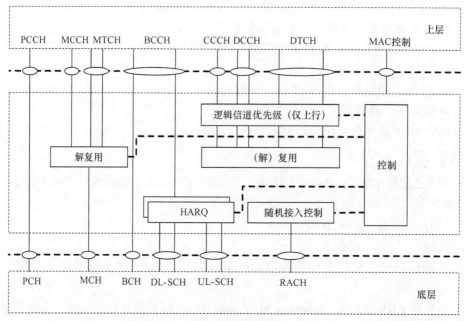

图 2-36　MAC 结构

MAC 层的各个子功能块提供以下的功能。

（1）逻辑信道与传输信道之间的映射。

（2）来自一个或多个逻辑信道的 MAC SDU（Service Data Unit，业务数据单元）的复用与解复用，通过传输信道发送到物理层。

（3）上行调度信息上报，包括终端待发送数据量信息和上行功率余量信息。

（4）通过 HARQ 进行错误纠正。

（5）同一个终端不同逻辑信道之间的优先级管理。

（6）通过动态调度进行的终端之间的优先级管理。

（7）传输格式选择，通过物理层上报的测量信息、用户能力等，选择相应的传输格式，如调制式和编码速率等，从而达到最有效的资源利用。

2.4.4　RLC 协议

RLC（Radio Link Control，无线链路控制）层位于 PDCP 层和 MAC 层之间。它通过 SAP（Service Access Point，业务接入点）与 PDCP 层通信，通过逻辑信道与 MAC 层通信。RLC 层重排 PDCP PDU 的格式使其能适应 MAC 层指定的大小，即 RLC 发射机分块/串联 PDCP PDU，RLC 接收机重组 RLC PDU 来重构 PDCP PDU。

RLC 层的结构如图 2-37 所示。

RLC 层的功能通过 RLC 实体来实现，后者由 3 种数据传输模式的其中之一来配置：TM（Transparent Mode，透明模式）、UM（Unacknowledged Mode，非确认模式）和 AM（Acknowledged Mode，确认模式）。3 种模式的实际操作如下。

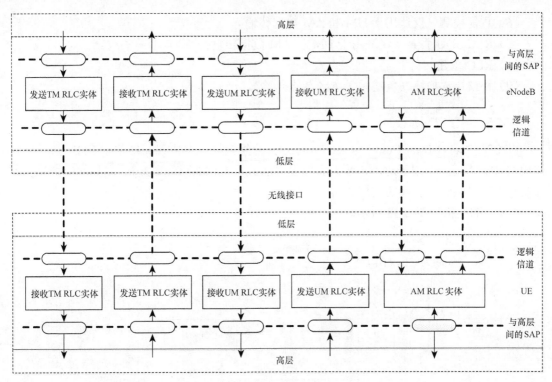

图 2-37 RLC 结构

（1）透明模式（TM）。发送实体在高层数据上不添加任何额外控制协议开销，仅仅根据业务类型决定是否进行分段操作。接收实体接收到的 PDU（Protocol Data Unit，协议数据单元）如果出现错误，则根据配置，在错误标记后递交或者直接丢弃并向高层报告。

（2）非确认模式（UM）。发送实体在高层 PDU 上添加必要的控制协议开销，然后进行传送但并不保证传递到对等实体，且没有使用重传协议。接收实体对所接收到的错误数据标记为错误后递交，或者直接丢弃并向高层报告。由于 RLC PDU 包含有顺序号，因此能够检测高层 PDU 的完整性。UMRLC 主要用在延时敏感和容忍差错的实时应用，尤其是 VoIP。

（3）确认模式（AM）。发送侧在高层数据上添加必要的控制协议开销后进行传送，并保证传递到对等实体。因为具有 ARQ 能力，如果 RLC 接收到错误的 RLC PDU，就通知发送方的 RLC 重传这个 PDU。由于 RLC PDU 中包含有顺序号信息，支持数据向高层的顺序/乱序递交。确认模式是分组数据传输的标准模式，比如 WWW 和电子邮件下载。

RLC 层功能介绍如下。

（1）高层 PDU 传输。

（2）通过 ARQ 机制进行错误修正（仅适用于 AM 数据传输）。

（3）RLC SDU 级联、分段、重组（仅适用于 UM 和 AM 数据传输）。

（4）RLC 数据 PDU 重分段（仅适用于 AM 数据传输）。

（5）RLC 数据 PDU 重排序（仅适用于 UM 和 AM 数据传输）。

（6）重复检测（仅适用于 UM 和 AM 数据传输）。

（7）RLC SDU 丢弃（仅适用于 UM 和 AM 数据传输）。

（8）RLC 重建。

（9）协议错误检测（仅适用于 AM 数据传输）。

2.4.5　PDCP 协议

PDCP（Packet Data Convergence Protocol，分组数据汇聚协议）层位于 LTE 空中接口协议栈的 RLC 层之上，用于对用户平面和控制平面数据提供头压缩、加密、完整性保护等操作，以及对终端提供无损切换的支持。

PDCP 的结构如图 2-38 所示。

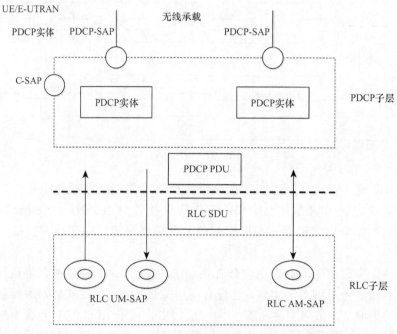

图 2-38　PDCP 结构

所有的 DRB（Data Radio Bearer，数据无线承载）以及除 SRB0 外的其他 SRB（Signalling Radio Bear，信令无线承载）在 PDCP 层都对应 1 个 PDCP 实体。每个 PDCP 实体根据所传输的无线承载特点与一个或两个 RLC 实体关联。单向无线承载的 PDCP 实体对应两个 RLC 实体，双向无线承载的 PDCP 实体对应一个 RLC 实体。一个终端可以包含多个 PDCP 实体，PDCP 实体的数目由无线承载的数目决定。

PDCP 的功能如下。

（1）IP 数据的头压缩与解压缩，只支持一种压缩算法，即 ROHC（Robust Header Compression，健壮性头压缩）算法。

（2）数据传输（用户平面或控制平面）。

（3）对 PDCP SN 值的维护。

（4）下层重建时，对上层 PDU 的顺序递交。

（5）下层重建时，为映射到 RLC AM 的无线承载重复丢弃下层底层 SDU。

（6）对用户平面数据及控制平面数据的加密及解密。

（7）控制平面数据的完整性保护及验证。

（8）RN 用户平面数据的完整性保护及验证。

（9）定时丢弃。

（10）重复丢弃。

2.4.6　RRC 协议

RRC 是 E-UTRAN 中高层协议的核心规范，其中包括了 UE 和 E-UTRAN 之间传递的几乎所有的控制信令，以及 UE 在各种状态下无线资源使用情况、测量任务和执行的操作。

RRC 对无线资源进行分配并发送相关信令。UE 和 E-UTRAN 之间控制信令的主要部分是 RRC 消息。RRC 消息承载了建立、修改和释放数据链路层和物理层协议实体所需的全部参数，同时也携带了 NAS（非接入层）的一些信令，如移动管理（Mobile Management，MM）、配置管理（Configuration Management，CM）等。

在 LTE FDD 系统中仅设定了 RRC 的两种状态：空闲状态 RRC_IDLE 和连接状态 RRC_CONNECTED。E-UTRA 中 RRC 的状态概况，以及 E-UTRAN、UTRAN 和 GERAN 间移动性如图 2-39 所示。

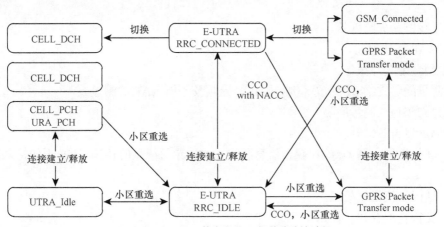

图 2-39　E-UTRA 状态和 RAT 间的移动性过程

E-UTRA 和 cdma2000 之间的移动性如图 2-40 所示。

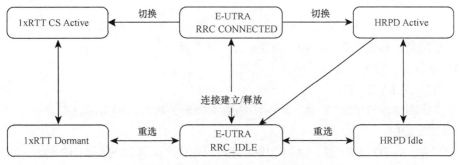

图 2-40　E-UTRA 和 cdma2000 间的移动性过程

RRC 层提供的服务与功能主要有：

（1）广播系统消息。

① NAS 公共信息。

② 适用于 RRC_IDLE 状态 UE 的信息，例如小区选择/重选参数、邻区信息。

③ 适用于 RRC_CONNECTED 状态 UE 的信息，例如公共信道配置信息。

④ ETWS 通知和 CMAS 通知。

（2）RRC 连接控制。

① 寻呼。

② RRC 连接的建立/修改/释放，例如 UE 标识（C-RNTI）的分配/修改、SRB1 和 SRB2 的建立/修改/释放、禁止接入类型等。

③ 初始安全激活，即 AS 完整性保护（SRB）和 AS 加密的初始配置（SRB，DRB）。

④ 对于 RN，AS 完整性保护（DRB）。

⑤ RRC 连接移动性，包括同频和异频切换、相关的安全处理、密钥/算法改变、网络节点间传输的 RRC 上下文信息规范。

⑥ 承载用户数据（DRB）的 RB 的建立/修改/释放。

⑦ 无线配置控制，包括 ARQ 配置、HARQ 配置、DRX 配置的分配/修改。

⑧ QoS 控制，包括上下行半持续调度配置信息、UE 侧上行速率控制参数的配置和修改。

⑨ 无线链路失败恢复。

（3）RAT 间移动性。

（4）测量配置与报告。

① 测量的建立/修改/释放（例如同频、异频及不同 RAT 的测量）。

② 建立和释放测量间隔。

③ 测量报告。

（5）其他功能，例如专用 NAS 信息和非 3GPP 专用信息的传输、UE 无线接入性能信息的传输。

（6）通用协议错误处理。

（7）支持自配置和自优化。

（8）支持网络性能优化的测量记录和报告。

2.4.7　NAS 协议

非接入层（NAS）协议完成 SAE 承载管理、鉴权、AGW 和 UE 间信令加密控制、用户面信令加密控制、移动性管理、LTE_IDLE 时寻呼发起等。

NAS 层主要包括 3 个协议。

（1）LTE_DETACHED

网络和终端侧没有 RRC 实体，此时终端通常处于关机、去附着等状态。

（2）LTE_IDLE

对应 RRC 的 IDLE 状态，终端和网络侧存储的信息包括终端的 IP 地址、与安全相关的参数（密钥等）、终端的能力信息、无线承载。此时终端的状态转移由基站或 S-GW

决定。

（3）LTE_ACTIVE

对应 RRC 的连接状态，状态转移由基站或 S-GW 决定。

NAS 层的协议转换如图 2-41 所示。

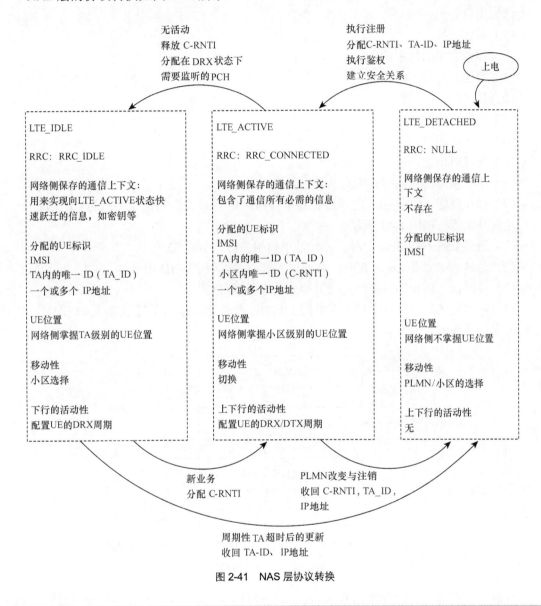

图 2-41　NAS 层协议转换

2.5　物理层过程

2.5.1　小区搜索

无线通信中，终端和基站之间建立无线通信链路的前提是必须先进行小区搜索。小区搜索指终端搜索潜在小区作为目标小区的过程。通过小区搜索过程，终端与服务小区实现下行信号的时间和频率同步，并识别小区 ID。用作小区搜索的信道包括同步信道（SCH）和广播信道（BCH）。SCH 用来取得下行系统时钟和频率同步，而 BCH 则用来取得小区的特定信息。完成小区初始搜索后，终端才能开始接收基站发出的系统信息。因此，小区搜索是终端接入系统的第一步，关系到能否快速、准确地接入系统。

以下两种情况下，必须进行小区搜索。

（1）用户开机。

（2）小区切换。

小区搜索获得的基本信息如下。

（1）初始的符号定时。

（2）频率同步。

（3）小区传输带宽。

（4）小区标识号。

（5）帧定时信息。

（6）小区基站的天线配置信息（发送天线数）。

（7）循环前缀（CP）的长度（LTE 对单播和广播/多播业务规定了不同的 CP 长度）。

小区搜索流程如图 2-42 所示。

（1）通过 PSS 获得 5ms 定时，并通过序列相关得到小区 ID 号。

（2）通过 SSS 获得 10ms 定时，并通过序列相关得到小区 ID 组号。

（3）按照以上两步的结果经过计算得到物理小区 ID。

（4）在固定的时频位置上接收并解码 PBCH，获取 PBCH 的系统消息（天线配置、下行系统带宽、系统帧号等）。

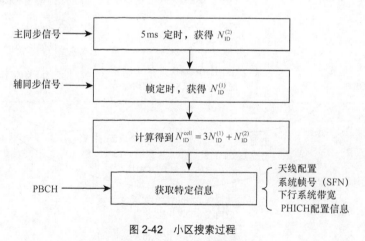

图 2-42　小区搜索过程

终端为保证适当的时候能进行切换，必须进行邻小区搜索，但邻小区搜索过程无需对 PBCH 解码，仅对小区下行参考信号进行信道质量测量及上报。

2.5.2　随机接入

物理层的随机接入过程包括 UE 发送随机接入 Preamble 以及 E-UTRAN 对随机接入的响应。物理层从高层（传输层的 RACH 信道）获取随机接入的 PRACH 信道参数包括 Preamble Index、Preamble 发射功率、RA-RNTI 等。随机接入过程如图 2-43 所示。

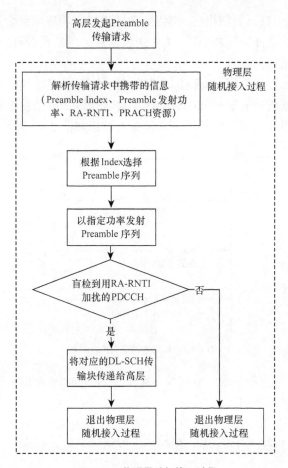

图 2-43　物理层随机接入过程

随机接入过程分为两种模式，即"基于竞争"的随机接入和"无竞争"的随机接入。

（1）基于竞争的随机接入过程

在 LTE 系统中，每个小区中有 64 个可用的前导序列，基于竞争的随机接入，UE 随机选择一个前导序列发起随机接入过程，若同一个时刻多个 UE 使用同一个前导序列，就会发生冲突，导致接入失败。基于竞争的随机接入过程如图 2-44 所示。

① 终端侧通过在特定的时频资源上，发送可以标识其身份的 Preamble 序列，进行上行同步。

② 基站侧在对应的时频资源对 Preamble 序列进行检测，完成序列检测后，发送随机接入响应。

③ 终端侧在发送 Preamble 序列后，在后续的一段时间内检测基站发送的随机接入响应。

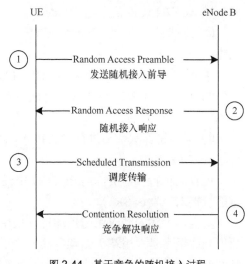

图 2-44　基于竞争的随机接入过程

④ 终端检测到属于自己的随机接入响应，该随机接入响应中包含了允许 UE 上行传输的资源调度信息，基站发送冲突解决响应，UE 接收信息，判断是否竞争成功。

（2）无竞争的随机接入过程

无竞争的随机接入过程使用 eNodeB 分配的前导序列发起接入，成功率较高，但由于仅在切换或者有下行数据传输的时候 eNodeB 才能提前知道 UE 要发起随机接入，因此无竞争的随机接入过程只能用在这两个场景下。具体接入过程如图 2-45 所示。

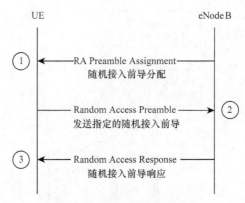

图 2-45　无竞争的随机接入过程

① 基站根据此时的业务需求，给终端分配一个特定的 Preamble 序列（该序列不是在广播信息中广播的随机接入序列组）。

② 终端接收到信令指示后，在特定的时频资源发送指定的 Preamble 序列。

③ 基站接收到随机接入 Preamble 序列后，发送随机接入响应。之后，进行后续的信令交互和数据传输。

随机接入的使用场景如下。

① 终端处于 RRC_CONNECTED 状态，但处于上行失步状态，需要发送新的上行数据和控制信息。

② 终端处于 RRC_CONNECTED 状态，但处于上行失步状态，需要接收新的下行数据，并反馈 ACK/NACK 信息至 eNodeB。

③ 终端处于 RRC_CONNECTED 状态，但处于从正在服务的小区到目标小区的切换状态。

④ 终端处于 RRC_CONNECTED 状态，需要进行定位。

⑤ 终端从 RRC_IDLE（长时间没有数据交互）状态进行初始接入，也称为初始的随机接入。

⑥ 无线链路失败后进行随机接入，当无线链路失败后会发起重建，若重建超时，则终端会转入 IDLE 状态。

还有一种特殊情况，当 PUCCH 中没有资源留给终端来传输调度请求（SR）时，可以通过随机接入来发送 SR。

其实，上述 6 种应用场景均可以采用基于竞争的随机接入过程。但是，小区切换和下行数据到达经常是采用基于无竞争接入（可以减少随机接入的时延）。场景②和场景③是由基站触发的，对应的随机接入过程是由 PDCCH 命令触发的。此时用户会收到 PDCCH 传输信号，物理层将译码正确的 PDCCH 传输上报至 MAC 层，由 MAC 层给物理层下发 Preamble 传输请求，因此基站可以给终端分配资源，即采用基于无竞争的随机接入。

其他的 4 种应用场景，包括无线链路失败、IDLE 状态下进行初始随机接入、上行数据传输和定位都是由高层触发，即由终端的 MAC 层向物理层下发 Preamble 传输请求，采用基于竞争的随机接入。

2.5.3　功率控制

LTE FDD 物理层定义了上下行相应的功率控制机制。对于上行信号，终端的功率控制对抑制用户干扰和电池节能方面有重要意义，所以采取闭环功率控制，控制上行单载波符号上的发送功率；对于下行信号，基站合理的功率分配和相互间的协调能够抑制小区间的干扰，提高组网性能，采用开环功率分配机制，控制基站在下行各个子载波上的发送功率。

1. 上行功率控制

上行功率控制以终端为单位，控制终端到基站的发射功率，使得不同距离的用户都能以适当的功率到达基站；同时，通过小区间干扰情况进行协调调度，抑制小区间的同频干扰。上行调度和功率控制的参数是 OI（Overload Indicator，过载指示）和 HII（High Interference Indicator，高干扰指示）。

（1）上行共享信道的功率控制

终端在子帧 i 发送 PUSCH 时按照以下公式计算发射功率：

$$P_{PUSCH}(i) = \min\left\{P_{CMAX}, 10 \times \log(M_{PUSCH}(i)) + P_{O\_PUSCH}(j) + \alpha(j) \times PL + \Delta_{TF}(i) + f(i)\right\}[dBm] \quad (2\text{-}9)$$

其中，P_{CMAX} 为终端的最大发射功率；$M_{PUSCH}(i)$ 为该次 PUSCH 传输分配的 PRB 个数；$P_{O\_PUSCH}(j) = P_{O\_NOMINAL\_PUSCH}(j) + P_{O\_UE\_PUSCH}(j)$ 为 PUSCH 功率基准值，它是小区专属部分 $P_{O\_NOMINAL\_PUSCH}(j)$ 和终端专属部分 $P_{O\_UE\_PUSCH}(j)$ 两者之和，其中非动态调度的 PUSCH 传输时 $j=0$，动态调度的 PUSCH 传输时 $j=1$；$\alpha(j) \in \{0, 0.4, 0.5, 0.6, 0.7, 0.8, 0.9, 1\}$ 为部分功率控制算法中对大尺度衰落的补偿量，通过选择合适的因子可以获得小区边缘吞吐量和小区间干扰之间的折中，由高层信令使用 3bit 信息指示本小区所使用的数值；PL 为终端测量的下行大尺度路径损耗；$\Delta_{TF}(i)$ 为基于 MCS 的功率调整值。基于 MCS 的功率调整可以使得 UE 根据选定的 MCS 动态调整相应的发射功率谱密度。UE 的 MCS 是由 eNodeB 调度的，通过设置 UE 的发射 MCS，可以较快地调整 UE 的发射功率谱密度，达到类似快速功率控制的效果；$f(i)$ 为当前功率的调整值，依据 PDCCH 上的 TPC 命令进行调整。

（2）上行控制信道的功率控制

上行控制信道 PUCCH 采用大尺度衰落结合闭环功率控制的方案。终端在子帧 i 发送 PUCCH 时的发射功率如下式所示：

$$P_{PUCCH}(i) = \min\left\{P_{CMAX}, P_{O\_PUCCH} + PL + h(n_{CQI}, n_{HARQ}) + \Delta_{F\_PUCCH}(F) + g(i)\right\}[dBm] \quad (2\text{-}10)$$

其中，P_{CMAX} 为终端的最大发射功率；$P_{O\_PUCCH}(j) = P_{O\_NOMINAL\_PUCCH}(j) + P_{O\_UE\_PUCCH}(j)$ 为 PUCCH 功率基准值；PL 为终端测量的下行大尺度路径损耗；$\Delta_{F\_PUCCH}(F)$ 为 PUCCH 格式相关的功率调整量，定义为每种 PUCCH 类型相对于基准 PUCCH 格式的功率偏置；$g(i)$ 为终端闭环功率控制所形成的调整值，通过 PDCCH 发送；公式中其他参数与 PUSCH 相同。

（3）SRS 的功率控制

除了数据信道和控制信道之外，物理层上行还对 SRS 的发射功率进行了控制，采用了与数据信道 PUSCH 类似的部分功率补偿结合闭环功率控制的方法。在子帧 i，终端 SRS 的发送功率可以表示为：

$$P_{SRS}(i) = \min\left\{P_{CMAX}, P_{SRS\_OFFSET} + 10 \times \log(M_{SRS}) + P_{O\_PUSCH}(j) + \alpha(j) \times PL + f(i)\right\}[\text{dBm}] \quad (2\text{-}11)$$

其中，P_{SRS_OFFSET} 表示 SRS 的功率偏移，由用户高层信令半静态地进行指示；M_{SRS} 表示 SRS 的传输带宽（RB 数目）；其他参数与 PUSCH 中的定义相同。

2．下行功率分配

下行基站发射总功率一定，需要将总功率分配给各个下行物理信道。下行功率分配以每个 RE 为单位，控制基站在各个时刻各个子载波上的发射功率；下行功率分配中，包括提高导频信号的发射功率，以及与用户调度相结合实现小区间干扰抑制的相关机制。

下行共享信道 PDSCH 发射功率表示为 PDSCH RE 与 CRS RE 的功率比值，即 ρ_A 和 ρ_B。ρ_A 表示时隙内不带有 CRS 的 OFDM 符号上 PDSCH RE 与 CRS RE 的功率比值；ρ_B 表示时隙内带有 CRS 的 OFDM 符号上 PDSCH RE 与 CRS RE 的功率比值。

不同场景下，不同 OFDM 符号所对应的 ρ_A 和 ρ_B 见表 2-14。

表 2-14　　　　　　　　　　不同 OFDM 符号所对应的 ρ_A 和 ρ_B

天线端口数	ρ_A		ρ_B	
	常规 CP	扩展 CP	常规 CP	扩展 CP
1、2 天线	1，2，3，5，6	1，2，4，5，	0，4	0，3
4 天线	2，3，5，6	2，4，5	0，1，4	0，1，3

小区通过高层信令通知的小区专用参数 P_B 以及 eNodeB 配置的小区专用天线端口数来指示 ρ_B 和 ρ_A 的比值，通过不同的比值可以设置信号在基站总功率中不同的开销比例，由此实现了不同程度提高 CRS 发射功率的功能。

在指示 ρ_B 和 ρ_A 比值的基础上，通过参数 P_A 可以确定 ρ_A 的具体值，得到基站下行 PDSCH 发射功率，该信息用于 16QAM、64QAM 和 MU-MIMO 等需要幅度信息的检测过程，其中 $\rho_A = \delta_{POWER\_OFFSET} + P_A$，$\delta_{POWER\_OFFSET}$ 用于 MU-MIMO 的场景，例如，$\delta_{POWER\_OFFSET} = -3\text{dB}$ 可以表示功率平均分配给两个用户。若 TD-L 物理层采用 SFBC+FSTD 作为 4 天线发送分集，但在同一时刻只有两根天线进行数据信号的发射，此时 $\rho_A = \delta_{POWER\_OFFSET} + P_A + 10\lg 2$，即 3dB 的偏移量补偿。

1、2 和 4 天线端口下 ρ_B/ρ_A 的具体参数见表 2-15。

表 2-15　　　　　　　　　　1、2 和 4 天线端口下 ρ_B/ρ_A 的比值

P_B	ρ_B/ρ_A	
	1 天线	2、4 天线
0	1	5/4
1	4/5	1
2	3/5	3/4
3	2/5	1/2

下行功率分配为下行公共参考信号分配合适的功率，以满足小区边缘用户下行测量性能和信道估计性能需要，从而支持 RS 功率提升；下行功率分配为下行公共信道/信号（PCFICH、PHICH、PDCCH、同步信号、广播信息、寻呼、随机接入相应等）分配合适的功率，以满足小区边缘用户的接收质量；同时，下行功率分配为下行用户专属数据信道分配合适的功率，在满足用户接收质量的前提下，尽量降低发射功率，减少对邻小区的干扰。下行功率分配实现不同 OFDM 符号上的总功率尽量一致，保证功放效率并减少功率浪费。

2.5.4　链路自适应过程

LTE 系统物理层的链路自适应过程包括自适应带宽配置、自适应 MIMO 配置、自适应调制与编码（Adaptive Modulation and Coding，AMC）等技术。

1. 自适应带宽配置

自适应带宽配置，是一种频率自适应技术，本质上以 OFDM 技术为基础，结合共享信道数据传输的物理层过程完成。LTE 上、下行都是由基站进行动态时、频资源的调度，通过 PDCCH 给终端作出时、频指示，通过共享信道来完成上、下行数据传输的。自适应带宽配置就是频率资源的动态调度，决定子载波配置的位置和数量。

带宽自适应可以抗频率选择性衰落，获得传输质量上的增益。分配给用户的子载波在相干带宽内的衰落特性可以认为是相同的，但相隔较远的子载波的衰落特性可以认为是不同的。如果知道各个用户在各子载波上的衰落特性，则可以为不同用户尽量选择条件较好的子载波进行数据传输，实现多用户分集增益，提高频谱效率。

相干带宽内的子载波具有近似的衰落值，可以把相邻的一些子载波划分为一个子带（Subband），以子带为单位进行调度。接收方在一定的时间内针对每个子带反馈信号质量指示，而无须对每个子载波反馈，减少信令开销。

子带是由 4、6 或 8 个连续的 RB 组成，个数与系统带宽有关，见表 2-16。若系统带宽小于 8 个 RB，则不再需要定义子带。

表 2-16　　　　　　　　　　　　系统带宽与子带大小关系

系统带宽（RB 数）	子带大小（连续 RB 数）
6～7	—
8～10	4
11～26	4
27～63	6
64～110	8

2. 自适应 MIMO 配置

LTE FDD 物理层下行信道信息包括 CQI（Channel Quality Indicator，信道质量指示）、PMI（Precoding Matrix Indicator，预编码矩阵指示）和 RI（Rank Indicator，秩指示）。终端采取周期上报信道信息和非周期上报信道信息两种机制上报给基站。基站根据终端所上报的链路质量信息（CQI/PMI/RI）选择适当的物理资源和相应的编码调制方式进行下行数据的发送，实现对链路资源的优化利用，达到最佳性能。

自适应 MIMO 配置需要反馈的是 RI 和 PMI，MIMO 定义了 8 种传输模式，见表 2-17。

表 2-17　　　　　　　　　　　　　　MIMO 传输模式

传输模式	功能
模式 1	单天线传输
模式 2	发射分集
模式 3	开环空间复用预编码传输（或发射分集）
模式 4	闭环空间复用预编码传输（或发射分集）
模式 5	MU-MIMO 预编码传输（或发射分集）
模式 6	闭环单流预编码传输（或发射分集）
模式 7	单流赋形传输（或发射分集）
模式 8	双流赋形传输（或发射分集）

在链路条件较差的时候，回退到发射分集模式，降低吞吐率，增加数据传输的可靠性；在链路条件较好的时候，尽可能使用满秩的天线发射模式，降低了传输可靠性，增加了吞吐率。

3. 自适应调制与编码

物理层下行支持 29 种调制编码方式，见表 2-18，其中包括了 QPSK、16QAM 和 64QAM 3 种不同的调制方式和不同的信道编码效率。根据这样的原则，针对每一种物理资源 PRB 的占用数目，规范中定义了 29 种传输块大小。调制编码格式确定了，传输块大小也就确定了，然后可以分配相应的时、频资源来自适应无线环境的变化。

表 2-18　　　　　　　　　　　　PDSCH 调制和 TBS 索引表

MCS 索引	调制方式	码率	调制阶数	I_{TBS}	$SNR/(dB)$
0	QPSK	0.117 2	2	0	−6.474 6
1	QPSK	0.153 3	2	1	−5.167 3
2	QPSK	0.188 5	2	2	−4.130 6
3	QPSK	0.245 2	2	3	−2.761 9
4	QPSK	0.300 8	2	4	−1.648 6
5	QPSK	0.370 1	2	5	−0.462 3
6	QPSK	0.438 5	2	6	0.561 4
7	QPSK	0.513 7	2	7	1.570 2
8	QPSK	0.587 9	2	8	2.479 1
9	QPSK	0.663 1	2	9	3.335 0
10	16QAM	0.332 0	4	9	3.344 9
11	16QAM	0.369 1	4	10	4.139 3
12	16QAM	0.423 8	4	11	5.242 6
13	16QAM	0.478 5	4	12	6.284 6
14	16QAM	0.540 0	4	13	7.402 1

MCS 索引	调制方式	码率	调制阶数	I_{TBS}	$SNR/(dB)$
15	16QAM	0.601 6	4	14	8.478 5
16	16QAM	0.642 6	4	15	9.176 5
17	64QAM	0.427 7	6	15	9.158 8
18	64QAM	0.455 1	6	16	9.846 8
19	64QAM	0.504 9	6	17	11.072 6
20	64QAM	0.553 7	6	18	12.249 7
21	64QAM	0.601 6	6	19	13.387 8
22	64QAM	0.650 4	6	20	14.534 0
23	64QAM	0.702 1	6	21	15.737 1
24	64QAM	0.753 9	6	22	16.933 9
25	64QAM	0.802 7	6	23	18.055 3
26	64QAM	0.852 5	6	24	19.195 1
27	64QAM	0.888 7	6	25	20.021 4
28	64QAM	0.925 8	6	26	20.866 6
29					
30			预留		
31					

在进行下行数据传输时,下行调度信息中使用 5bit 对所调度数据使用的 MCS(Modulation and Coding Scheme,调制与编码策略)进行指示,接收端可以根据该信息确定数据所使用的调制方式。同时,将这 5bit MCS 信息和调度信息中所分配的 PRB 数目相结合,可以确定传输块大小,即信道编码数据源大小的信息,由此实现下行数据正确的传输与接收。

参考文献

[1] 3GPP TS36.101 v11.5.0 Release11. Evolved Universal Terrestrial Radio Access (E-UTRA); User Equipment (UE) radio transmission and reception,2013.7.

[2] 3GPP TS36.201 v10.0.0 Release10. Evolved Universal Terrestrial Radio Access (E-UTRA); LTE physical layer; General description,2011.1.

[3] 3GPP TS36.211 v10.7.0 Release10. Evolved Universal Terrestrial Radio Access (E-UTRA); Physical channels and modulation,2013.4.

[4] 3GPP TS36.212 v10.8.0 Release10. Evolved Universal Terrestrial Radio Access (E-UTRA); Multiplexing and channel coding,2013.7.

[5] 3GPP TS36.213 v10.10.0 Release10. Evolved Universal Terrestrial Radio Access (E-UTRA); Physical layer procedures,2013.7.

[6] 3GPP TS36.214 v10.1.0 Release10. Evolved Universal Terrestrial Radio Access (E-UTRA);

Physical layer; Measurements，2011.4.

[7] 3GPP TS36.321 v10.9.0 Release10. Evolved Universal Terrestrial Radio Access (E-UTRA); Medium Access Control (MAC) protocol specification，2013.7.

[8] 3GPP TS36.322 v10.0.0 Release10. Evolved Universal Terrestrial Radio Access (E-UTRA); Radio Link Control (RLC) protocol specification，2011.1.

[9] 3GPP TS36.323 v10.2.0 Release10. Evolved Universal Terrestrial Radio Access (E-UTRA); Packet Data Convergence Protocol (PDCP) specification，2013.2.

[10] 3GPP TS36.331 v10.10.0 Release10. Evolved Universal Terrestrial Radio Access (E-UTRA); Radio Resource Control (RRC) Protocol specification，2013.7.

[11] 韩志刚，等. LTE FDD 技术原理与网络规划. 北京：人民邮电出版社，2012.

[12] [意]Stefania Sesia 等著. LTE——UMTS 长期演进理论与实践. 马霓等译. 北京：人民邮电出版社，2009.

[13] 陈书贞，等. LTE 关键技术与无线性能. 北京：机械工业出版社，2012.

[14] 张新程，等. LTE 空中接口技术与性能. 北京：人民邮电出版社，2009.

[15] 肖清华，汪丁鼎，许光斌，丁巍. TD-LTE 网络规划设计与优化. 北京：人民邮电出版社，2013.

第3章
EPC 核心网系统

本章主要介绍了 EPC 核心网系统的基本概念、系统架构以及主要特性。首先介绍了 EPC 核心网的发展情况及基本的网络参考模型，描述了 EPC 主要网元的功能及相关接口协议，然后对 3GPP 接入架构和非 3GPP 接入架构进行了介绍，最后对 EPC 网络和 2G/3G 网络分组域及电路域的互操作进行了介绍和比较。

3.1 EPC 核心网系统架构

2004 年 12 月，3GPP 在希腊雅典会议启动了面向全 IP 的移动通信分组域核心网的演进项目（System Architecture Evolution，SAE），现在更名为 EPS（Evolved Packet System），其核心网称为 EPC（Evolved Packet Core，演进的分组核心网）。

EPC/SAE 的目标是"制定一个具有高数据率、低延迟、数据分组化、支持多种无线接入技术为特征的具有可移植性的 3GPP 系统框架结构"。3GPP 的 SAE 项目是基于移动通信的全 IP 网络而发起的，同时 SAE 的系统架构适应于未来网络环境下的多种无线接入技术。3GPP 网络的无线接入技术不仅有 ETRAN（演进的 UTRAN）、UTRAN（全球陆地无线接入网）和 GERAN（GSM EDGE 无线接入网络），还有 Wi-Fi、WiMAX 等接入技术。

SAE 的主要工作目标：一是提高性能，降低时延，提供更高的用户数据速率，提高系统容量和覆盖率，降低运营成本；二是集成 3GPP 及其他非 3GPP 的接入技术，实现多接入技术的支持和更加灵活的移动性管理；三是实现一个基于 IP 网络的基础架构，优化 IP 传输网络。不同于 LTE 无线网络的研究范围，SAE 更多地是从系统整体角度考虑未来移动通信的发展趋势和特征，从网络架构方面确定将来移动通信的发展方向。在无线网络接口技术呈现出多样化、同质化特征的条件下，满足未来发展趋势的网络架构将使运营商在未来更有竞争力，用户不断变化的业务需求也将得到较好的满足。

EPC/SAE 网络的主要特征包括：

（1）能够支持端到端的 QoS 保证和控制，能够对每段承载进行 QoS 控制。

（2）实现全面分组化（All IP 网络）。EPC 提供真正意义上的纯分组接入，将不再提供电路域业务。

（3）能够支持多接入技术。支持和现有 3GPP 系统的互通，支持非 3GPP 网络（如 WLAN、WiMAX）的接入及 3GPP2 cdma2000 eHRPD 网络的接入，支持用户在 3GPP 网络和非 3GPP 网络之间的漫游和切换。另外，需要说明的是，EPC/SAE 网络支持 3GPP LTE 无线系统的接入，包括支持 LTE FDD 和 LTE TDD 这两种无线双工方式。

（4）能够实现对实时业务的支持，并增强功能，简化网络架构，简化用户业务连接建立信令流程，降低业务连接的时延，连接建立的时间要求小于 200ms。

（5）网络层次实现扁平化。核心网节点信令面和用户面管理实现分离，用户面节点尽量压缩，接入网取消 RNC，核心网用户面节点在非漫游时合并为一个。

EPC/SAE 的标准进展：3GPP 的核心网标准发展经历了多个阶段，从 2G、2.5G、3G 直到目前的 LTE，3G 阶段的版本从 R99 开始，陆续完成了 R4、R5、R6、R7、R8、R9、R10、R11 版本，R12 版本也即将冻结。其中 R4 版本在核心网电路域结构中引入了软交换技术，将承载和控制分离，网络结构发生了重大改变；R5 版本引入了 IMS，提出了全 IP 网络的概念，IMS 提供业务，提出了业务层和网络层的分离；R8 版本提出了 SAE 系统架构，在分组域提出信令面和用户面的分离，分组域的架构发生了重大改变，也是本书重点说明的内容；R9 之后，网络架构没有发生变化，主要是对 R8 版本及后续定义的系统结构和功能的增强和优化。

3.1.1　网络参考模型

EPS 网络由演进的 UMTS 陆地无线接入网络（E-UTRAN）、移动性管理设备（MME）、服务网关（S-GW）、PDN 网关（P-GW）以及用于存储用户签约信息的 HSS 等组成。EPS 系统可配合 PCRF 实现计费和策略控制功能。EPS 网络参考模型如图 3-1 所示，图示网络参考模型为基本的 EPS 系统，无线接入部分仅包括 3GPP E-UTRAN 接入，未包含 UTRAN/GERAN 系统的接入和非 3GPP 接入系统。

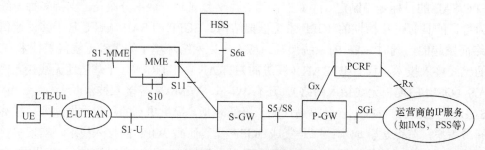

图 3-1　EPS 网络参考模型

网络管理实体（MME）是控制平面设备，EPC 系统通过 MME 实现对用户接入、鉴权、漫游及数据承载、路径的管理和控制，MME 处理的仅是控制消息或信令，用户业务数据流不经过 MME。MME 的主要功能是支持 NAS（非接入层）及其安全，跟踪区域（Tracking Area，TA）列表的管理，P-GW 和 S-GW 的选择，跨 MME 切换时对于 MME 的选择，在向 3GPP 2G/3G 接入系统切换过程中进行 SGSN 的选择，用户的鉴权，漫游控制以及承载管理，3GPP 不同接入网络的核心网络节点之间的移动性管理，以及 UE 在 ECM_IDLE 状态下可达性管理等。简单地说，MME 是网络的控制层设备，控制用户（UE）是否合法、是否能够接入网络、是否能够使用网络的资源及如何使用网络特定的资源。

服务网关（S-GW）是用户平面设备，S-GW 面向 E-UTRAN 侧，负责用户业务数据流的路由选择和数据转发，并执行会话管理、QoS 控制、信息存储和计费等功能。S-GW 是终止于 E-UTRAN 接口的网关，是面向 eNodeB 终结于 S1-U 接口的网关。S-GW 提供的主要功能有：当用户在 eNodeB 间切换时作为本地锚定点，并协助完成 eNodeB 的重排序功能，当用户在 3GPP 不同接入系统间切换时，作为移动性锚点；执行合法侦听；进行数据包的路由和前转；在上行和下行传输层进行分组标记；根据每个 UE，PDN 和 QCI 的上行链路和下行链路的相关计费（主要用于运营商间的计费）等。

PDN 网关（P-GW）是用户平面设备，是面向 PDN 终结于 SGi 接口的网关。P-GW 是面向 PDN（分组数据网络）连接的与外部网络的网关，负责为用户数据提供 PDN 连接、用户 IP 地址分配、路由选择和转发，并执行会话管理、PCRF 选择、QoS 控制、策略和计费执行等功能。如果 UE 访问多个 PDN，UE 将对应一个或多个 P-GW。P-GW 提供的主要功能有：基于用户的包过滤、合法侦听功能、UE 的 IP 地址分配功能、在上行链路中进行数据包传送级标记、进行上下行服务等级计费以及服务水平门限的控制，进行基于业务的上下行速率的控制等。

HSS 是用于存储用户签约信息的数据库，与传统网络的 HLR 功能类似，归属网络中可以包含一个或多个 HSS。HSS 负责保存跟用户相关的信息，例如用户标识、编号和路由信息、安全信息、位置信息、概要（Profile）信息等。

策略和计费控制单元（PCRF）是策略控制决策及基于流计费控制功能的网元，PCRF 向 PCEF 提供关于服务数据流检测、门控、基于 QoS 和基于流计费的网络控制功能。PCRF 终结于 Rx 接口和 Gx 接口。

图 3-1 中涉及的网络接口主要参考点如下。

S1-MME：E-UTRAN 和 MME 间控制平面协议参考点。

S1-U：E-UTRAN 和 S-GW 间每个承载的用户平面隧道参考点。

S5：网络内部 S-GW 和 P-GW 间接口，该接口在 S-GW 和 P-GW 分设情况下，提供用户移动过程中的 S-GW 重定位的功能。

S6a：MME 和 HSS 之间传输鉴权、查询及确认数据的参考点。

Gx：为 PCRF 和 P-GW 中的 PCEF（Policy and Charging Enforcement Function）提供 QoS 准则和计费标准的参考点。

S10：MME 间的参考点，MME 之间信息的传输。

S11：MME 和 S-GW 之间的参考点。

SGi：P-GW 和分组数据网络之间的参考点。分组数据网可以是外部公共或私人数据网，也可以是内部分组数据网，例如为 IMS 提供服务。这个参考节点类似于 3GPP 接入网的 Gi 节点。

Rx：Rx 节点位于 AF（Application Function，应用功能）和 PCRF 之间。

3.1.2　基本网元功能

1. E-UTRAN

E-UTRAN 为演进的 UMTS 陆地无线接入网络，由 eNodeB（eNB）组成，提供面向 UE 的 E-UTRA 用户平面（PDCP / RLC / MAC / PHY）和控制平面（RRC）协议的终结，eNB 通过 S1 接口和 EPC 互联，S1 接口包括 eNodeB 和 MME 之间的 S1-MME 接口、与 S-GW 之间的 S1-U 接口，S1 接口支持多对多关系的 MME/服务网关和基站。eNB 之间通过 X2 接口互联。E-UTRAN 实体具备的主要功能包括：

（1）与无线资源管理相关的功能，包括无线承载控制、接入控制、连接移动性管理、上/下行动态资源分配和调度等。

（2）寻呼消息的调度与传输。eNodeB 在接收到来自 MME 的寻呼消息后，根据一定的调度原则向空中接口发送寻呼消息。

（3）系统广播消息的调度与传输。系统广播消息的内容可以来自 MME 或操作维护，eNodeB 负责按照一定的调度原则向空中接口发送系统广播消息。

（4）头压缩及用户平面加密，即 PDCP 功能。

（5）UE 附着的时候，进行 MME 选择，由于 eNodeB 可以和多个 MME/S-GW 直接存在接口关系，UE 在初始接入网络时，由 eNodeB 根据 UE 提供的信息选择一个 MME 进行附着。

（6）基于 UE 的 QoS 签约信息，进行上行或下行的承载级别的速率调度和调整，同时能对上行或下行承载级进行准许控制。

E-UTRAN 实体的主要功能在 3GPP 规范 TS 36.300 中进行了详细的定义。

2. MME

MME 是核心网唯一的控制平面设备，其主要功能包括接入控制、移动性管理、会话管理、网元选择、标识管理、用户上下文信息承载管理等功能。

（1）接入控制功能

MME 接入控制功能包括安全控制和接入许可控制。

MME 通过鉴权功能实现网络和用户之间的相互鉴权以及密钥协商，确保用户请求的业务在当前网络是可以授权使用的，通常这个功能连同移动性管理过程一起使用。鉴权包括对 IMSI、GUTI（Globally Unique Temporary Identity，全球唯一临时标识）等的校验，验证其合法性。可以通过人机命令开启或关闭可选鉴权功能。鉴权的场合运营商可以按需进行设置，通常必须执行鉴权的场合包括：UE 初次附着，UE 附着且网络中不存在 UE 的上下文，进行跟踪区更新等 NAS 流程带来的 GUTI 与网络侧不符合的情况，NAS 计数器值达到一定数值后。MME 还可以根据配置对业务请求过程、其他附着过程、其他跟踪区更新等可选的场合进行鉴权，鉴权的频率可以配置。

MME 能够根据附着、跟踪区更新、连接状态等过程需要给用户进行 GUTI 的重新分配。GUTI 作为临时用户标识，可以在空口上保护 IMSI 的安全性，类似于 UMTS 网络中 TMSI 或 P-TMSI 的作用。当用户以临时身份标识 GUTI 附着到网络时，首次鉴权失败时，MME 能够获取用户的 IMSI 后用以发起二次鉴权。

MME 能够识别用户设备，对用户设备进行合法性检查。MME 上可以配置允许或禁止用户接入网络。

MME 能够进行信令加密和密钥管理，对 UE 和 MME 之间的消息和信令（例如 NAS 消息）进行加密、完整性保护算法选择和完整性保护功能。MME 支持 NAS 信令的完整性保护算法选择和完整性保护功能。

MME 能够实现 3G 安全参数和 EPC 安全上下文映射功能，主要为适应用户在 2G/3G 与 LTE 网之间的漫游，MME 支持 3G 安全参数和 EPC 安全上下文映射之间的映射转换。

（2）移动性管理

移动性管理包括附着、去附着、跟踪区更新、跟踪区列表管理、切换、清除、业务请求、漫游区域限制、多 PDN 连接、寻呼等。

MME 能够根据 UE 用户在网络中的移动性管理注册状态或连接状态,确定对用户采用何种动作。UE 在网络中的状态通过 EPS 移动性管理(EMM)状态模型和 EPS 连接管理(ECM)状态模型来描述,EMM 状态模型表示 UE 是否已经在网络中注册,注册状态的转变是由于移动性管理过程而产生的,比如附着过程和 TAU 过程。EMM 状态模型有两种,即 EMM-DEREGISTERED 和 EMM-REGISTERED。ECM 状态模型表示 UE 是否已实现和 EPC 网络的信令连接,也有两种状态,即 ECM-IDLE 和 ECM-CONNECTED。MME 根据 ECM 状态确定是先建立连接还是直接传送数据或建立承载。

MME 具备对周期性跟踪区更新的管理功能。该定时器的数值是由 MME 下发给每个注册在其中的 UE 的。UE 上的周期性定时器一旦超时,UE 会发起周期性跟踪区更新。如果此时 UE 不在 E-UTRAN 覆盖范围下,会在重新回到覆盖区的时候执行周期性跟踪区更新。当 MME 的用户定时器超时后,如果用户每月进行周期性的跟踪区更新,则 MME 对 UE 进行去附着注销,以释放相应的资源。

对于注册到 MME 的 UE,MME 能够为其分配一个 TAI List(跟踪区标识列表),保证用户在该列表标识的跟踪区移动时都不需要进行非周期性的跟踪区更新,从而降低用户的更新次数,减轻网络负荷压力。MME 可依据静态配置或动态策略决定 TAI List 的范围。

MME 能够对用户的业务请求提供支持,包括 UE 发起的业务请求和网络发起的业务请求。网络发起的业务请求,用于网络有下行数据发送到 UE 或者网络需要与 UE 进行信令交互的场景,当用户在 ECM-IDLE 状态时,由于 MME 不能够获知 UE 当前的精确位置,需要在 UE 当前的跟踪区列表内寻呼 UE,寻呼到的 UE 发起业务请求来建立和网络之间的安全连接,以便接受网络下发的下行数据或者信令消息。

(3)会话管理

MME 的会话管理功能是指对建立会话所必需的承载(默认承载和专有承载)进行管理,包括:对 EPC 承载的建立、修改和释放,接入网侧承载的建立和释放。另外,与 2G/3G 网络(Gn/Gp SGSN)交互时,完成 EPC 承载与 PDP 上下文之间的有效映射。

EPS 承载建立包括:UE 发起的附着过程中,建立默认承载;网络侧发起的 EPC 承载的激活,建立专用承载;UE 发起的承载资源修改,建立专用承载;UE 发起 PDN 连接过程中,建立默认承载。

(4)网元选择

MME 作为控制平面网元,需要具备网元选择功能,给用户选择相应的用户平面网元,包括 P-GW 和 S-GW,在发生漫游切换时,还要为用户选择新的 MME 或者 S4 SGSN,为用户提供服务。MME 利用 HSS 提供的用户签约信息,为 3GPP 接入分配一个 P-GW 以提供 PDN 连接。基于网络的拓扑结构为 UE 选择一个可用的 S-GW。MME 的选择用于切换过程,MME 的选择功能基于网络的拓扑结构为服务的 UE 选择一个可用 MME。通常为了减少 MME 改变的可能性,尽量选择在 Pool 区域的 MME。

(5)信息存储

MME 需要保存用户在 ECM 连接(ECM-CONNECTED)和 ECM 空闲状态(ECM-IDLE)、EMM 未注册状态(EMM-DEREGISTERED)下的 MM 上下文和 EPS 承载上下文信息,这些信息主要包括用户标识、跟踪区信息、鉴权信息、安全算法、对端通信实体的地址、用户的

PDN 连接参数、用户的 QoS 参数等。

（6）业务连续性

为保证用户在 EPS 系统与传统 2G/3G 系统间的业务互通和业务的连续性，MME 需具备相关的业务连续性功能，实现与 2G/3G 系统分组域的互操作、电路域的 CSFB（Circuit Switched FallBack，电路交换回落）和 SRVCC（Single Radio Voice Call Continuity，单射频语音呼叫连续性）等功能。

3．S-GW

S-GW 是用户面网元，是 EPC 面向 E-UTRAN 侧的网关，对每一个与 EPS 相关的 UE，在一个时间点上，都有一个 S-GW 为其服务。S-GW 的主要功能包括会话管理、路由选择和数据转发、QoS 控制、计费和用户信息存储等。

（1）会话管理

S-GW 能够实现 EPS 承载管理功能，包括 EPS 承载的建立、修改和释放。S-GW 能存储和处理处于 ECM-IDLE（空闲状态）和 ECM-CONNECTED（连接状态）下终端的 EPS 承载上下文，能一一对应地存储上下行数据 S1 承载和 S5/S8 承载的映射关系。在支持非直接前转功能时，源 S-GW 需要和目的 S-GW 之间建立临时的 GTP-U 隧道，用于转发数据。

另外，S-GW 能辅助 MME 完成一些移动性管理程序，例如基于 X2 接口的切换、基于 S1 接口的切换、跟踪区更新、网络侧触发的业务请求、S1 连接的释放。

（2）路由选择和数据转发

S-GW 具有将从上一个节点接收到的数据（GTP-U PDU）转发给路由中下一个节点的功能。

当发生 eNodeB 间切换时，S-GW 作为本地锚定点，在路径转换后立即向源 eNodeB 发送一个或多个结束标志（End Marker），来协助完成 eNodeB 的重排序功能。在发送完带该标记的 GTP 包后，S-GW 就不能再向源 eNodeB 发送任何数据包了。

在用户空闲模式下，S-GW 能缓存下行数据并发起"网络侧触发的服务请求"流程。

当发生 3GPP 内不同接入系统之间的切换，S-GW 也是移动性锚点，通过 S-GW 与 SGSN 之间的 S4 接口，在 2G/3G 系统和 P-GW 间实现业务路由。

（3）QoS 控制

S-GW 支持 EPS 承载的主要 QoS 参数，包括 QCI、ARP、GBR、MBR 和 AMBR；其中，QCI 与 AMBR 两个参数是 EPS 系统新增加的，其余参数则都沿用于 UMTS 系统。S-GW 支持终端和网络侧发起的基于 QoS 更新的承载修改过程。在承载建立/更新过程的接入控制中能够在资源不足时根据 ARP 高的允许接入，ARP 低的拒绝接入。能够对 GBR 承载实现承载级的 GBR、MBR 带宽管理功能。S-GW 能够基于 QCI 来设置 GTP 传输层的 IP 头 DSCP。

（4）计费功能

S-GW 能够支持计费信息的采集和计费数据的上报。S-GW 能够采集每个 UE 的计费信息，即基于每 UE 的每 PDN 连接，针对每对 QCI 和 ARP，采集 UE 发送接收的数据流量。对于支持 GTP 协议的 S5/S8 接口，能够基于承载进行计费信息的采集和报告。在切换的场景下，不能因为数据转发而导致重复计费，因此在非直接前转的时候，S-GW 不采集 UE 的计费信息。S-GW 需采集的具体信息应与 S-GW-CDR 一致。

采集到计费信息以后，S-GW 能够根据这些信息，基于计费事件的触发，产生 S-GW-CDR，并通过 Ga 接口实时将 S-GW-CDR 传送给 CGF 处理。S-GW 给 CG 上报的计费信息包括签约标识、计费标识、S-GW 地址等，还要包括用于标识 IP-CAN 承载的标识符、上下行流量、时长以及计费条件改变信息。

（5）管理用户承载上下文信息

S-GW 能够实现对用户承载上下文信息的管理，包括存储、修改和删除用户承载上下文信息。S-GW 具体存储的承载上下文信息包括用户标识、隧道标识、承载级 QoS、对端通信实体的地址、计费信息等。

当释放专有承载时，S-GW 仅释放与专有承载相关的承载上下文信息。当释放默认承载时，则会释放与该默认承载相关所有的承载上下文。如果当前用户只有一个 PDN 连接，而与该 PDN 连接关联的默认承载删除了，那么 S-GW 就删除用户所有的承载上下文。对于多 PDN 连接，如果 UE 和 MME 请求断开与某个 PDN 的连接，那么 S-GW 将删除所有和这个 PDN 关联的承载包括默认承载，此时 S-GW 会保留 UE 的其他的 PDN 连接的承载上下文。如果用户从 CONNECTED 态变成 IDLE 态的时候，S-GW 删除跟 S1-U 相关的承载信息。

4．P-GW

P-GW 也是用户面网元，为用户提供 PDN 连接，是面向 PDN 终结于 SGi 接口的网关。P-GW 的主要功能包括 IP 地址分配、会话管理、路由选择和数据转发、PCRF 选择、QoS 控制、计费、策略和计费执行等。

如果 UE 访问多个 PDN，UE 将对应 1 个或多个 P-GW，但是不能同时支持 S5/S8 和 Gn/Gp 接口。P-GW 通过 S5/S8 接口为 3GPP 接入（E-UTRAN/GERAN/UTRAN）的 UE 提供 PDN 连接，同时 P-GW 还能给非 3GPP 接入的 UE 提供 PDN 连接。当 UE 在 3GPP 接入和非 3GPP 接入之间移动时，P-GW 作为用户平面的锚定点。

（1）会话管理

P-GW 能够支持 EPS 承载管理功能，包括 EPS 承载的建立、修改和释放。P-GW 能够存储和处理处于 ECM-IDLE 和 ECM-CONNECTED 状态下终端的 EPS 承载上下文，能根据 APN 进行域名解析并寻址到相应的外部数据网。P-GW 存储下行数据 SDF 和 S5/S8 承载的映射关系。对于一个 PDN 连接，P-GW 能够支持默认承载和专有承载。

（2）IP 地址分配

P-GW 负责 EPS 中用户 IP 地址的分配。P-GW 分配的地址可以是静态分配的地址，也可以是动态分配的地址。例如 HSS 的 UE 配置数据静态指定了 IP 地址，则采用 HSS 指定的静态 IP 地址，否则，P-GW 可以通过本地 IP 地址池进行动态分配，也可以通过 Radius、DHCP、Diameter 从外部的 PDN 网络获取用户 IP 地址。

对每一个 PDN 连接，UE 必须获得至少一个 IP 地址（IPv4 或 IPv6 前缀）。P-GW 能够支持 IPv4、IPv6 和 IPv4v6 类型的地址分配，PDN 地址的类型由网络运营商或者用户签约的 APN 决定。

P-GW 能够支持根据不同的 APN 配置不同的地址池（例如不同的 APN 配置不同的公网地址池、私网地址池）。P-GW 负责在 PDN 连接释放时更新和释放 IP 地址/前缀。P-GW 回收分配给 UE 的 IP 地址/前缀后，能够在一段时间内尽量避免使用该 IP 地址/前缀。

当 UE 连接多个 PDN 时，其地址分配机制和单个 PDN 时一样，即每个 PDN 的默认承载分别进行地址分配。

（3）路由选择和数据转发

P-GW 具有将来自外部数据网的 PDU 用 GTP 包头和 UDP/IP 包头进行封装的功能，并以包头的相关地址信息作为标识，在 EPS 网中利用一条点到点的双向隧道来传输封装数据给终端。对于去往外部数据网的 GTP-U PDU，P-GW 将去除其封装包头再转发给外部数据网。

P-GW 为 UE 提供接入 IP 网络的功能，支持开放的标准的路由协议，包括支持静态路由、策略路由、备份路由。

（4）PCRF 选择

在归属地或者漫游地服务的场景下，可能存在多个 PCRF 服务于一个 P-GW 的情况，P-GW 能够根据 3GPP TS 23.203 中定义的流程对 PCRF 进行选择，同时还应能将不同终端的 PCC 会话连接到正确的 PCRF。

（5）QoS 控制

P-GW 支持 EPS 承载主要的 QoS 参数，包括 QCI、ARP、GBR、MBR 和 AMBR。

默认承载初始的承载级别 QoS 参数由网络根据签约数据来分配（例如，E-UTRAN 接入，MME 根据从 HSS 获得的签约数据来设置这些初始值）。P-GW 可以在和 PCRF 交互后或者基于本地配置来改变这些值。P-GW 支持 UE 和网络侧发起的创建或者修改专有承载。

P-GW 支持配置 QCI 与 QoS 参数的映射关系，支持发起基于 QoS 更新的承载修改流程。

P-GW 支持传输流模板（TFT）匹配功能，基于 EPS 承载的 TFT 中的下行包过滤器对下行数据包过滤匹配，下行 TFT 将所对应的业务流聚合到一条下行方向的 EPS 承载上，并创建和保存下行包过滤器和 S5/S8 承载之间的映射关系，以实现后续对承载的 QoS 控制。TFT 包含多个下行包过滤器。

P-GW 支持对 GBR 承载实现承载级的 MBR 带宽管理功能，支持对 Non-GBR 承载的上行和下行数据流量进行 APN-AMBR 的带宽管理功能。

（6）计费功能

P-GW 作为 EPC 和外部数据的锚定点，必须具备计费功能。P-GW 支持离线和在线计费。对于离线计费系统，P-GW 采集到计费信息后，产生 CDR，通过 Ga 接口传递给 CG，由其进行话单合并处理后，传递给计费系统。对于在线计费，P-GW 通过 Gy 参考点与 OCS 系统进行联系。

（7）PCEF 功能（Policy and Charging Enforcement Function，策略与计费执行功能）

PCEF 的主要功能包括业务数据流的检测、策略执行以及基于流的计费等。

PCEF 功能实体在 EPC 网络中是与 P-GW 网关合一的。PCEF 提供业务流的检测、用户面业务的处理、QoS 策略的执行、触发控制面的会话管理，以及离线和在线计费场景下业务流的计量。

PCEF 可以保证在执行控制策略过程中丢弃的 IP 包，不再向在线计费系统或者离线计费系统上报。

PCEF 支持门控功能、QoS 执行两种控制策略。

门控功能：当且仅当某个业务流对应的策略控制门控开关打开的时候，PCEF 才会允许该业务经过。

QoS 执行：PCEF 支持将一个 QCI 值转换到具体 IP-CAN QoS 属性参数值，并依据一组具体的 IP-CAN QoS 属性值来确定 QCI 值。PCEF 支持根据激活的 PCC 规则执行对业务数据流的 QoS 授权，并支持对一组业务数据流的 QoS 进行控制。PCEF 策略执行功能保证一个授权的业务数据流集合能够使用的资源处于 Gx 接口授权 QoS 指定的授权资源范围内。授权 QoS 提供了能够预留给 GBR 的资源的上限值或者为 IP-CAN 承载所分配（MBR）的资源上限值。授权 QoS 信息由 PCEF 映射到具体 IP-CAN 的 QoS 属性信息上。

（8）管理承载上下文信息

P-GW 可以存储、修改和删除用户的承载上下文信息。P-GW 具体存储的承载上下文信息包括用户标识、隧道标识、承载级 QoS、对端通信实体的地址、计费信息等。

5. HSS

HSS 是用于存储用户签约信息的数据库，归属网络中可以包含一个或多个 HSS。HSS 的功能和传统移动网络中的 HLR 功能类似，负责保存并管理用户相关的信息。HSS 的主要功能包括用户签约数据、位置信息的管理、用户鉴权的支持、移动性管理等。

（1）用户数据的管理

在 EPS 网络中，HSS 应能存储其归属的 EPS 用户的 EPS 相关用户数据，这些用户主要包括的数据信息有：

① 用户信息，主要是 IMSI、MSISDN、IMEI、2G/3G/LTE 用户接入控制数据（Access Restriction Data）等。

② 用户状态标识、呼叫闭锁、漫游限制等。

③ EPS APN 签约信息，主要是 APN 签约上下文。

④ 位置相关信息，主要包括 MME 标识、S4-SGSN 标识等。

⑤ 用户计费相关信息。

⑥ 鉴权信息，主要包括用户鉴权算法标识。

HSS 能够根据实际需要对用户的签约数据进行相应的操作管理，主要包括对用户签约数据的修改，能够通知 MME 对用户签约数据进行更新（增加一部分用户数据或者替换一部分用户数据），能够通知 MME 删除其保存的用户签约数据的一部分，HSS 能够根据需要更新或删除用户的位置信息，并通知相应的 MME。

（2）用户鉴权的支持

HSS 具备鉴权中心的功能，HSS 能够根据 MME 请求向 MME 提供一组或者多组鉴权参数，支持鉴权业务相关处理。当 HSS 接收到来自服务网络的认证数据请求（包括用户标识、服务网络标识、网络类型）时，应当保证请求认证数据的服务网络有资格使用认证请求中的服务网络标识。如果 HSS 已经预先计算好认证向量，则直接从数据库中提取，否则按要求计算得到认证向量。HSS 向服务网络返回认证响应，提供被请求信息。若服务网络请求多个认证向量，则认证响应按向量序列号依次返回。

（3）移动性管理

HSS 支持与 MME 间的 S6a 接口的移动性管理程序，主要包括位置更新和位置删除等管理。HSS 能够配合 MME 发起的位置登记/注销通知，完成用户位置登记/注销状态，以及当前服务 MME 地址的更新。HSS 存储当前为用户服务的 MME 地址，并存储该 MME 的网络能力等相关参数。

对于 NON 3GPP 接入，HSS 能够接受 3GPP AAA 的注册，并响应用户的签约数据。

HSS 未来的发展应为融合架构的 HSS，支持对 CS 域、IMS 域和 EPC（PS 域）的用户数据的融合。

6. PCRF

PCRF（Policy and Charging Rule Function，策略与计费规则功能），该功能实体包含策略控制决策和基于流计费控制的功能，向 PCEF 提供关于业务数据流检测、门控、基于 QoS 和基于流计费的网络控制功能。在非漫游场景时，在 HPLMN 中只有一个 PCRF 跟 UE 的 IP-CAN会话相关；在漫游场景并且业务流是本地疏导时，可能会有两个 PCRF 跟一个 UE 的 IP-CAN会话相关，包括 H-PCRF 和 V-PCRF。具体漫游、非漫游场景详见下一章节的说明。

PCRF 具备的主要功能包括用户签约数据管理功能、策略控制功能、计费控制功能、事件触发条件定制功能、接口会话功能、用户漫游功能等。

（1）用户签约数据管理功能

PCRF 在第一个 IP-CAN 会话建立的时候，能够向 SPR（Subscription Profile Repository，用户属性存储）请求用户的签约信息，并在向 SPR 的请求中同时订阅用户签约信息改变的通知要求，PCRF 需要将用户的签约信息一直保存到最后一个 IP-CAN 会话终止为止。

PCRF 接收到签约数据改变通知消息，能够根据更新的签约数据相应地更新 PCC 决策规则，如果需要则将提供新的 PCC 决策规则来更新 PCEF。用户的最后一个 IP-CAN 会话终止时，PCRF 将相关的签约信息删除，并向 SPR 发送取消通知请求消息。

当 PCRF 与 SPR 合设时，PCRF 同样支持对内部 SPR 的操作。

（2）策略控制功能

PCRF 应该支持策略控制功能，即在建立 IP-CAN 会话时及会话进行期间，PCRF 支持根据当前用户状态，如位置、时段、接入类型等，定制 PCC 规则/QoS 规则，对相应的业务数据流动态地进行控制。

PCRF 执行的策略控制功能主要包含 3 个：绑定、门控、事件报告处理。绑定功能是 PCRF将业务数据流与传输业务数据流的 IP-CAN 承载之间生成关联关系，以便于传输业务数据流。绑定功能具体包含会话绑定、PCC/QoS 规则授权以及承载绑定 3 个步骤。

门控功能是基于每一个业务数据流而进行的，PCRF 能够根据自身定义的规则或 AF 的会话事件指示进行门控决策，并下发给 PCEF，由 PCEF 执行。会话事件包括 IP-CAN 会话终止和 IP-CAN 会话修改。

事件报告处理是 PCRF 对来自 AF 和 PCEF 订阅事件或与资源相关事件报告的通知和反应，以触发 QoS 控制过程，进行 PCC/QoS 规则的更新，实现对用户面行为的更新。PCRF支持 Gx 会话功能中的事件报告过程接收事件信息，通过 Rx 会话功能中的事件请求通知过程接收事件信息。PCRF 支持根据所接收事件触发具体 Rx 会话过程和 Gx 会话过程。

（3）计费控制功能

为了实现基于业务数据流的计费功能，PCRF 指定基于业务数据流的计费规则，计费规则是与策略控制信息一起提供给 PCEF 的。PCEF 按照计费规则执行计费。

计费关联：应用级计费（如 IMS）与 IP-CAN 业务数据流级计费进行关联。关联时需要考虑应用级计费 ICID、IP-CAN 计费 ID、IP-CAN 类型及业务 ID 等信息。

计费模式：离线计费模式、在线计费模式。

计费方法：基于流量的计费测量方法、基于时间的计费测量方法、基于流量和时间组合的计费测量方法、基于事件的计费测量方法、不计费。

（4）事件触发条件定制功能

PCRF 支持根据运营要求和 AF 的会话要求，向 PCEF 定制一些事件触发条件，使得 PCEF 检测到所定制的事件发生后重新请求 PCC 规则。

PCRF 通过 Gx 会话功能中的 PCC 规则定制过程向 PCEF 定制事件触发条件。其 PCRF 定义的事件触发条件参见 3GPP TS 29.212 规范。其具体过程尽可能与 PCC 规则过程一起进行，也可以独立进行。

（5）接口会话功能

PCRF 接口会话功能包括 Gx 接口、Gxa 接口和 Rx 接口会话功能。

Gx 会话功能主要实现 PCRF 动态控制 PCEF 的 PCC 行为的功能，包括在 PCEF 发起的 IP-CAN 会话建立和修改时，通过 Gx 接口请求或修改 PCC 规则。PCRF 通过 Gx 接口向 PCEF 指示 PCC 规则，适应于基于 IP-CAN 承载的、基于 SDF 的、基于 QCI 的授权 QoS 定制，以及计费信息的定制。PCRF 能够支持对动态 PCC 规则和预定义 PCC 规则两种规则的处理。

Rx 会话功能主要实现 AF 与 PCRF 之间应用级会话信息的交互功能，AF 订阅 IP-CAN 上传输 AF 会话的信令路径状态的通知功能。

PCRF 还支持 Gxa 接口会话，Gxa 是 PCRF 和 BBERF（Bearer Binding and Event Reporting Function，承载绑定和事件报告功能，例如 CDMA 网络的 HSGW 网关）之间的参考点，用于 PCRF 动态控制 BBERF 的行为。该参考点可用于传输 QoS 控制信令，包括 Gxa 会话的创建、修改、终结，QoS 规则的请求和提供，IP-CAN 承载参数的传递等。

（6）用户漫游功能

当用户漫游时，运营商根据各自的网络策略控制要求，PCRF 可能会存在归属地 H-PCRF 和拜访地 V-PCRF 的设置需求。此时，拜访地 V-PCRF 和归属地 H-PCRF 之间具备 S9 接口会话。PCRF 间的 S9 会话支持基于漫游协议规定的策略而进行相关控制，即 H-PCRF 支持通过 V-PCRF 向 PCEF 下发控制策略，并下发签约信息（如用户等级、签约带宽等）。对于漫游协议中未规定的策略，则由 V-PCRF 来根据本地策略进行控制。S9 会话还支持用量监控功能，支持触发 PCEF 向 H-PCRF 上报用户在拜访地的用量使用信息。

H-PCRF 实现在归属网络的策略控制与计费控制功能。H-PCRF 支持通过 S9 接口以及 V-PCRF 和拜访地 PCEF 通信，实现指示 IP-CAN 会话的建立和终止、提供和请求策略控制和计费规则消息等功能。

V-PCRF 实现在拜访网络的策略控制与计费控制功能。V-PCRF 可以根据用户的标识判断用户是否为漫游用户，同时可以根据网关控制的会话建立消息中的 PDN 标识和漫游协议决定是否将策略请求转发给 H-PCRF。

V-PCRF 具体需要提供如下功能。

① 依据漫游协议和用户签约网络的策略，对用户访问的业务实现在拜访网络的 QoS 策略控制。

② 从通过 S9 接口获取的 H-PCRF 的 PCC 规则中提取 QoS 规则。

③ 当 AF 在拜访网络时，通过 S9 接口向 H-PCRF 提供业务的 AF 会话信息；在 H-PCRF

和拜访 AF 之间传递事件报告消息。

④ 代理指示 IP-CAN 会话的建立和终止。

⑤ 代理提供策略控制和计费规则消息。

（7）用户监控和控制功能

PCRF 支持对用户累积使用量进行监控，并根据监控的结果来进行动态的决策。当用户当前使用量达到某一门限值时，PCRF 能够下发相应的策略控制。PCRF 支持通过设置和发送用户配额的方式给 PCEF 用以请求用量报告。PCRF 支持向 PCEF 请求用量报告，以获取自上次用量报告后的累积用量信息。用户任一 IP-CAN 会话终结时，PCRF 能够将用量上报给 SPR，便于 SPR 根据接收的用量信息更新相关用户信息。

（8）SPR 功能

SPR 功能实体存储用户的签约数据，用于 PCRF 生成策略，SPR 可独立设置也可和 PCRF 合设在一套物理网元中。SPR 的主要功能可分为用户签约数据管理功能、用户动态信息管理功能、数据比对文件生成功能。

SPR 的用户签约数据管理功能：SPR 支持查询、增加、修改、删除用户签约数据功能。当 PCRF 根据用户的标识向 SPR 请求用户签约信息时，SPR 会返回该用户的相关签约信息；当修改在线用户签约信息时，SPR 需要通知 PCRF 签约数据更新。

SPR 支持动态用量信息管理功能，即 SPR 支持 PCRF 查询指定用户当前的累计使用量和剩余使用量。SPR 支持记录在线用户的 PCRF 地址，并可通知 PCRF 发起网络侧的注销流程，注销相关的在线用户。

SPR 支持接收来自 IT 系统的文件比对指令，生成数据比对文件并通过 FTP 协议发送给 IT 系统。SPR 生成的比对文件支持全量比对和增量比对，具体采用哪种比对方式，由 IT 系统的指令决定。比对文件的格式可以配置，要求能够根据运营商的需求定制。

（9）QoS 控制功能

PCRF 支持利用业务信息、用户签约信息、从 PCEF 获取的请求 QoS 及配置的策略信息计算合适的 QoS 授权（QCI、ARP、速率等）。PCRF 的 QoS 控制可分为业务数据流的 QoS 控制和 IP-CAN 承载层的 QoS 控制。

（10）业务优先级化与冲突处理功能

当一个用户激活多个 PCC 规则时，其承载相关的多个 PCC 规则累积的 GBR 带宽超过用户签约的总带宽，PCRF 应支持对业务优先级冲突处理。

PCRF 支持利用业务抢占优先级，对低优先级的业务降低带宽或者去激活其 PCC 规则，对于高优先级的业务保留或者激活其 PCC 规则，使之带宽总和不能超过签约的带宽，以解决业务优先级冲突问题。业务抢占优先级是指某业务流是否可以抢占已经分配给其他更低优先级指示业务流的资源。

3.1.3　网络架构

上述两个小节对 EPC 的典型组网参考模型进行了说明，该典型组网参考模型仅包括基本的 EPC 网元，且接入方式为 3GPP E-UTRAN 方式。由于 EPC 的标准在制定初期即提出了对多种接入方式的支持，实际各运营商的组网方式将需要考虑现有 2G/3G 网络的接入、非 3GPP 网络的接入，网络架构相比典型组网参考模型更为复杂。

根据 EPS 系统的接入网络不同，EPC 的系统总体架构可分为两类。

（1）3GPP 接入 EPC 系统架构。

（2）非 3GPP 接入 EPC 系统架构。

每种接入方式下的 EPS 系统还需要考虑用户非漫游和漫游状态下的网络组织形式，两类 EPC 系统的具体架构对于非漫游和漫游状态又有所不同。

1．3GPP 接入系统架构

（1）非漫游架构

对于 3GPP 接入的 EPC 系统架构，在非漫游架构下，EPC 核心网络设备包括移动性管理设备（MME）、服务网关（S-GW）、PDN 网关（P-GW）、服务 GPRS 支持节点（SGSN）、归属签约用户服务器（HSS）以及策略和计费控制单元（PCRF）等，与基本的参考模型相比，多了 SGSN 网元，该网元用于同原有 2G/3G 的 GPRS 网络的互通。

3GPP 非漫游架构下 EPC 网络架构如图 3-2 和图 3-3 所示，其中 S-GW 和 P-GW 可以合设，也可以分设。UE 可以通过 E-UTRAN、GERAN、UTRAN 接入 EPC 核心网，P-GW 通过 SGi 接入运营商网络。

此架构适用于用户在归属网络，没有漫游的情况，信令和媒体都是通过归属网络接续，所有的业务都是通过归属地的网元提供服务。

图 3-2 和图 3-3 所示的 SGSN 网元，支持 S3 接口和 S4 接口，SGSN 除了 3GPP TS 23.060 中定义的功能外，还可以用于 2G/3G 和 E-UTRAN 3GPP 接入网间移动时，进行信令交互，包括对 P-GW 和 S-GW 的选择，同时为切换到 E-UTRAN 3GPP 接入网的用户进行 MME 的选择。

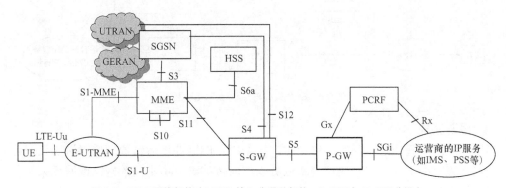

图 3-2 EPC 网络架构（3GPP 接入非漫游架构，S-GW 与 P-GW 分设）

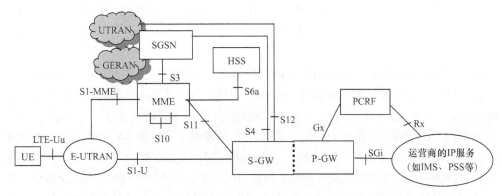

图 3-3 EPC 网络架构（3GPP 接入非漫游架构，S-GW 与 P-GW 合设为 SAE-GW）

3GPP 接入非漫游架构除了包括典型网络参考模型的接口参考点外，参考点还增加了 S3/S4/S12 等与 S4 SGSN 和 Gn/Gp SGSN 的接口，这些接口的主要作用是实现用户在 E-UTRAN、GERAN/UTRAN 之间移动时的网络互通，增加的接口参考点如下。

S3：通过该接口，MME 和 SGSN 交换用户和承载信息，进行空闲状态和激活状态下跨接入网的移动性管理。该参考点对应于 GPRS 系统 SGSN 间的 Gn 接口功能。

S4：提供 GPRS 核心网和 S-GW 间的移动性管理和相关控制。另外，如果 Direct Tunnel 没有建立，该接口还需要提供用户面隧道功能。该参考点对应于 GPRS SGSN 和 GGSN 间的 Gn 接口。

S12：UTRAN 和 S-GW 间接口。为 Direct Tunnel 建立用户面隧道。对应于 Iu-u/Gn-u 接口功能，采用 GTP-U 协议。是否采用 S12 由运营商配置策略决定。

Gn：Gn 是 MME 和 Gn/Gp SGSN 之间的接口，为控制面接口。

Gn/Gp：此接口是 2G/3G Gn/GpSGSN 与 P-GW 之间的接口，分为控制面和用户面，基于 GTP v1 协议，协议版本和现有 GPRS 网络保持一致。

当 2G/3G SGSN 只提供 Gn/Gp 接口时，EPC/SAE 架构和 Gn/Gp SGSN 的互通如图 3-4 所示。

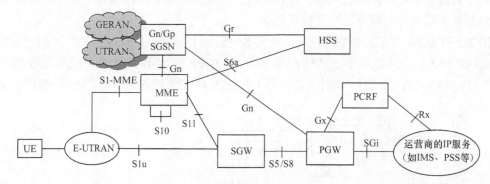

图 3-4　EPC 架构与 Gn/Gp SGSN 互通

（2）漫游架构

当用户漫游到其他运营商的网络中时，根据用户的需要、运营商间的漫游协议及运营商各自的控制策略的不同，用户的信令和业务媒体流数据可以由不同的网络或网元来提供，相应的漫游架构也有所不同。

漫游情况下，网络可以分为归属地 PLMN（HPLMN）和拜访地 PLMN（VPLMN）。区别于用户业务媒体流（用户面）疏导的方式及业务的提供方的不同，漫游架构又分为以下几种场景。

场景一：UE 的用户面和业务服务都由归属地网络 HPLMN 提供（Home-routed）。

此种场景下，业务由归属地 PLMN 业务平台提供，策略控制由归属地 PCRF 实现。HSS、P-GW、PCRF 和相应的业务层平台都由归属地提供，拜访地需将 UE 的用户面路由至归属地 P-GW，漫游用户的所有业务都回到归属地网络提供。其漫游结构如图 3-5 所示。当 P-GW 和 S-GW 分属不同 PLMN（不同运营商）的网络时，两个网元之间的接口为 S8 接口，当 P-GW 和 S-GW 属于同一运营商网络、不同归属地（例如省级网络区）时，两个网元之间的接口可为 S5 接口。场景一将用户面和业务都路由回到归属地网络，称为归属路由（Home-Routed Traffic）方式。

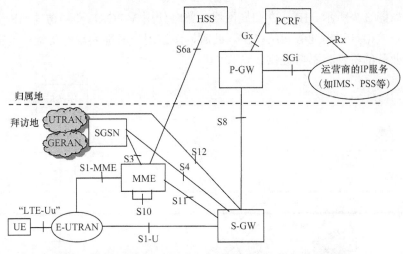

图 3-5 3GPP 接入漫游场景一：用户面和业务均由归属网络提供

场景二：UE 的用户面由拜访地疏导，业务和策略由归属地网络提供。

此种场景下，UE 的用户面由拜访地本地 P-GW 疏导，业务控制和策略控制由归属地提供，漫游用户使用归属网络的业务控制策略。其漫游结构如图 3-6 所示。此时，HSS 在归属地，归属运营商的 H-PCRF 需要参加策略控制，需要把用户的策略控制参数传递给拜访地的 V-PCRF。H-PCRF 和 V-PCRF 之间的接口为 S9 接口。对于此种场景，用户面的数据经拜访地 P-GW 的 SGi 接口疏导，漫游用户的业务控制信令及用户面信令也是经拜访网络再至归属运营商，但对于业务相关的控制策略采用的是归属地的策略。

该架构增加了 S9 接口参考点：在归属地 H-PCRF 和拜访地的 V-PCRF 间，为支持本地疏导功能，它提供了传递服务质量（QoS）策略和计费规则的能力。在所有其他的漫游情景下，S9 都是为了提供来自 HPLMN 的动态的 QoS 控制策略。

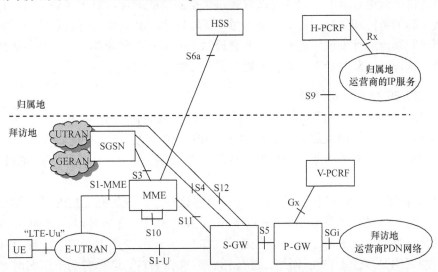

图 3-6 3GPP 接入漫游场景二：用户面由拜访地疏导，业务和策略由归属网络提供

场景三：UE 的用户面由拜访地疏导，业务也由拜访地提供。

此种场景下，漫游用户的用户面由拜访地网络疏导，业务和策略也由拜访地网络提供，其漫游结构如图 3-7 所示。HSS 在归属网络，策略使用 V-PCRF 和拜访地 AF 交互的策略控制，业务也直接由拜访地业务网络提供。此时，漫游用户只能实现拜访地所能提供的业务，原有归属地业务的特性将不再提供。

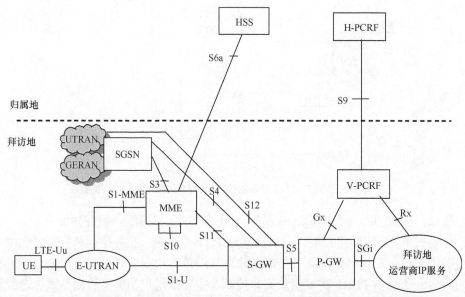

图 3-7　3GPP 接入漫游场景三：用户面由拜访地疏导，业务和 AF 策略由拜访地提供

　　漫游情况下的后两种场景均为本地疏导（Local Breakout）方式，也就是说用户面的数据从拜访地接续，而不用回到用户的归属网络，这样既能减少路由迂回、降低传输时延，也能节约系统资源、提高带宽。

　　对于以上的这些漫游场景，具体采用何种场景需要运营商根据业务提供、运营商间漫游协议等具体情况来进行选取。EPS 系统仅提供数据的承载通道，对于业务层面，有些业务具备归属地处理的特性和要求，比如 IMS 业务，和归属地 SP 合作的特色业务等，对于这些业务需要回到归属地进行处理。而对于一些普通的 Internet 上网业务，可以直接从拜访地路由至互联网，这样可以节省骨干的数据传输资源和投资。

2. 非 3GPP 接入系统架构

　　EPS 系统架构的主要目标之一是支持多种接入方式，包括与 3GPP 系统和非 3GPP（Non-3GPP）接入系统的互通。为支持和非 3GPP 的接入功能，3GPP EPS 系统开发了一种独立的架构体系，定义了与非 3GPP 接入网之间的多种接口，适用于多种非 3GPP 接入网的接入。

　　在 EPS 系统中，网络架构提供两种移动性协议体系，一种是 GPRS 隧道协议（GTP）传输体系；另一种是代理移动 IP（Proxy Mobile IP，PMIP）传输体系。这两种体系都是基于网络的移动性协议。选择 PMIP 还是选择 GTP，由运营商按需确定。一般而言，如果运营商之前的网络是基于 GTP 的网络，那么 EPS 应选择 GTP，这样有利于新旧网络之间的互通。如果运营商之前的网络是基于移动 IP 的，例如 cdma2000 HRPD 系统，则在 EPS 的部署上与 eHRPD 系统互通时应选择 PMIP，EPC 系统内部的 S5/S8 接口可根据需要选择 PMIP 或 GTP。

EPC 与非 3GPP 接入网络的互通是基于 PMIP 体系，PMIP 体系采用的是 IETF 的协议，能够充分保证 SAE 系统实现与非 3GPP 接入系统之间的漫游和互通。由于非 3GPP 接入网络和 3GPP 接入网络属于不同体系的网络，具有不同的安全等级，因此非 3GPP 接入网络接入到 3GPP EPC 核心网时需要考虑安全问题。为支持安全接入，对非 3GPP 接入网络进行了分类，分为授信类和非授信类。授信与非授信 Non-3GPP 接入网络是 IP 接入网络，其授信和非授信特征由运营商定义，与接入网特征无关。

为支持各个接入网络间的移动性，EPC 用户面的锚定点需要统一为 1 个，即 P-GW。对于授信类的非 3GPP 接入网络能够保证可靠的安全性，可以直接通过 S2a 接口连接到 P-GW，而非授信类的非 3GPP 接入网络安全性较低，则必须通过 ePDG（evolved Packet Data Gateway，演进的分组数据网关）才能连接到 P-GW，ePDG 网关实现了 WLAN 等非授信网络到 EPC 的安全接入，其不仅实现了 PDN 的 IP 连接功能，同时也支持 S2 接口的移动性机制。

同 3GPP 接入系统架构类似，非 3GPP 接入系统架构也分为非漫游架构和漫游架构，在漫游架构下也分为归属地路由（Home Routed）和本地疏导（Local Breakout）两种情况。

非 3GPP 接入非漫游系统架构如图 3-8 和图 3-9 所示。

如图 3-8 和图 3-9 所示，EPC 与非 3GPP（Non-3GPP）接入网络之间通过 S2（S2a/S2b/S2c）接口互通。由于非 3GPP 接入网络（IP 接入）采用的 IETF 体系的移动 IP 协议，有两种类型，即基于客户端的 CMIP 和基于网络或代理的 PMIP，这两种协议具备不同的特点和场景，因此，为支持不同类型的移动协议，S2 接口定义了不同类型对应于相应的移动协议。S2 接口具体分为：对于授信非 3GPP 接入网和 EPC 锚点（P-GW）的互通，采用 S2a 接口，接口协议为基于网络辅助的移动性协议 PMIPv6 或 MIPv4；对于非授信非 3GPP 接入网络和 P-GW 的互通，采用 S2b 接口，通过 ePDG 网关接入非授信网络，S2b 接口协议为基于网络辅助的移动性协议 PMIPv6；对于 UE 和 P-GW 的互通，采用 S2c 接口，接口协议为基于客户端的移动性协议 DSMIPv6（Dual Stack Mobile IP，双栈移动 IP）隧道协议。

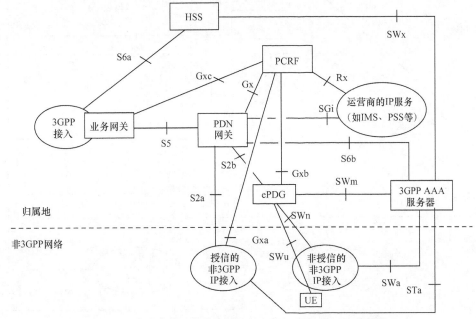

图 3-8　非 3GPP 接入非漫游架构（PMIP），采用 S5/S2a/S2b 接口

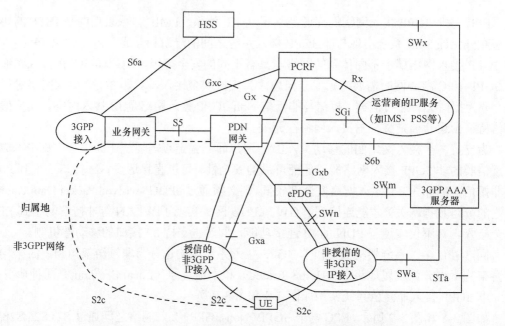

图 3-9　非 3GPP 接入非漫游架构（DSMIPv6），采用 S5/S2c 接口

　　授信非 3GPP 接入网络可以采用动态 PCC 架构进行策略控制，而非授信 Non-3GPP 接入网络采用静态 QoS 策略控制，由 3GPP AAA 服务器提供静态 QoS 策略参数给 ePDG 网关。

　　非 3GPP 接入漫游架构包括两类，图 3-10 和图 3-11 所示为非 3GPP 接入归属地路由（Home Routed）方式的漫游架构，UE 通过拜访地运营商的非 3GPP 接入网络连接归属地的 P-GW。

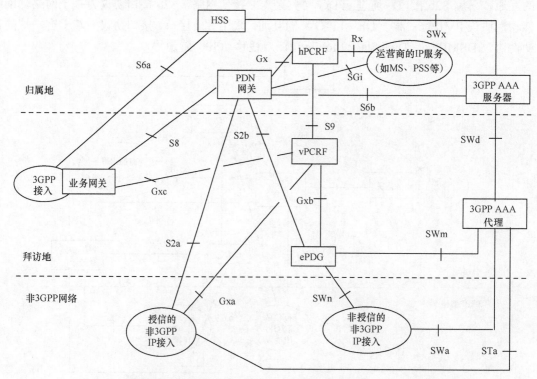

图 3-10　非 3GPP 接入漫游架构（PMIP），采用 S8/S2a/S2b 接口，归属路由方式

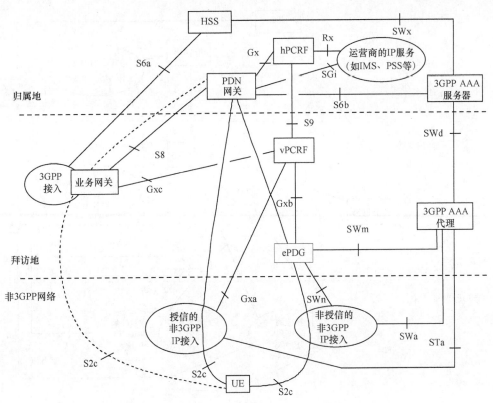

图 3-11　非 3GPP 接入漫游架构（DSMIPv6），采用 S8/S2c 接口，归属路由方式

图 3-12 和图 3-13 所示为非 3GPP 接入本地疏导（Local Breakout）方式的漫游架构，UE 通过拜访地运营商的非 3GPP 接入网络连接拜访地的 P-GW 建立的 PDN 连接。

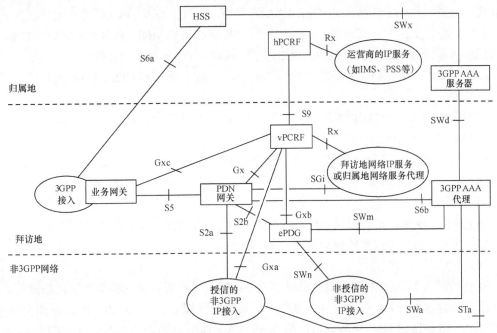

图 3-12　非 3GPP 接入漫游架构（PMIP），采用 S5/S2a/S2b 接口，本地疏导方式

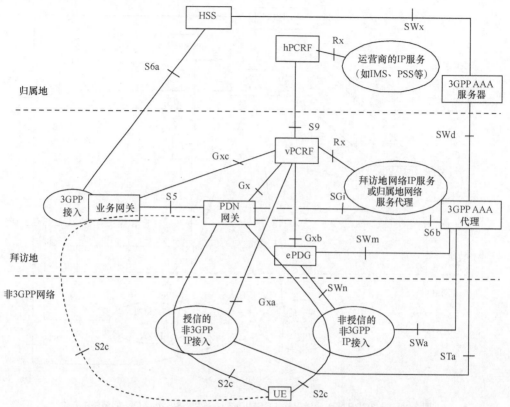

注：图 3-12 和图 3-13 中两个 Rx 接口分别应用于 HPLMN 和 VPLMN 中的不同的应用。

图 3-13 非 3GPP 接入漫游架构（DSMIPv6），采用 S5/S2c 接口，本地疏导方式

在 EPS 系统中，对于非 3GPP 接入系统架构，增加了一些网元实现 EPC 和非 3GPP 系统的互通，主要包括 ePDG 网元、3GPP AAA 网元等，同时 P-GW、PCRF 等网元功能也需要增强，P-GW 需要支持 S2a/S2b/S2c 接口连接到 EPS 核心网的功能，PCRF 需要提供对非 3GPP 接入网络所需的策略计费控制功能，包括支持 Gxa/Gxb/Gxc 等接口功能。

ePDG 网元的主要功能是实现非授信 Non-3GPP 接入网络和 EPS 核心网的互通，主要包括以下功能。

（1）在使用 S2c DSMIPv6 协议时，分配远端 IP 地址功能，ePDG 的本地 IP 地址可以用作 S2c 的 CoA（转交地址）。

（2）当使用 S2b 时为一个 PDN 分配一个专用地址。

（3）在 P-GW（或者 S-GW）和 UE 之间进行包的路由，IPSec 和 PMIP 隧道的封装/去封装。

（4）IPSec 隧道鉴权和授权（IKE2 信令的终结以及通过 AAA 消息的中转）。

（5）根据 AAA 中收到的信息执行 QoS 策略。

（6）合法监听功能。

3GPP AAA 网元的主要功能是实现非 3GPP 接入用户的鉴权、移动性管理功能等，主要包括用户的鉴权和授权，在非 3GPP 用户附着或切换流程中，用户向 3GPP AAA 服务器鉴权，3GPP AAA 服务器向 HSS 注册该用户的 3GPP AAA 服务器地址，而 HSS 向 3GPP AAA 服务器返回该用户的用户模板数据，如 QoS、用户能力等。3GPP AAA 支持向 HSS 获取一组或者

全部鉴权参数的功能。另外，3GPP AAA 实现对用户的移动性管理，用户通过非 3GPP 接入附着到特定 PDN 时，3GPP AAA 向 HSS 注册 P-GW 标识和 APN，或者当用户从 3GPP 接入网络切换到非 3GPP 接入网络时，通过 SWx 接口从 HSS 中获取该用户在 3GPP 接入时已分配 P-GW 的 P-GW 标识。

非 3GPP 接入系统架构的接口参考点包括：

S2a：该参考点在信赖的非 3GPP 的 IP 接入和网关间，为用户平面提供相关的控制和移动性支持。

S2b：该参考点在 ePDG 和网关间，为用户平面提供相关的控制和移动性支持。

S2c：该参考点在 UE 和网关间，为用户平面提供相关的控制和移动性支持。该参考点基于信任的和/或非信任的非 3GPP 接入和/或 3GPP 接入。

S6c：该参考点在 HPLMN PDN 网关和 3GPP AAA 服务器间，提供移动性所需的认证。该参考点也可以用来获取和要求存储移动性参数。

S6d：该参考点介于 VPLMN 的服务网关和 3GPP AAA 代理间，提供需要的移动相关的鉴权。该参考点也可以用来获取和要求存储移动性参数。

Gx（S7）：该参考点用于从 PCRF 到 P-GW 中的 PCEF 传输（QoS）策略和计费规则。

Gxa：它提供了传递服务质量（QoS）策略和计费规则的能力，从 PCRF 到信任的非 3GPP 接入。

Gxb：它提供了漫游状态下，从 PCRF 到 ePDG 传递服务质量（QoS）策略信息的能力。

Gxc：它提供了从 PCRF 到服务网关提供服务质量（QoS）策略信息的能力。

基于 PMIP 的 S8：用在用户漫游且归属路由的情况下，在拜访网络的 S-GW 和归属网络的 P-GW 之间提供接口。

SWa：它连接非信任的非 3GPP IP 接入和 3GPP AAA 服务器/代理，并且通过安全的方式传递接入认证、授权、移动性和计费相关信息。

STa：它连接信任的非 3GPP IP 接入和 3GPP AAA 服务器/代理，并通过安全的方式传递接入认证、授权、移动性和计费相关信息。

SWd：它连接 3GPP AAA 代理到 3GPP AAA 服务器，有可能会通过中间网络。

Wm*：该参考点位于 3GPP AAA 服务器/代理和 ePDG 间，传递 AAA 信令（传送移动性参数、隧道认证和授权参数）。

Wn*：该参考点位于非信任的非 3GPP IP 接入和 ePDG 之间。在这个接口上的流量通过终端发起的隧道强制指向 ePDG。

Wu*：该参考点位于终端和 ePDG 间，支持 IPSec 隧道。

SWx：该参考点位于 3GPP AAA 服务器和 HSS 间，用来传递认证参数。

3. eHRPD 接入系统架构

我国的运营商接入制式多样，既有 3GPP 的 UMTS 无线接入制式，也有 3GPP2 组织体系的 cdma2000 无线接入系统。随着无线接入技术的发展，3GPP2 传统的 cdma2000 体系最终也选择了 LTE EPS 标准作为未来网络演进的目标架构。由于 3GPP2 的无线接入网采用 HRPD（High Rate Packet Data）网络，其分组域核心网架构与 3GPP 的 GPRS 系统架构有很大的不同，为适应网络向 EPS 系统的演进，3GPP2 标准结合 3GPP 基于 PMIP 的非 3GPP 接入系统架构体系，定义了 EPS 系统和 cdma2000 演进的高速率分组数据（evolved High Rate Packet Data，eHRPD）之间的互通架构。

为更好地实现 EPS 和 cdma2000 高速分组数据网的互操作，实现 LTE 用户在多接入环境下的统一用户管理、统一计费和统一的业务体验，CDMA 运营商需要将现有的 cdma2000 HRPD 网络升级为演进的 HRPD 网络（即 eHRPD 网络）。eHRPD 的升级包括在网络中增加 HSGW 网关（HRPD Serving Gateway，HRPD 业务网关），该网关可以新建或者由原来的 PDSN 升级。HSGW 的主要功能是实现 eHRPD 接入网和 P-GW 之间的分组数据控制面及用户面的适配，通过 HSGW，eHRPD 以 S2a 接口（基于移动网络协议 PMIPv6 或 MIPv4）接入 EPC，HSGW 同时支持多 PDN 连接、QoS 控制、P-GW 选择、接入鉴权、承载管理、移动性管理、兼容 PDSN 和计费等功能。另外，eHRPD 升级还需要将已有的 HRPD 网络的 AN/PCF 升级为 eAN/ePCF，实现无线网络与 HSGW 之间的传输链路等功能。升级后的 eHRPD 网络和原有的 HRPD 网络虽然可共用无线空口资源，但核心网完全不同，eHRPD 的核心网为 EPC 网络，HRPD 的核心网为 PDSN，eHRPD 和 HRPD 可视为逻辑上的两张无线接入网络。

eHRPD 接入系统的架构基本参考 3GPP 的非 3GPP 接入系统架构体系，网络架构共分 3 种：非漫游的网络架构、漫游架构的归属地路由（Home Routed）场景、漫游架构的本地疏导（Local Breakout）场景。

图 3-14 所示为 eHRPD 接入系统非漫游架构，图 3-15、图 3-16 所示分别为 eHRPD 接入系统漫游架构的两种场景。

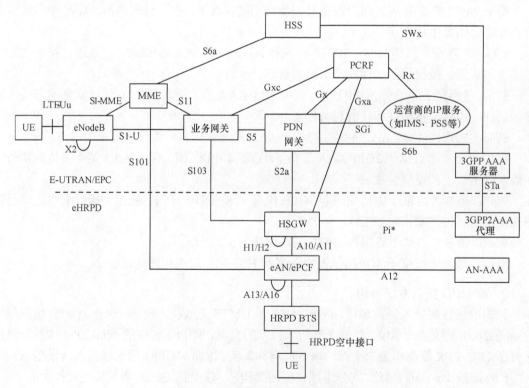

图 3-14　eHRPD 接入系统非漫游架构

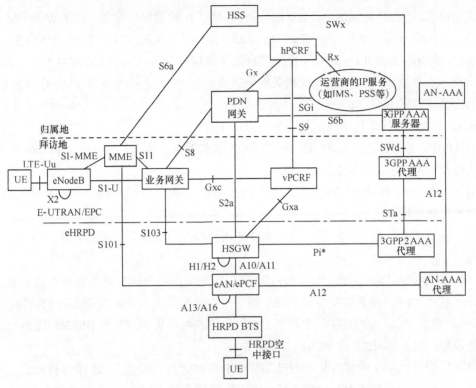

图 3-15　eHRPD 接入系统漫游架构的归属地路由场景（Home Routed）

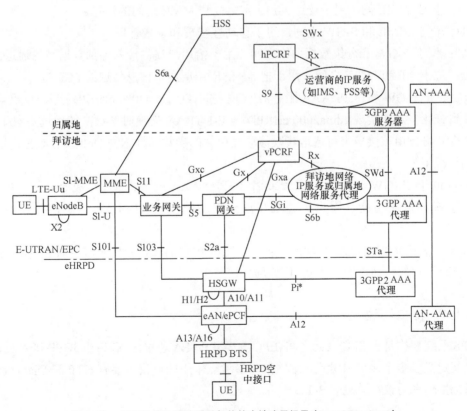

图 3-16　eHRPD 接入系统漫游架构的本地疏导场景（Local Breakout）

在 eHRPD 接入系统架构中，HSGW 网元起到了比较重要的作用，HSGW 在接入系统中起到的主要作用包括：支持通过 S2a（PMIPv6）接口接入 EPC，支持 PPP（VSNCP，Vendor Specific Network Control Protocol，设备商自定义网络控制协议）的 UE 呼叫方式，支持通过 Gxa（Diameter）接口与 PCRF 实现网关控制，支持多 PDN 连接，支持 IP 流 QoS 控制增强，支持新的鉴权方式 EAP/AKA。

eHRPD 接入系统架构的网络接口参考点如下。

S1-MME：E-UTRAN 和 MME 间控制平面的参考点，用于控制 UE 和网络间的 E-RAB 和连接以及 NAS 消息的透明传送。

S1-U：E-UTRAN 和 S-GW 间用户平面的参考点，用于通过隧道来传送 eNodeB 和 S-GW 间的用户平面数据。

S5：位于 S-GW 和 P-GW 间，用于 S-GW 和 P-GW 分设时，提供用户平面隧道和隧道管理功能。

S6a：信令面接口，位于 MME 和 HSS 间，用于交换用户的位置信息和签约信息。

Gx：位于 PCRF 和 P-GW 中的 PCEF 间，用于计费控制和策略控制信息的传递。

Gxa：位于 PCRF 和 HSGW 中的 BBERF 之间，用户从 PCRF 到 BBERF 传递 QoS 策略和计费规则，以及 BBERF 向 PCRF 上报事件。

S8：位于 VPLMN 中 S-GW 和 HPLMN 中 P-GW 之间，功能与 S5 接口相似。

S9：位于 H-PCRF 和 V-PCRF 之间，用于传递用户漫游时跟 PCC 相关的信息。

S10：位于 MME 间，用于传递 MME 重定位和 MME 之间的信息。

S11：位于 MME 和 S-GW 之间，用于移动性管理和承载管理。

SGi：位于 P-GW 和分组数据网络之间，用于给用户提供接入外部数据网的通道。

Rx：位于 AF 和 PCRF 之间，用于把 AF 的应用层会话信息传递给 PCRF。

S6b：位于 P-GW 和 3GPP AAA 服务器/代理之间，在 cdma2000 eHRPD 接入时，更新 P-GW 的地址到 HSS，从而实现 cdma2000 eHRPD 与 E-UTRAN 切换时 P-GW 的地址不发生变化；并且 P-GW 可以用该接口来可选地获取移动性相关的参数和静态的 QoS 设置（在不支持动态 PCC 的情况下）。

STa：位于 HSGW 和 3GPP AAA 或者 3GPP2 AAA 代理之间，完成 cdma2000 eHRPD 用户的鉴权和授权功能、用户重鉴权和重授权功能以及 HSS/AAA 主动发起的用户去激活。

SWx：位于 3GPP AAA 和 HSS 之间，完成对用户的鉴权和授权，更新 P-GW 的地址到 HSS，获取用户的移动参数，更新用户数据。

3.1.4　接口协议

EPS 系统架构对于 EPC 网元之间、EPC 与 3GPP 接入之间、EPC 与非 3GPP 接入及 eHRPD 网络之间定义了多个接口参考点，这些接口参考点采用的协议主要有 GTP 和 Diameter 协议。EPS 系统接口和协议汇总见表 3-1。

表 3-1 　　　　　　　　　　　　　　　EPS 系统主要接口和协议表

接口	连接网元	协议
S1-MME	eNodeB—MME	S1-AP/SCTP/IP/L2/L1
S1-U	eNodeB—S-GW	GTP-U/UDP/IP/L2/L1
S3	S4 SGSN—MME	GTPv2-C/UDP/IP/L2/L1
S4	S4 SGSN—S-GW	GTPv2-C/UDP/IP/L2/L1 GTP-U/UDP/IP/L2/L1
S5	S-GW—P-GW	GTPv2-C/UDP/IP/L2/L1 GTP-U/UDP/IP/L2/L1 PMIP/Tunnelling Layer
S6a	MME—HSS	Diameter/SCTP/IP/L2/L1
Gx	PCRF—P-GW（PCEF）	Diameter/SCTP/IP/L2/L1
Gxa	PCRF—BBERF	Diameter/SCTP/IP/L2/L1
S8	S-GW—P-GW（Inter PLMN）	同 S5
S9	V-PCRR—H-PCRF	Diameter/SCTP/IP/L2/L1
S10	MME—MME	GTPv2-C/UDP/IP/L2/L1
S11	MME—S-GW	GTPv2-C/UDP/IP/L2/L1
S12	UTRAN—S-GW	GTPv2-U/UDP/IP/L2/L1
S13	MME—EIR	
SGi	P-GW—运营商的 IP 网络	DHCP，Radius，L2TP，GRE
Rx	PCRF—运营商的 IP 服务	Diameter/SCTP/IP/L2/L1
Gn	MME—Gn/GpSGSN	GTPv1-C/UDP/IP/L2/L1
Gn/Gp	P-GW—Gn/GpSGSN	GTPv1-C/UDP/IP/L2/L1 GTP-U/UDP/IP/L2/L1
S2a	P-GW—授信 Non-3GPP MAG	PMIPv6/IPv4 IPv6/L2/L1 IPv4 IPv6/Tunnelling Layer/IPv4 IPv6/L2/L1 MIPv4/UDP/IPv4/L2/L1 IPv4/Tunnelling Layer/IPv4/L2/L1
S2b	P-GW—ePDG	PMIPv6/IPv4 IPv6/L2/L1 IPv4 IPv6/Tunnelling Layer/IPv4 IPv6/L2/L1
S2c	P-GW—UE	DSMIPv6，Tunnelling Layer，IPSec（非授信）
STa	3GPP AAA—授信 Non-3GPP MAG	Diameter/SCTP/IP/L2/L1
SWx	3GPP AAA—HSS	Diameter/SCTP/IP/L2/L1
S6b	3GPP AAA—P-GW	Diameter/SCTP/IP/L2/L1

如表 3-1 所示，EPS 系统的接口和协议都是基于 IP 的协议，主要协议为 GTP 和 Diameter，对于非 3GPP 接入还有 PMIP 等协议。本章节将选取几个涉及业务流程、鉴权、互通的主要接口的协议栈进行说明。

以一个 E-UTRAN 接入用户的 LTE 数据业务为例，涉及 EPC 核心网的接口包括 S1、S6a、S5/S8、S10、S11、Gx、SGi 接口；若该用户移动到 GERAN/UTRAN 接入网，则还涉及 S3、S4 或 Gn、S12 接口；若该用户从非 3GPP 接入网接入，则还涉及 S2a/S2b/S2c、S6b/S6c 等接口，同时 PCRF 的策略控制将增加 Gxa 等接口。

1．S1 接口

S1 接口分为控制面和用户面接口，控制面接口为 S1-MME，采用 S1-AP 协议；用户面接口为 S1-U，采用 GTP-U 协议。

S1-MME 是 eNodeB 和 MME 之间的控制面接口，遵循 3GPP 标准 36.413。该接口的协议栈如图 3-17 所示。

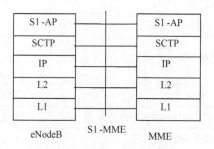

图 3-17　S1-MME 接口协议栈

接口协议说明如下。

S1 Application Protocol（S1-AP）：此协议是 MME 和 eNodeB 之间的应用层协议。

Stream Control Transmission Protocol（SCTP）：信令的传输协议，参见 RFC 2960。

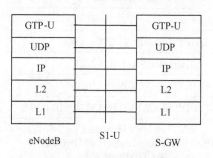

图 3-18　S1-U 接口协议栈

S1-AP 的应用层协议的主要功能包括：S1 UE 上下文管理功能、E-RAB 管理功能、S1 链路管理功能、LTE_Active 状态 UE 的移动性功能、寻呼功能、S1 接口管理功能、漫游和区域限制支持功能、NAS 节点选择功能、安全性、业务和网络接入功能等。

S1-U 接口是 eNodeB 和 S-GW 之间的用户面接口，采用 GTP-U 协议，在 eNodeB 和 S-GW 之间进行用户数据的隧道传输，遵循 3GPP 标准 29.281。S1-U 接口的协议结构如图 3-18 所示。

2．NAS 控制面接口

NAS 接口是 UE 和 MME 之间的控制面接口，遵循 3GPP 标准 24.301。该接口的协议栈如图 3-19 所示。

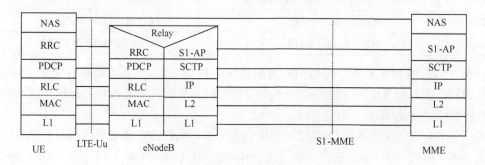

图 3-19　NAS 接口协议栈

接口协议说明：NAS 协议支持移动性管理功能和用户面承载激活、更新和去激活，还负责进行 NAS 信令的加密和安全性保护。

3．S5/S8 接口

S5/S8 接口是 S-GW 和 P-GW 之间的接口，包括控制面和用户面，控制面遵循 3GPP 标准 29.274，采用 GTPv2-C 协议，包括承载的建立、修改或释放功能；用户面遵循 3GPP 标准 29.281，采用 GTPv1-U 协议，主要用于传输用户数据，也包括一些隧道管理消息。S5/S8 接口协议结构如图 3-20 所示。

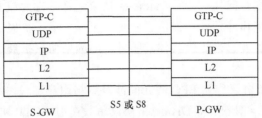

(a) S5/S8接口控制面协议栈

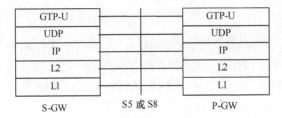

(b) S5/S8接口用户面协议栈

图 3-20　S5/S8 接口协议栈

S5 接口是网络内部 S-GW 和 P-GW 间的接口。在 S-GW 和 P-GW 分设情况下，S5 接口提供用户移动过程中的 S-GW 重定位的功能。

S8 是跨 PLMN 的 S-GW 和 P-GW 之间的接口，应具备漫游情况下的 S5 接口功能。

GTP（GPRS Tunnelling Protocol）是一个高层协议，位于 TCP/IP 和 UDP/IP 等协议上，提供主机间端到端的通信。GTP 协议包括 GTP-C 和 GTP-U。GTP-C 是控制面协议，负责隧道的建立、使用、管理和释放。GTP-U 是用户面协议，对用户数据进行封装，并在隧道中传输。GTP 隧道连接两个节点，基于 GTP 接口，用于区分不同业务流。在每个节点中，TEID（Tunnel Endpoint Identifier，隧道终点标识）、IP 地址和 UDP 端口号用于标识一个 GTP 隧道。GTP 隧道的发送端所使用的 TEID 由隧道的接收端分配。在 EPC 系统中，TEID 的值是在 GTP-C 或者 S1-MME 消息中交互的。

在 S5 和 S8 接口上的每个 PDN 连接的 GTP 隧道，GTP 的 TEID-C 都应该是唯一的。一个 PDN 连接所有承载相关的控制消息共享同一个隧道。在所有相关 EPS 承载释放后，S5/S8 的这个 TEID-C 需要被释放。

4．S6a 接口

S6a 接口用于在 MME 和 HSS 之间传输与用户位置信息和管理信息相关的数据，该接口基于 Diameter 协议，其功能包括位置管理、用户数据处理、用户鉴权、故障恢复、通知等功能，遵循

3GPP 标准 29.272。该接口的协议栈如图 3-21 所示。

接口协议说明如下。

Diameter：支持 MME 和 HSS 之间签约数据和认证
数据的传递，参见 RFC 3588。

Stream Control Transmission Protocol（SCTP）：信令
的传输协议，参见 RFC 2960。

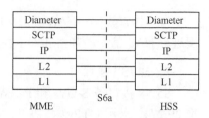

图 3-21 S6a 接口协议栈

Diameter 协议是一种新型 AAA 的协议，多用于
HSS、OCS 和其他网元交互的接口上。Diameter 协议包括基础协议和应用协议。Diameter 基
础协议为各种认证、授权和计费业务提供了安全、可靠、易于扩展的框架，基础协议一般不
会单独使用，需要应用扩展它来提供具体的服务，而应用协议扩展了基础协议，用以完成特
定的接入和应用业务。

3GPP 采用 Diameter 协议作为 EPC 网元间涉及到与用户鉴权、策略、计费管理相关的接
口协议，如 S6a、Gx、Gy 等接口，Diameter 协议承载在 IP/SCTP 协议之上，具备 IP 的寻址
特性，基于 SCTP 偶联保证传输的可靠性。

5．SGi 接口

SGi 接口是 P-GW 和外部数据网之间的接口，类似于 3GPP 接入网的 Gi 接口，其基本要
求遵循 3GPP 标准 29.061。该接口用于和外部数据网之间的互通，外部分组数据网可以是公
众互联网、运营商私有网络、IMS 业务网等，该接口需要支持 DHCP、Radius 协议，以及 IPSec、
L2TP 和 GRE 等隧道协议，并支持 IPv6/IPv4 双栈。

6．S10/S11 接口

S10 是 MME 之间的控制面接口，接口采用 GTPv2-C 协议，遵循 3GPP 标准 29.274。S10
接口用于传递 MME 重定位和 MME 之间的信息。该接口的协议栈如图 3-22 所示。

S11 是 MME 和 S-GW 之间的接口，用于传输承载控制与会话控制等信息，接口采用
GTPv2-C 协议，遵循 3GPP 标准 29.274，其功能包括承载的建立、修改或释放。该接口的协
议栈如图 3-23 所示。

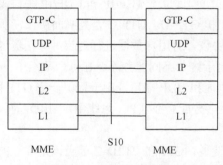

图 3-22 S10 接口协议栈

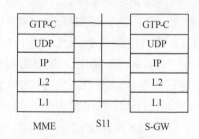

图 3-23 S11 接口协议栈

7．S3/S4 接口

S3/S4 接口用于不同的 3GPP 接入系统之间移动或切换时，在 S4 SGSN 和 MME，S4 SGSN
和 S-GW 之间的互通接口。

S3 是 S4 SGSN 和 MME 之间的接口，采用 GTPv2-C 协议。S3 接口用于交换空闲或激活

状态的用户信息和承载信息，这些信息包括激活的 PDN 连接、控制平面的地址、TEID、EPS 承载上下文、安全信息、移动性管理等相关信息。该接口的协议栈如图 3-24 所示。

S4 接口是 S4 SGSN 与 S-GW 之间的接口，在两个网元之间提供控制和移动性功能。S4 接口既可以只有信令面接口（GTP-C），也可以包括用户面的接口（GTP-U）。S4 接口采用 GTPv2-C 协议在 SGSN 和 S-GW 之间传输信令消息，遵循 3GPP 标准 29.274。S4 接口的控制面协议结构如图 3-25 所示。

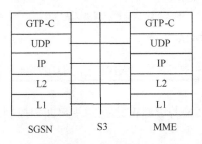

图 3-24　S3 接口

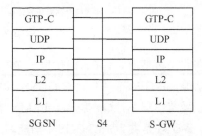

图 3-25　S4 接口信令面协议结构

如果已有的 UTRAN 系统使用直接隧道机制（DT），则 S4 接口只传递控制面消息，如果没有采用 DT 机制，则 S4 接口除了控制面消息外，还需提供用户面协议传输用户面数据。S4 用户面协议采用 GTPv1-U 协议，遵循 3GPP 标准 29.281。S4 接口的用户面协议结构如图 3-26 所示。

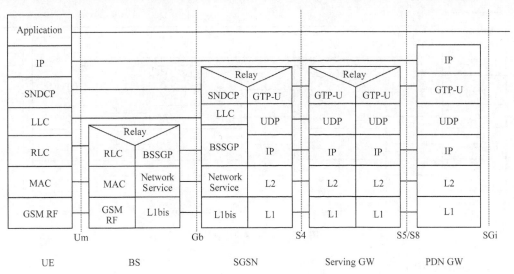

图 3-26　S4 接口用户面协议结构

8．Gn 接口

Gn 是 MME 和 Gn/Gp SGSN 之间的接口，遵循 3GPP 标准 29.060 版本。该接口的协议栈如图 3-27 所示。

9．Gn/Gp 接口

Gn/Gp 接口是 2G/3G SGSN 与 P-GW 之间的接口，分为控制面和用户面，基于 GTP v1 协议，协议版本和现有 GPRS 网络保持一致。Gn/Gp 接口协议结构如图 3-28 所示。

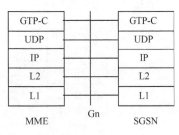

图 3-27　Gn 接口

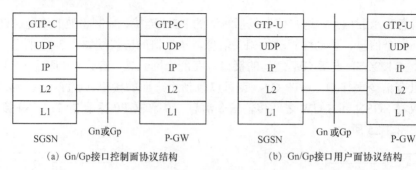

（a）Gn/Gp接口控制面协议结构　　　　　（b）Gn/Gp接口用户面协议结构

图 3-28　Gn/Gp 接口协议结构

在非漫游情况下，Gn 提供同一 PLMN 内 2G/3G SGSN 与 P-GW 之间的用户面和控制面接口功能，P-GW 提供 2G/3G GGSN 功能。

在漫游情况下，Gp 提供跨 PLMN 的 2G/3G SGSN 与 P-GW 之间的用户面和控制面接口功能，P-GW 提供 2G/3G GGSN 功能。

10. S12 接口

S12 接口是 UTRAN 与 S-GW 之间的用户面的接口，此时 UTRAN 与 S-GW 采用直接隧道机制，传递通过 UTRAN 系统由直接隧道机制接入 EPS 用户的用户面数据。该接口采用 GTPv1 协议，遵循 3GPP 标准 29.281。S12 接口的协议结构如图 3-29 所示。

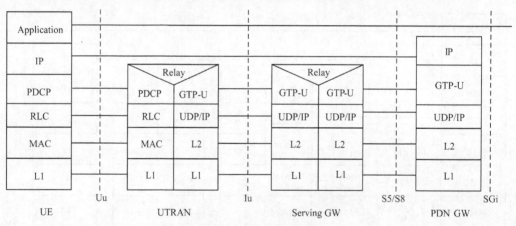

图 3-29　S12 接口协议结构

11. Gx/Rx 接口

Gx 是 PCRF 和 PCEF 之间的接口，Rx 是 PCRF 和 AF 之间的接口。Gx、Rx 接口 Diameter 协议栈分层结构如图 3-30 所示。

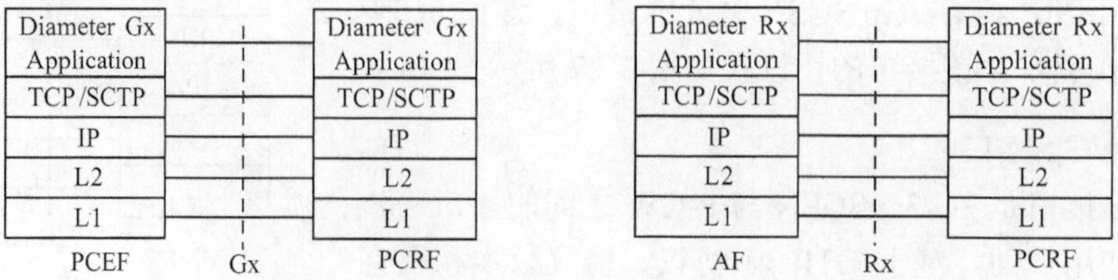

图 3-30　Gx、Rx 接口协议栈

Diameter Gx Application：此协议是用于 PCRF 动态控制 PCEF 中的 PCC 行为，传递 PCC 决策信令，参见 3GPP TS 29.212。Gx 接口可以用于 PCRF 将 PCC 策略提交给 PCEF，PCEF 将事件报告提交给 PCRF，主要实现策略控制和计费控制。

Diameter Rx Application：此协议是用于 AF 向 PCRF 传递应用层的会话信息，参见 3GPP TS 29.214、RFC 3588。Rx 接口用于动态传递 AF 分配的 QoS 和计费相关的业务信息，PCRF 可根据这些信息控制业务数据流和承载资源，实现策略控制和计费分级，传递 QoS 控制所需的带宽等参数。

Stream Control Transmission Protocol（SCTP）：信令的传输协议，参见 RFC 4960，SCTP 偶联需实现多宿主（Multi-Homed）。

对传输层协议，PCRF 应支持 TCP 和 SCTP 协议。

12. S2a/S2b/S2c 接口

（1）S2a 接口

S2a 接口是授信非 3GPP 接入网络和 EPC 核心网网关（如 P-GW）之间的参考点。该接口支持 PMIPv6 协议和 MIPv4 协议，PMIPv6 协议栈如图 3-31 所示，参考 RFC 5213。控制面负责层 3 移动性管理方面的信令处理，主要是与 PDN 连接相关的控制信息，包括 GRE 隧道、计费、IP 地址分配等信息。用户面传输分组数据，图示的隧道层使用 GRE 协议封装。

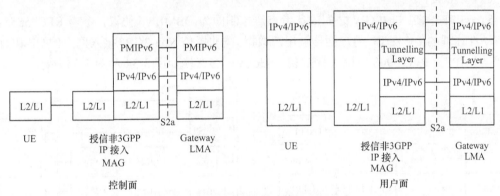

图 3-31　S2a 接口协议栈（基于 PMIPv6）

S2a 接口还可以采用 MIPv4 协议，协议栈如图 3-32 所示，参考标准 RFC 3344。控制面负责移动性管理方面的信令处理，包括移动性注册消息（APN、家乡地址、家乡代理地址等）。用户面负责传输分组数据。

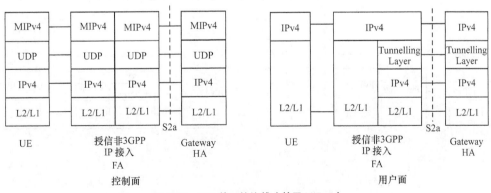

图 3-32　S2a 接口协议栈（基于 MIPv4）

（2）S2b 接口

S2b 接口是在非授信 Non-3GPP 接入网 ePDG 网关与 EPC 网关之间的参考点，该接口支持 PMIPv6 协议，提供移动性管理控制面和用户面功能。控制面提供移动性管理信令消息，用户面负责传输用户数据，采用 GRE 隧道封装，UE 和 ePDG 之间需要 IPSec RFC 3948 协议进行封装。S2b 接口协议栈如图 3-33 所示。

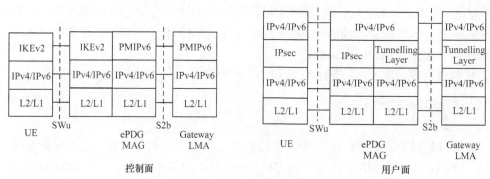

图 3-33　S2b 接口协议栈（基于 PMIPv6）

（3）S2c 接口

S2c 接口是 UE 与 P-GW 之间的参考点。控制面为 DSMIPv6 协议，参考 RFC 5555，提供移动性管理的信令处理。用户面传输用户数据。在非授信 Non-3GPP 接入网上的 UE 和 ePDG 之间需要 IPSec RFC 3948 协议进行封装。S2c 接口协议栈如图 3-34 和图 3-35 所示。

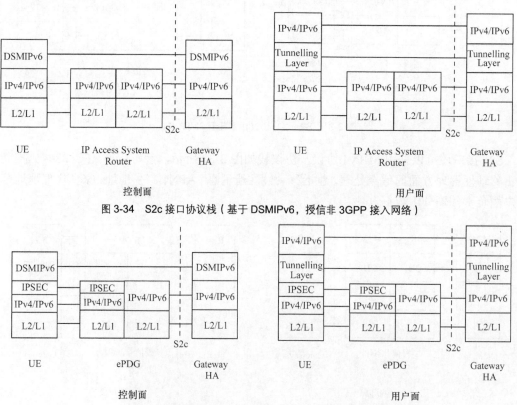

图 3-34　S2c 接口协议栈（基于 DSMIPv6，授信非 3GPP 接入网络）

图 3-35　S2c 接口协议栈（基于 DSMIPv6，非授信 Non-3GPP 接入网络）

13. STa/SWx/S6b 等接口

对于非 3GPP 接入网络与 EPS 系统互通时，还需要通过 3GPP AAA 服务器实现用户的认证和授权，相关的接口包括 STa、SWx 和 S6b 等接口，采用 Diameter 协议。

一个非 3GPP IP 接入网络是可信任或者是不可信任，不是接入网络的属性，而是由运营商确定，同时可在非 3GPP IP 接入网络和 3GPP AAA 服务器进行接入鉴权和授权过程中决定的。

STa 接口是在授信非 3GPP 接入网络与 3GPP AAA 服务器之间的接口参考点，用于传输认证和授权的信令。接口基于 Diameter 协议。

SWx 接口是在 HSS 和 3GPP AAA 服务器之间的参考点，用于传输认证 UE 信息、签约信息，同时用来更新 HSS 上存储的 PDN-GW 的地址信息。

S6b 接口是在 3GPP AAA 服务器和 PDN GW 之间的参考点，提供用于移动性相关认证信息和移动性参数，可更新 3GPP AAA 服务器的 PDN GW 标识并且可选地获取移动性相关的参数和静态的 QoS 设置。

3.2　EPC 核心网主要特性

EPC 核心网实现了全面的 IP 分组化，与传统分组核心网相比，网络结构、用户状态模型更加简化，具有"永远在线"的特点，支持用户基本的 IP 连接性和更灵活的会话控制能力，能够为用户同时提供对多个 PDN 连接，使用户与多个业务网络或其他 UE 进行数据交互，并提供 QoS 控制，保证各业务的服务质量。

3.2.1　移动性和连接管理模型

EPS 系统中用管理模型来描述用户的状态转变情况。EPS 管理模型描述了用户当前的状态及状态改变情况，EPC 系统可以结合用户当前的管理模型系来确定执行何种移动性管理操作，同时，系统在执行移动性管理操作时也会引起用户状态的改变。

EPS 管理模型中包含两类状态模型，分别为 EMM（EPS Mobility Management，EPC 移动性管理）状态机和 ECM（EPS Connection Management，EPC 连接性管理）状态机。UE 和 MME 中都有这两个状态模型。

EMM 状态机包括 EMM 注册（EMM-REGISTERED）和 EMM 注销（EMM-DEREGISTERED）两种状态，主要描述 UE 在网络的注册状态。ECM 状态机包括 ECM 空闲（ECM-IDLE）和 ECM 连接（ECM-CONNECTED）两种状态，主要描述 UE 和 EPC 之间的信令连接状态。MME 需要管理两类状态机的不同状态之间的相互转换，其转化图如图 3-36 至图 3-39 所示。

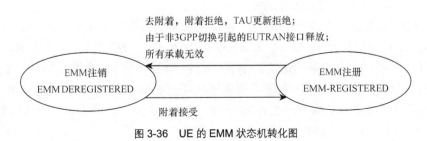

图 3-36　UE 的 EMM 状态机转化图

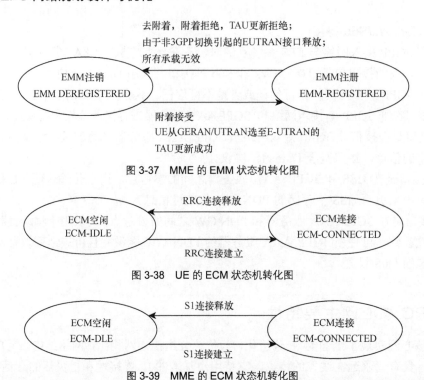

图 3-37　MME 的 EMM 状态机转化图

图 3-38　UE 的 ECM 状态机转化图

图 3-39　MME 的 ECM 状态机转化图

EMM 状态和 ECM 状态是相互独立的。不管 ECM 是什么状态，EMM- REGISTERED 都可以向 EMM-DEREGISTERED 转变，例如，在 ECM-CONNECTED 状态下发生显式去附着时，或者 ECM-IDLE 状态下发生 MME 中的本地隐式去附着时。但是，ECM 和 EMM 也是有关系的，比如 UE 从 EMM-DEREGISTERED 向 EMM-REGISTERED 转变之后，UE 的 ECM 状态才有意义。

EPS 系统根据用户的 EMM 和 ECM 的状态，决定用户可以执行的动作。如果用户是在 EMM-DEREGISTERED 状态，则此时网络不知道用户的位置，用户可以进行 PLMN 选择；如果用户是在 EMM-REGISTERED 和 ECM-IDLE 状态，则网络可以知道用户的 TA，用户可以进行小区重选；如果用户是在 EMM-REGISTERED 和 ECM-CONNECTED 状态，无线承载已经建立了，网络可以知道用户所在的小区，那么用户是可以进行切换的。

（1）EMM 模型

EMM-DEREGISTERED：在此状态下，UE 对 MME 来说不可达，因为 EMM 上下文中不包括用户的有效位置和路由信息。但是，在此状态下，UE 的部分上下文仍可保存在 UE 和 MME 中，这样做的目的就是避免在每次附着的时候发起 AKA（Authentication and Key Agreement）过程，也就是鉴权过程。

EMM-REGISTERED：UE 可以通过一次成功的附着流程（ATTACH/Inter-RAT TAU 等）来进入此状态，可以通过 E-TRAN 或 GERAN/UTRAN 接入。MME 进入 EMM-REGISTERED 状态，可以是通过 UE 从 GERAN/UTRAN 选择了一个 E-UTRAN 小区而触发的 TAU 程序，也可以是通过 UE 从 E-UTRAN 中触发的附着程序。在 EMM-REGISTERED 这种状态下，MME 知道 UE 的确切位置或者是用户所在的 TA 列表（TA List）。UE 至少有一个永远都在的激活的 PDN 连接，并且建立了 EPS 安全上下文。

（2）ECM 模型

ECM-IDLE：一个用户与网络没有 NAS 信令连接时，用户进入了 IDLE 态。此状态下的 UE 在 eNodeB 内没有上下文，也没有 S1-MME、S1-U 连接。在 ECM-IDLE 状态，UE 可以执行小区选择/重选，或者进行 PLMN 选择。

如果 UE 是在 EMM-REGISTERED 和 ECM-IDLE 状态，则 UE 能够执行对应场景下的 TAU 更新，响应 MME 执行业务请求程序而发起的寻呼消息，如果 UE 要发送上行用户数据，则可以执行业务请求，以建立无线承载。

ECM-CONNECTED：这种状态下，UE 和网络有 NAS 信令连接，有上下文。UE 处在这个状态下，MME 将会知道为它服务的 eNodeB 的 ID。UE 在 ECM-CONNECTED 状态时，UE 和 MME 之间是有信令连接的。信令连接包括两部分，即 RRC 连接和 S1_MME 连接。在此状态下，UE 可以执行切换程序。

3.2.2　默认承载和"永远在线"

在 EPS 系统中，与 UMTS 网络 PS 域相比，优化了用户接入网络的过程，在 UE 附着过程中即建立了一个基础 IP 连接，这个基础 IP 连接就被称为 UE 的默认承载。也就是说，在 EPS 网络中，UE 一旦附着，就建立了默认承载，这与 UMTS 网络中 UE 先附着在 SGSN，只在 UE 有业务发起的时候才激活 PDP 上下文并选择 GGSN 建立承载有所不同。EPS 的附着过程完成后，UE 进入 EMM-REGISTERED 状态，此时默认连接已经建立完成，已经为 UE 选择好提供服务的 S-GW 和 P-GW。附着过程中可在默认承载建立过程中，或在默认承载建立之后，为 UE 分配 IP 地址，UE 的 IP 地址就与建立好的默认承载之间建立了关联的关系。默认承载建立的流程如图 3-40 所示。

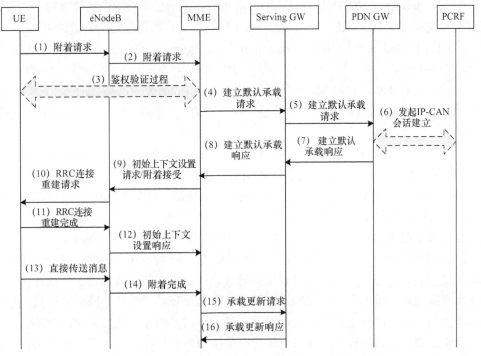

图 3-40　默认承载建立流程（GTP-based S5/S8）

流程简述如下。

（1）UE 发起附着请求消息给 eNodeB，消息包含 IMSI 或 GUTI、UE 网络能力及最后一次访问的 TAI 等参数。

（2）eNodeB 根据 GUTI 和选择网络指示找到 MME，如果得不到 MME，就通过 MME 选择功能选择 MME。

（3）MME 完成鉴权等相应过程。

（4）MME 根据 APN 配置选择一个 P-GW，根据网络拓扑选择一个 S-GW 建立默认承载，并且为默认承载分配承载 ID，向 S-GW 发送 Create Default Bearer Request（建立默认承载请求，包括控制面 TEID、PDN GW Address、APN、默认承载 QoS、计费参数、Dual Address Bearer Flag 等）消息。

（5）S-GW 在承载上下文列表中加入新记录，向 P-GW 发送 Create Default Bearer Request（建立默认承载请求）消息。S-GW 将缓存所有从 P-GW 而来的下行数据包。如果从 MME 获得了 MSISDN，那么消息中也会携带该信息。

（6）如果启用动态的 PCC（Policy and Charging Control），那么 P-GW 发起 IP-CAN 建立流程；如果没有部署动态 PCC，则采用网关本地配置策略。

（7）P-GW 在承载上下文列表中加入新的记录，并且产生一个 Charging ID。P-GW 可以向 S-GW 发送用户面分组数据单元，并开始计费。P-GW 向 S-GW 发送 Create Default Bearer Response（建立默认承载响应）消息。

（8）S-GW 返回给 MME 一个 Create Default Bearer Response（建立默认承载响应）消息。

（9）MME 向 eNodeB 发送 Attach Accept（附着接受）消息。该消息被包含在一个 S1-MME 控制消息即 Initial Context Setup Request（初始上下文设置请求）消息中。

（10）eNodeB 给 UE 发送 RRC Connection Reconfiguration（RRC 连接重建）消息，这个消息包括无线承载的 ID，同时 Attach Accept（附着接受）消息也将会发送给 UE。

（11）UE 向 eNodeB 发送 RRC Connection Reconfiguration Complete（RRC 连接重建完成）消息。

（12）～（14）eNodeB 向 MME 发送 Initial Context Setup Response（初始上下文设置响应）和 Attach Complete（附着完成）消息。这个附着完成控制信息还包括 eNodeB 的 TEID 和地址（供下行使用）。

（15）S-GW 收到 MME 的 Update Bearer Request（承载更新请求）消息，建立 S1-U 默认承载，并建立 S1-U 和 S5/S8-U 默认承载的映射关系。

（16）S-GW 向 MME 发送 Update Bearer Response（承载更新响应），表明它已经收到 eNodeB 的 TEID，这样 S-GW 就能发送缓存的下行数据包了。

EPS 默认承载的建立是为了支持 UE 的"永远在线"功能。"永远在线"（Always-On）的含义是，从端到端的角度看，在 UE 注册到网络之后，网络中保存 UE 有效的路由信息，在任何时间发起到 UE 的连接时，都可以依赖这些路由信息，随时找到 UE 建立连接。当长时间没有数据发送时，虽然空中接口的连接因节省资源而释放，但核心网中的连接仍然存在，保留有新近的、有效的路由信息。当针对这样的 UE 需要继续发送数据时，就不必从头至尾执行一遍承载激活连接的过程，而只要进行空中接口的建立即可，从而加快了 UE 从空闲状态到连接状态的迁移。需要说明的是，"永远在线"并不意味着 UE 到 UE 或服务器的端到端连接中的每一段连接或承载都随时存在。

UE 附着并且默认承载建立后，如果 UE 需要发起到同一个 PDN 连接的业务，如果 QoS 可以匹配，就可直接使用已经建立好的默认承载，而不需要另外建立承载，类似于"节省"了 2G/3G 网络中的 PDP 上下文激活过程。

默认承载在 UE 注册在网络的过程中始终存在，即使空中接口的无线承载和 S1 接口承载都释放，默认承载也保留在 EPC 中。UE 在删除业务承载时，只要不从网络注销，始终有一条 PDN 连接以及这条 PDN 连接上的默认承载存在。默认承载只在 UE 从网络注销时才能删除。默认承载是一个非保证比特速率的承载，可为 UE 提供满足默认 QoS 的承载能力。

3.2.3　跟踪区

在 EPS 系统中，应用了与 GSM/UMTS 系统相似的位置区域概念，这种位置区域称为跟踪区（Tracking Area，TA）。跟踪区的设置用于管理用户的移动性。与 GSM/UMTS 类似，EPC 对处于空闲状态和连接状态的 UE，都要对其注册的 TA 进行管理，UE 也会在发生 TA 改变时更改 EPC 中的 TA 注册信息。对于空闲状态的终端，核心网通过 TA 能够知道终端大致所在的位置，如果需要寻找这个终端，核心网可在限定的范围内寻呼终端，而不需要在整个网络中寻找。空闲状态的终端在移动过程中如果移动出了当前注册的位置区域，则发起位置区域的更新过程，告知核心网 UE 已经改变了当前所在的区域，在核心网中重新注册当前所在的区域。连接状态的终端也可能在切换时发生位置区域的改变，终端就要在切换到目标系统后发起位置更新或路由更新过程，同样通知核心网该终端位置的变化。

在 EPS 中，一个 eNodeB 下的所有小区可以属于不同的 TA，也可以是多个 eNodeB 下的小区属于同一个 TA，TA 相互之间不能重叠。在 UMTS 中，一个 Node B 中的所有小区应属于同一个 RA。

由于 E-UTRAN 结构的扁平化，eNodeB 在功能上强化了，可以看作结合了 UMTS 中 RNC 和 NodeB 的功能；但对于覆盖范围来说，一个 eNodeB 的覆盖范围与一个 NodeB 的覆盖范围并没有非常大的差别。UMTS 中 RA 的设置一般要包含完整的 RNC 所控制的小区，一个 RA 可以由多个 RNC 所控制的所有小区组成，因此可以预见的是一个 RNC 所覆盖的范围不会比一个 eNodeB 的范围要小。EPS 规定一个 eNodeB 可以包含多个 TA，也可以多个 eNodeB 包含在一个 TA 中。因此，TA 在大小上可以看作是一个介于小区和 RA 之间的位置区概念，由此可以推断，在相同的面积下，TA 的个数应该比 RA 的个数要多，但比小区的个数要少。

在移动网络中，UE 改变位置区域就应该执行位置更新。那么对于 EPS 网络，其 TA 数量相比 UMTS 的 RA 数量更多，若改变 TA 就发起 TA 更新，则会使得 TA 更新的频率大大高于原来的 UMTS 的 RA 更新频率，会提高网络信令过程的负荷。另外，TA 也不可能规划得太大，这样会扩大 UE 的寻呼区域，寻呼区域太大会浪费系统的无线资源。

因此，在 EPS 中采用了多注册 TA 的概念，即为 UE 分配跟踪区列表（TA List），通过 TA 列表来降低 TA 更新的次数和信令负荷，如图 3-41 所示。

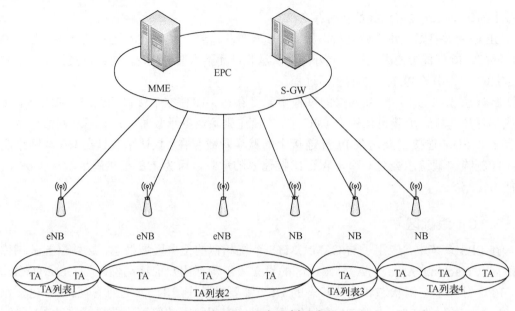

图 3-41　EPS 跟踪区列表示意图

当 UE 注册到网络或者执行 TA 更新后，网络为 UE 分配一个 TA 列表，TA 列表是一个包含多个跟踪区 TA 的列表，用户在 Attach 和 TAU 完成时，MME 为用户分配一个 TA 列表，只要 UE 所在 TA 在这个列表之内，就无需发送新的位置更新。如 TA 列表 1 包含两个 TA，这两个 TA 都注册在 MME 中，作为 UE 所在的位置区域。UE 在一个 TA 列表中移动时，TA 的改变不会引起 TA 更新过程的执行。同时，对于空闲状态 UE 进行寻呼时，可以在一个 TA 列表中的所有 TA 中进行寻呼，也可按照某些优化算法，在 TA 列表中的部分 TA 中进行寻呼。当 UE 移动出当前的 TA 列表区域时，才需要执行 TA 更新过程，MME 将为 UE 重新分配一个 TA 列表。TA 列表的分配由网络决定，一个列表中 TA 的个数可变，其数量应结合寻呼区域规划。TA 列表可以灵活划分确定。

3.2.4　Pool 技术

在传统 PS 核心网中，一个无线接入节点只能连接一个核心网网元。这种组网在网络级存在单点故障，不能满足电信级安全组网的要求，核心网元一旦故障，将造成严重的后果，EPS 系统为保证业务的可靠性，在系统中引入了 Pool 技术，也称为池区（Pool Area），主要目的是为了实现 MME 或 S-GW 等关键网元的负荷分担、减少信令更新负荷或网元业务切换。即当一个终端在这个区域中漫游时，根据核心网元位置、负荷等条件选择为其服务的核心节点，且在该区域内不需要改变为其提供服务的核心网节点。一个池的区域由一个或多个核心网节点共同提供服务。

MME Pool 功能是指一定区域内的一组 MME 组成一个资源池，UE 在 MME 池区域中的 TA 之间移动时，一般不需要更换为它提供服务的 MME 节点，特殊情况除外（如实施负荷均衡时）。一个 MME 池区域都由完整的 TA 组成，并不以 eNodeB 服务的区域为单位。

MME Pool 由多套 MME 组成，MME 之间通过 S10 接口互连，实现资源共享，业务负荷分担。eNodeB 同时连接到 Pool 区内的每一套 MME，并根据各 MME 的容量按比例分配业务。

eNodeB 需感知 MME 的设备状态，如果探测到 MME 不可用，需要及时调整负荷均衡策略，将新接入业务请求消息分配给其他正常状态的 MME。

　　池内的每个 MME 被赋予一定的权重，并通过 S1 接口将自身的权重信息下发给 eNodeB，从而达到 eNodeB 均衡选择 MME 和 MME 之间容灾备份的功能。MME Pool 组网示意图如图 3-42 所示。

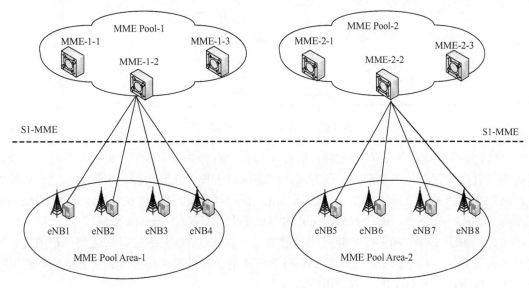

图 3-42　MME Pool 组网示意图

　　MME Pool 中进行 MME 间的负荷迁移时，MME 支持发送 S1 连接释放消息。对于 ECM_IDLE 状态的 UE，MME 需要寻呼 UE 到 ECM_CONNECTED 状态，然后再发起 S1 连接释放。

　　MME 支持过载处理机制。MME 过载时支持发送过载开始（OVERLOAD START）消息给 eNodeB，并下发过载控制策略；当过载 MME 的负荷恢复正常时，MME 支持发送过载结束（OVERLOAD STOP）消息通知 eNodeB。

　　MME Pool 除了对 MME 本身有要求之外，还对 eNodeB 有相关要求：eNodeB 为了根据 MME 间的负荷均衡选择 MME，需能获知 Pool 内 MME 的负荷情况，eNodeB 需要连接到 Pool 内所有的 MME，并为 Pool 内每个 MME 设置一个权重，eNodeB 应能够根据 MME 的指示来设置 eNodeB 上的该 MME 的权重信息。eNodeB 也应能够通过 O&M 系统设置 eNodeB 上的 MME 的权重信息。eNodeB 支持根据 MME Code 和 NNSF（NAS Node Selection Function）功能来选择 Pool 内合适的 MME。

　　S-GW Service Area 是指 SGW 服务的 TA 的集合，当用户在一个 S-GW Service Area 中移动的时候，不必进行 S-GW 的更换。一个 S-GW 服务区域都由完整的 TA 组成，并不以 eNodeB 服务的区域为单位。S-GW Service Area 示意图如图 3-43 所示。

　　在用户接入的呼叫流程中，当 MME 通过 TA 查询 SGW 时，DNS 会返回 TA 相关的所有 S-GW，MME 会结合其他附加信息（S-GW 的接口能力等），为用户选择其中的一个 S-GW。同时 MME 分配 TA List 的时候，TA List 内的 TA 要在同一个服务区内，也就是同一个 SGW 内。

　　实际部署的时候，建议多个 S-GW 也可以共享一个服务区，即某一个区域范围内 S-GW 的 Service Area 是重合的，这样会减小用户在移动时发生跨 S-GW 切换的概率。

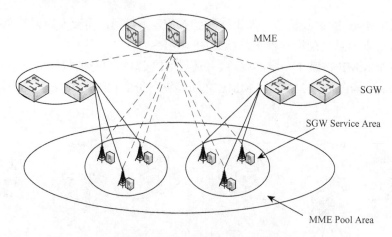

图 3-43　S-GW Service Area 示意图

MME 池与 S-GW 池之间的关联关系有 3 种：一对一关联、多对一关联和多对多关联。目前并没有指定使用其中的哪种关联方式，应该说这 3 种关联方式都是可行的，运营商可以从网络的实际情况出发自由选择。一般来说，从运营便利角度出发，建议 S-GW 的 Service Area 范围与 MME Pool 重合，或者 MME Pool 内包括多个 S-GW 的 Service Area。

另外，由于 S-GW 和 P-GW 是在用户层面，可以通过 MME 的控制来达到一定的过载控制和负荷重分配。基于这个考虑，S-GW 和 P-GW 的可靠性要求相对 MME 要低些，在 EPS 体系中，仅考虑了 S-GW 的负载均衡技术。

3.2.5　多 PDN 功能

EPS 系统中支持 UE 同时到多个 PDN 网络的 IP 业务交互。EPS 系统的多 PDN 实际上指 UE 通过使用一个 P-GW 或多个不同的 P-GW，同时为 UE 交换多个 IP 数据流。一个 UE 与 P-GW 之间的连接路径称为一个 PDN 连接，PDN 连接可通过 UE IP 地址、标识 PDN 的 APN 进行标识。

出现多 PDN 连接的可能场景有：

（1）一个 UE 既可连接 IPv4 的 PDN/业务域，也可连接 IPv6 的 PDN/业务域，当这两种连接同时存在时，可通过两个 IP 网关连接到不同的 PDN/业务域。

（2）在连接到企业网时，可能希望使用基于 IMS 信令的网络，这种连接与 UE 的其他业务的连接可使用不同的 PDN 连接。

（3）出于安全性考虑，用户接入企业网时很可能要求使用单独的 PDN 连接。

（4）在漫游场景下，UE 可使用本地 PDN 网关连接访问漫游地业务，同时还可以使用归属地的 PDN 网关访问归属地业务。

在这些场景下，多 PDN 功能应根据网络策略、用户的签约数据许可、接入网络许可来进行使用。

对于 3GPP 接入的多 PDN 连接，其处理机制是通过 UE 发起多 PDN 连接的建立，其步骤和参数与网络附着过程类似，但简化了 MME 获取 UE 上下文和鉴权等操作。多 PDN 连接是在 UE 和网络建立了默认 PDN 连接之后，在需要时发起的 PDN 连接建立过程，在 PDN 连接请求中一般会携带 APN 信息，表明想建立的 PDN 连接，MME 完成校验后，判断是否允许 PDN 连接的建立。

对于非 3GPP 接入，对于一个给定 APN 和 UE 的多个 PDN 连接的支持，要求所有这些

PDN 连接必须使用相同的接入网络，在切换时将所有 PDN 连接迁移到新的接入网络。在同一个接入网络上，所有这些 PDN 连接必须使用相同的 IP 移动性协议。

3.3　EPS 互操作

3.3.1　EPS 互操作概述

在运营商进行 EPS 网络系统的建设时，无线接入系统的建设由于覆盖范围较广、建设周期较长，无线 eNodeB 的部署不可能一步到位，从 EPS 网络开始建设到实现全网覆盖的规模，建设周期可能需要几年的时间。在 EPS 系统建设初期，LTE 的覆盖范围一定是热点区域、城镇区域覆盖的，即使经过几年的建设后，可能还是达不到现有 2G/3G 覆盖的广度和深度。为满足终端用户业务使用的连续性要求，在 LTE 覆盖范围之外的 2G/3G 等网络覆盖区域，用户仍然能使用业务，并且尽量实现业务的不中断，就需要 EPS 系统实现和 2G/3G 网络的互操作。互操作主要是 EPS 系统和 2G/3G 网络相关网元之间通过接口互通，实现用户在 3GPP E-UTRAN/GERAN/UTRAN 接入系统之间移动，或用户在 E-UTRAN/eHRPD（cdma2000）接入系统之间移动时，能够保证业务的连续性。当然，互操作还包括 EPS 在 E-UTRAN 和 WLAN/WiMax 等无线系统之间的互操作，本章主要说明 EPS 和 2G/3G 之间的互操作架构。

EPS 系统是全 IP 的网络，没有电路域，而移动用户的主要业务包括语音、数据等业务，因此 EPS 系统除了能实现与 2G/3G 系统分组域之间的互操作外，还需要满足语音、短信业务实现和 2G/3G 电路域系统之间的互操作。

现有 2G/3G 网络包括 GSM/UMTS 制式的网络（3GPP 标准定义），也包括 cdma2000 制式的网络（3GPP2 标准定义），EPS 系统与 2G/3G 网络之间的分组域、电路域互操作需包括这两种制式。

3.3.2　与 2G/3G 分组域互操作

1. 与 3GPP 系统间数据互操作

EPC 与 3GPP 系统间的数据互操作主要指 EPC 网络的 MME、S-GW、P-GW 与 S4 SGSN、Gn/Gp SGSN 之间实现互通连接，满足用户在 E-UTRAN/GERAN/UTRAN 之间移动时的分组数据业务的连续性。涉及这些连接的接口基于 GTP 协议，包括基于 GTPv1 的 Gn 接口（Gn/Gp SGSN 与 MME 之间）和 Gp 接口（Gn/Gp SGSN 与 P-GW 之间）、基于 GTPv2 的 S3 接口（S4 SGSN 与 MME 之间）、基于 GTP-U 的 S4 接口（S4 SGSN 与 S-GW 之间）等。

S4 SGSN 指 3GPP R8 版本定义的 UMTS 核心网 SGSN，Gn/Gp SGSN 指 3GPP R8 版本之前传统的 UMTS 核心网 SGSN。

3GPP 系统间改变涉及不同版本的网络之间的互联互通，包括 R8 版本之前的 UMTS 核心网（Pre-R8 UMTS Core）、R8 版本的 UMTS 核心网（R8 UMTS Core）与 EPC 网络的互操作，即 EPC 网络和 R8 版本之前的 GPRS 核心网络 Gn/Gp SGSN，以及 R8 版本定义的 S4 SGSN 之间的互通。

EPC 网络中，MME 与 S-GW 通过 S11 接口、MME 和 MME 之间通过 S10 接口互通，执行 GTPv2 信令；R8 以前的 3GPP 分组核心网中，SGSN 与 GGSN 之间通过 Gn/Gp 接口、SGSN 和 SGSN 之间通过 Gn/Gp 接口互通，执行 GTPv1 信令。因此为实现 EPC 和 2G/3G UMTS 网络的互通，至少需要一个网元同时支持 GTPv1/GTPv2 和 UMTS/EPS 流程、在互通过程中面向网络左右扮演不同的角色，提供用户上下文的映射转换、重建和更新用户面隧道。

（1）EPC 与 R8 UMTS Core 间的互操作架构

EPC 与 UMTS CN 间的互操作架构中，传统的 UMTS Core 需要升级到 R8 架构，S4 SGSN 网元同时支持 GTPv1/GTPv2 和 UMTS/EPS 流程，像 MME 一样连接至 S-GW。S4 SGSN 与 MME 通过 S3 接口连接，传递移动性管理控制平面消息；S4 SGSN 与 S-GW 之间通过 S4 接口连接，支持用户平面功能。EPC 与 R8 UMTS Core 间的互操作架构如图 3-44 所示。

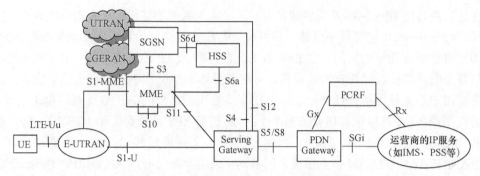

图 3-44　EPC 与 R8 UMTS Core 之间的互操作架构

非漫游时，MME/S-GW 位于归属网络中，并且 S-GW 与归属网络的 P-GW 通过 S5 接口连接。漫游时，MME/S-GW 位于拜访网络中，本地业务通过 S-GW 与拜访网络 P-GW 之间的 S5 接口传送；归属网络业务通过 S-GW 与归属网络中的 P-GW 之间的 S8 接口传送。

在传统分组域网络层面，S4-SGSN 需要感知与 EPC 的互通与操作，面向 EPC 执行 GTPv2 信令，在 EPC 网络层面，MME 和 P-GW 可以通过 S4-SGSN 感知与传统分组域核心网的互通与操作。S3/S4 接口上采用 EPS 承载 QoS，S4-SGSN 实现 EPS Bearer 到 PDP Context 的映射转换以及 QoS 的转换。

（2）EPC 与 Pre-R8 UMTS Core 间的互操作架构

EPC 与 Pre-R8 UMTS Core 间的互操作架构中，传统的 UMTS PS 网络和 SGSN 不需要作任何改动。Gn/Gp SGSN 间通过 Gn/Gp 接口连接 P-GW，P-GW 为 Gn/Gp SGSN 提供 GGSN 功能；MME 在移动切换管理过程中扮演 UMTS PS 网络中 SGSN 的角色，Gn/Gp SGSN 与 MME 之间通过 Gn 接口连接实现移动性管理控制信令过程。Gn/Gp SGSN 与 S-GW 之间没有接口。EPC 与 Pre-R8 UMTS Core 间互操作架构如图 3-45 所示。

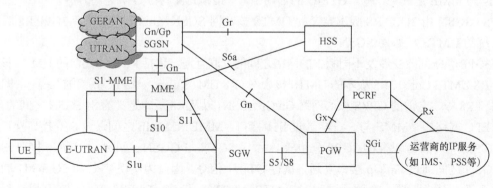

图 3-45　EPC 与 Pre-R8 UMTS Core 之间的互操作架构

漫游场景中，拜访网络中的 Gn/Gp SGSN 与归属网络的 P-GW 通过 Gp 接口连接；Gn/Gp SGSN 与 S-GW 没有接口。非漫游场景中，Gn/Gp SGSN 与 P-GW 通过 Gn 接口连接。对 Gn/Gp SGSN 来说，只支持到归属网络的业务，不支持本地疏导（Local Breakout），因此只连接到归属网络的 P-GW。

在传统的分组域网络层面，Gn/Gp SGSN 无需感知与 EPC 的互通与操作，继续执行 GTPv1 信令，在移动切换流程中只需要将 MME 视为 Gn/Gp SGSN、将 PGW 视为 GGSN 即可。在 EPC 网络层面，MME 和 P-GW 分别实现传统分组域中的 SGSN 和 GGSN 功能，与传统 SGSN 通过 Gn 互通。Gn/Gp SGSN 与 MME 之间的 Gn 接口上采用 PDP 上下文 QoS，EPS 承载 QoS 与 PDP 上下文 QoS 之间的映射由 MME 执行。

2. 与 3GPP2 系统间数据互操作

在 3GPP2 标准中，原有的 HRPD 网络和 EPC 之间由于采用的是不同的核心网络，HRPD 的分组核心网为 PDSN，无法实现 EPC 和 HRPD 网络的互操作。为实现 3GPP2 系统和 EPC 网络的互通及业务的连续性，适应 HRPD 网络向 EPS 系统的演进，3GPP2 标准定义了 EPS 系统和演进的高速分组数据（evolved High Rate Packet Data，eHRPD）之间的互通架构，增加了 HSGW 网元，HSGW 使 eHRPD 以 S2a 接口（基于移动网络协议 PMIPv6 或 MIPv4）接入 EPC，实现了 EPC 和 3GPP2 2G/3G 系统的互操作。

eHRPD 与 LTE 的互操作分为非优化切换和优化切换两种方式，两种方式的组网架构如图 3-46 和图 3-47 所示。

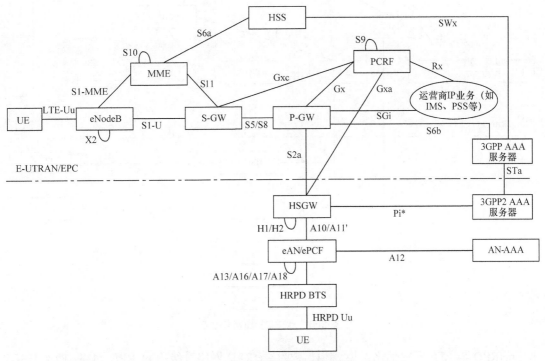

图 3-46　非优化切换组网架构图

eHRPD 与 LTE 间的非优化切换，除了增加 HSGW 网关外，EPC 网络和 eHRPD 网络之间不需要新增接口。对于实时性要求不高的数据业务，如浏览、消息业务、下载、流媒体等，

eHRPD 和 EPS 的非优化切换即可支持该类业务的连续性。非优化切换的架构遵循非 3GPP 接入 EPS 网络的网络架构，支持 LTE 到 eHRPD 的切换和 eHRPD 到 LTE 的切换。切换发生时，实际上是中断 LTE 的链接后建立 eHRPD 的链接，无线链路和网络的 PPP 连接都会中断，由业务层来保证业务的连续。

根据业务切换方向和终端的状态，非优化切换可以分为：LTE 至 eHRPD 的激活态切换；LTE 至 eHRPD 的空闲态切换；eHRPD 至 LTE 的激活态切换；eHRPD 至 LTE 的空闲态切换。LTE 与 eHRPD 分属 3GPP 和 3GPP2 两个接入系统，目前在 3GPP 标准中，已经完整定义了 LTE 与 eHRPD 的全部 4 种非优化切换流程；但在 3GPP2 标准中，由于部分运营商认为 eHRPD 至 LTE 的激活态切换场景无明显需求，因此只定义了其他 3 种非优化切换的过程。

其中，激活态 LTE 至 eHRPD 非优化切换方案首先需将 HRPD 全网升级为 eHRPD，终端在 LTE 网络接入并进行数据传输，当终端检测到 LTE 信号弱而 eHRPD 信号良好，则中断 LTE 连接并接入 eHRPD 继续数据业务，切换过程中业务将中断 2~8s。可见，非优化切换仅适合对实时性要求不高的数据类业务，对实时性要求高的业务，会影响用户体验。

而空闲态切换较为简单，终端只需要在切换准备的基础上进行网络重选。终端切换完成后，将由 LTE 网络中的 Idle 态转为 eHRPD 网络的 Dormant 态，或由 eHRPD 网络的 Dormant 态转为 LTE 网络中的 Idle 态。

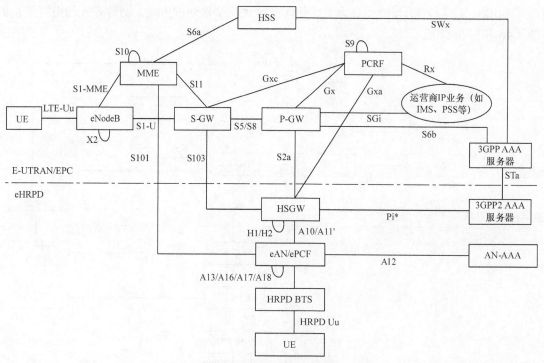

图 3-47　优化切换组网架构图

eHRPD 与 LTE 间的优化切换，同样需要将 HRPD 网络升级为 eHRPD 网络，增加 HSGW 网元，同时需增加 MME 与 eAN 间的 S101 信令接口、SGW 与 HSGW 间的 S103 数据接口。终端在 LTE 网络附着，终端同时利用 S101 接口完成 eHRPD 预注册，当终端从 LTE 覆盖区域移动到 CDMA 网络覆盖区时，终端通过 S101 接口发起切换流程，并在切换过程中通过 S103

接口传输下行数据，切换完成之后，LTE 资源释放。优化切换方案可以提供无损数据业务切换，切换的时延理论上可以降低到 1s 以内。

对于实时性要求较高的数据业务，如 VoIP、VT、实时视频等，需要 eHRPD 和 EPS 支持优化切换来保证业务的连续性。优化切换的目的是提前完成接入鉴权与授权，以及目标接入系统无线特定的协商、配置过程，以降低切换的延时，提高性能。优化切换在 CDMA 网络和EPS 网络要增加新的接口（S101 和 S103）和能力，因此对网络有较大的改造要求。

CDMA 运营商对于优化切换和非优化切换的选择需综合考虑业务需求、网络改动成本和复杂性，如果初期对实时性业务要求不高的情况下，可以优先采用非优化切换的互操作方案，当今后有实时业务时，再根据 LTE 无线覆盖情况考虑是否需要升级为优化切换方式。

3.3.3　与 2G/3G 电路域互操作

EPS 系统没有电路域，而语言、短信业务一直是运营商收入的重点来源，如何通过 EPS系统提供语言、短信等电路域业务，是 LTE 需要解决的重要问题。

在 EPS 系统建设之前，运营商都已完成了 2G/3G 电路域系统的建设，而且随着智能终端的发展，终端技术及工艺水平日益先进和完善，成本也逐年降低，因此对于 EPS 的语音解决方案，一方面需要考虑网络如何提供语音的业务能力；另一方面也需要结合终端已经具备的能力。

3GPP 关于语音互操作的标准制定之初主要考虑单射频系统（Single Radio）的终端，这是从终端的成本及耗电因素来考虑的，认为后续的 LTE 商用终端主要都是单射频系统。但是随着国际运营商对 LTE 高带宽的迫切商用的要求，在 LTE 覆盖还不完善、语音互操作技术尚未成熟的情况下，就进行了 LTE 的商用，为了解决 LTE 的语音业务问题，快速占领市场，促使了双射频系统终端的出现，此类终端可称为多模双射频终端（或多模双通终端）。

对于多模双射频终端，由于终端有两个无线射频模块，可以实现 LTE 和 2G/3G 网络的射频并发，因此，其优点是对 LTE 和 2G/3G 网络无需升级，就可以通过 2G/3G 网络提供语音业务，并且可以实现语音和 LTE 数据业务的并发，在进行语音呼叫的同时，终端仍然可以使用 LTE 高速数据业务。但缺点也很显著，主要的缺点是终端成本高，两套 RF 在同一个终端上干扰处理更为复杂，终端耗电量大。

对于多模单射频终端，由于终端只有 1 个无线射频模块，并且为了充分使用 LTE 高速业务，终端默认驻留在 LTE 网络之上，因此要实现 LTE 终端的语音业务，需要 EPS 网络及 2G/3G网络之间，或者 EPS 系统通过 IMS 网络实现互通，才能实现语音业务的连续性。此种方式的优点是终端成本低，且运营商实现语音业务不需要依赖于终端，业务适应能力相对较强；但缺点是需要对网络进行升级。本章后续所描述的互操作网络架构，都是基于此种单一射频终端为前提条件的。

对于单射频终端，EPC 网络为其提供语音业务，主要通过两种方式，一种是 CSFB 方式，EPC 不提供语音业务，语音业务通过回落到 2G/3G 提供，终端优选 LTE 驻留，在有语音业务需求时，网络辅助其回落 2G/3G 建立，通话结束后再网络重选返回 LTE 驻留；另一种是SRVCC 方式，EPC 实现 VoLTE，话音业务采用 VoIP 方式承载，EPC 将 VoIP 语音基于 IMS网络提供，在 LTE 的覆盖范围内，用户的语音经 VoIP 后由 EPC 送至 IMS 网络提供语音业务，当呼叫过程中移动出 LTE 范围覆盖时，支持 LTE 语音与 2G/3G 的互操作来保证连续性。

1. CSFB 方式

（1）与 3GPP 系统之间的 CSFB 架构

CSFB 方式在 2G/3G 电路域覆盖完善，而 LTE 无线网络覆盖区域小于 2G/3G 电路域的情况下，当用户需要进行语音呼叫业务时，通过 EPC 网络与 CS 域间的 SGs 接口，将语音呼叫回落到 2G/3G 电路域来处理。此时需要升级所有与 LTE 有重叠无线覆盖区域的 VMSC，以支持 SGs 接口联合位置更新、寻呼、短消息等功能。CSFB 方式不需要部署 IMS。CSFB 的网络架构如图 3-48 所示。

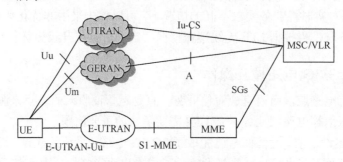

图 3-48　CSFB 网络架构

SGs 接口是 MME 与 MSC 之间的接口，用于协商话音回落 2G/3G 以及传递短消息。短消息和话音回落都遵循 3GPP 标准 29.118。该接口的协议栈如图 3-49 所示。

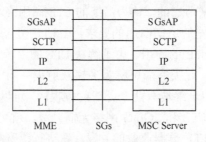

图 3-49　SGs 接口

SGs Application Protocol（SGsAP）协议连接 MME 和 MSC，进行话音回落 2G/3G 时的信令通信及短消息传输。

CSFB 语音回落的主要流程大致如下。

联合注册：UE 向 MME 发送 Attach Request 消息，消息类型为 EPS 和 IMSI 联合附着过程，MME 和 MSC Server 之间执行 Location Update 流程，将该 UE 注册到 MSC Server 和 HLR 中。MME 执行完 EPS 附着流程（例如建立默认承载）后，向 UE 发送 Attach Accept 消息，消息中包括 MSC Server 提供的 LAI 和 TMSI。

主叫流程：UE 向 MME 发送 Extended Service Request，指示 MME 需要执行 CS Fallback，MME 向 eNodeB 发送 S1-AP 请求消息，消息中携带 CSFB 指示，要求 eNodeB 将 UE 回落到 2G/3G。eNodeB 根据目标网络能力，例如根据本地配置的 2G/3G 邻区信息和 MME 提供的注册的 LAI 为 UE 选择一个 2G/3G 小区，将 UE 回落到 2G/3G。UE 回落到 2G/3G 之后，向 MSC Server 发送 CM Service Request，执行标准的 CS 呼叫流程。

被叫流程：被叫流程与主叫流程相比，多了一个寻呼（Paging）过程。MSC Server 收到被叫请求 IAM 消息，向 MME 发送 Paging 消息，MME 在 LTE 覆盖范围内 UE 所在的 TAI List 中发送 EPS Paging 消息，UE 向 MME 发送 Extended Service Request 消息响应寻呼，eNodeB 根据目标网络能力，为 UE 选择一个 2G/3G 小区，将 UE 回落到 2G/3G，之后执行标准的 CS 被叫流程。

（2）与 3GPP2 系统之间的 1xCSFB 架构

与 3GPP 系统的 CSFB 类似，LTE 也可将语音回落到 3GPP cdma2000 网络，称为 1xCSFB。与 3GPP 的 CSFB 不同，1xCSFB 增加了一个 MME 到 CS 网络的新接口——S102 接口，并且新增 IWS 功能实体，作为 S102 隧道在 cdma2000 1x 侧的端点，需要对 S102 隧道消息进行解读和处理，并为终端产生切换所需的消息和参数。IWS 可以看作一个 cdma2000 1x 系统的 BSC。UE 通过 S102 接口信令隧道接收 CDMA 1x 网络的消息，eNodeB 触发 UE 通过 S102 接口向 MSC 发起呼叫，语音均回落到 1x 电路域；IWS 可以在 CDMA 与 LTE 重叠覆盖区域内的 BSC 或 MSC 进行改造部署。1xCSFB 的网络结构如图 3-50 所示。

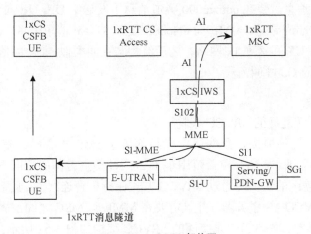

图 3-50　1xCSFB 架构图

S102 接口是 MME 与 IWS 之间的接口，用于为 1x 电路域 A21 消息提供隧道。遵循 3GPP2 标准 A.S0008-C 和 A.S0009 中定义的 A21 消息封装在 UDP/IP 报文中传输。该接口的协议栈如图 3-51 所示。

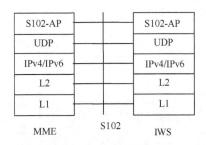

图 3-51　S102 接口协议栈

1xCSFB 语音回落的注册流程和 CSFB 略有不同，主被叫流程类似，主要流程大致如下。

注册流程：注册分两步进行。首先，UE 执行标准的 EPS 附着流程，注册到 EPS 网络。其次，UE 根据自己的业务需要（有语音或短信时），发起到 1x 网络的预注册，建立 EPS NAS

信令连接后，将1x 网络注册请求消息封装在上行的cdma2000隧道消息中发送给MME。MME将上述 1x 注册请求消息封装在 S102 Direct Transfer 消息中转发给 IWS，IWS 执行位置更新流程完成到 MSC 上的注册。MME 收到 IWS 发送的 1x 注册响应消息后，封装在下行的cdma2000 隧道消息中发送给 UE，完成注册流程。

主叫流程：UE 执行完 CS 的预注册之后，向 MME 发送 Extended Service Request 消息，携带 CS Fallback 指示。MME 向 eNodeB 发送 S1-AP 请求消息，消息中携带 CSFB 指示，要求 eNodeB 将 UE 回落到 1x 网络。 eNodeB 执行 RRC Connection Release 流程，执行必要的测量以确定 1xCSFB 的目标载波，将 UE 回落到 1x RTT。eNodeB 向 MME 发送 S1 UE Context Release Request 消息，MME 执行 PS 挂起流程。UE 回落到 1x 网络之后，执行 3GPP2 定义标准的 CS 呼叫流程。

被叫流程：被叫流程比主叫流程多了一个 Paging 过程。MSC 收到被叫请求 IAM 消息，MSC 通过 IWS 向 MME 发送 1x CS 寻呼消息，MME 执行 EPS 寻呼流程，建立 NAS 信令连接后，将 1x CS 寻呼消息封装在 cdma2000 隧道消息中发送给 UE，UE 向 MME 发送 Extended Service Request 消息响应寻呼。MME 向 eNodeB 发送 S1-AP 请求消息，消息中携带 CSFB 指示，要求 eNodeB 将 UE 回落到 1x 网络，之后流程与主叫类似，UE 回落到 1x 网络之后，执行 3GPP2 定义标准的 CS 呼叫流程。

2. SRVCC 方式

（1）与 3GPP 系统之间的 SRVCC 架构

采用 SRVCC 架构的前提，是网络中已经部署了 IMS 核心网，基于 IMS 实现对 LTE 语音/多媒体业务的控制。当 LTE 覆盖范围小于 2G/3G 覆盖范围的情况下，用户在 E-UTRAN 覆盖区到 2G/3G 覆盖区的切换时通过 SRVCC 方式保持语音连续性。此时 IMS 网络中需要部署域选择功能的 SRVCC AS 服务器，并且需要在 MME 与 MSC 之间部署 Sv 接口，实现语音业务的切换和跨域转接。与 3GPP 系统间的 SRVCC 架构如图 3-52 所示。

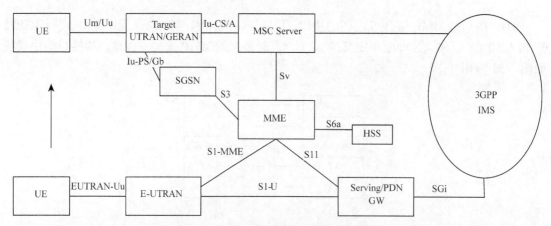

图 3-52　与 3GPP 系统间的 SRVCC 架构

当网络中已经实现了基于 IMS 的 VoLTE 语音业务，与 2G/3G 的语音互操作应采用 SRVCC 方式。与 CSFB 方式不同，只有在 LTE 失去覆盖的情况下，才会发生 LTE 网络到 2G/3G 网络电路域的关联和协作，所以 Sv 接口的建立应根据需要动态地建立。

SRVCC 的语音处理流程步骤大致如下。

UE 附着到 LTE/EPC 网络，建立默认承载（QCI=5），通过 P-CSCF 流程，由 CN 提供 P-CSCF 地址给 UE，UE 完成 IMS 注册。

UE 发起 SIP 呼叫（信令承载在默认承载上），UE 和 IMS 服务器完成媒体协商后 IMS CN 通过 Rx 接口将编解码、媒体信息和带宽要求通知给 PCRF，PCRF 发起专有承载的建立，包括无线侧承载、S1-U、S5/S8 承载，因为承载语音业务，故新建立的承载的 QCI=1，后续 MME 通过 QCI 进行语音承载的分离。UE 和被叫用户在新建立的专有承载上通话，此时为 LTE 覆盖下的 IMS 语音流程。

当用户移出 LTE 覆盖区域时，终端测量需要发生语音切换，MME 根据 QCI 分离出语音承载，对这部分承载向 MSC 发起 Handover 流程。目标 MSC 和目标 RAN 侧建立会话资源并启动切换过程，随后向 IMS SRVCC AS 发起启动核心网侧的 Session Transfer；MME 指示 LTE eNodeB 及 UE 启动切换，等 UE 无线侧切换完成，并且核心网的 Session Transfer 完成后，整个 SRVCC 过程完成。SRVCC 过程中，IMS 的 SRVCC AS 充当 VoIP 呼叫中的信令锚点，主叫/被叫以及切换后主叫都将信令锚定在该服务器。

（2）与 3GPP2 系统之间的 SRVCC 架构

与 3GPP 系统间的 SRVCC 架构类似，EPC 与 3GPP2 cdma2000 系统间的 SRVCC 也是需要基于 IMS 网络实现，其网络架构图如图 3-53 所示。

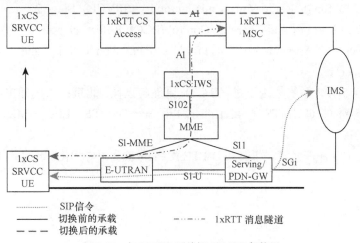

图 3-53　与 3GPP2 系统间 SRVCC 架构图

终端优先驻留在 LTE 网络，在 LTE 网络下，终端语音通过 IMS 网络提供，在 LTE 覆盖不足的情况下，支持 VoLTE 语音业务切换到 1x 电路域语音，以保证语音业务的连续性；同时，仍然需要在 CDMA 与 LTE 重叠覆盖区域之外的 BSC 或 MSC 进行改造部署 IWS 逻辑功能，并新增 S102 接口，IWS 实现对 1x 消息的封装与解封装。

LTE 向 3GPP2 CDMA 系统的 SRVCC 切换流程与 LTE 向 3GPP 系统的 SRVCC 切换流程类似，在 LTE 覆盖区域内，语音由 IMS 提供，当 UE 移出 LTE 覆盖区域，终端通过测量报告，E-UTRAN 决定需要将 VoLTE 会话切换到 cdma2000 1x 域，通知终端发起跨域切换，终端将切换消息封装到 S1 接口传递给 MME，MME 将此切换消息经 S102 接口封装传递给 IWS，IWS 一边协助 1xMSC 完成 1x 网络切换所需实际资源的请求和分配，一边响应来自 S102 的切换请求，1x 网络的切换信息经 eNodeB 送给终端，终端完成切换后的 1x 网络资源分配，1xMSC 向 SRVCC AS 服务器发起会话转移流程，从而完成 SRVCC 语音业务的切换和接续。

参考文献

[1] 3GPP TR 23.882. 3GPP system architecture evolution (SAE): Report on technical options and conclusions.

[2] 3GPP TS 23.401. General Packet Radio Service (GPRS) enhancements for Evolved Universal Terrestrial Radio Access Network (E-UTRAN) access.

[3] 3GPP TS 23.402. Architecture enhancements for non-3GPP accesses.

[4] 3GPP TS 23.203. Policy and charging control architecture.

[5] 3GPP TS 23.002. Network architecture.

[6] 3GPP TS 24.301. Non-Access-Stratum (NAS) protocol for Evolved Packet System (EPS); Stage 3.

[7] 3GPP TS 24.302. Access to the Evolved Packet Core (EPC) via Non-3GPP access networks; Stage 3.

[8] 3GPP TS 23.272. Circuit Switched (CS) fallback in Evolved Packet System (EPS); Stage 2.

[9] 3GPP TS 23.216. Single Radio Voice Call Continuity (SRVCC); Stage 2.

[10] 3GPP TS 29.212. Policy and Charging Control (PCC); Reference points.

[11] 3GPP2 X.S0057-0 Version 3.0. E-UTRAN-eHRPD Connectivity and Interworking: Core Network Aspects.

[12] 姜怡华，等. 3GPP 系统架构演进（SAE）原理与设计. 北京：人民邮电出版社，2013.

[13] 庞韶敏，李亚波. 3G UMTS 与 4G LTE 核心网——CS，PS，EPC，IMS. 北京：电子工业出版社，2011.

[14] 肖清华，汪丁鼎，许光斌，丁巍. TD-LTE 网络规划设计与优化. 北京：人民邮电出版社，2013.

第4章
EPC核心网规划设计

本章重点介绍了 EPC 核心网规划设计的主要内容，包括 EPC 网络的组网方案、网元设置、路由原则、码号及 EPC 网络相关支撑系统要求等方面内容，并给出了一些规模测算的规划方法，希望使读者对 EPC 核心网络的规划设计有所认识和了解。

4.1 概述

4.1.1 规划概述

规划是根据国家、行业相关发展规划的方针、政策，为建设单位的市场和网络发展而编制的中、长期蓝图。规划的主要工作侧重于业务市场、网络建设的发展策略分析、业务和网络发展目标、建设物资、投资规划等内容。

EPC 网络规划是指各通信运营商对 LTE 的 EPC 核心网络在未来一段时间内预计的网络发展目标、发展策略、网络建设方案及相关投资计划。EPC 网络规划将主要回答在 LTE 规模化商用之际如何规划和建设 LTE 核心网络。

网络规划范围广泛，涉及网络的边缘、核心、业务等多个方面，网络规划可能有多种解决方案，但无论采用何种建设方式，在规划过程中都应遵循以下一些基本原则。

1．市场驱动原则

业务市场需求的差异必将导致运营商网络建设的多样性，即使针对同一运营商在不同区域、不同发展阶段，也会有不同的模式和解决方案。因此在开展 EPC 网络规划初期，必须明确引入 LTE 的目的、具体业务需求、计划采用的业务策略、预计达到何种目标等。

2．投资有效性原则

EPC 网络建设应充分考虑投资与效益的均衡，注重投资成本的整体回报。

3．可靠性原则

EPC 网络应通过系统和网络两个层面保证高可靠性。在网络规划时，EPC 核心设备设置应考虑板卡及系统的冗余备份；路由指向、带宽配置等方面应充分考虑故障切换的因素。

4．标准支持原则

EPC 系统应支持所有相关的 3GPP、3GPP2 标准，同时还应支持国内行业标准和运营商自身的标准。

5. 业务稳定原则

EPC 网络将为用户提供数据业务、语音业务，在规划中应充分考虑保证运营商现有业务不受影响，选择相对稳定、符合发展需要的网络组织方式。

6. 其他

EPC 网络应实现网络可维护性和可管理性，EPC 网元由统一的网管系统管理，EPC 网络应能提供计费能力。

4.1.2 规划内容

EPC 网络规划的重点是 EPC 核心网的建设规划，主要包括网络组织架构规划、网元设置规划、业务需求和规模预测、网络路由规划、相关配套资源规划等。另外，运营商在整体 LTE 核心网络规划中，还需要考虑承载网的规划，但承载网的规划涉及数据网领域，本章的 EPC 核心网规划仅对承载网络提出需求。EPC 网络规划大致可以归类为以下几个部分。

（1）确定网络组织原则，包括网络结构、网元设置等。

根据规划范围的不同，网络结构部分需要明确全网或分区域（如分省）的 EPC 网络的层次结构。

网元设置部分应根据组网需要、设备性能、维护管理等多方面综合考虑，给出明确的各种网元的设置原则和方案。

（2）业务需求预测，包括用户数预测、业务量预测等。

LTE 用户数和业务量预测是网络规划的基础数据。针对 LTE 网络承载的业务，可采用用户发展趋势模拟等预测方法进行定量预测，也可按照客户定位不同采用渗透率等方法预测用户需求，再配合一定的业务模型测算其业务量。

（3）明确规划模型，包括业务模型、设备模型、带宽计算参数等。

业务模型指规划中 LTE 网络网元规模测算等所需明确的典型业务模型，如单用户平均流量、用户平均包长、每用户平均承载数、用户忙时 TA 更新次数等。不同运营商业务模型会有所不同，规划时应以实际情况为准。

设备模型指规划中 LTE 网元设备的主要性能参数，如设备吞吐量、设备信令处理能力等。针对不同的网元设备，性能指标有所不同；不同厂家的设备，同一性能指标的具体数值也有所不同。具体规划时应广泛调研，得到具有普遍意义的参数体系。

带宽计算参数指在测算 LTE 网络中的媒体流带宽和信令流带宽时所涉及的参数，如协议交互消息个数、平均消息字节长度、打包方式和包头长度等。

（4）网络规模，包括网元数量、网元配置和网络带宽测算等。

（5）资源规划，包括编号需求及编号原则、IP 地址分配等内容。

（6）支撑系统规划，包括计费及网管系统规划。

4.1.3 规划流程

从规划工作的阶段划分，网络规划可以分为规划准备阶段、规划编制阶段和规划执行跟踪阶段，具体如下。

1．规划准备阶段

规划的准备阶段主要完成以下工作。

（1）明确规划工作的目标、时限和范围。

（2）编制规划大纲，组建规划项目组。

（3）细化规划研究内容、方法和步骤。

（4）收集、整理规划的相关资料。

（5）开展规划所需的调研工作。

规划准备阶段是规划开展的重要组成部分，尤其是对于规划目标的确定往往对规划的成败起到决定性作用。

2．规划编制阶段

规划编制阶段是整个规划工作开展的核心部分，此阶段主要按照规划工作的需要，完成各部分的研究，编制规划初稿。在充分征求各方意见并修改完善的前提下，形成规划终稿。

3．规划执行跟踪阶段

跟踪规划在项目实际运行时，如项目可行性研究、设计和实施阶段所遇到的问题和相应解决方案，及时调整网络建设和现状资料，为下一周期的规划工作做好准备。规划执行的跟踪阶段是规划流程的重要环节之一，有助于使整个规划工作形成一个闭环流程，对于网络滚动性规划尤为重要。

对上述规划阶段进行细化，EPC 网络规划的步骤大致如下。

（1）规划准备。包括对相关资料的整理和对规划所需要基础信息的收集。

（2）用户和业务预测。包括确定规划将涉及哪几种终端类型、每种终端类型的具体业务模型，然后进行业务用户数量的预测和业务量的预测。

（3）网络结构和网元规划。首先确定所规划 EPC 网络的网络结构，然后完成 EPC 主要网元（包括 S/P GW、HSS、MME、PCRF、DNS、CG 等）设置方案，如数量、覆盖区域、处理能力要求、备份方案等。这一阶段的主要依据是相关技术规范和技术体制、运营商规划建设原则。

（4）建设规模和带宽需求规划。在第 2 步业务量预测基础上，对网络设备的建设规模和配置进行规划，并根据业务流量流向分配，分别测算媒体流带宽需求和信令流带宽需求，进一步对主要网元的端口类型和数量进行配置。这一阶段同时输出对承载网的带宽需求。

（5）编号计划和 IP 地址分配。

（6）EPC 支撑系统规划。对 EPC 网络的网管、计费等支撑系统提出相关建议。

（7）投资效益分析。包括投资估算、经济效益分析、社会效益评估等。投资效益分析涉及运营商的投资策略、成本构成、财务指标等多方面分析，需运营商根据自身情况决策，本章不对投资效益分析进行说明。

4.2　EPC 网络组织

EPC 网络组织主要指在运营商网络中建议的各 EPC 网元之间的网络组织方案，单套 EPC 系统的架构在第 3 章中已经进行了阐述，本章的组网方案是在 3GPP 或 3GPP2 标准

EPC 系统架构的基础上对运营商如何实现广域网范围内，如全国网、省网的网络组织方案进行说明。

4.2.1 EPC 组网架构

EPC 的组网方案应从业务需求、覆盖区域范围、运营商管理能力、设备能力等多角度综合考虑。结合我国的实际情况和用户规模，未来移动用户终端几乎都会支持 LTE 制式，用户数量将达到几亿甚至十几亿的规模，eNodeB 的数量将达到几十万甚至上百万的规模，因此，远期来看，各大运营商的 EPC 网络要满足接入需求，网络规模必然非常庞大，需要在规划初期即制定适合未来发展的组网架构。

EPC 网络主要的网元包括 MME、SAE-GW（或者 SGW、PGW 分设）、HSS、PCRF 等，EPC 网络的重要特点之一是全 IP 扁平化的网络，网络组织应结合网络接入规模、IP 承载网布局及能力、区域划分、网络安全、设备能力、管理能力综合考虑，我国各运营商 EPC 的组网架构主要包含全网集中设置方式和区域（省）设置方式两类架构。

1．全网集中设置方式

全网集中设置架构指运营商 EPC 网络集中设置在一个或几个中心机房，负责全网的 eNodeB 及用户接入，并实现与公众互联网、运营商私有网络及业务平台的互通。运营商根据接入规模需要，将在几个中心城市的 EPC 设备划分多个 MME 池组及多个 SAE-GW 的 Serving Area 区域。具体的组网示意如图 4-1 所示。

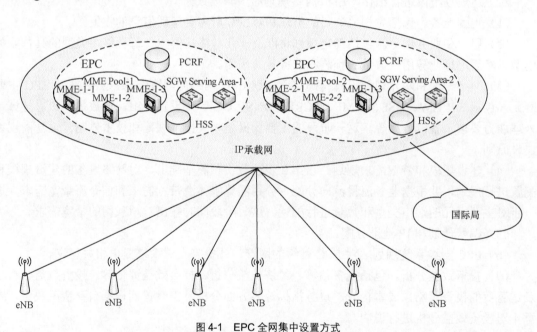

图 4-1　EPC 全网集中设置方式

2．区域（省）设置方式

区域（省）设置方式指运营商在各个区域（省、市）均建设 EPC 核心网元，包括 MME、SAE-GW、HSS 等，各个省的 EPC 网元负责本省的 eNodeB 及用户接入，每个省均实现与公众互联网、运营商私有网络及业务平台的互通，运营商根据自己的业务需要及运营能力确定区域（省）间的漫游和路由策略，在每个区域（省）设置的 MME、SAE-GW 也按池组方式建设，并根据业务量的发展，确定建设一个池组还是多个池组。具体的组网示意如图 4-2 所示。

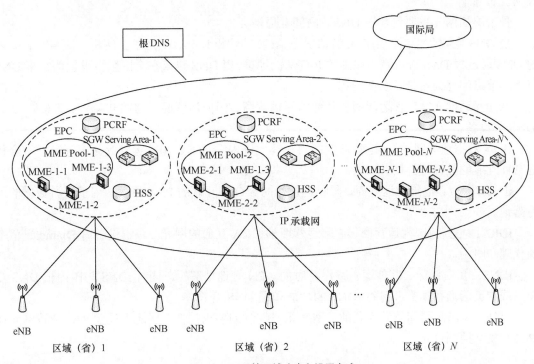

图 4-2　EPC 按区域（省）设置方式

运营商可结合自身的网络规模、网络的管理能力、网元设置的物理条件等多方面考虑网络架构的设置方案。从我国用户总体规模看，未来各个运营商的网络都将达到亿级的用户数量，由于单个网元的能力有限，即使采用 Pool 技术，其所能处理的 eNodeB 数量也有一定的限制，同时，全网集中方式随着网络规模的剧增，对于几个集中节点的承载网及机房要求会越来越高，因此针对国内用户需求情况，远期的网络架构更趋向于在区域（省）层面分别设置 EPC 的核心网元。

网络架构的发展可以是个逐步演进的过程，在网络发展初期，用户量不大的情况下，可采用全网集中设置 EPC 节点的方式进行建设；随着用户量的增加，可根据用户需求逐步分设 EPC 网络节点，在运营商网络运营能力具备的情况下，并不一定最终形成所有区域（省）均设置 EPC 核心网元。

4.2.2　骨干层

EPC 网络是全 IP 的分组数据网络，具有扁平化组网的特点，如前所述，最终的网络架构将更趋向于在区域（省）层面分别设置 EPC 核心网元，此时，对于各运营商网络的区域（省）EPC 核心网之间 IP 业务流量的互通虽然是扁平化的，但是在网元选择的 DNS 解析层面，例如 DNS 设备，从维护便利和简化数据配置需要出发，在骨干层还需要设置根 DNS 设备，负责跨区域（省）的网元地址解析。

上述的网络架构主要指各运营商内部的组网架构，当然，为实现国内运营商间、国内运营商或同国际运营商间 LTE 业务的互通和漫游，各运营商还需要在骨干层面设置用于国际漫游或运营商间漫游的互通网元，包括网间 P-GW、网间 DRA、网间 BG、网间 DNS 等网元设备。

骨干层的网元主要包括根 DNS、网间互通网元。

根 DNS 主要负责漫游用户漫游情况下 APN 的解析和 P-GW 地址的解析，区域（省）内的 DNS 通过根 DNS 查询到归属地的 P-GW 的地址。根 DNS 建议在全国至少设置两个根 DNS 节点，节点间互为备份，负荷分担。

网间互通网元，包含运营商和其他国际运营商、国内运营商互通的 iP-GW、iDRA、BG、iDNS 等设备。

BG（数据边界网关）：运营商数据网与其他国内运营商、国际运营商、国际第三方合作运营商互通的数据边界网关。

iP-GW：与其他国内运营商、国际运营商的 S-GW 互联的 PDN 网关，用于漫游数据的国内落地。

iDRA：与其他国内运营商、国际运营商的 DRA 互通的网元，负责漫游时 Diameter 信令的代理和路由。

iDNS：负责国际、其他运营商漫游时的 APN 等地址解析，同时 iDNS 与国内根 DNS 互通，或者运营商根据需要可将 iDNS 的功能和根 DNS 合设。

另外，为满足网间漫游互联的计费和策略控制的要求，骨干层还需设置 iCG 计费网元和 iPCRF 策略控制单元。

4.2.3　区域（省）层

区域（省）内的核心网设备主要包括 MME、SAE GW（P-GW、S-GW）、HSS、PCRF、DRA 和 DNS。这些网元的主要功能和设置原则将在 4.3 节进行具体的说明。

对于原有 2G/3G 网络为 GERAN/UTRAN 的运营商，运营商可根据需要考虑是否将现有 SGSN 升级为 S4 SGSN，是否需要升级 MSC-SERVER，以方便与 GERAN/UTRAN 接入系统的互操作。

对于原有 2G/3G 网络为 cdma2000 的运营商，考虑到与 CDMA 网络的互操作需要，核心网的相关网元还应包括 3GPP AAA、HSGW 等。

区域（省）的 EPC 核心网设备，初期建设时，这些网元应集中设置在区域（省）的中心节点，同时应考虑负荷分担等备份机制，MME 建议采用 Pool 模式组网，SAE GW 建议采用 Serving Area 方式组网，其他网元采用 1+1 互备或负荷分担方式设置。多套网元设置时，应考虑在区域（省）中心节点的异址机房部署。

4.3　网元设置

在规划核心网 EPC 网元时，除了网络组织架构需满足未来 LTE 覆盖和用户发展外，对于 EPC 网元的部署还应综合考虑多种因素，这些因素包括网元的性能、网元建设成本、网元的扩展性和可靠性、IP 承载网传输成本、与现有 2G/3G 的互联、网元融合要求、投资效益等方面。

4.3.1　MME

MME 设备是 EPC 网络的唯一的控制面网元，其主要功能包括处理 NAS 信令、跟踪区域（Tracking Area）列表的管理、P-GW 和 S-GW 的选择、跨 MME 切换时对于 MME 的选择、鉴权、漫游控制、承载管理以及 EPS 接入网络节点之间的移动性管理等。

在进行 MME 网元规划时，应保证 MME 设备的安全性配置，采用 Pool 组网机制实现 MME 的负荷分担，同时减少信令负荷。UE 在 MME Pool 所辖 LTE 覆盖区的 TA 内移动时，不需要更换为其服务的 MME 节点。eNodeB 根据 MME 的容量等权重设置选取所需的 MME，并且能感知 MME 的状态，及时调整选取和负荷分担策略。MME 之间通过 S10 接口互联，用于当 UE 发生 MME 改变的跟踪区更新或者切换时的 MME 选择。

在进行 MME 设置时，应遵循以下一些基本的设置原则。

（1）MME 设备应采用大容量、少局所、集中化部署原则。当设置多个 MME 时，从安全性角度出发，多个 MME 应分局所布置，建议至少设置在两个异址局所。

（2）MME 应采用 MME Pool 技术，可根据网络情况采用单 MME Pool 或多 MME Pool 组网。每个 MME Pool 内可放置的 MME 数量取决于 MME 单套设备的信令处理性能及所支持的 eNodeB 接入数量的能力，从安全性和故障发生的影响性来看，Pool 内的 MME 数量以 2～6 台为宜。具体的数量要求各运营商根据组网要求和设备能力确定。

（3）在多 MME Pool 组网时，Pool 划分需考虑如下原则。

无线区域连续覆盖的区域划分在同一个 Pool 内，以减少 MME 间切换；Pool 区域内的话务流量具有互补性或潮汐特征，充分发挥 Pool 能够"削峰抑谷"的特性，提高资源利用率；MME Pool 边界选择不应是用户切换频繁的区域，从而有效减少网络中的 Pool 间切换，提高整体网络质量。

（4）每个 MME Pool 的无线覆盖区域可以和 SGW Service Area 的无线覆盖区域一致，也可包含多个 SGW 服务区。

（5）Pool 内 MME 的设置应考虑容量、板卡和数量的冗余配置，一般来说，配置 MME 的套数应在实际需求套数基础上增加 1～2 套作为冗余，Pool 内每个 MME 的容量和配置应保持一致，增加的冗余 MME 应与 Pool 内其他 MME 一起参与业务处理，当有某个 MME 故障时，剩余的 MME 应能承担所有的业务量。主要板卡应考虑备份配置，包括主控板卡、业务处理板卡、线路板卡等，备份方式可根据需要采用 1+1 主备或 N+1 主备。容量配置时，应预留冗余备份的容量。

（6）对于原有 2G/3G 核心网为 GPRS 的运营商，MME 设置时应考虑采用融合 SGSN 功能的设备，便于支持 2G/3G 的接入，MME/SGSN 可以新建，也可以通过现有的 SGSN 升级为 MME/SGSN。

4.3.2　SAE-GW

EPC 网络的用户面网元包括服务网关（S-GW）与 PDN 网关（P-GW），S-GW 是 EPC 面向 E-UTRAN 侧的网关，P-GW 为用户提供 PDN 连接，是面向 PDN 终结于 SGi 接口的网关。从网元部署成本和网络简化角度出发，S-GW 和 P-GW 可以合设为 1 个物理网元 SAE-GW，SAE-GW 具备 S-GW 和 P-GW 的逻辑功能。合设部署方式可以减少设备的硬件投资，并且可适当简化网络，在非漫游架构下可减小 S5 接口的数据配置，同时网络在用户面上减少了 1 跳，节点处理更为快速。目前，主流运营商基本都选择 S-GW 和 P-GW 合设为 SAE-GW 的部署方式。当然，对于漫游架构和非 3GPP 接入的情况下，SAE-GW 在逻辑上按网元位置分别承担 S-GW 和 P-GW 的功能，便于应对漫游、不同业务接入的要求。

SAE-GW 设备的主要功能有基于用户的包过滤、合法侦听、UE 的 IP 地址分配、在上行链路中进行数据包传送级标记、下行服务等级计费以及服务水平门限的控制、基于业务的上下行速率的控制等。

在进行 SAE-GW 规划时，SAE-GW 的设置应采用 Service Area 池组，eNodeB 与经 MME 选择的 Service Area 内某个 SAE-GW 之间发生 S1-U 接口连接关系；SAE GW 对接入 eNodeB 个数理论上没有限制。

SAE-GW 的设置应遵循以下一些原则。

（1）P-GW 与 S-GW 合设为 SAE-GW，SAE-GW 具备 P-GW 和 S-GW 的逻辑功能。当设置多个 SAE-GW 时，从安全性角度出发，多个 SAE-GW 应分局所布置，建议至少设置在两个异址局所。

（2）网络建设初期，SAE-GW 可集中部署在省会城市异址机房，并尽量同 IP 承载网的 CE 节点部署在同一机房。随着用户的规模增长，运营商可根据吞吐量规模、承载网部署情况、内容源部署情况、提供业务与内容源之间的流向关系，确定是否需要逐步将 SAE-GW 下沉至大区中心或本地网。

（3）当省内有多套 SAE-GW 时，多套 SAE-GW 组为一个或多个 Service Area，Service Area 内多套 SAE-GW 依据权重负荷分担工作，SAE-GW Service Area 服务区域初期建议和 MME Pool 管理区域相同。

（4）Service Area 内 SAE-GW 设置应考虑容量、板卡和网元数量的冗余配置，一般来说，配置 SAE-GW 的套数应在实际需求套数基础上增加 1~2 套作为冗余，Service Area 内每个 SAE-GW 的容量和配置应保持一致，每个 SAE-GW 均参与业务处理，当有某个 SAE-GW 故障时，剩余的 SAE-GW 应能承担所有的业务量。主要板卡应考虑备份配置，包括主控板卡、业务处理板卡、线路板卡等，备份方式可根据需要采用 1+1 主备或 *N*+1 主备。容量配置时，应预留冗余备份的容量。

（5）对于原有 2G/3G 核心网为 GPRS 的运营商，SAE-GW 设置时应考虑采用融合 GGSN 功能的设备，便于支持 2G/3G 的接入。SAE-GW/GGSN 可以新建，也可以通过现有的 GGSN 升级为 SAE-GW/GGSN。

（6）SAE-GW 设置时应具备内置 DPI（深度包检测）功能，便于实现相关的策略控制，在进行 SAE-GW 网元配置时应考虑 DPI 对网元设备性能的影响。

4.3.3　HSS

HSS 设备是 EPC 网络关键的用户数据网元，用于存储用户签约信息的数据库，HSS 负责保存跟用户相关的信息，例如用户标识、编号和路由信息、安全信息、位置信息、概要（Profile）信息等。运营商 EPC 网络中可以包含一个或多个 HSS。

（1）HSS 采用大容量、少局所、集中化部署设置原则。运营商应根据 HSS 设备能力、用户数据运营要求及用户总量需求，确定 HSS 是全网集中设置，还是分区域（省）设置。一般来说，我国运营商的用户数据开户及处理基本由各级省分公司负责，因此 HSS 常见的设置方式是在区域（省）层面设置的方式，多个 HSS 设备应异址设置。

（2）HSS 设置时应采用分布式结构，主要目的是为了用户数据的统一及信令处理单元的按需扩容，并且适应今后融合 HSS 架构的发展。每个 HSS 采用后台 BE 数据库+前台 FE 信令处理的架构设置，后台 BE 数据库可采用 1+1 互备的方式存储数据，两个 BE 之间进行数据同步，前台 FE 信令处理单元可采用 $M+N$ 的方式进行备份（初期设置时可按 1+1 互备方式），FE 设备可按信令处理量的大小及 FE 网元处理能力按需增加。

（3）HSS 应具有融合移动网多套用户数据网元的能力，包括 2G/3G 网络的 HLR、IMS 的 HSS 等，HSS 的融合能力在 3GPP 标准进行了定义，最终的 HSS 应具备 S6a、C/D 接口、Gr 接口、Cx 接口等多种网络支持能力，如图 4-3 所示。

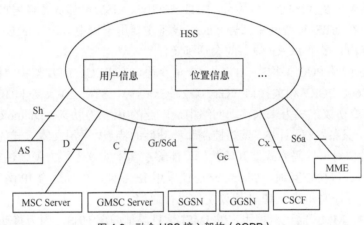

图 4-3　融合 HSS 接入架构（3GPP）

（4）当运营商原有 2G/3G 为 CDMA 系统时，为实现数据互操作，需升级为 eHRPD，运营商可视厂家 HSS 的能力，考虑 HSS 融合 3GPP AAA 的功能。

（5）单个 HSS 的网元主要板卡应考虑备份配置，包括主控板卡、业务处理板卡、线路板卡等，备份方式可根据需要采用 1+1 主备或 $N+1$ 主备。容量配置时，应预留冗余备份的容量。

4.3.4　PCRF

PCRF 设备是 PCC 架构的主要网元之一，PCRF 包含策略控制决策和基于业务流计费控制的功能，向 PCEF 提供关于业务数据流检测、门控、基于 QoS 和基于流计费（除信用控制外）的网络控制功能。

SPR 是 PCRF 的用户属性存储单元，包含所有签约用户的相关签约信息，PCRF 使用这些信息决定基于签约的策略和 IP-CAN 承载级的 PCC 规则。

（1）PCRF/SPR 设备采用大容量、少局所、集中化部署原则，SPR 设备可以和 PCRF 设备合设为一个物理网元，或者 SPR 设备可独立设置。当 SPR 独立设置时，和 PCRF 之间需开设 Sp 接口。

（2）PCRF/SPR 的设置地点应同 EPC 网络的设置地点相同，多个 PCRF 应异址设置。

（3）PCRF 应具备融合能力，能同时对 EPC 网络、2G/3G 分组域网络提供 PCC 计费及策略控制功能，运营商应考虑对于 LTE、2G/3G 用户的统一策略和计费控制。

（4）当运营商采用区域（省）方式设置网元时，PCRF 可具备拜访地 V-PCRF 和归属地 H-PCRF 的功能，运营商可根据用户漫游运营策略和组网的要求，选择是否在 V-PCRF 和 H-PCRF 之间开设 S9 接口。

（5）PCRF/SPR 的设置应考虑网元数量、容量及板卡的冗余配置，运营商可根据运营要求，确定 PCRF/SPR 的网元数量备份方式，可采用成对设置、N+1 备份或 M+N 备份等方式，同时单个 PCRF/SPR 设备的主要板卡也应考虑备份配置。

4.3.5 DRA

DRA（Diameter Routing Agent，Diameter 路由代理）设备，是 LTE 网络中用于进行 Diameter 信令路由、会话绑定及代理的重要网元。IETF、3GPP、GSMA 都从各自需求出发对 DRA 网元进行了规范。在 LTE 核心网中部署 DRA 设备主要用于集中多个 MME 和 HSS 之间的 Diameter 信令路由、多个 PCRF 设备的会话绑定。

在 LTE 核心网及 PCC 架构中，Diameter 信令协议在 PCC、LTE 架构中被广泛应用，应用的接口包括 S6a、PCRF 相关接口（Gx、Gy、Gxa 等），STa、SWx 等非 3GPP 接入鉴权接口，Diameter 信令协议已成为未来移动网络中最广泛的 IP 信令协议。Diameter 协议是一种新型 AAA 的协议，具备鉴权、计费、策略控制和移动性的特点，采用文本方式的 AVP（Attribute Value Pair，属性值对）编码方式，开放性好，能够在基本协议上很方便地进行应用扩展，并能很好地与 Radius 等协议互通。Diameter 协议采用 IP 寻址，更加适合 IP 网络环境，相对于 SS7 MAP，能够更好地和基于 IP 的协议实体进行通信。

EPC 网络中，MME 需要根据用户的 IMSI 信息寻址归属 HSS，因为移动用户的漫游性，包括网内异地漫游、国内网间漫游以及国际漫游 3 种漫游场景，MME 无法一一枚举所有 IMSI 号段和 HSS 的对应关系，也无法维护这种关系。同时，MME 与 HSS 之间如采用网状互联要求大量网元之间互相配置连接数据，并且一直维持连接状态，网络拓扑一旦改变（例如增加或减少网元），将造成大量的配置工作，维护管理复杂、可扩展性差。针对这种情况，需要利用 DRA 设备作路由集中代理，可以提高网络的扩展性，网络易维护，简化网络拓扑结构，降低运营成本。

另外，当网络中存在多个 PCRF 网元时，同一个用户在各个网元的 PCC 会话需要由同一个 PCRF 处理，但每个网元无法获得其他网元的 PCC 会话状态，此时，需要 DRA 设备来维持每个网元发来的 PCC 会话状态，从而实现会话绑定。DRA 保存 IMSI、IP、APN 和 PCRF 的对应关系，保证同一个用户在 Gx、Gxa、Rx 等不同接口上的 Diameter 信令路由到同一个 PCRF。

DRA 设备基于域名/主机名/AVP 等参数进行路由，DRA 设备配置了路由表，包括域名、主机名、AVP 参数（例如 IMSI），当 DRA 收到 Diameter 请求消息后根据域名、主机名或 AVP 参数查找路由表，根据路由表的指向转发消息。

DRA 的设置应遵循以下一些原则。

（1）DRA 设备采用集中设置的方式，运营商可结合网络规模和网元节点数量需求，选择 DRA 设备的设置地点，是全网集中设置，还是分区域（省）设置。每个节点的 DRA 设备应成对设置，互为备份，且设置在异址机房。

（2）成对设置的 DRA 设备采用负荷分担工作方式，整个 DRA 网络可包含多对 DRA 节点，DRA 之间可网状相连，也可参考信令网按双平面设置。

（3）DRA 与 EPC 网元之间的网络组织应根据网元设置规模确定，对于本区域（省）内的 EPC 网元间的 Diameter 信令互通，可视网元部署的数量和运营能力情况选择通过直联的方式实现，对于区域（省）间的 EPC 网元 Diameter 信令互通，应通过 DRA 设备转接。对于有多个 PCRF 网元的区域（省）EPC 网络，与 PCRF 相关的 Diameter 信令应通过 DRA 设备转接。

（4）DRA 是重要的信令路由转发设备，设备容量应考虑冗余配置，其单个设备的主要板卡应进行备份配置。

4.3.6　其他网元

在 EPC 网络部署时，除了上述 MME、SAE-GW、HSS、PCRF 及 DRA 设备外，为实现 EPC 网络的网元选择及可运营，还需要部署 DNS、CG 等网元。

1. DNS

DNS（域名系统）服务器主要负责 LTE 网络内的域名解析处理，DNS 设备接收来自 LTE 网络中设备的域名解析请求，完成域名地址到 IP 地址的解析。在 EPC 网络内，DNS 主要负责提供核心网内部进行 MME、S-GW、P-GW 选择时，根据相应网元逻辑名以及 APN 的地址解析。

DNS 应集中设置，可与 EPC 网元设置在同一机房。运营商可根据 EPC 的网络组织情况，设置一级或二级 DNS，一级 DNS 为根 DNS，负责骨干层面的 DNS 解析；二级 DNS 为区域（省）级 DNS，负责区域（省）内的地址解析，当有漫游时，二级 DNS 需将解析请求转发到根 DNS。

当 EPC 网络采用区域（省）建设方式时，DNS 也应在区域（省）成对设置，采用负荷分担方式。成对设置的 DNS 应分别设在异址机房，单套 DNS 应考虑服务器或板卡的备份设置。

2. CG

CG（Charging Gateway，计费网关）主要用于收集各网元发送的计费数据记录，通过 Ga 接口与 EPC 核心网络中的计费实体如 P-GW 和 S-GW 等通信。CG 的话单记录，用于离线计费，CG 与计费系统开设接口。对于现有 2G/3G 为 cdma2000 系统的运营商，CG 还需要收集 HSGW 的话单数据。

当 EPC 网络采用区域（省）建设方式时，CG 也应在区域（省）成对设置，采用负荷分担方式。成对设置的 CG 应分别设在异址机房，同局址 EPC 网元的 CDR 首选传送给本局址的 CG，故障情况下传送到异局址的 CG。单套 CG 应考虑服务器或板卡的备份设置。

3. OMC

为实现对 EPC 网元的管理，在进行 EPC 部署时，需要同步部署 OMC 设备，OMC 设备负责对 EPC 各网元的操作和维护管理。同厂家的 EPC 网元，包括 MME、S-GW、P-GW、HSS、PCRF 等应可以通过同厂家的 1 套 OMC 进行操作和维护管理，不需要每个网元配置 1

个 OMC。

OMC 的设置应同 EPC 的设置方式一致，例如对于按区域（省）部署的 EPC 网络，其在各区域（省）应同时设置 OMC 设备，若存在多个厂家，可考虑设置多个 OMC 设备。

4.4　网元规模测算方法

在进行 EPC 网络部署时，需要根据业务需求来进行 EPC 网元数量、容量、带宽的测算，从而确定网络的建设规模，网络测算的基础是用户需求预测、业务模型、网元能力参数等，其中，用户需求数量需运营商结合自身的市场策略进行预测，网络建设应满足在未来一定周期内的用户需求。

4.4.1　业务模型

目前移动互联网的业务类型大体可分为 7 类：消息交互类、浏览类、下载/上传类、普通流媒体点播/直播类、高清流媒体点播/直播类、服务应用类、P2P 类。

其中，消息交互类常见的应用有 QQ、微博、微信等；浏览类有网页类（IE、UCWeb）、新闻应用类（百度新闻、新浪新闻）等；下载/上传类有普通下载（Http、Ftp）、云存储等；普通流媒体点播/直播类有风行、爱奇艺、CNTV 普清等；高清流媒体点播/直播类有搜视高清、CNTV 高清等；服务应用类有大众点评、悠悠导航、支付宝等；P2P 类有 PPS、迅雷、电驴等。

LTE 网络主要提供上述移动互联网业务，另外，当运营商具备 IMS 网络时，还可基于 IMS 提供 VoLTE 语音等会话类业务。当运营商还未建设 IMS 时，LTE 通过和 2G/3G 的互操作或以终端方式实现语音业务，此时语音业务实质是通过 2G/3G 的电路域进行承载。

LTE 无论是承载移动互联网业务还是基于 IMS 的 VoLTE 语音业务，都是基于 IP 的承载。在确定网络的业务模型时，可以区分上述各类移动互联网的业务，以业务维度来分别制定模型，也可综合各类业务特性和需求，以智能终端、数据卡终端为维度来制定模型。以业务维度制定模型相对比较复杂，需逐个分析和统计各类业务的特点和用户使用业务的习惯，对网元的统计要求较高，数据收集相对复杂，而且，未来移动互联网还会不断涌现新的业务，模型的业务类别需不断地调整更新。考虑到网元的规模是满足所有业务的总需求，而手机终端和数据卡在用户使用业务的行为上有所区分，因此运营商普遍选择以终端为维度的业务模型，终端使用的业务按业务总量统计，以简化规模测算模型。终端维度包括手机终端、数据卡等终端，具体的终端需各运营商自行定义。

以下是以手机终端、数据卡为维度的终端模型，模型的主要参数包括用户开机率、LTE 网络附着率（需根据运营商 LTE 无线网络覆盖情况确定）、漫游用户漫入漫出比例、附着签约比例、同时使用业务比例、每附着用户的承载数、每使用业务用户的平均流量、平均包长、每用户忙时附着次数、TA 更新次数、切换次数等指标参数。这些指标参数的取定应依据网络覆盖、网络组织结构、用户使用行为、网元测试结论等多角度确定，并且在网络实际运营时，应根据网络运营情况及时调整，以满足业务运营的要求。业务模型的主要业务参数见表 4-1，表 4-1 中的参数取值需运营商根据各自网络情况自行定义，表中仅给出一般的取值或取值范围。

表 4-1   EPC 网络业务模型表

业务参数	数据卡	智能手机终端
签约用户数	运营商预测	运营商预测
开机率	0.4~0.6	0.7~0.9
漫入比例	5%~20%	5%~20%
漫出比例	5%~20%	5%~20%
每附着用户的承载数（含默认承载、专有承载）	1.0~1.2	1.0~2.0（VoLTE 需专有承载）
同时使用业务用户比例	15%~40%	10%~30%
每使用业务用户平均流量 / kbit/s	200~500	40~100
平均包长（含包头开销）/Byte	512	512
每用户忙时附着次数		
每用户忙时鉴权查询次数		
每用户忙时 TA 更新次数		
忙时每用户切换次数		
其中：MME 内切换	运营商各 自定义取值要求	运营商各自定义取值要求
MME 间切换		
忙时每用户寻呼次数		
每用户忙时业务请求次数		
忙时每用户承载激活次数		
忙时每用户 S1 Release 次数		

上述业务模型的参数，可用于规模测算和带宽计算，例如通过每用户平均流量、每用户开机率及同时使用业务比例，根据预测期 EPC 网络覆盖范围内的用户需求可以计算 SAE-GW 的吞吐量需求，具体主要网元的容量规模指标及测算方法将在下一章说明。

4.4.2　规模测算

规模测算主要是指建设的网元容量需求测算，对应各个网元的特点和容量指标，结合业务需求建立测算模型，确定各网元的容量规模。EPC 主要网元 MME、HSS、SAE-GW、PCRF 的规模测算如下。

1. MME

MME 应采用 Pool 池方式进行设置，对于 MME 的规模测算，包括 MME Pool 的规模和单个 MME 的容量。

MME 的容量指标包括附着用户数、每秒信令处理能力、同时激活的承载数这 3 个表征参数，这 3 个参数之间具有相互关联关系，运营商可根据所选厂家设备的具体能力，选取其中 1~2 个参数作为 MME 的容量指标。

MME Pool 的规模主要指 Pool 内 MME 的数量、总附着用户数及 Pool 支持的 eNodeB 数量。每个 MME Pool 能支持的 eNodeB 数量是受限的，例如不能超过 3 万个 eNodeB，具体受限数量需根据设备厂家的具体能力确定，因此在规划 MME Pool 设置数量时，需根据 EPC 所覆盖区域的无线网络 eNodeB 数量确定所需的 MME Pool 的数量。例如，单个 Pool 最大支持

3 万个 eNodeB，若 EPC 所覆盖区域的无线网络 eNodeB 数量需求为 5 万个，则此区域的 EPC 需要设置两个 MME Pool。

另外，MME Pool 及单套 MME 的容量测算是有关联的，MME Pool 的总能力应满足 Pool 覆盖区域的所有用户，因此在计算 MME 的容量时，首先需要计算 Pool 覆盖区域所有用户的附着用户数、同时激活承载数、每秒信令处理能力等主要参数的各自总需求容量；其次根据总需求容量及单套 MME 的能力，配置 Pool 内 MME 套数及单套设备板卡。为满足 MME 负荷分担的要求，Pool 内多套 MME 应配置相同容量，并且应考虑 MME 套数的冗余配置。Pool 内 MME 的冗余配置应能实现当 Pool 内其中 1 个 MME 故障时，Pool 内剩余的 MME 能够承担所有的业务量。例如，Pool 覆盖范围总的附着用户需求为 500 万户，单个 MME 的附着用户承担能力为 300 万户，则考虑冗余 1 套配置，Pool 内 MME 的套数为 3 套，每套的附着用户容量为 250 万户，3 套 MME 正常情况下共同负担覆盖范围的用户接入，当其中 1 套 MME 故障时，剩余的两套 MME 仍能够承担 500 万户附着用户的处理需要。

MME 的 3 个容量参数的测算方法如下，其中的参数可引用表 4-1 的相关参数，具体数值需运营商自行定义。

（1）MME 附着用户数=签约用户数×开机率×冗余系数。EPC 网络具备默认承载和永远在线的特点，用户开机即附着，在计算时，应区分智能手机终端和数据卡等终端类别。冗余系数指容量的冗余度，主要用于应对网络突发情况的容量预留，运营商可自行取定。

（2）MME 每秒信令处理能力=签约用户数×开机率×（∑忙时平均每用户各种信令处理的次数）×同时处理率×冗余系数/3 600=MME 附着用户数×（∑忙时平均每用户各种信令处理的次数）×同时处理率/3 600。忙时平均每用户各种信令处理次数之和，指用户忙时附着、鉴权、查询、TA 更新、切换、寻呼、业务请求、S1 释放等次数之和。同时处理率指这些信令处理同时发生的概率。具体参数数值需运营商定义。在计算时，需区分智能手机终端和数据卡等终端类别。

（3）MME 同时激活的承载数=签约用户数×开机率×每附着用户的承载数×冗余系数=MME 附着用户数×每附着用户的承载数。每附着用户的承载数包括默认承载和专用承载，其数值需根据运营商提供业务的情况具体确定。

从上述 3 个参数的测算方法看，这 3 个参数是有关联关系的。另外，由于 Pool 内的 MME 以负荷分担方式工作，因此单套 MME 的 eNodeB 连接数指标与 MME Pool 相同，即单套 MME 理论上与 Pool 内所有的 eNodeB 都有可能发生连接关系，eNodeB 的连接数与 Pool 内 MME 套数无关。

2. SAE-GW

SAE-GW 采用 Service Area 组的方式设置，初期 Service Area 的区域可以和 MME Pool 的区域一致。SAE-GW 主要容量参数有同时激活的承载数、吞吐量、分组处理能力、并发的信令流程数等。同时激活的承载数与业务处理板配置相关，吞吐量与业务处理板及线路板配置相关。另外，业务处理板配置还需考虑最大分组处理能力及并发信令流程数。从设备厂家的性能指标看，SAE-GW 受限的容量指标主要为同时激活的承载数以及吞吐量这两个容量表征参数，运营商也可根据选取厂家的实际性能，选取相应的容量指标。

SAE-GW Service Area 的设置与 MME Pool 类似，SAE-GW Service Area 的总能力应满足 SAE-GW Service Area 覆盖区域的所有用户，因此在计算 SAE-GW 的容量时，首先需要计算

SAE-GW Service Area 覆盖区域所有用户的同时激活的承载数以及吞吐量等主要参数的各自总需求容量；其次根据总需求容量及单套 SAE-GW 的能力，配置 Service Area 内 SAE-GW 套数及单套设备板卡。为满足 SAE-GW 负荷分担的要求，SAE-GW Service Area 内多套 SAE-GW 应配置相同容量，并且应考虑 SAE-GW 套数的冗余配置。当 SAE-GW Service Area 内其中 1 个 SAE-GW 故障时，剩余的 SAE-GW 能够承担所有的业务量。

SAE-GW 的同时激活的承载数、吞吐量的测算方法如下，其中的参数可引用表 4-1 的相关参数，具体数值需运营商自行定义。

（1）SAE-GW 同时激活的承载数=签约用户数×开机率×每附着用户的承载数×冗余系数。

（2）SAE-GW 吞吐量（Gbit/s）= 签约用户数×开机率×每使用业务用户平均流量×同时使用业务用户比例×冗余系数/1 024/1 024。

在计算时，需区分智能手机终端和数据卡等终端类别。另外，当 SAE-GW 开启 DPI 功能时，应考虑 DPI 功能开启对 SAE-GW 性能的影响，或者运营商在相关参数取定时，即考虑包含 DPI 功能开启对参数值的影响。

3. HSS

HSS 主要负责用户数据的存储和处理，HSS 的容量表征参数为签约用户容量、信令处理能力。签约用户数指用户已在运营商开户的用户数，签约用户容量与 HSS 的用户数据库、存储配置相关。信令处理能力指每秒用户注册、鉴权查询次数，和 HSS 的前端信令处理板件相关。

HSS 的签约用户容量和每秒信令处理能力的测算方法如下。

（1）HSS 签约用户容量=签约用户数×冗余系数。由于 HSS 是较为重要的用户数据网元，且用户数据存在批量写入的情况，因此冗余系数取值可略大于 MME 等设备的冗余系数，运营商可根据网络运行情况进行调整。

（2）HSS 信令处理能力=签约用户数×平均每用户每秒注册、鉴权查询数×冗余系数。

在进行 HSS 配置时，应按照 FE/BE 的分布式架构配置网元，并且网元应采用数据库互备、FE 单元 *M+N* 等冗余配置方式。具体建设的 HSS 数量，需结合 HSS 的容量需求、设备厂家的性能指标、运营商维护运营的安全要求等方面综合确定。

4. PCRF

PCRF 设备主要的性能参数有 PCC 在线用户数、PCC 规则数量、每秒事务处理能力、每秒 IP-CAN/AF 会话处理能力等；SPR 设备的主要性能参数为 SPR 签约用户数。SPR 签约用户数、PCC 规则数量与用户数据库存储设备的配置相关，PCC 在线用户数、每秒事务处理能力、每秒 IP-CAN/AF 会话处理能力与 PCRF 的业务处理板卡配置相关。运营商可结合设备厂家的性能，选取 1～2 个容量指标。

PCRF 的 PCC 在线用户数、每秒 IP-CAN/AF 会话处理能力、每秒事务处理能力的容量测算方法如下。

（1）PCC 在线用户数＝SPR 签约用户数×开机率×每附着用户的承载数×冗余系数。SPR 签约用户数应根据运营商的 PCRF 建设策略确定用户规模，当运营商采用 3G/4G 融合的 PCRF 时，应包括 LTE 的签约用户及 3G 的签约用户，或者用户在 LTE 网络、3G 网络的策略规则可以共用。

（2）每秒 IP-CAN/AF 会话处理能力＝每秒新建 IP-CAN/AF 会话数量（Gx 接口的 IP-CAN

会话）+每秒新建 IP-CAN/AF 会话数量（Rx 接口的 IP-CAN 会话）。

其中，每秒新建 IP-CAN/AF 会话数量（Gx 接口的 IP-CAN 会话）=PCC 在线用户数×每用户忙时附着次数/3 600×冗余系数；每秒新建 IP-CAN/AF 会话数量（Rx 接口的 IP-CAN 会话）=AF 业务平台签约用户数×每用户忙时业务激活次数/3 600×冗余系数。AF 业务平台签约用户数指与 PCRF 对接的所有 AF 平台的签约用户数，忙时业务激活次数指每个 AF 业务平台用户忙时业务激活次数。对于有 Gxa 接口的运营商，还需要考虑 Gxa 接口的 IP-CAN/AF 会话处理能力。

（3）每秒事务处理能力=Gx 接口的事务处理量+Rx 接口的事务处理量+Sp 接口的事务处理量。其中，每个接口的事务处理量=该接口每秒会话处理能力×每个会话需要的事务处理数，例如 Gx 接口的事务处理量=Gx 接口类每个 IP-CAN 会话包含事务处理数量×每秒 Gx 新建 IP-CAN 会话数量。对于有 Gxa 接口的运营商，还需要考虑 Gxa 接口的事务处理能力。

在进行 PCRF 配置时，其 PCRF 的套数设置应考虑冗余备份配置，备份可采用成对配置或多套 $N+1$ 的备份方式。当 PCRF 与 SPR 合设时，对于 $N+1$ 的备份方式，备份的 PCRF/SPR 应具备多套 PCRF/SPR 的全量用户数据。PCRF 网元配置的套数与 PCRF 容量需求、PCRF 设备厂家的性能、运营商维护和策略要求均有关，需运营商综合考虑设置方式。

4.4.3　流量带宽测算

EPC 网络流量带宽主要包括 EPC 核心网产生的信令流及媒体流（业务数据流）带宽，计算流量带宽的目的是便于对 EPC 的 IP 承载网络提出流量需求。在计算 EPC 流量带宽过程中，媒体流带宽为主要的流量，占整个 EPC 流量比例的 95%以上，而信令处理主要影响各网元的并发处理能力，各接口的信令流带宽与媒体流相比流量占比很小，且各类信令接口较多，通常对于信令流量的计算可简化，在媒体流的基础上增加一定的冗余系数，即可满足信令流量的需求。虽然对信令流量进行了简化计算，但需区分各接口的信令流量方向，以明确接入的 IP 承载网络类别，是公众互联网、运营商私有网络还是运营商管理网络。本文仅对媒体流带宽的测算方法进行说明。

LTE 核心网网络中涉及的媒体流接口包括：S1-U 接口、S5/S8 接口、SGi 接口，对于非 3GPP 接入或者 2G/3G 为 cdma2000 系统的运营商，还涉及 S2a 等接口。

以 2G/3G 为 cdma2000 系统的运营商的 EPC 网络为例，EPC 网络媒体流接口如图 4-4 所示。

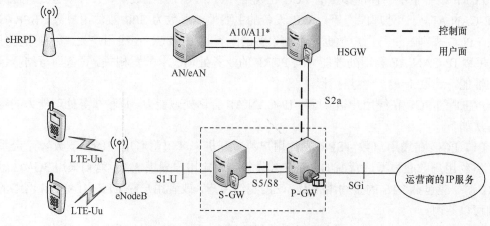

图 4-4　LTE 核心网媒体流接口示意图

S1-U：eNodeB 和 S-GW 之间的用户面接口，采用 GTP-U 协议，在 eNodeB 和 S-GW 之间进行用户数据的隧道传输，遵循 3GPP 标准 29.281。

S5/S8：S-GW 和 P-GW 之间的接口，包括控制面和用户面，控制面遵循 3GPP 标准 29.274，采用 GTPv2-C 协议，包括承载的建立、修改或释放功能；用户面遵循 3GPP 标准 29.281，采用 GTPv1-U 协议，主要用于传输用户数据，也包括一些隧道管理消息。

SGi：接口位于 P-GW 和外部分组数据网（PDN）之间，分组数据网可以是外部公共或私人数据网，也可以是内部分组数据网，例如为 IMS 提供服务。该接口用于给用户提供接入外部数据网的通道。该接口需要支持 DHCP、Radius 协议，以及 IPSec、L2TP 和 GRE 等隧道协议，并支持 IPv6/IPv4 双栈。

S2a：PGW 与 HSGW 间的移动控制接口和用户面接口，采用 PMIPv6 或 MIPv4 协议。

在进行媒体流接口带宽计算时，运营商需要根据自身 EPC 网络的组网情况，结合运营商漫游方案的要求，对 S1-U 接口、SGi 接口、S5/S8 接口媒体流的流向进行分析计算，对于 LTE 网络，S1-U、SGi、S5/S8 接口的计算方法类似，方法如下。

媒体流接口带宽（Gbit/s）=签约用户数（本覆盖区）×开机率×每使用业务用户平均流量 kbit/s×同时使用业务用户比例/1 024/1 024×冗余系数。

若运营商采用漫游方案的 EPC 组网架构，对于 S5/S8 接口需区分拜访地及归属地的流量流向，此时媒体流接口带宽在上述计算方法的基础上，还需要考虑漫入漫出的用户比例。对于 SGi 接口，还需区分公众互联网、运营商私有网络的流向，具体的流向流量可根据运营商的业务策略及漫游策略确定。

EPC 网络除了承担 E-UTRAN 网络的接入流量外，对于具有非 3GPP 接入的运营商，或 2G/3G 网络为 cdma2000 系统的运营商，还需承担非 3GPP 接入网络或 eHRPD 网络的接入流量。以 eHRPD 网络为例，此时网络中增加了 HSGW 网关节点，HSGW 与 P-GW 之间接口为 S2a，负责当用户移出 LTE 覆盖区域时并在 eHRPD 覆盖范围内的用户数据业务接入。S2a 媒体流带宽计算方法如下。

媒体流需求带宽（Gbit/s）=签约用户数×开机率×eHRPD 网络附着率×3G 网络每用户平均流量 kbit/s/1 024/1 024×冗余系数。

4.5　网络路由原则

在进行 EPC 网络规划设计时，需结合运营商 EPC 网络的组织方案，对网络的路由原则进行设计，网络的路由原则包括 EPC 网络漫游方案、EPC 网元的选择等。对于漫游方案包括运营商网络之间的漫游及运营商网络内采用区域（省）设置 EPC 时的漫游两种情况，这里对用户在运营商网络内的区域（省）间漫游时的路由方案进行说明。

4.5.1　漫游方案

运营商 EPC 网络采用区域（省）设置方式时，根据业务提供的区域（省）方式的不同，对于用户在区域之间的业务数据漫游，根据用户使用的具体 APN 和业务场景的不同，存在以下两种路由方式。

（1）归属地路由方式，业务由归属地提供，用户面路由回归属地，如图 4-5 所示。

归属地路由方式用户的业务数据路由路径为：拜访地 eNodeB/eAN—拜访地 SGW —归属地 PGW。

对于采用归属地路由的用户，在用户开户时，需要在归属 HSS 中写入特定的用户 APN 签约信息，在用户附着过程中 HSS 会向 MME 下发此参数，MME 基于此参数向 DNS 查询出归属省份的 PGW 地址，从而建立回归属地路由。

归属地路由方式下，用户 APN 对应的 PGW 由归属地 EPC 提供，用户使用的业务由归属地业务平台提供，策略控制由归属地 PCRF 实现。

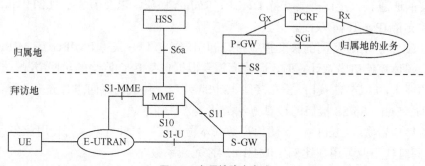

图 4-5　归属地路由方式

（2）拜访地路由方式，业务由拜访地提供，用户面由拜访地疏导，如图 4-6 所示。

拜访地路由方式用户的业务数据路由路径为：拜访地 eNodeB/eAN — 拜访地 SGW — 拜访地 PGW。

对于采用拜访地路由的用户，在用户开户时，无需在归属 HSS 中签约特定的 APN 签约信息，用户可采用默认 APN 信息。在查询 PGW 地址的时候，MME 根据用户的 IMSI 构建相应的 APN 参数，向 DNS 查询得到拜访省份的 PGW 地址，从而建立拜访地路由。

拜访地路由方式下，用户 APN 对应的 PGW 由拜访地提供，用户使用的业务由拜访地业务平台提供，策略控制可以由拜访地 V-PCRF 实现，或者通过 S9 接口获取归属地 H-PCRF 的策略实现。

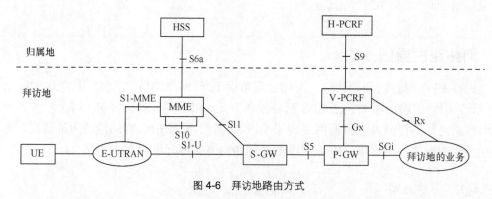

图 4-6　拜访地路由方式

4.5.2　网元的选择

1. MME 的选择

在用户附着时，将发生 eNodeB 对 MME 的选择，当用户发生 MME 改变的 TA 更新或切换时，将发生 MME 之间的选择。MME 的路由选择采用如下原则。

用户附着时，如果 eNodeB 收到的 Attach 消息中没有 GUTI 信息，则重新为该 UE 选择一个新 MME。eNodeB 根据 MME 的权重因子（Weight Factor）来选择新的 MME。MME 在自配置的流程（S1 Setup）中将自己的权重因子通知给 eNodeB。如果 eNodeB 收到的 Attach 消息中携带有 GUTI 信息，eNodeB 从 GUTI 得到 GUMMEI 信息（之前服务该 UE 的 Old MME 的标识）。eNodeB 判断自身是否在该 Old MME 的范围内，如果在，eNodeB 向该 MME 发送 Attach 请求；如果不在，eNodeB 为该 UE 选择一个新 MME。

当用户发生 MME 改变的跟踪区更新或者切换时，原 MME 需要基于网络的拓扑结构为服务的 UE 重新选择一个可用 MME。在 MME 服务重叠区域，MME 的选择要减少 MME 改变的可能性，同时还要尽可能地考虑 MME 之间的负荷均衡。

2．S-GW 的选择

在用户附着时，MME 利用 DNS 功能解析出一张可服务于该 UE 位置的 S-GW 的地址列表，SGW 的选择采用如下原则。

（1）保证 TA 列表中的所有 TA 都在同一个 S-GW 的服务区内。

（2）在 S-GW 服务重叠区域，S-GW 的选择要减少 S-GW 改变的可能性。

（3）需要保证 S-GW 之间的负荷均衡。

（4）如果网络配置了合设的 S-GW 和 P-GW，则优先选择和 P-GW 合设的 S-GW。

3．PGW 的选择

P-GW 的选择是在 MME 中实现的。MME 利用 HSS 提供的用户签约信息和其他附加标准，为 LTE 接入分配一个 P-GW 以提供 PDN 连接。PGW 的选择取决于不同的场景，选择原则如下。

对于附着类型为初始附着（Initial attach）的场景：

（1）如果 UE 不提供 APN，MME 使用签约上下文中默认 APN 所对应的 P-GW。

（2）如果 UE 提供了一个 APN，则使用这个 APN 获取 P-GW 标识。这个 APN 可能是签约上下文的，也可能不是签约上下文的。如果是签约上下文中的，则可以使用签约上下文中该 APN 对应的 P-GW 标识，但也可以使用 DNS 功能选择一个新的 P-GW。

对于附着类型为切换（Handover）的场景：

（1）如果 UE 提供 APN，MME 使用签约上下文中该 APN 所对应的 P-GW。

（2）如果 UE 不提供 APN，而签约上下文中默认 APN 对应有 P-GW 标识，则使用该 P-GW 标识获取 P-GW 地址；如果签约上下文中默认 APN 没有 P-GW 标识，则视这种情形为错误。

对于请求类型为初始附着，当 UE 已经建立有一个或多个 PDN 连接，又请求要建立一个新的 PDN 连接，并且没有提供 APN 时，MME 使用签约上下文中默认 APN 对应的 P-GW 标识。对于请求类型为切换附着，MME 使用签约上下文中所保存的 P-GW。

P-GW 的标识指的是一个特定的 P-GW。P-GW 标识是通过 DNS 从 APN、签约信息和其他附加信息中得到的。如果 P-GW 的标识里包含了 P-GW 的 IP 地址，那么这个 IP 地址就要用作 P-GW 的 IP 地址；如果 P-GW 的标识符里包含的是 FQDN，则 MME 根据 S5/S8 接口的协议类型（PMIP 或 GTP），通过 DNS 解析出 P-GW 的 IP 地址。

对于 HSS 提供动态分配的 P-GW 标识，如果附着类型是 "Handover"，MME 就不再进一步选择 P-GW。如果附着类型是"Initial attach"，MME 既可以用所提供的 P-GW，也可以选择一个新的 P-GW。

如果 HSS 提供的 PDN 签约信息中包含的是通配符 APN，那么到 UE 所请求的任一个 APN 都可以建立 PDN 连接，这个 PDN 连接是动态分配地址的。

4．MME 与 HSS 之间的选择

MME 寻址到 HSS 采用如下方式。

（1）对于本地用户，MME 根据用户的 IMSI，查询路由表，寻址到对应的 HSS。当网络中设置了 DRA 设备时，MME 可路由到 DRA，由 DRA 根据 IMSI 路由到对应的 HSS。

（2）对于漫游用户（MME 判断 IMSI 为非本地用户），MME 根据用户的 IMSI 路由到 DRA，DRA 网络再根据 IMSI 路由到归属地 HSS 或者国际局。

当经过初次寻址后，MME 与 HSS 之间得到彼此的主机名，后续双方间的寻址可由 DRA 根据信令消息的目的主机名查询路由表来实现。

5．PCRF 的选择

当运营商 LTE 网络规模较大时，区域（省）内会部署多个 PCRF。这种情况下需要通过 DRA 来实现 P-GW、AF、HSGW 等网元对 PCRF 的选择，从而保证某个 IP-CAN 会话关联的所有 Diameter 会话（包括 Gx 会话、Gxa/Gxc 会话和 Rx 会话等）路由到同一个 PCRF。DRA 采用如下工作机制。

（1）当 DRA 首次收到某个 IP-CAN 会话的请求（一般来自于 P-GW）时，DRA 会基于一定的机制为该 IP-CAN 会话选择一个合适的 PCRF，且保存该 PCRF 的地址。选择 PCRF 的机制可以根据负荷分担，或者根据 PCRF 负责的地域/用户 IMSI 号段。

（2）对于后续其他实体（如 AF）发送过来的请求消息，DRA 可以依据消息中携带的信息查找到维持该 IP-CAN 会话的 PCRF 地址，并将消息路由到该 PCRF。

（3）当 IP-CAN 会话终结时，DRA 删除该 IP-CAN 会话相关的所有信息。如果 PCRF 域发生了改变，在原 DRA 中存储的该 IP-CAN 会话的信息将被删除。

在漫游场景下，可能存在拜访地接入和归属地接入两种方式，在拜访地接入的情况下，拜访地 PGW 发起的 Gx 接口经由拜访地网络的 DRA，路由到归属地网络的 DRA 进行 PCRF 的选择；在归属地接入的情况下，由归属地 PGW 经由归属地网络的 DRA 直接进行 PCRF 的选择。

4.6 码号及 IP 地址规划

4.6.1 编号规划

LTE 网络的编号包括用户编号、EPC 网络及网元编号、eNodeB 编号等。LTE 编号方式既和 2G/3G 网络的编号方式类似，又有所不同。例如 MSISDN、IMSI 的编码方式与 2G/3G 相同，但 MME 网元的编号、用户临时标识等在 LTE 网络中有了新的定义。

1．用户编号

（1）LTE 用户移动用户号码

移动用户号 MSISDN（Mobile Station international ISDN number，移动台国际 ISDN 号码）为 LTE 手机用户作被叫时主叫用户所需拨的号码，以及作为 LTE 用户（手机用户、上网卡用户）使用数据业务的计费账号。其编码格式采用 E.164 建议。

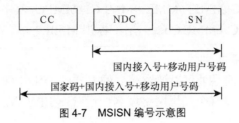

图 4-7　MSISN 编号示意图

MSISDN=CC+NDC+SN，如图 4-7 所示。

CC=国家码，中国为 86。

NDC=国内目的地码，即网路接入号。例如中国移动 135～139 等。

SN=客户号码。

LTE 的 MSISDN 号码可以继续使用现有的 2G/3G 的 NDC 号段，也可以基于市场策略开辟新的号段。

（2）IMSI

LTE 用户识别码采用 IMSI，在移动网络中唯一地识别一个移动用户，号码长度为 15 位，号码结构为 MCC+MNC＋MSIN，如图 4-8 所示。其中：

移动国家号码（MCC）：唯一地识别移动用户所属的国家，中国采用 460。

移动网络号（MNC）：识别移动用户所归属的移动网。

移动用户识别码（MSIN）：为 10 位阿拉伯数字，唯一地识别移动用户。

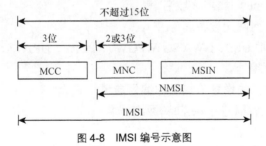

图 4-8　IMSI 编号示意图

（3）GUTI

GUTI（Globally Unique Temporary UE Identity，全球唯一临时 UE 标识）用户在成功注册并与网络完成认证后，网络为用户分配 GUTI 以保护其国际移动用户识别码（IMSI）。GUTI 相当于通用移动通信系统（UMTS）中的临时移动用户识别码（TMSI），分配的目的是保护用户的私密性，防止 IMSI 遭受攻击。当 UE 和 MME 之间建立了信令关联之后，随时都可以进行 GUTI 重分配。GUTI 的编码如图 4-9 所示。

图 4-9　GUTI 编号示意图

131

GUTI 包含两个部分。

GUTI=GUMMEI+M-TMSI，其中，GUMMEI 由 MCC、MNC、MME 标识组成，标识一个 MME。M-TMSI 在一个 MME 内唯一地标识一个 UE，长度可变，最大长度为 32 bit。

GUMMEI=MCC+MNC+MMEI，MMEI=MMEGI+MMEC，其中 MMEGI（MME Group ID）用于标识 MME 组，MMEC（MME Code）用于标识 MME。

2. EPC 核心网相关编号

在 EPC 网络中，网元的寻址可以通过域名的方式经 DNS 解析获取网元地址。因此，对应一个 EPC 网络系统，需要有个归属网络域名，运营商 EPC 内的所有网元的域名编号可基于该归属网络域名。

（1）归属网络域名

EPC 核心网的归属网络域名格式为：

epc.mnc<MNC>.mcc<MCC>.3gppnetwork.org

其中，如果 mnc 为两位，则需要在前面加 "0" 补足为 3 位。例如目前中国电信 MNC 为 003。

（2）MME 相关编号

① MME Group ID。MME Group ID 为 16bit 长，2Byte 的十六进制编码，X1X2X3X4。运营商可自行分配。X1X2 可标识 MME 所在的省，X3X4 标识省内具体的 MME 群组。

② MME Code。MME Code 为 8bit 长，运营商自行分配，应保证在该 MME 群组内的唯一性。

③ MME 的 FQDN 域名。MME 的 FQDN 格式为：

mmec<MMEC>.mmegi<MMEGI>.mme.归属网络域名

其中，MMEC 即 MME Code；MMEGI 即 MME Group ID。

MME 群组的 FQDN 域名格式为：

mmegi<MMEGI>.mme.归属网络域名

（3）其他 EPC 核心网网元设备编号

需要编号的网元包括 HSS、GW（SGW/PGW）、PCRF、DRA、DNS、CG、HSGW、3GPP AAA 等，运营商可自行编号。

其他 EPC 核心网网元的设备节点名称编号参考格式为：

设备标签.地市标签.省标签.node.归属网络域名

（4）P-GW/S-GW 主机名

S-GW/P-GW 的网元节点名称（Node Name）可用于 DNS 的 S-NAPTR 查询，编号应考虑能够方便地支持 S-GW 和 P-GW 设备之间的负载均衡选择、就近拓扑选择、多业务接口之间的选择、P-GW 与 S-GW 的合/分选择等需求。node name 采用典型节点名称方式（Canonical Node Name），其具体格式如上文所示，参考格式为：设备标签.地市标签.省标签.node.归属网络域名。

另外，EPC 网络的网元域名解析采用 S-NAPTR（Straightforward-Naming Authority Pointer）流程，该流程通过业务参数及域名来确定不同的接口地址。S-GW/P-GW 除了网元节点名称外，还有主机名的概念，主机名用于区分 S-GW/P-GW 的各类接口（参见 3GPP TS 29.303），网元通过 DNS 的 S-NAPTR 查询，得到 S-GW/P-GW 设备对应各类接口的主机名，其格式为：

<"topon" | "topoff"> . <single-label-interface-name>.< canonical node name >

其中，"topon" "topoff"对应是否采用拓扑配置的特性， single-label-interface-name 具体对应不同接口、不同应用的编号，例如 x-3gpp-pgw:x-s5-pmip、x-3gpp-pgw:x-s8-pmip，具体编号遵照 3GPP TS 29.303。

3．无线网相关编号

（1）TAI

TAI（Tracking Area Identity，跟踪区标识）的编号由三部分组成：MCC + MNC + TAC。

其中 TAC 是跟踪区号码，16bit 长，2Byte 的十六进制编码，X1X2X3X4，运营商可自行编号，X1X2 可标识所属（区域）省，X3X4 可标识区域（省）内具体的跟踪区号码。

对于 TAI 的 FQDN，格式为：

tac-lb<TAC-low-Byte>.tac-hb<TAC-high-Byte>.tac.归属网络域名

TAC-low-Byte 为 TAC 的 X3X4；TAC-high-Byte 为 TAC 的 X1X2。

（2）eNodeB ID

eNodeB ID 由三部分组成：Global eNodeB ID = MCC+MNC+eNodeB Identity。

其中，eNodeB Identity 为 20bit 长，对应 Cell ID 前 20bit，采用 5 位十六进制编码，X1X2X3X4X5。

eNodeB 的 FQDN 域名的格式为：

eNodeB<eNodeB-ID>. eNodeB. 归属网络域名

（3）ECI 和 ECGI

ECGI（E-UTRAN 小区全球识别码）由三部分组成：MCC+MNC+ECI。

ECI（E-UTRAN 小区识别码）为 28bit 长，采用 7 位十六进制编码，X1X2X3X4X5X6X7。ECI 分配原则如下：X1X2 X3X4X5 为该小区对应的 eNodeB Identity，X6X7 为该小区在 eNodeB 内的标识，分配原则为在 eNodeB 内唯一。

4．APN

APN 用于标识 EPC 网络提供的数据业务种类。APN 标识包括两个部分：APN 网络标识+ APN 运营商标识。网络标识定义了 P-GW 连接的外部网络，运营商标识定义了 P-GW 所处的 PLMN 网络。UE 在激活承载时，提供的 APN 必须包含 APN 网络标识，APN 运营商标识为可选。

（1）APN 网络标识

运营商 EPC 网所分配 APN 网络标识可采用两种格式：区域性 APN 和通用性 APN。区域性 APN 主要对应省内提供的非全网性接入的数据业务，对应的 PDN 是在归属网络；通用性 APN 主要对应全网提供的数据业务，通用 APN 可按外部数据网的类别分配，例如 Internet、IMS 等，具体 APN 网络标识的分配原则运营商可自行定义。

（2）APN 运营商标识

APN 默认运营商标识的格式为：mnc<MNC>.mcc<MCC>.gprs。其中 MNC 和 MCC 的内容参见用户 IMSI 编号，如果 MNC 是两位的，则需要在左侧加"0"补足为 3 位。APN 运营商标识为可选。

（3）APN 的 FQDN 格式

APN 的 FQDN 格式是通过在 APN 网络标识和 APN 运营商标识之间插入"apn.epc"以及用".3gppnetwork.org"替代 APN 运营商标识后面的".gprs"标签而构成的。

例如，APN 网络标识为 internet、APN 运营商标识为 mnc000.mcc460.gprs，则 APN 的 FQDN 为：internet. apn.epc. mnc000.mcc460. 3gppnetwork.org。

4.6.2　IP 地址规划

EPC 网络是基于 IP 网络承载的核心网络，不仅所有 EPC 网元需要分配 IP 地址，对于 UE 也需要 IP 地址才能实现端到端的业务应用。EPC 网络的 IP 地址规划包括用户地址规划和网元地址规划。

UE 在使用业务时，在 UE 与 P-GW 之间建立的每一个 PDN 连接，必须要有一个 UE 的 IP 地址与其关联。UE 要使用分配给它的 IP 地址才能在所建立的 PDN 连接上进行业务的交互。在 EPS 系统中，一个 PDN 连接可以包含一个默认承载和多个专用承载，归属于一个 PDN 连接的所有 EPS 承载都使用一个 IP 类型的地址，不同 PDN 连接则可以使用不同类型的 IP 地址。

在 EPS 系统中网络支持 3 种类型的 IP 地址，即 IPv4 类型、IPv6 类型和 IPv4v6 类型。在 EPS 系统中将 IP 地址类型称为 PDN 类型。IPv4v6 类型的 EPS 承载可以只与一个 IPv6 前缀关联，也可以与一个 IPv4 地址和一个 IPv6 前缀同时关联，而 IPv4 类型的 EPS 承载与一个 IPv4 地址关联，IPv6 类型的 EPS 承载与一个 IPv6 前缀关联。设计这 3 种 IP 类型的目的主要是要满足不同的 UE 能力、P-GW 能力、运营商网络部署要求、与早期协议版本交互的要求以及用户签约数据对某些 APN 的限制要求，具有较大的适用性。

根据 IP 地址分配的时机可以将分配划分为两种：一种是在建立 PDN 连接的默认承载时分配；另一种是在默认承载建立完成之后使用 IETF 特定的机制分配，如 DHCP 之类的协议。根据 IP 地址池所在位置的不同，可以有 3 种分配 IP 地址的方式，即 HPLMN 分配、VPLMN 分配和外部 PDN 分配。HPLMN 可以分配动态或静态的 IP 地址，VPLMN 只能分配动态的 IP 地址，而外部的 PDN 网络可以分配动态或静态的 IP 地址。静态 IP 地址一般是用户在签约时获取的，在地址池中已经预留，并且保存在用户签约数据中或 DHCP/Radius/Diameter 服务器上，在用户建立到对应 PDN 网络的 PDN 连接时向 P-GW 或 DHCP/Radius/Diameter 服务器上进行登记即可。

在网络运营中，UE 用户地址的 IPv4 类型、IPv6 类型、IPv4v6 类型的分配，运营商可根据网络能力和业务提供方的能力选择相应的地址类型，同时根据业务提供的平台所需的地址属性，确定是给 UE 分配公网地址还是运营商私网地址。

对于 EPC 的 MME/SGW/PGW/HSS/eNodeB 等网元应支持 IPv4/IPv6 双栈能力。运营商可根据需要在网络部署初期仅分配 IPv4 地址。EPC 网元的 IP 地址是使用公网地址还是运营商私网地址，取决于 EPC 的网络组织方式和运营商的地址策略。在进行网元部署时，应根据运营商的网络环境对相关网元的地址进行规划，应包含公网地址、私网地址、管理地址的规划，在进行 IP 地址规划时，应注意预留一定的未来网元扩展的地址段，从而便于网络维护和运营。

4.7　相关支撑系统

4.7.1　计费

1．计费系统总体架构

EPC 核心网的计费方式包括在线计费和离线计费，计费系统逻辑架构如图 4-10 所示。

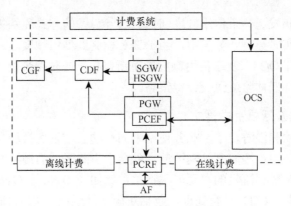

图 4-10 　 计费系统的逻辑架构图

LTE 移动业务由业务数据流经的网元产生话单，LTE 接入时，业务流经 S-GW 和 P-GW，话单信息由 S-GW 和 P-GW 产生，并各自送往对应的 CG 处理。在 S-GW 和 P-GW 合设的情况下，根据运营商策略，可以分别出具 S-GW CDR（呼叫详细记录）和 P-GW CDR 或只出具 P-GW CDR。

对于原有 2G/3G 网络为 cdma2000 的运营商，其无线采用 eHRPD 接入时，业务流经 HSGW 和 P-GW，话单信息由 HSGW 和 P-GW 产生，并各自送往对应的 CG 处理。

离线计费主要在会话后收集计费信息，而且计费系统不会实时地影响所使用服务的计费过程。支持离线计费功能的网元包括 P-GW、S-GW、HSGW。

离线计费系统架构如图 4-11 所示，可以分成多层架构，CTF（计费触发功能）能够产生计费事件，提供计费信息，将计费信息组装成计费事件，并将这些计费事件发送给 CDF（计费数据功能）；CDF 则通过 Rf 接口从 CTF 接收计费事件，从而产生相应的 CDR；CDF 产生的 CDR，通过 Ga 参考点送到 CGF（计费网关功能），CGF 利用 Bp 参考点将 CDR 文件传送给计费系统。

CTF/CDF 在 P-GW、S-GW、HSGW 中实现，Rf 接口是设备内部接口。CGF 是 CG 设备的主要功能实体。CG 作为收集和缓存来自 S-GW、P-GW、HSGW 话单的网元，是计费系统的话单采集点，即计费系统是从 CG 上采集 LTE 和 eHRPD 接入的话单的，而不是从 P-GW、S-GW、HSGW 上采集。

在线计费为 LTE 网络计费实体与在线计费系统（Online Charging System，OCS）交互的计费过程。通过在线计费功能，系统实时跟踪用户对所购资源的使用情况，实时从账户余额中扣除当前的使用费用。支持在线计费功能的网元为 P-GW。

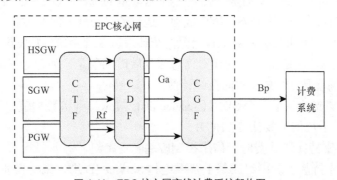

图 4-11 　 EPC 核心网离线计费系统架构图

在线计费系统中，用户能够预先缴纳费用并转换为使用业务的额度（如时间、流量），在线计费系统通过设置和发送剩余信用额度(时长或者流量)的方式通知集成在 PGW 中的 PCEF 功能实体。用户额度实时影响业务使用,当 PCEF 检测到信用额度达到阈值时,向业务支撑系统在线计费模块(即 OCS)发送信用额度的重新授权,同时携带使用过的信用值,额度耗尽后可能终止业务、降低体验或改变计费策略。

2.计费基本场景及话单生成要求

移动业务存在移动和漫游现象,业务使用中的移动会产生切换场景,业务的长时间使用会产生中间话单场景,用户漫游到管辖区域之外会产生跨区域的漫游回归属地场景。

各场景下都由业务数据流经的网元产生话单,比如 P-GW、S-GW 网元,这些网元统一将话单传送给计费网关(CG)进行处理,包括对同一网元同一 Charging ID 的 SGW 话单或 PGW 话单进行合并处理、将多个话单整合成一个话单文件、将不同网元的话单文件分不同的采集目录进行存放等,计费系统从 CG 上采集 SGW 和 PGW 的话单文件,并针对 SGW-CDR 和 PGW-CDR 作进一步的处理。

网络针对同一承载进行话单生成,通过 Charging ID 标识同一承载的中间话单及多种网元话单。不同承载话单网元会分开生成,Charging ID 也会不同,但可以通过 PDN-connection ID 进行关联。因为数据流量限制、时长限制、计费条件改变、管理原因、无线接入技术类型改变等,一个 IP-CAN 承载可能对应多个部分话单(Partial Record),并通过唯一的 C-ID 标识,无论是 SGW-CDR 还是 PGW-CDR 都使用 Record Sequence Number 标识部分话单的序号,同一个 IP-CAN 承载的不同种类话单(SGW-CDR 或 PGW-CDR)之间与同一类型话单的部分话单之间都用 C-ID 关联。部分话单产生时的触发门限由运营商通过 O&M 方式设定的配置参数来管理。

3.GW 的计费功能要求

对 SGW、PGW 的计费有以下要求,这些要求平等适用于在线计费和离线计费。

(1)计费网元应能支持以下计费模式:流量、时长、流量时长组合以及事件。

(2)PGW 须支持内容计费,应能根据如下信息进行计费:归属或者拜访 IP-CAN;IP-CAN 承载的特征(如 QoS 特征信息);业务所采用的 QoS 信息;费率时段;接入信息(S-GW IP 地址、RAT 类型、不同粒度的位置信息等)。

(3)每个 IP-CAN 承载上下文应该赋予唯一的标识(即 Charging ID)。

(4)由于数据传输上下行具有不对称性,对于上行、下行所对应的终端用户发送和接收的数据流量须分别统计;需要说明的是,SGW 对下行流量的统计应以 S1-U 接口成功发送的流量为准,对上行流量的统计应以 S5/S8 接口成功发送的流量为准;PGW 对下行流量的统计应以 S5/S8 接口成功发送的流量为准,对上行流量的统计应以 SGi 接口成功发送的流量为准。

(5)每个 IP-CAN 承载上下文的计费信息应反映时间信息,如起始时间和持续时长。

(6)PGW 支持基于 IETF 技术的在线计费。

(7)PGW 能够支持基于单个 SDF(Service Data Flow,业务数据流)的数据流量、时间或事件的识别(基于流的承载计费 FBC)。

(8)当 PGW 支持在线计费时,信用控制应基于费率组。

(9)PGW 应支持基于费率组或基于费率组与 Service ID 绑定来上报业务使用情况。

4.CG 的计费功能要求

CG 应包含以下计费功能要求。

（1）实时地通过 Ga 参考点，从 CDF 接收 CDR。

（2）CDR 预处理功能：CDR 确认与合并；CDR 错误处理；CDR 永久存储。

（3）CDR 的过滤与分拣：根据一定的过滤机制（如 CDR 类型、CDR 参数、生成 CDR 的 CDF 地址等）将 CDR 存储在不同的文件中。

（4）CDR 文件的管理：CGF 能够进行文件的建立、文件的打开关闭、文件删除和备份等操作。CG 可以分目录存放不同的话单，包括网元类型不同和计费方式不同的话单分目录存放，如 HSGW 话单文件目录、SGW 话单文件目录、PGW 话单文件目录等，以方便计费系统进行分类采集。

（5）向计费系统传送 CDR 文件，话单文件采用 FTP/FTAM 协议进行传送。

5. 话单存储要求

CDF、CGF（CG）应有内部存储介质用于话单的存储，存储介质的容量应保证运营商运营的要求，一般来说，CDF 可保证本计费点所产生的话单保存 7 天以上，CG 应能存储 30 天以上的话单，这些存储介质应有充分的热备份设置。

6. 计费接口要求

（1）Ga 参考点

Ga 参考点是 HSGW/S-GW/P-GW 和 CG 之间的接口，支持 CDF 和 CGF 之间的交互。

CDF 与 CGF 之间的通信协议各厂商不完全一致，为了确保设备之间的互操作性，建议在 Ga 接口上使用 GTP′作为 CGF 从 CDF 采集计费信息的协议。GTP′协议以 GTP 协议为基础，针对计费问题作了相应的补充和修正，增加了两类信令消息，即通路管理消息和记录传输消息。GTP′协议包含以下功能。

① 在 CDF 与 CGF 之间传送 CDR。

② 将 CDR 重定向到另一个 CGF。

③ 检测 CDR 传输通路正常与否。

当端点（CDF 或 CGF）从不可用状态恢复为正常状态后，它应该能够通知对端可以恢复数据的传送。

（2）Bp 参考点

Bp 参考点支持 CGF 和 BS 之间的交互，将处理后的 CDR 传递给 BS。当 CGF 存在冗余配置时，对传往 BS 的 CDR 要尽量避免重复。

Bp 参考点采用基于 TCP/IP 的 FTP 或 TCP/IP 的 FTAM。

（3）Gy 参考点

Gy 参考点支持 PCEF 中 CTF 模块和 OCS 系统中 OCF 模块之间的交互，能够提供下列信息。

① 从 CTF 到 OCF 的计费事件，用于在线计费。

② 从 OCF 到 CTF 的这些计费事件的确认信息，这些确认消息能够根据 OCS 的决策，来确定是接收还是拒绝计费事件中请求的网络资源。

Gy 参考点采用 Diameter 协议。

4.7.2　网管

EPC 网络的管理系统应包括网元层、网络层管理功能。网元层管理功能包括对所管设备的配置管理、告警管理、软/硬件维护管理、状态检测、安全管理等。网络层管理功能应包括整个网络的拓扑视图，对网络的性能检测、统计和分析，对网络流量的检测及对网络拥塞的控制、对各个网元状态的监控。核心网的网络管理主要涉及 MME、SGW、PGW、HSS、PCRF、SPR、CG 等网元，对于 2G/3G 系统为 cdma2000 的运营商还包括 HSGW、3GPP-AAA 等网元。具体的实现上可采用现网核心网网管子系统升级或者新建核心网专用网管子系统。

EPC 网络中的网管系统架构（TS 32.101 的管理模型）如图 4-12 所示。

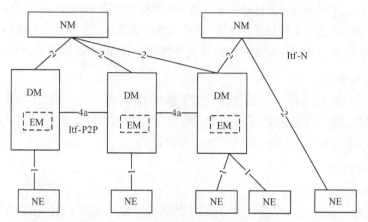

图 4-12　EPC 网络管理结构示意图

其中 NM（Network Manager）表示网络管理者，其主要作用是为用户提供网络管理功能，可以通过 DM/EM 对网元管理，也可以直接管理网元，在运营商网络中主要作为全专业的综合网管；DM（Domain Manager）提供子网的网元管理或域管理功能，主要作为各专业系统/网络的独立厂家网管。

网元（NE）或域管理者（DM）与网络管理者（NM）之间的 2 号接口属于北向接口（Northbound Interface），接口命名为 Itf-N；网元（NE）与域管理者（DM）之间的 1 号接口属于南向接口（Southbound Interface），接口命名为 Itf-S。Itf-S 和 Itf-N 使用基于 CORBA 的操作和通知，用于完成两端之间的交互操作和数据传输等，并使用 TELNET 和 FTP 协议传输性能管理和配置管理数据文件；上述两种接口横向分成 4 个模块，即性能管理模块 PM、配置管理模块 CM、故障管理模块 FM 和公共管理模块 Common。

域管理者之间的 4a 号接口为新增管理接口，接口命名为 Itf-P2P，表示两个对等的域管理者接口，用于域管理者间的同网元网络参数传递，实现 EPS 网络环境下一定程度上的网络自愈功能。

EPC 网管要求提高系统性能和降低运维的强度和难度，特别是提高在多设备商环境下的系统运维能力，要求不同设备商的设备都能提供相同的性能数据，这样有利于分析网络性能和查找问题，从而降低网络维护的难度，因此，为支持多设备商环境下自我配置和自我优化功能，运营商可选择定义标准化性能测量参数，以及自我配置和自我优化过程与开放的接口，另外还可考虑自我配置和优化与运维管理之间的交互过程。

EPC 核心网网管的设置应与 EPC 网络的设置方式相匹配，对于以区域（省）方式设置的 EPC 网元，其网管设备也应以区域（省）方式集中设置。

4.7.3　承载网

LTE/EPC 网络能够为用户提供高速的无线数据业务，具有高带宽、低时延、QoS 保障、全

IP 的特点，这些都对 IP 承载网提出了较高的要求。EPC 的 IP 承载网需要满足 EPC 网元内部信令处理、流量汇聚和转发，满足各类业务端到端的时延要求和高速率大带宽的互联网或运营商业务平台的访问。一般来说，运营商对于 EPC 的内部网元互通和流量转发，包括各网元的信令处理、eNodeB 和 MME、S-GW 的用户面互通、S-GW 和 P-GW 之间的数据转发是通过运营商内部的 IP 专网进行承载，而 EPC 和外部数据网络的互通，需要连入公众互联网。

EPC 对 IP 承载网的总体要求如下。

（1）IP 承载网应能满足 LTE 高速率大带宽应用的需求，网络结构和网络带宽能够适应 LTE 的发展带来的带宽大规模增长和灵活互联的要求。承载网设备的接口应具备 10Gbit/s 甚至 40Gbit/s/100Gbit/s 高速接口的能力。

（2）承载网能够适应 LTE 阶段基站全 IP 化和扁平化的要求，并且具备多业务承载的能力。

（3）承载网应能够支持 EPC 网络各类业务的 VPN 部署能力。

（4）IP 承载网需要与 EPC 的 QoS 机制配合，提供端到端 QoS 保障能力，实现多业务的 QoS，其 QoS 级别应能够和 EPC 的 QoS 级别相适应。

（5）承载网应具备足够的安全性，具备快速故障检查、保护倒换机制，能够满足 EPC 各类业务的保护倒换要求。承载网的时延应满足 EPC 网络对于低时延的要求。

（6）承载网应采用高可靠性组网方案，网元与承载网络 CE 设备互通采用双链路，在业务层面对 EPC 核心网元采用双机房异地容灾备份，提高系统的可靠性。

4.7.4　同步

在 EPC 核心网中，时间同步的实现基于时间信号传递模式及核心网网元上的同步信号加载机制，如图 4-13 所示。

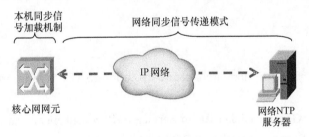

图 4-13　同步信号传递示意图

1．同步信号传递模式

在实际组网应用中，为了满足不同情况下的网络时钟（时间）同步需求，NTP 的工作模式（即同步信号传递模式）主要分为以下 4 种。

（1）客户端/服务器模式

客户端周期性地向服务器发送 NTP 报文同步时钟。

（2）对等体模式

主动对等体和被动对等体可以互相同步，等级低（层数大）的对等体向等级高（层数小）的对等体同步。

（3）广播模式

服务器周期性地向广播地址发送时钟同步报文，客户端根据收到的广播消息同步本地时钟。

（4）多播模式

服务器周期性地向多播地址发送时钟同步报文，客户端根据收到的多播消息同步本地时钟。

从时钟同步的组网架构、同步信号传递路由、避免频繁大量浪费链路资源等角度综合考虑，在 EPC 核心网中选用第一种的工作模式（客户端/服务器模式），由核心网网元作为客户端，网内的 NTP 服务器作为服务器端。

在同步信号的准确性保障上，建议在通用的访问权限机制上增加验证功能，通过客户端和服务器端的密码验证，保证客户端只与通过验证的服务器进行同步，同时遵循 NTPv3 协议 RFC 1305 中定义的算法，确保时钟同步信号的准确性。

2. 网元侧同步信号输入机制

从网络侧获取同步时钟信号后，在核心网网元侧，对同步信号的加载存在以下两种模式。

（1）强制同步方式，系统无条件地以配置的 NTP 服务器为准来校正本地时间，从 NTP 服务器获取时间偏差后直接校正本地时间。

（2）非强制同步方式，系统从时间服务器获取时间偏差后，判断时间偏差是否超过系统配置的偏差阈值，如果超过，则只发告警，不再校正本地时间，否则校正本地时间。

强制同步方式是目前现网上使用较多的一种同步信号加载机制，但是对信号源信号的准确度不再进行本地判别，易受上级时钟信号异常跳变影响；而非强制同步方式则可以有效规避上述风险，可以在外部 NTP 服务器的时间异常跳变时起到保护作用。因此，建议 EPC 组网时，核心网网元侧选用非强制同步方式，实现网络时钟的同步。

对具体的核心网网元设备，在建设过程中建议内置一定精度的时钟源，作为外部网络时钟不可取时之用，该时钟源要求同时具备"同步上级时钟信号"和"被下级网元同步"的能力，从而从网络侧和网元侧多层次保障 LTE 核心网内部各网元的时钟同步。

参考文献

[1] 3GPP TR 23.882. 3GPP system architecture evolution (SAE): Report on technical options and conclusions.

[2] 3GPP TS 23.401. General Packet Radio Service (GPRS) enhancements for Evolved Universal Terrestrial Radio Access Network (E-UTRAN) access.

[3] 3GPP TS 23.402. Architecture enhancements for non-3GPP accesses.

[4] 3GPP TS 23.002. Network architecture.

[5] 3GPP TS 32.240. Charging architecture and principles.

[6] 3GPP TS 23.003. Numbering, addressing and identification.

[7] 3GPP TS 29.303. Domain Name System Procedures-stage 3.

[8] 3GPP2 X.S0057-0 version 3.0. E-UTRAN - eHRPD Connectivity and Interworking: Core Network Aspects.

[9] 姜怡华，等. 3GPP 系统架构演进（SAE）原理与设计. 北京：人民邮电出版社，2013.

[10] 肖清华，汪丁鼎，许光斌，丁巍. TD-LTE 网络规划设计与优化. 北京：人民邮电出版社，2013.

第 5 章
LTE FDD 无线网络规划

5.1 概述

无线网络规划是根据网络建设的整体要求和限制条件，确定无线网络建设目标，以及实现该目标确定基站规模、建设的位置和基站配置。无线网络规划的总目标是以合理的投资构建符合近期和远期业务发展需求并达到一定服务等级的移动通信网络。

5.1.1 规划概述

LTE FDD 网络同 3G 系统类似，作为移动通信网络，其网络建设过程与 3G 网络在流程上是相似的，都需要包括规划选点、站点获取、初步勘察、系统设计、工程安装和测试优化等步骤。但是 LTE 系统是基于 OFDM 和 MIMO 技术的无线通信系统，在网络规划上必须考虑其特有的系统特性，发挥新技术的优势，规避其劣势，以有效地发挥高速率传输、高频谱效率的技术优势。同时，在 LTE 网络规划上还需要考虑 2G、3G 现网实际部署情况，因地制宜地规划建设 LTE 网络，还需要兼顾系统间的共存与运营平衡问题。

在移动通信网络规划中，细分场景的网络规划，成为当前网络规划的重点。在以往的网络规划中，主要以"一次规划，分步实施"、"分层规划"的概念指导网络规划。在 2G、3G 网络建设比较完善的今天，在规划 4G 网络时，应该结合现有的网络条件，进行细分场景的规划，分析现网的大量数据，确定用户的分布和密度，做出细分场景的网络规划，使得网络规划更加贴近实际，更加容易落地实施。

无线网络规划在实现上，需要考虑覆盖、容量、质量和成本 4 个方面的目标和约束条件。

1. 覆盖

在覆盖方面，规划区域可以分为有效覆盖区和无效覆盖区。覆盖范围是指需要实现无线网覆盖的目标地区。在覆盖范围内，按照覆盖性质的不同，可以分为面覆盖、线覆盖和点覆盖。面覆盖是指室外成片区域大范围的覆盖，实现整个区域的广覆盖；线覆盖是指对道路、河流等线状目标的覆盖；点覆盖是指对重点楼宇、地下建筑物等的深度覆盖。

人口覆盖率是基于通信网络服务于用户、提高网络效益提出的概念。通信网络服务于人，因此，人口覆盖率最能体现效益型网络建设的导向指标。移动通信人口覆盖率是满足通信覆盖要求的人口与该区域总人口之比。以现有 2G、3G 网络基站扇区话务数据为基础，应用数据分析，城市和农村人口的分布情况可以获取，因此网络的人口覆盖率数据获取变为可能。

在有效覆盖范围内，覆盖区域根据业务特征可分为话务密集区、高话务密度区、中话务密度区和低话务密度区四类；根据无线环境又可分为密集市区、一般市区、郊区和农村四类。不同区域、不同阶段、不同竞争环境下，运营商可以选择不同的无线覆盖目标。有了覆盖范围之后，再根据各类业务需求预测及总体发展策略，提出各类业务的无线覆盖范围和要求。

LTE 无线覆盖要求可以用业务类型、覆盖区域和覆盖概率等指标来表征。业务类型包括不同速率的分组数据业务等；覆盖区域可划分为市区（可进一步细分为密集城区、一般市区、郊区等）、县城、乡镇及交通干线、旅游景点等。

对于特定的业务覆盖类型，用于描述覆盖效果的主要指标是通信概率。通信概率是指用户在时间和空间上通话成功的概率，通常用面积覆盖率和边缘覆盖率来衡量。面积覆盖率描述了区域内满足覆盖要求的面积占区域总面积的百分比。边缘覆盖率是指用户位于小区边界区域的通信概率。在给定传播环境下，面积覆盖率与边缘覆盖率可以相互转化。面积覆盖率的典型值为 90%~98%，边缘覆盖率的典型值为 75%~80%。我国幅员辽阔，经济发展不平衡，应针对不同覆盖区域、不同发展阶段，合理制定覆盖目标。

2．容量

容量目标描述系统建成后所能提供的业务总量。不同于 GSM、WCDMA、cdma2000 等 2G/3G 系统，LTE 主要面向数据业务，对业务总量的描述更多地以数据吞吐量来表示。

容量目标主要考虑用户总量预测、业务需求以及发展趋势。规划既要满足当前的网络容量、覆盖和质量要求，同时必须兼顾后期的网络发展。

在 LTE 网络容量目标中，需要强调，网络总体上满足用户需求，在各个区域上也要分别满足，不应出现局部密集市区，用户多、数据吞吐量不能满足需求，但是总体容量满足需求的情况。容量规划目标，需要根据用户的分布，更加精细化。虽然 LTE 网络的容量单位的颗粒度大，但是从网络规划角度，也应考虑网络利用率的因素，合理配置网络。

3．质量

质量目标根据业务的不同可分为话音业务质量目标和数据业务质量目标。LTE 通过 CSFB、多网双待、VoLTE 以及 SRVCC 等形式提供话音业务，除了 VoLTE 提供基于 LTE 承载的语音业务外，其他几种技术的语音业务还是承载在 2G/3G 网络上，因此其语音业务的质量还是从 2G/3G 网络的角度，从接续、传输和保持 3 个方面来衡量。接续质量表征用户通话被接续的速度和难易程度，可用接续时延和阻塞率来衡量。传输质量反映用户接收到的话音信号的清晰逼真程度，可用业务信道的误帧率、误比特率来衡量。VoLTE 作为 IP 化的语音，其质量标准可以参考 2G/3G 网络的语音业务。对于数据业务，目前通常采用吞吐量和时延来衡量业务质量。业务保持能力表征了用户长时间保持在线的能力，可用掉线率和切换成功率来衡量。

在业务质量中，与无线网络业务质量密切相关的指标有接入成功率、忙时拥塞率、接入时延、BLER（BLock Error Rate，误块率）、切换成功率、掉话率、掉线率等。

4．成本

覆盖、容量、质量和成本这 4 个目标之间是相互关联、相互制约的。在 LTE 的网络规划过程中，应考虑网络的全生命周期，合理设置成本目标，优化资源配置，协调覆盖、容量和质量这 3 者之间的关系，降低网络建设投资，确保网络建设的综合效益。除了网络建设投资外，还必须权衡今后网络的运营维护成本，应当选择先进的网络技术和科学的组网方案，尽可能同时降低网络的建设投资和运维成本。有时候降低网络建设投资会导致网络运维成本的增加，因此网络建设方案必须在网络建设投资和运维成本之间取得最佳平衡。就全局而言，单方面追求降低网络建设投资并不合理，成本控制既要考虑网络初期的建设成本，也要考虑后续网络发展中产生的优化、扩容和升级等方面的成本。

5.1.2　规划内容

按照网络建设阶段，无线网络规划可以分为新建网络规划和已有网络扩容规划两种。无论新建网络还是扩容网络，均根据网络建设要求，在目标覆盖区域范围内，布置一定数量的基站，配置基站资源和基站参数，从而实现网络建设目标。对于新建网络，只要确定了覆盖目标，就可以在整个覆盖范围内成片地设置站点，不存在现网的影响。

无线网络规划作为网络规划建设的重要环节，以基础数据收集整理以及需求分析为基础，确定规划目标，完成用户业务预测，制定网络发展策略。由于 LTE 取消了 BSC/RNC，网络架构更加扁平化，其无线网络规划内容也更简单，主要涉及基站（eNodeB）、组网和无线网传输带宽规划等方面的内容，具体工作如下。

1. 基站规划

基站规划包括频率规划、站址规划、基站设备配置、无线参数设置和无线网络性能预测分析 5 个方面。

（1）频率规划：根据国家分配的频率资源，设置与其他无线通信系统之间的频率间隔，选择科学的频率规划方案，满足网络长远发展需要。

（2）站址规划：根据链路预算和容量分析，计算所需基站数量，并通过站址选取，确定基站的地理位置。

（3）基站设备配置：根据覆盖、容量、质量要求和设备能力，确定每一个基站的硬件和软件配置，包括扇区、载波和信道单元数量等。

（4）无线参数设置：通过站址勘察和系统仿真设置工程参数和小区参数。

工程参数包括天线类型、天线挂高、方向角、下倾角等。小区参数包括频率、PCI、TA 跟踪区、码、邻区等。

（5）无线网络性能预测分析：通过系统仿真提供包括覆盖、切换、吞吐量、掉话、BLER 分布等在内的无线网络性能指标预测分析报告。

2. 组网规划

基站的组网规划包括组网的策略和技术，现在的移动通信网络随着无线环境和用户分布的变化多样，越来越复杂，以传统的组网技术难以满足这些需求。在组网中，应考虑这些复杂性带来的网络变化，以及应用新的组网技术来应对这些变化。

3. 传输带宽需求规划

LTE 在无线网络中新引入了 X2 接口，用于实现网状网 eNodeB 的互连。因此，在接入传输中，除保留 S1 接口（eNodeB 与 EPC 的接口）规划外，新增了 X2 的接口传输规划。

5.1.3 规划流程

LTE 的无线网络规划流程包括网络需求分析、网络规模估算、站址规划、无线网络仿真和无线参数规划·5 个阶段。

1．网络需求分析

本阶段需要明确 LTE 网络的建设目标是展开网络规划工作的前提条件，可以从行政区域划分、人口经济状况、网络覆盖目标、容量目标和质量目标等几个方面入手。同时注意收集现网 2G 和 3G 站点数据及地理信息数据，这些数据都是 LTE 无线网络规划的重要输入，对 LTE 网络建设具有指导意义。

2．网络规模估算

本阶段通过覆盖和容量估算来确定网络建设的基本规模，在进行覆盖估算时首先应了解当地的传播模型，然后通过链路预算来确定不同区域的小区覆盖半径，从而估算出满足覆盖需求的基站数量。容量估算则是分析在一定站型配置的条件下，LTE 网络可承载的系统容量，并计算是否可以满足用户的容量需求。

3．站址规划

通过网络规模估算，估算出规划区域内需要建设的基站数目及其位置，受限于各种条件的制约，理论位置并不一定可以布站，因而实际站点同理论站点并不一致，这就需要对备选站点进行实地勘察，并根据所得数据调整基站规划参数。其内容包括基站选址、基站勘察和基站规划参数设置等。同时应注意利用原有基站站点进行共站址建设 LTE，可否共站址主要依据无线环境、传输资源、电源、机房条件、天面条件及工程可实施性等方面综合确定。

4．无线网络仿真

完成初步的站址规划后，需要进一步将站址规划方案输入到 LTE 规划仿真软件中进行覆盖及容量仿真分析。仿真分析流程包括规划数据导入、覆盖预测、邻区规划、PCI 规划、用户和业务模型配置以及蒙特卡罗仿真，通过仿真分析输出结果，可以进一步评估目前规划方案是否可以满足覆盖及容量目标，如存在部分区域不能满足要求，则需要对规划方案进行调整修改，使得规划方案最终满足规划目标。

5．无线参数设计

在利用规划软件进行详细规划评估和优化之后，就可以输出详细的无线参数，主要包括天线高度、方向角、下倾角等小区基本参数、邻区规划参数、频率规划参数、PCI 参数等，同时根据具体情况进行 TA 规划，这些参数最终将作为规划方案输出参数提交给后续的工程设计及优化使用。

以上 5 个阶段并不是独立的、割裂开的，而是在每个阶段都有反馈的过程。在某一阶段不能达到规划目标时，需要返回上一阶段或者更加前面的阶段，进行反馈修正。

5.1.4 LTE 无线网络规划新特性

LTE 系统采用了 OFDMA/SC-FDMA、MIMO、HARQ、链路自适应等一系列关键技术和无线资源算法，极大地提高了系统性能。但同时，新技术的不断应用也给网络规划带来了各种新的特性。

（1）支持多种带宽、动态频选调度

LTE 目前支持从 6 种带宽选择，范围为 1.4～20MHz。不同的信道带宽对应可分配的传输资源块 RB 数量也不同，如表 5-1 所示。

表 5-1　　　　　　　　　　　　LTE 系统带宽配置与可用传输资源块数

信道带宽（MHz）	1.4	3	5	10	15	20
传输资源块（RB 数）	6	15	25	50	75	100

其中，RB 表示系统可调度的频率资源单位组，1 个 RB 由 12 个子载波组成。系统带宽配置直接决定小区的理论峰值速率。在小区服务中，系统需要对用户分配带宽资源，用户带宽资源直接影响用户的数据速率。

依据厂家调度算法实现，对高数据需求用户可以动态选取子载波，分配大带宽的传输资源，从而有效避免了 CDMA 下行 1.25MHz 窄带宽、WCDMA 下行 5MHz 带宽的传输劣势。

（2）业务信道全共享

在 LTE 网络中，业务信道完全是共享的概念，没有 CS 域业务，只有 PS 域业务，不同速率 PS 域业务导致覆盖范围也有不同。因此要确定小区的有效覆盖范围，首先需要确定小区边缘用户的最低保障速率要求（或小区边缘频谱效率要求）。由于 LTE 采用时域频域的两维调度，还需要确定不同速率的业务在小区边缘区域占用的 RB 数或者 SINR 要求，才能确定满足既定小区边缘最低保障速率下的小区覆盖半径。

（3）采用链路自适应技术提高资源利用效率

LTE 系统支持多种编码调制方式与编码速率的组合。在覆盖区域内的实际应用中，LTE 采用 AMC，以保证在覆盖区域内的用户能够根据无线环境的不同选择合适的调制方式，从而成功实现业务接入。

LTE 可根据反馈的 CQI 信道质量情况选择适当的调制编码技术，依据用户无线环境情况，动态分配无线网络资源。因此在小区边缘速率确定的前提下，可以根据无线链路调制计算情况，使用链路预算，相应计算出小区覆盖半径。

（4）MIMO 提高收发性能

LTE 采用 MIMO 天线技术，在物理层使用不同的预编码方案，可实现不同的 MIMO 模式（即单天线发送、空间复用和发送分集），充分利用空间资源，有效提升系统频谱效率。

5.2　LTE 发展策略

5.2.1　LTE 网络定位与协同发展

移动通信网络从 2G、3G 发展到 4G LTE，随着网络的发展演进，性能逐步提高，给用户的体验也逐步提升。在中国，2G 网络、3G 网络均有很好的发展，用户规模大，业务种类丰富。4G 引入后，LTE 网络定位是运营商需要面对的重要问题。目前各个运营商的网络有 2G 网络、3G 网络和 Wi-Fi 网络，各个网络的定位和协同发展是在网络规划中需要首先明确的。

对于 2G 网络，包括 GSM GPRS 和 CDMA 1X，其特点是语音业务作为主要业务，同时提供少量低速的数据业务。目前国内 2G 用户庞大，未来几年，2G 网络还是作为承载语音业务为主，同时承载少量的低速数据业务。

3G 网络，包括 WCDMA、cdma2000 EVDO 和 TD-SCDMA，作为当前承载手机数据业务的主力，利用其目前覆盖广、用户终端多、普及性好等特点，提供广覆盖区域的手机数据业务。在 2G 网络语音繁忙的区域可作语音分流渠道。

Wi-Fi 网络的技术特点是速率高、成本低，但是它的弱点是移动性差、使用公共频段抗干扰能力弱，还有一个缺点是网络覆盖范围小，使用体验比 3G 差，因此，Wi-Fi 网络可作为蜂窝网的有效补充，提供游牧式的、低 QoS 保障的高速数据业务。

LTE 是蜂窝网的演进，其特点是没有 CS 域语音业务，支持高速移动的高速率数据，因此主要承载高带宽、高质量的移动互联网业务。对于同一运营商可能出现的 LTE FDD 和 TD-LTE 混合组网，应从频率、产业链、终端等综合角度分析，为两个 LTE 网络做合理定位。LTE FDD 网络主要支撑高速移动通信业务，在 3G 网络广覆盖的基础上逐渐建成覆盖人口较密集区域的 4G 网络，用于满足智能手机用户的需求；TD-LTE 网络初期作为补充和延伸覆盖网络，将主要支撑固定宽带接入业务，用于满足数据卡或 CPE 用户的需求。同时，也应看到TD-LTE 频段配置灵活的特点，如有可能，在 450MHz、700MHz 频段，可以作为农村固定宽带的接入的延续，解决农村"最后 1 公里"的光纤和铜缆宽带接入问题。

关于 LTE 混合组网，本书专门在第 9 章中进行详细分析。

在多网定位上，根据不同的区域，可以简单归纳为表 5-2，供读者参考。

表 5-2 不同网络在不同区域的覆盖

网络	城市商务区，办公区，产业园区	城市住宅区	高校园区	乡镇	农村	重要景区	重要交通干线	其他景区	其他道路
2G	●	●	●	●	●▲	●	●	●▲	●▲
3G	■	■	■	■	□	■	■	□	
Wi-Fi	◆		◆						
LTE FDD	★	★	★	☆		★	☆		

注：●—语音业务覆盖；▲—低速数据业务覆盖；■—中速数据业务覆盖；□—中速数据业务部分覆盖；★—移动高速数据业务覆盖；☆—移动高速数据业务部分覆盖；◆—高速数据业务覆盖。

在 LTE 的发展上，根据 LTE 产业链的完善程度以及商用网络的建设进度，可以从两个阶段分别引入 LTE FDD 应用。

第一阶段：引入高速移动互联网业务。由于 LTE FDD 产业链相对完善，本阶段主要实现基于手机终端的高速移动互联网业务、传统语音业务和宽带数据多媒体业务。主要面向个人、家庭、企业用户提供高速移动互联网业务。通过多模双待手机终端提供宽带移动互联网业务、移动多媒体数据业务、基于 2G/3G 的 CS 域传统话音业务，以及 IMS 多媒体业务和物联网业务。

第二阶段：引入 LTE 承载 VoIP 语音业务。本阶段主要实现 LTE 承载 VoIP 语音业务的引入。此时，LTE 网络覆盖大部分地区，并且覆盖比较完善，已经实现接入与传输全 IP 化，通过 PS 域承载 VoIMS 方案实现话音支持能力，采用 SRVCC 提供连续性。

5.2.2 LTE 网络建设策略

在 LTE 网络建设中，应充分认识 LTE 网的定位和其技术特点，网络建设首先要重点突出，明确 LTE 网络的目标用户将是市区等用户密集、高价值的客户分布区域。

其次，LTE 网络也不是孤立的网络，它要与 2G、3G 和 Wi-Fi 网络协同建设，在每个不同的区域，每个网络各司其职，发挥各自的特点，多网协同发展。

第三，在网络建设中，要充分发挥运营商现网资源，特别是基站配套资源，提高投资效益。

第四，在 LTE 网络建设中，要扬长避短，也应该看到 LTE 网络的弱点，其频段较高，覆盖性能比 3G 要弱，网络容量也有一定限制。因此，在 LTE 的短板区域，要用其他网络来填补。在高速数据业务要求不高的区域，用 3G 已形成的广覆盖特点，提供给中低速率业务。在高带宽需求的区域，如果对 QoS 和移动性要求不要的区域，要用 Wi-Fi 去积极分流业务。

在建设 LTE 网络时，根据各个运营商的现网情况和 LTE 网络的定位，可以分几步走进行建设。另外，考虑到 LTE 与 3G 网络具备互操作等有利因素，在实际建设中，工程的进度要求并不像当年 3G 网络建设时那么的迫切。另外，在网络建设中，也需要综合考虑运营商现网的配套情况。因此，在考虑上述因素后，形成以下几个阶段，以供参考。

第一阶段：重点城市市区现网基站同址建设。在重要城市的主城区（密集市区、一般市区）、县城城区、开发区、4A 级及以上旅游景区的现网基站进行同站址建设，快速形成网络初步覆盖。

本阶段主要在重点城市的业务热点区域建设 LTE，利用现有站址，在半年内建成。在这个阶段，网络覆盖并不完善，考虑到 LTE 能与 3G 进行互操作，对用户体验的影响较小，仍然可以实施。这一阶段的特点是建设速度快。对于部分现网站点，在 LTE 规划布局上不适合建设 LTE 的站点，需要进行剔除。

第二阶段：重点城市市区新增基站加密。在第一阶段的基础上，第二阶段将覆盖进行完善，新增基站，在主城区形成连续覆盖，同时兼顾县城、开发区以及重要景区的覆盖完善。这阶段室内分布系统引入建设。这一阶段的重点是市区覆盖完善，形成良好的用户体验。

第三阶段：所有地市市区。在前两阶段的基础上，第三阶段将覆盖范围延伸至所有地市的市区数据业务热点区域和部分发达县城城区及重要交通干线。

第四阶段：所有县城城区。在第三阶段的基础上，第四阶段进一步将 LTE 的覆盖范围进行延伸，扩大到所有县城城区及发达乡镇。

4 个阶段完成后，LTE 基本涵盖各县市以上的各类重要区域（城区、景区、重要交通干线），覆盖区的网络覆盖达到了一定的厚度。后期的各个阶段，主要对市区、县城、重要景区、重要交通道路的覆盖进行逐步完善、补充覆盖和优化。另外，后期也从要容量的角度进行基站建设，满足用户业务需求。

5.3　LTE 网络规划目标

5.3.1　用户需求和网络规划目标的衔接

手机用户对网络的感知是评价网络最直接的依据，网络需服务于市场，支持用户的发展。因此，在网络规划阶段，网络规划的目标要贴紧用户的需求。

根据近几年的网络质量满意度市场调研，客户对网络的感知主要集中在以下几个方面。

（1）网络覆盖范围，即网络的覆盖区域是否覆盖了客户需求的区域。

（2）通话清晰程度，即语音业务的通话质量，在网络测试中通常可用 MOS 值来衡量。

（3）通话时掉线情况，即通话时发生通话中断的情况。

（4）数据业务速率，即单用户手机上网的速率。

（5）上网稳定性，即用户手机上网是否中断、速率稳定等。

（6）网络连接速度，即手机用户主动发起业务，网络侧的响应时间。

从上述的几个方面看，这些因素与网络规划目标中的分解元素可以作一下对应，见表 5-3。

表 5-3　　　　　　　　　　　　　　　客户感知与网络规划

客户感知维度	规划目标维度	说明
网络覆盖范围	覆盖	覆盖区的范围，直接对应覆盖目标
通话清晰程度	覆盖、质量	通话清晰程度跟网络覆盖的完善程度和网络的质量相关
通话时掉话情况	覆盖、质量	掉话跟网络覆盖空洞、网络质量及网络参数设置不完善相关
数据业务速率	容量、数据业务能力	数据业务速率跟网络整体容量和单基站数据业务能力相关，基站保障的数据业务能力强，可给用户提供的数据业务速率高
上网不中断，稳定	覆盖、质量	跟网络覆盖空洞、网络质量及网络参数设置不完善相关
网络连接速度，时延	质量	网络连接速度跟网络质量相关，端到端的速率影响网络连接时延

针对客户关心的内容，在网络规划中，分解到覆盖、容量、质量、数据业务能力等维度。因此，合理确定网络规划目标，能够有效指导后期面向客户感知进行网络建设。

5.3.2　网络规划目标

LTE 网络的规划目标，从覆盖、容量、质量、数据业务能力等多个维度进行划分。

1．覆盖

覆盖目标，首先是考虑覆盖的范围。LTE 网络覆盖到什么程度跟 LTE 网络的发展和建设策略相关。哪些区域是优先覆盖，哪些区域是重点覆盖，哪些区域是逐步递进覆盖，哪些区域不需要覆盖，这些都是网络覆盖目标首先要界定的。确定好覆盖的范围目标后，再从面、线、点 3 个方面来量化覆盖目标。

面覆盖是在面积区域上，已经覆盖的区域占目标区域的覆盖百分比。线覆盖用来形容线状覆盖目标的覆盖指标，主要用在道路覆盖上，如高速公路、高速铁路、国道、航道等。点覆盖指标用来表征单个点的覆盖情况，主要用于衡量单个的大型建筑或者重要建筑的进入覆盖的程度，一般用于室内分布系统建设的统计。

面覆盖率：用已经覆盖的面积平方千米数除以目标覆盖区域的平方千米数。

线覆盖率：用已经覆盖的道路千米数除以道路总千米数。

点覆盖率：用已经覆盖的点的数量除以总的数量。

在规划阶段要对每一区域类型定义无线覆盖参考目标，参见表 5-4。

表 5-4　　　　　　　　　　　　各区域无线覆盖目标参考表

区域类型	穿透损耗要求	面覆盖概率	线覆盖率	点覆盖率
密集市区	穿透墙体，信号到室内	95%～98%	—	—
一般市区	穿透墙体，信号到室内	90%～95%	—	—
郊区	穿透墙体，信号到室内	80%～90%	—	—
重要道路	穿透汽车、火车等，车内	—	70%～95%	—
重要办公楼、交通枢纽、高校	室内分布覆盖	—	—	90%～100%
宾馆酒店、娱乐消费场所	室内分布覆盖	—	—	30%～60%

人口覆盖率是衡量覆盖用户百分比的指标，是运营商衡量网络满足用户的程度。人口覆盖率统计需要人口分布数据。目前运营商 2G、3G 网络的分布及话务量分布数据可以以基站为单位获得，因此，基于基站颗粒的人口分布数据可以推算获得。LTE 网络的人口覆盖率数据可以根据 LTE 网络的覆盖范围，进行相应的测算。

对于 LTE 网络覆盖的技术定义，主要考察 3 个参数是否同时满足。

（1）公共参考信号接收功率（RSRP）

参考信号接收功率 RSRP 是下行公共参考信号的接收功率，反映了信号场强情况，综合考虑终端接收机灵敏度、穿透损耗、人体损耗、干扰余量等因素。对于 LTE FDD 业务，一般要求 RSRP>−115dBm。

（2）公共参考信号信噪比（RS-SINR）

SINR 表示有用信号相对干扰+底噪的比值，在 LTE 中又可分为参考信号（RS）SINR 和业务信道 SINR，通常在描述覆盖时说的是参考信号的 SINR。

公共参考信号信干比反映了用户信道环境，和用户速率存在一定相关性。因此，对于不同目标的用户速率，SINR 的要求也不同。

（3）手机终端发射功率

LTE 手机的终端发射功率也是判定覆盖的约束条件。根据 3GPP 协议，LTE 手机的最大发射功率是 24dBm。

2. 容量

网络规划中的容量目标是网络建成后，形成的数据吞吐量能力。网络的容量分上下行吞吐量。在移动通信网络的容量计算中，通常将上下行的吞吐量合计。在移动互联网大发展的时代，业务种类众多，在容量规划中，需要分别考察下行和上行的容量满足情况，网络总体上满足用户需求，在各个区域上也要分别满足。不应出现局部密集市区，用户多、数据吞吐量不能满足需求，但是总体容量满足需求的情况。容量规划目标，需要根据用户的分布，更加精细化。

在网络容量利用率的计算中，要划定一个基本的网络容量警戒线，一般设置为网络容量的 50%～70%。对于网络容量利用率的最低界限，在网络建设初期考虑较少。待后面网络建成，用户发展较稳定后，网络利用率的下限考核将提到运营商的考核指标中。由于 LTE 网络容量的颗粒度较大，一个载扇的容量大，因此，在细分容量时，采用划分子载波，如采用 5MHz、10MHz、15MHz 等带宽来控制网络的容量。

3. 质量

质量目标分为话音业务和数据业务。因为 LTE 网络不提供电路语音业务,在开通 VoLTE 前,主要提供数据业务。因此,对网络质量的目标的规划,主要是对数据业务质量目标进行规划。

业务的接续质量表征用户被接续的速度和难易程度,可用接续时延和接入成功率来衡量。传输质量反映用户接收到的数据业务的准确率程度,可用业务信道的误帧率、误比特率来衡量。对于数据业务,目前通常采用吞吐量和时延来衡量业务质量。业务保持能力表征了用户长时间保持通话的能力,可用掉线率和切换成功率来衡量。

LTE 网络质量目标的参考取值参见表 5-5。

表 5-5 网络质量目标

项目	定义	建网初始参考值
接入时延,终端发起	移动用户发起 PDP 激活到激活完成时延	4s
开机附着时延	移动用户从开机到附着成功的时延	10s
接入成功率	接入尝试成功的百分比	≥90%
误帧率	FER	≤5%
误块率	BLER	≤10%
掉线率		≤5%
切换成功率	跨基站间切换成功的比例	≥95%
同 3G 切换互操作成功率	系统间切换成功的比例	≥85%
PDP 上下文激活成功率		≥95%

4. 数据业务能力

LTE 网络主要提供数据业务,数据业务能力直接影响用户的体验。在网络规划中,小区边缘用户速率是指在小区边缘范围内能保证的用户体验速率,因此,这个指标直接影响用户对网络能力的评价。在本节第二部分,容量目标里,已经从整网、局部区域等维度来定义了网络的容量能力目标,考虑全局用户的满足程度。在这一部分,则从单个用户的角度来定义网络的容量能力目标,考虑用户个体的满足程度。

LTE FDD 网络在 50%网络负荷下,小区边缘用户速率最低不低于 150kbit/s/512kbit/s(上/下行)。为了达到相对于 3G 更好的网络体验,一般要求 LTE FDD 网络小区边缘速率不低于 1Mbit/s/256kbit/s(下行/上行)。结合 LTE FDD 网络上下行覆盖能力的对比,在 LTE 网络覆盖较完善的情况下,可以按照不同的区域需求,定义不同的数据业务能力目标,如:

(1)高话务密度地区的边缘速率需求:网络负载 50%时,小区边缘用户可达到 4Mbit/s/512kbit/s(下行/上行)。

(2)中话务密度地区的边缘速率需求:网络负载 50%时,小区边缘用户可达到 2~4Mbit/s/256kbit/s(下行/上行)。

(3)低话务密度地区的边缘速率需求:网络负载 50%时,小区边缘用户可达到 1Mbit/s/256kbit/s(下行/上行)。

5.3.3 规划目标的实施

在具体落实覆盖、容量、质量、数据业务能力等网络规划目标中,主要通过基站布局建设、基站容量配置、基站参数合理设置、基站灵活组网等途径来实现。

在基站建设布局中，技术上需要重点考察基站的覆盖能力，从而确定基站间的距离。另外，LTE 基站与其他系统的干扰隔离也需要重点保证。

基站容量能力和配置是实现网络容量目标时重点考虑的内容。合理配置网络容量，合理规划基站接入传输需求，在整个网络通路中，应保障业务的畅通，消除各个环节影响容量的瓶颈。

基站参数设置众多，合理设置能改善网络的质量、数据业务能力、容量和覆盖。

此外，建设中，充分利旧现有网络配套资源和运营商之间的共建共享，可以节省网络投资，经济建网。

因此，在实际规划操作中，具体的目标体现可见表 5-6。

表 5-6　　　　　　　　　　　　　　　规划目标的实施

规划目标	规划目标的落地实施
整体架构	基站组网策略
覆盖	基站覆盖规划，覆盖仿真
容量	基站容量规划
质量	基站参数设置，干扰协调与控制，网络优化
数据业务能力	基站覆盖规划，基站容量规划
经济性	基站组网策略，基站配套资源利旧，共建共享

5.4　用户和业务分析

5.4.1　用户分布分析

用户和人口的分布，历来是网络分析中难以获取的数据。目前，运营商 2G、3G 网络的用户数据较为详尽，因此，利用现有网络的基站用户数据，可推算人口分布。

利用泰森多边形，可以估算基站的覆盖范围，进而计算用户的分布密度。泰森多边形是荷兰气候学家 A.H.Thiessen 提出的一种根据离散分布的气象站的降雨量来计算平均降雨量的方法，即将所有相邻气象站连成三角形，作这些三角形各边的垂直平分线，于是每个气象站周围的若干垂直平分线便围成一个多边形。用这个多边形内所包含的一个唯一气象站的降雨强度来表示这个多边形区域内的降雨强度，并称这个多边形为泰森多边形。

从几何角度来看，两基站的分界线是两点之间连线的铅直等分线，将全平面分为两个半平面，各半平面中任何一点与本半平面内基站的间隔都要比到另一基站间隔小。当基站数量在两个以上时，全平面会划分为多个包罗一个基站的区域，区域中任何一点都与本区域内基站间隔最近，所以这些个区域可以看作是基站的覆盖区域，我们将这种由多个点将平面划分成的图称为泰森多边形，又称为 Voronoi 图。

泰森多边形的特性是：

（1）每个泰森多边形内仅含有一个基站。

（2）泰森多边形区域内的点到相应基站的距离最近。

（3）位于泰森多边形边上的点到其两边的基站的距离相等。

泰森多边形可用于定性分析、统计分析、邻近分析等。泰森多边形可以用离散点的性质来描述泰森多边形区域的性质，可用离散点的数据来计算泰森多边形区域的数据。利用泰森多边形推算手机用户分布，就是利用了上述这些特点。

支持泰森多边形的网络规划典型的工具有 Mapinfo。某城市局部基站的泰森多边形如图 5-1 所示。

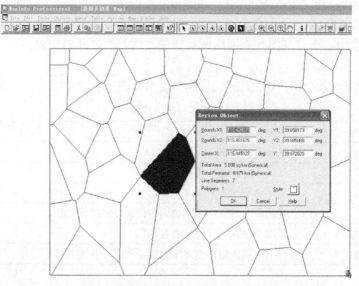

图 5-1　利用泰森多边形统计基站覆盖面积

利用这个工具，可以获得每个基站所在的泰森多边形的面积。将该基站的忙时话务量除以每用户忙时话务量即可得到该基站所服务的用户数。有了单个基站的服务用户数和基站服务面积，很容易计算得到该区域的用户密度。某个网络的用户分布和该区域的人口分布可用该网络的市场份额进行估算。

因此获得区域的人口分布这一基础数据后，在后面的网络规划中，可以做得更加准确。

图 5-2 是某城市根据网络话务测算得到的人口分布密度地图，按照密集市区人口大于 15 000 人/km²、一般市区 8 000～15 000 人/km²、郊区 4 000～8 000 人/km²、农村小于 4 000 人/km² 进行划分，得到区域的分布如图 5-2 所示。

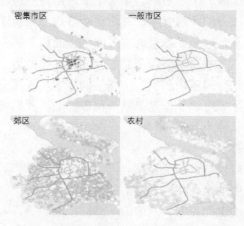

图 5-2　某城市根据网络话务测算得到人口分布

5.4.2　业务模型

用户业务模型是对用户使用业务行为的统计性表征，是用户使用业务的强度的统计量，是宏观统计特性的体现。业务模型分析是为了进行网络容量的规划，了解用户的业务行为对系统资源占用的需求，核算网络是否满足容量需求以及预测网络利用率。

LTE 网络取消了 CS 域，只有 PS 域，因此，用户的业务都可以用数据吞吐量来表示，比 3G 网络要简单。根据对时延的敏感程度不同，将 LTE 移动业务分成 4 个 QoS 传输等级，即会话类、交互类、流类和后台类。其中会话类和流类业务属于实时业务，交互类和后台类属于非实时业务。4 种移动业务类型特点参考表 5-7。

表 5-7　　　　　　　　　　　　移动业务类型特点汇总表

业务类型	会话类	流媒体类	交互类	后台类
基本特征	会话模式，上行和下行对称或者基本对称	业务基本上是单向的，流的信息实体之间保持着时间关系	请求—响应模式，在确定时间内必须传送数据	透明传输机制
BLER 要求	高	最高	较低	较低
延迟要求	很敏感	很敏感	较敏感	不太敏感
应用举例	话音、视频电话、互动游戏等	视频流、音频流、监控信息等	WAP 浏览网页、即时消息等	后台 E-mail、下载、短信等

对于细分不同的 QoS 要求，LTE 协议定义了 1～9 个标准 QCI，并规定了可扩展的 128～254 的 QCI 值，包括业务类型、优先级、时延、抖动 4 项指标，具体参见表 5-8。

表 5-8　　　　　　　　　　　　标准 QCI 参数

QCI	资源类型	优先级	包延时	丢包率	典型业务
1	GBR	2	100 ms	10^{-2}	会话类语音
2		4	150 ms	10^{-3}	会话类视频（实时流）
3		3	50 ms	10^{-3}	实时游戏
4		5	300 ms	10^{-6}	非会话类视频（缓冲流）
5	Non-GBR	1	100 ms	10^{-6}	IMS
6		6	300 ms	10^{-6}	视频（缓冲流）、TCP 业务（如 E-mail、聊天、FTP、文件共享等）
7		7	100 ms	10^{-3}	语音、视频（实时流）、交互类游戏
8		8	300 ms	10^{-6}	视频（缓冲流）、TCP 业务
9		9	300 ms	10^{-6}	视频（缓冲流）、TCP 业务

业务模型涉及 LTE 可能开展的相关业务，包括 VoIP、视频电话，以及其他宽带类型业务。在此，需要结合每种业务的带宽需求，并结合终端支持能力进行分析。

业务结构模型包括会话类、流媒类、交互类、后台类的大部分典型业务，如 VoIP、视频电话及会议、监控、E-mail、WAP 浏览等。每一种均存在带宽需求、BHSA（忙时服务接入）要求、PPP 占空比和会话时长要求。由此，可得到各业务的平均流量：

平均业务流量=（带宽要求（kbit/s）×BHSA×PPP 占空比×PPP 会话时长）/3 600

对于各种业务上下行的流量比例，可以根据试验网的经验数据得出，如表 5-9 所示。

表 5-9　　　　　　　　　　　　　　不同业务的上下行比例

各类业务	上下行比例	上行时隙 U	下行时隙 D
话音	1∶1.14	1	1.14
流媒体	1∶5.42	1	5.42
互动游戏	1∶2.37	1	2.37
视频	1∶4.66	1	4.66
音频	1:3.89	1	3.89
监控信息	1∶2.21	1	2.21
WAP 浏览	1∶3.56	1	3.56
即时消息	1∶2.38	1	2.38
E-mail	1∶4.74	1	4.74
下载	1∶9.05	1	9.05

业务终端模型主要考虑不同类型的终端存在差异性的数据业务行为。此外，终端成熟度的不同，也会对数据流量造成一定影响。

（1）手持终端

手持终端的业务行为与 3G 终端类似，而 LTE 带宽又高于 3G（含 HSPA）。从国外商用网络的数据来看，LTE 手持终端的流量取 3G 的 1.5～2 倍比较可取。

（2）数据卡

数据卡行为与 ADSL 类似。目前 ADSL 平均速率在 150～300kbit/s。LTE 业务感知略高于 ADSL，数据卡模型取 200～400kbit/s 较为合适。

5.4.3　用户预测

移动通信系统规划初始，可用时间序列外推法、人均 GDP 法、人口普及率法等预测方法，预测移动通信的发展趋势，获得网络在未来几年内所需满足的业务规模，即网络所应满足的移动用户数和数据业务吞吐量总量。

影响用户规模的直接因素有 LTE 网络的质量、LTE 业务的种类、LTE 终端的价格、LTE 业务的资费等。LTE 户数还受到各类增值数据业务使用普及程度的制约。运营商对业务的市场定位和推广策略也影响到用户的发展趋势。

目前常用的用户预测方法有：

（1）移动平均数模型：一次移动平均、二次移动平均等。

（2）加权移动平均。

（3）指数平滑模型。

（4）回归分析模型。

（5）组合预测 g。

5.5　区域划分

5.5.1　区域划分原则

区域分类的目的是根据区域特点，不同区域类型采取不同的网络结构、服务等级和设备设置原则，达到网络质量和建设成本的平衡，获得最优的资源配置。影响区域分类的因素有地理环境和业务分布。

地理环境包括地形、地物和地貌等，如沙漠丘陵、城市建筑物分布、建筑材料、道路情况、植被情况等引起不同的无线传播特性。业务分布特点包括人口分布、流动性大小和用户特点等。人口密度和用户数并非一定成正比，不同的用户群有不同的通信特性。繁华市区、商业区、机场、展览会、车站、码头、大会堂、电影院、大商场、大超市和政府机关等为高话务量地区，郊区和农村则为低话务量区域。

区域特点是从地理环境特点和用户业务分布特性两个方面考虑，区域特点与无线网络规划的覆盖、容量与质量目标密切相关。网络覆盖主要由无线环境决定，网络容量与质量主要由用户业务分布决定。依据无线传播环境和业务分布两方面特征，完成区域分类。

1．按无线传播环境分类

无线传播特性主要受地物地貌、建筑物材料和分布、植被、车流、人流、自然和人为电磁噪声等多个因素影响。移动通信网络的大部分服务区域的无线传播环境可分为密集市区、一般市区、郊区和农村 4 大类。

（1）密集市区

密集市区仅存在于大中城市的中心，区域内建筑物平均高度或平均密度明显高于城市内周围建筑物，地形相对平坦，中高层建筑较多。密集城区主要包含密集的高层建筑群、密集商住楼构成的商业中心。一般此类区域主要为商务区、商业中心区和高层住宅区。

（2）一般市区

一般市区为城市内具有建筑物平均高度和平均密度的区域，或经济较发达、有较多建筑物的县城和卫星城。该区域主要由市政道路分割的多个街区组成。此类区域一般以住宅小区、机关、企事业单位、学校等为主，典型建筑物高度为 7～9 层，当中夹杂少量的 10～20 层高楼。楼间距一般为 15～30m。

（3）郊区

此类区域一般为城市边缘的城乡结合部、工业区以及远离中心城市的乡镇，区域内建筑物稀疏，基本上无高层建筑。市郊工业园区域内主要建筑物为厂房和仓库，厂区间距较大，周围有较大面积的绿地。城乡结合部的建筑物明显比市区稀疏，无明显街区，建筑物以 7 层以下楼宇和自建民房为主，周围有面积较大的开阔地。

（4）农村

此类区域一般为孤立村庄或管理区，区内建筑物较少，周围有成片的农田和开阔地；此类区域常位于城区外的交通干线。

由于我国幅员辽阔，各省、市的无线传播环境千差万别，除了上述 4 类基本的区域类型外，还包括山地、沙漠、草原、林区、湖泊、海面、岛屿等广阔的人烟稀少的地区，在实际规划过程中应根据当地的实际情况对分类进行适当调整。

2. 按业务分布分类

网络规划建设应首先确保话音业务，在此基础上，重视数据和多媒体业务，增加有特色的服务和竞争的差异化。业务分布与当地的经济发展、人口分布及潜在用户的消费能力和习惯等因素有关，其中经济发展水平对业务发展具有决定性影响。业务分布可以划分为业务密集区、高业务密度区、中业务密度区和低业务密度区，其特征见表 5-10。

表 5-10 区域业务分布特征汇总表

区域类型	特征描述	业务分布特点
业务密集区（A）	主要集中在区域经济中心的特大城市，面积较小。区域内高级商务楼密集，是所在经济区内商务活动集中地，用户对移动通信需求大，对数据业务要求较高	（1）用户高度密集，业务热点地区； （2）数据业务速率要求高； （3）数据业务发展的重点区域； （4）服务质量要求高
高业务密度区（B）	工商业和贸易发达。交通和基础设施完善，城市化水平较高、人口密集、经济发展快、人均收入高的地区	（1）用户密集，业务量较高； （2）提供中等速率的数据业务； （3）服务质量要求较高
中业务密度区（C）	工商业发展和城镇建设具有相当规模，各类企业数量较多，交通便利，经济发展和人均收入处于中等水平	（1）业务量较低； （2）只提供低速数据业务
低业务密度区（D）	主要包括两种类型的区域：①交通干道；②农村和山区，经济发展相对落后	（1）话务稀疏； （2）建站的目的是覆盖

5.5.2 城区类型细分

LTE 网络规划的目标区域主要是城市的建成区，主要包括市区和县城城区，部分发达的乡镇也是覆盖的区域之一。在网络规划中，城市建成区的区域划分，仅仅以密集市区和一般市区划分，已经难以满足 LTE 网络精细规划的需求。因此，在这里，结合电子地图中地貌的划分和城市建筑的实际情况，进一步细分区域类型。

电子地图文件中的地貌（Clutter）分类和主要地理特征见表 5-11。

表 5-11 地貌分类及其地理特征

序号	电子地图的地貌分类	中文含义	主要地理特征
1	Water	水域	河流、湖泊
2	Sea	海	海
3	Wet_Land	湿地	湿地
4	Suburban_Open_Area	郊区开阔地	郊区和农村的空地、农田
5	Urban_Open_Area	城市开阔地	城区空地
6	Green_Land	绿地	城市绿地公园等
7	Forest	森林	山区森林
8	High_Buildings	高层建筑	高度大于 40m
9	Ordinary_Regular_Buildings	普通建筑	高度 20～40m
10	Paralle_Regular_Buildings	并行常规建筑	高度低于 20m
11	Irregular_Large_Buildings	不规则的大型建筑物	高度低于 40m，面积大于 20m×20m
12	Irregular_Buildings	不规则建筑	高度低于 20m
13	Suburban_Village	农村	村庄

LTE 无线网络主要覆盖城区，因此，针对城区的几种地理类型，可以再进行细分，见表 5-12。

表 5-12　　　　　　　　　　　　城区的几种地理类型细分

电子地图的地貌分类	主要地理特征	区域细分
High_Buildings	高度大于 40m	高层商务楼密集区
		高层住宅区（13 层以上）
Ordinary_Regular_Buildings	高度 20～40m	普通商务、办公区
		小高层住宅区（8～12 层）
Paralle_Regular_Buildings	高度低于 20m	多层住宅区（4～7 层）
		低层住宅区（1～3 层）
Irregular_Large_Buildings	高度低于 40m，面积大于 20m×40m	大型商务办公楼密集区
Irregular_Buildings	高度低于 20m	普通住宅办公混合区

5.6　LTE 频率

5.6.1　ITU 和国内频率资源划分

1. ITUT 移动通信频段

ITUT 关于移动通信的分配建议见表 5-13。FDD 系统使用频段 1～25，TDD 系统使用频段 33～43。

表 5-13　　　　　　　　　　　ITUT 关于移动通信的分配

E-UTRA 频段	频段名	上行频段，基站收，UE 发 $F_{UL\_low} \sim F_{UL\_high}$	下行频段，基站发，UE 收 $F_{DL\_low} \sim F_{DL\_high}$	双工模式
1	2100 IMT	1 920～1 980 MHz	2 110～2 170 MHz	FDD
2	PCS 1900	1 850～1 910 MHz	1 930～1 990 MHz	FDD
3	DCS 1800	1 710～1 785 MHz	1 805～1 880 MHz	FDD
4	AWS	1 710～1 755 MHz	2 110～2 155 MHz	FDD
5	850MHz	824～849 MHz	869～894 MHz	FDD
6		830～840 MHz	875～885 MHz	FDD
7	2.6GHz IMT-E	2 500～2 570 MHz	2 620～2 690 MHz	FDD
8	E-GSM 900	880 MHz～915 MHz	925～960 MHz	FDD
9	1800 Japan	1 749.9～1 784.9 MHz	1 844.9～1 879.9 MHz	FDD
10	WCDMA USA	1 710～1 770 MHz	2 110～2 170 MHz	FDD
11	1500 Japan	1 427.9～1 447.9 MHz	1 475.9～1 495.9 MHz	FDD
12	Lower ABC700USA	699～716 MHz	729～746 MHz	FDD
13	Upper C 700 USA	777～787 MHz	746～756 MHz	FDD
14	Public Safety 700 USA	788～798 MHz	758～768 MHz	FDD

E-UTRA 频段	频段名	上行频段，基站收，UE 发 $F_{UL\_low} \sim F_{UL\_high}$	下行频段，基站发，UE 收 $F_{DL\_low} \sim F_{DL\_high}$	双工模式
...		...		
17	Lower BC USA	704～716 MHz	734～746 MHz	FDD
18	850 Japan	815～830 MHz	860～875 MHz	FDD
19	850 Japan	830～845 MHz	875～890 MHz	FDD
20	800 Europe DD	832～862 MHz	791～821 MHz	FDD
21	Ext1500 Japan	1 447.9～1 462.9 MHz	1 495.9～1 510.9 MHz	FDD
22		3 410～3 490 MHz	3 510～3 590 MHz	FDD
23		2 000～2 020 MHz	2 180～2 200 MHz	FDD
24	US L-band ATC	1 626.5～1 660.5 MHz	1 525～1 559 MHz	FDD
25		1 850～1 915 MHz	1 930～1 995 MHz	FDD
...		...		
33	2GHz TDD	1 900～1 920 MHz	1 900～1 920 MHz	TDD
34	IMT Center Gap	2 010～2 025 MHz	2 010～2 025 MHz	TDD
35		1 850～1 910 MHz	1 850～1 910 MHz	TDD
36		1 930～1 990 MHz	1 930～1 990 MHz	TDD
37	PCS Center Gap	1 910～1 930 MHz	1 910～1 930 MHz	TDD
38	IMT-E Center Gap	2 570～2 620 MHz	2 570～2 620 MHz	TDD
39		1 880～1 920 MHz	1 880～1 920 MHz	TDD
40	2.3GHz TDD	2 300～2 400 MHz	2 300～2 400 MHz	TDD
41	2.6GHz TDD	2 496～2 690 MHz	2 496～2 690 MHz	TDD
42	3.5GHz TDD	3 400～3 600 MHz	3 400～3 600 MHz	TDD
43	3.6GHz TDD	3 600～3 800 MHz	3 600～3 800 MHz	TDD

LTE 的上行和下行载频 EARFCN（E-UTRA Absolute Radio Frequency Channel Number）范围为 0~65 535。EARFCN 的定义为：

$$F_{DL} = F_{DL\_low} + 0.1 \times (N_{DL} - N_{Offs-DL})$$
$$F_{UL} = F_{UL\_low} + 0.1 \times (N_{UL} - N_{Offs-UL})$$

根据 3GPP TS 36.101 的协议规定，LTE FDD 的 EARFCN 介于 0～35 999 之间，见表 5-14。

表 5-14 **LTE FDD 的 EARFCN 表**

E-UTRA 频段	下行			上行		
	F_{DL_low}（MHz）	$N_{Offs-DL}$	N_{DL} 的范围	F_{UL_low}（MHz）	$N_{Offs-UL}$	N_{UL} 的范围
1	2 110	0	0～599	1 920	18 000	18 000～18 599
2	1 930	600	600～1 199	1 850	18 600	18 600～19 199
3	1 805	1 200	1 200～1 949	1 710	19 200	19 200～19 949
4	2 110	1 950	1 950～2 399	1 710	19 950	19 950～20 399
5	869	2 400	2 400～2 649	824	20 400	20 400～20 649

E-UTRA 频段	下行			上行		
	F_{DL_low}（MHz）	$N_{Offs\text{-}DL}$	N_{DL} 的范围	F_{UL_low}（MHz）	$N_{Offs\text{-}UL}$	N_{UL} 的范围
6	875	2 650	2 650～2 749	830	20 650	20 650～20 749
7	2 620	2 750	2 750～3 449	2 500	20 750	20 750～21 449
8	925	3 450	3 450～3 799	880	21 450	21 450～21 799
9	1 844.9	3 800	3 800～4 149	1 749.9	21 800	21 800～22 149
10	2 110	4 150	4 150～4 749	1 710	22 150	22 150～22 749
11	1 475.9	4 750	4 750～4 949	1 427.9	22 750	22 750～22 949
12	729	5 010	5 010～5 179	699	23 010	23 010～23 179
13	746	5 180	5 180～5 279	777	23 180	23 180～23 279
14	758	5 280	5 280～5 379	788	23 280	23 280～23 379
…				…		
17	734	5 730	5 730～5 849	704	23 730	23 730～23 849
18	860	5 850	5 850～5 999	815	23 850	23 850～23 999
19	875	6 000	6 000～6 149	830	24 000	24 000～24 149
20	791	6 150	6 150～6 449	832	24 150	24 150～24 449
21	1 495.9	6 450	6 450～6 599	1 447.9	24 450	24 450～24 599
22	3 510	6 600	6 600～7 399	3 410	24 600	24 600～25 399
23	2 180	7 500	7 500～7 699	2 000	25 500	25 500～25 699
24	1 525	7 700	7 700～8 039	1 626.5	25 700	25 700～26 039
25	1 930	8 040	8 040～8 689	1 850	26 040	26 040～26 689

2. 国外主要 LTE FDD 运营商使用频段

截止到 2013 年一季度，全球各区域商用的 LTE FDD 网络所使用的频段统计见表 5-15。

表 5-15　　　　　　　　　　　LTE FDD 商用网络频段统计

国家或地区	1.8GHz	2.6GHz	700MHz	DD800MHz	AWS	2.1GHz	850MHz	1.5GHz	1.9GHz	900MHz
欧洲	36	32		11						2
北美			18		14				2	
亚太	15	9				2	1			
日韩	3					2	2	2		
中东北非	11	3		1		1				
拉美	1	5	6		3				3	
中亚	8	6	3							
东部及南部非洲	6			2						
俄罗斯		1								
总计	80	56	24	14	17	5	3	2	5	2

其中，部分国外主要运营商的 LTE FDD 系统使用的频段见表 5-16。

表 5-16　　　　　　　　国外主要运营商的 LTE FDD 系统使用的频段

国家	运营商	频段						
		700MHz	800MHz	850MHz	1.5GHz	1.8GHz	2.1GHz	2.6GHz
美国	Verizon	2×10MHz						
	AT&T	2×10MHz						
韩国	LG U+			2×20MHz			2×20MHz	
	SKT			2×20MHz		2×20MHz		
日本	NTT Docomo						2×10MHz	
	SoftBank				2×15MHz		2×5MHz	
德国	T-Mobile		2×10MHz			2×20MHz		
	Vodafone		2×10MHz					2×20MHz
英国	EE					2×60MHz		

从使用情况看，各国运营商的 LTE 频段大都由高低频段组成，700MHz、800MHz 等低频段主要用于广覆盖，2.1GHz、2.6GHz 等高频段主要用于城市热区的覆盖。

3. 国内的 LTE FDD 可用频段

国内移动通信的频段分配如图 5-3 所示。

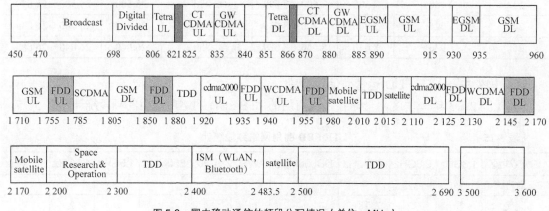

图 5-3　国内移动通信的频段分配情况（单位：MHz）

根据目前已经分配的频谱资源，在未来可能用于 LTE 部署的频段方面，在 FDD 制式部分，对于 1.8GHz 频段，目前现有 1 755～1 785/1 850～1 880MHz 共计 2×30MHz 连续 FDD 频段仍处于空闲状态，可以满足 LTE-FDD 高带宽需求。对于 2.1GHz 频段，目前尚有未划分 2×25MHz 频谱资源（即 1 955～1 980/2 145～2 170MHz）可用于 FDD LTE 部署。

5.6.2　LTE FDD 频率规划

LTE 系统的频率复用方式包括同频组网和异频组网两种。在同频组网中，为了改善小区边缘的网络质量，又出现了 SFR 软频率的复用方式。

1. 同频组网（1×3×1）

同频组网指的是全网所有小区使用相同的频点，包括控制信道和业务信道。由于每个小区的频率一样，小区的所有邻区均为同频配置，小区之间会出现较多的同频干扰，如图 5-4 所示。

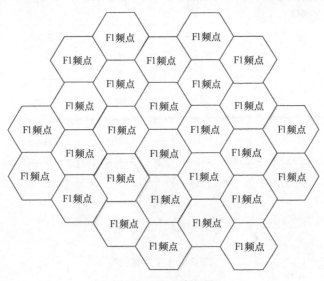

图 5-4　LTE 同频组网

2. SFR（1×3×1）

SFR 软频率复用是同频组网与 ICIC 相结合的一种技术，目的是降低小区边缘用户间的干扰，从而提升小区边缘用户的吞吐率。SFR 相关的技术在第 2 章已经介绍过，这里只给出具体的频率复用方式。

SFR 的基本思路是小区边缘用户可以使用整个可用频段的一部分，且邻小区相互正交，用户全功率发射，如图 5-5 所示。

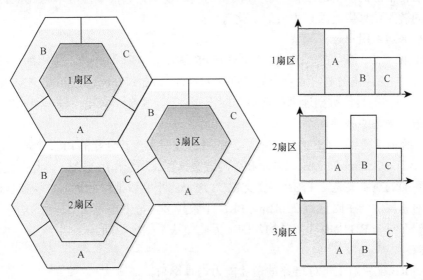

图 5-5　LTE SFR 复用

161

在 SFR 技术中，小区中心用户可以使用整个可用频段，但只能降功率发射。

3. 异频组网（1×3×3）

异频组网意指同一基站的不同小区采用不同的频率，同一基站的控制信道和业务信道全部异频，但不同基站的小区间存在同频配置，如图 5-6 所示。受制于频段资源，所以存在干扰控制与频段使用的平衡问题。

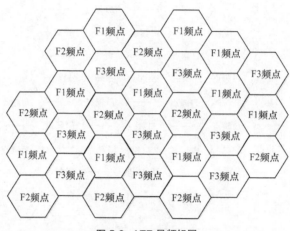

图 5-6　LTE 异频组网

在 LTE 系统中，由于频率资源的限制，LTE 网络一般都为同频组网。

5.7　LTE 覆盖规划

5.7.1　链路预算的影响因素

LTE 采用了 OFDMA、SC-FDMA 无线接入技术，支持时域和频域的调度，提供点到点和点到多点传输的简单信道结构，同 3G 网络的基本技术有着根本性的不同。区别于 3G 系统，LTE 系统的链路预算影响因素主要的变化有：

（1）小区边缘用户业务速率

在 LTE 网络中，不存在电路域业务，只有 PS 域业务。不同 PS 数据速率的覆盖能力不同，在覆盖规划时，要首先确定边缘用户的数据速率目标，如 256kbit/s、512kbit/s、1Mbit/s、2Mbit/s、4Mbit/s 等，不同的目标数据速率的解调门限不同，导致覆盖半径也不同，因此确定合理的目标速率是覆盖规划的基础。

LTE 系统由于使用了 OFDM 调制，用户的数据速率由为其分配的 PRB 个数及选择的 MCS（Modulation and Coding Scheme，调制和编码方案）等级联合作用得到，因此在链路预算中对于边缘速率的调整主要是对 PRB 个数及 MCS 选择的平衡以期得到更好的覆盖性能。但上行由于用户的总发射功率固定为 23dBm，PRB 个数越多，分到单个 PRB 上的功率越少，而下行对于分配在每个 RB 上的功率是均匀的，因此做法不完全相同。

（2）RB 配置

不同的 RB 配置对上下行链路的覆盖能力均有影响。

对于上行链路，包括公共信道和业务信道，同等条件下 RB 配置的增多会引起上行信道底噪的抬升，从而影响上行链路的损耗。此外，由于终端的发射功率是有限的，如果已达到终端的最大发射功率，再增加 RB 数量同样会减少上行覆盖半径。

对于下行公共信道和业务信道，在同等条件下，RB 配置增多会引起两方面的变化，其一是下行底噪的抬升；其二是 EIRP 的增大。EIRP 的增大可以增加下行覆盖能力，而底噪的抬升会削弱覆盖能力，两方面的作用抵消后，使得 RB 配置总体对 LTE 的下行覆盖能力影响有限。

（3）资源调度算法

LTE 网络可以灵活地选择用户使用的 RB 资源和调制编码方式进行组合，以满足不同的覆盖环境和规划需求。在实际网络中，用户速率和 MCS 及占用的 RB 数量相关，而 MCS 取决于 SINR 值，RB 占用数量会影响 SINR 值，所以 MCS、占用 RB 数量、SINR 值和用户速率 4 者之间会相互影响，导致 LTE 网络调度算法比较复杂。在进行覆盖测算时，很难模拟实际网络这种复杂的调度算法，因此如何合理确定 RB 资源、调制编码方式，使其选择更符合实际网络状况是覆盖规划的一个难点。很多时候只能通过试验网测试获得综合 SINR 值。

（4）发射功率

在 LTE 的链路预算中，上下行信道分别是依据终端和基站的最大发射功率，且按照每 RB 来均分的原则来评估系统覆盖能力的。如果不考虑小区间干扰的影响，那么发射功率越大，系统越具备补偿路径损耗和信号衰落等负面影响，其覆盖性能越好。但在实际组网中，考虑到干扰、终端耗电、系统互操作、越区覆盖等各方面因素，上下行链路的发射功率并不能随意设置。

（5）传输模式和天线类型

多天线技术是 LTE 最重要的关键技术之一，引入多天线技术后 LTE 网络存在多种传输模式和多种天线类型（基站侧存在 2 天线和 4 天线等多种类型），选择不同种类传输模式和天线类型对覆盖性能影响较大。

（6）小区用户数

小区用户数可以认为是系统负荷的体现。系统负荷高，则系统干扰水平上升，链路预算中所需的干扰余量越大，LTE 基站的覆盖半径就越小。就控制面和用户面而言，小区用户数一般受限于前者。因此，对于上行链路的 PUCCH 信道，如果需要支持多用户，则需要配置更多的时频资源。类似地，RB 资源配置增大引起底噪抬升，使其覆盖性能下降。对于下行的 PDCCH，不同格式的配置对应不同的聚合等级，不同的聚合等级反过来影响 PDCCH 的解调门限，从而影响其覆盖性能。

5.7.2　链路预算参数

（1）工作频段

LTE FDD 协议支持 700MHz～2.6GHz 的频段。

（2）工作带宽

LTE 支持 1.4MHz、3MHz、5MHz、10MHz 和 20MHz 共 5 种带宽。LTE 使用 OFDMA 多址方式，其子载波带宽为 15kHz，每 12 个连续的子载波组成一个资源块（RB）。表 5-17 给出了 LTE 各种带宽下对应的 RB 数量和子载波数量。

表 5-17   LTE 系统带宽、RB 数量、子载波数量

系统带宽（MHz）	RB 数量	子载波数量	传输带宽（MHz）
1.4	6	72	1.08
3	15	180	2.7
5	25	300	4.5
10	50	600	9
15	75	900	13.5
20	100	1 200	18

（3）覆盖场景和信道模型

LTE 网络规划中常考虑几种典型的场景，分别对应典型的信道模型。场景的设置将影响计算小区半径时使用的传播模型公式，同时也影响如基站天线高度及穿透损耗等的参数取值。不同的信道模型将采用不同的解调门限，从而得到不同的小区半径。

（4）小区边缘用户速率

小区边缘用户速率是网络覆盖目标的重要参数。根据 LTE 网络的需求，不同区域的边缘速率可以有不同要求。

高话务密度地区的边缘速率需求：小区边缘用户达到 4Mbit/s/512kbit/s（下行/上行）。

中话务密度地区的边缘速率需求：小区边缘用户达到 2Mbit/s/256kbit/s（下行/上行）。

低话务密度地区的边缘速率需求：小区边缘用户达到 1Mbit/s/256kbit/s（下行/上行）。

对于高速移动的车辆上，边缘速率的要求降低为 1Mbit/s/128kbit/s（下行/上行）。

在上行和下行边缘用户速率的匹配上，要综合上下行覆盖的均衡性来考虑。

（5）发射功率

对于 LTE FDD 系统，eNodeB 发射功率一般取每通道 20W，即 43dBm；UE 最大发射功率定义为 200mW，即 23dBm。

（6）接收灵敏度

接收灵敏度是指在输入端无外界噪声或干扰条件下，在所分配的资源带宽内，满足业务质量要求的最小接收信号功率。在 LTE FDD 系统中，接收灵敏度为所需的子载波的复合接收灵敏度，其计算方法为：

复合接收灵敏度=每子载波接收灵敏度+10×lg（需要的子载波数）

=背景噪声密度+10×lg（子载波间隔）+噪声系数+

解调门限+10×lg（需要的子载波数）

其中，背景噪声密度即热噪声功率谱密度，等于波尔兹曼常数 k 与绝对温度 T 的乘积，为 −174dBm/Hz。子载波间隔为 15kHz，接收机噪声系数取值参考表 5-18。解调门限由系统仿真得到。

表 5-18   噪声系数取值参考

分类	取值（dB）
eNodeB 噪声系数	2.3
UE 噪声系数	7

（7）解调门限

解调门限是指信号与干扰加噪声比（Signal to Interference plus Noise Ratio，SINR）门限，是有用信号相对于噪声的比值，是计算接收机灵敏度的关键参数，是设备性能和功能算法的

综合体现，在链路预算中具有极其重要的地位。

在 LTE FDD 系统中，解调门限与频段、信道类型、移动速度、MIMO 方式、MCS、误块率（BLER）等因素相关。系统的 MIMO 增益、时隙绑定增益、IRC 增益体现在设备的解调门限参数中。只有在确定相关的系统条件和配置下，才能通过链路仿真获取该信道的 SINR。

不同业务速率对应不同的 RB 分配，进而需要不同的 MAC 速率承载，通过速率匹配，查询所需要的调制编码方式，则可以获取 SINR 数值。

（8）天馈参数

天馈参数主要包括波瓣宽度、增益、挂高等，需要针对特定的频段、覆盖场景和要求选择合适的天线增益和高度，对于 3 扇区站点通常选择 65° 波瓣角天线。对于宏覆盖基站天线，增益一般为 15～18dBi。UE 天线增益一般为 0dBi。

（9）损耗

损耗主要包含合路器、塔放等器件的插入损耗以及馈线损耗。表 5-19 给出了常见的馈线百米损耗参考取值。

表 5-19　　　　　　　　　　　　　　馈线损耗取值

类型	尺寸	馈线损耗（dB）	
		1 800MHz	2 100MHz
LDF4	1/2"	10.06	10.96
AL5	7/8"	5.73	6.25
LDP6	5/4"	3.96	4.34

（10）阴影衰落余量

发射机和接收机之间的传播路径非常复杂，有简单的视距传播，也有各种复杂的地物阻挡等，因此无线信道具有极度的随机性。从大量实际统计数据来看，在一定距离内，本地的平均接收场强在中值附近上下波动。这种平均接收场强因为一些人造建筑物或自然界的阻隔而发生的衰落现象称为阴影衰落（或慢衰落）。通常认为阴影衰落服从对数正态分布，阴影衰落示意图参见图 5-7。

由于无线信道的随机性，在固定距离上的路径损耗可在一定范围内变化，我们无法使覆盖区域内的信号一定大于某个门限，但是必须保证接收信号能以一定概率大于接收门限。为了保证基站以一定的概率覆盖小区边缘，基站必须预留一定的发射功率以克服阴影衰落，这些预留的功率就是阴影衰落余量。为了对抗这种衰落带来的影响，在链路预算中通常采用预留余量的方法，称为阴影衰落余量。

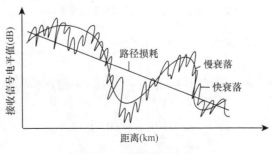

图 5-7　阴影衰落示意图

阴影衰落标准差的取值和阴影衰落概率密度函数的标准方差的取值呈线性关系。通常认为信号电平服从对数正态分布，参见图 5-8。

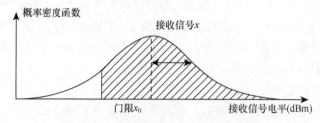

图 5-8　信号电平对数正态分布示意图

阴影衰落余量取决于覆盖概率和阴影衰落标准差，按以下公式计算。

① 边缘覆盖概率。达到指定边缘覆盖概率所需的阴影衰落余量为：

$$P_{x_0} = \int_{x_0}^{\infty} \frac{1}{\sigma\sqrt{2\pi}} \exp\left[\frac{-\left(x-\bar{x}\right)^2}{2\sigma^2}\right] \mathrm{d}x = \frac{1}{2} + \frac{1}{2}\mathrm{erf}\left(\frac{M}{\sigma\sqrt{2}}\right)$$

其中

$$\mathrm{erf}\left(x\right) = \frac{2}{\sqrt{\pi}} \int_0^x \mathrm{e}^{-t^2} \mathrm{d}t$$

式中：x 为接收信号功率；x_0 为接收机灵敏度；P_{x_0} 为接收信号 x 大于门限 x_0 的概率；σ 为阴影衰落的对数标准差；$\bar{x}$ 为接收信号功率的中值；M 为衰落余量，$M = \bar{x} - x_0$。

图 5-9 所示是对数正态衰落余量和边缘覆盖效率的关系曲线。

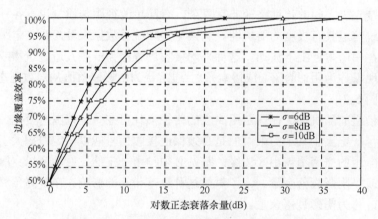

图 5-9　对数正态衰落余量与边缘覆盖效率的关系图

② 面积覆盖概率，计算式为：

$$P_{\mathrm{a}} = \frac{1}{2} \times \left[1 - \mathrm{erf}\left(a\right) + \exp\left(\frac{1-2ab}{b^2}\right)\left(1 - \mathrm{erf}\left(\frac{1-a\times b}{b}\right)\right)\right]$$

$$a = \frac{M}{\sigma\cdot\sqrt{2}} \ ; \quad b = \frac{10\cdot\mu\cdot\lg e}{\sigma\cdot\sqrt{2}}$$

式中：P_a 为面积覆盖概率；M 为阴影衰落余量；μ 为路径损耗指数；σ 为阴影衰落标准差。

图 5-10 给出了边缘覆盖率与面积覆盖率的关系。

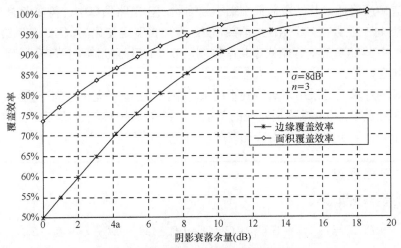

图 5-10　边缘覆盖率与面积覆盖率的关系图

部分边缘覆盖率及其对应的阴影衰落余量参见表 5-20。

表 5-20　　　　　　　　　　　　　边缘覆盖率与阴影衰落余量对比表

面积覆盖率	$\mu = 3$				$\mu = 4$			
	$\sigma = 8dB$		$\sigma = 10dB$		$\sigma = 8dB$		$\sigma = 10dB$	
	边缘覆盖率	阴影衰落余量（dB）	边缘覆盖率	阴影衰落余量（dB）	边缘覆盖率	阴影衰落余量（dB）	边缘覆盖率	阴影衰落余量（dB）
98%	95%	13.2	96%	17.6	93%	11.8	94%	15.6
95%	87%	9	89%	12.3	85%	8.3	87%	11.7
90%	77%	6	80%	8.5	73%	5	76%	7.1
75%	52%	0.5	56%	1.6	47%	0	51%	0.3

（11）穿透损耗

当人在建筑物或车内打电话时，信号需要穿过建筑物或车体，造成一定的损耗。穿透损耗与具体的建筑物结构和材料、电波入射角度和频率等因素有关，应根据目标覆盖区的实际情况确定。各种无线传播环境下的穿透损耗参考值如表 5-21 所示。

表 5-21　　　　　　　　　　　　　不同区域穿透损耗值

区域类型	穿透损耗典型取值（dB）
密集市区	18～20
一般市区	15～18
郊区	10～15
农村开阔地（汽车）	6～10
农村开阔地（高铁）	12～20

（12）干扰余量

LTE 下行采用 OFDMA 技术，各个子载波正交；上行采用 SC-FDMA 技术，小区内的用户也相互正交，因此，理论上 LTE 网络的小区内干扰为零。但是小区间的干扰不能忽视。在实际网络中，邻近小区对本小区的干扰随着邻小区负荷的增大而增加，系统的噪声水平也提升，接收机灵敏度降低，基站覆盖范围缩小。因此，在链路预算中，需要考虑干扰余量。

由于 LTE 每个业务在多个 RB 上承载，实际占用带宽是变化的，因此难以给出一个定值。通常情况下，由于 LTE 的上行是快速功率控制，可以有效地控制干扰攀升，而下行是功率分配，不存在快速功控，干扰相对会大些。

干扰余量的计算通过采用仿真得到不同条件下的单小区（无小区间干扰）、多小区边缘吞吐率，然后得到给定边缘吞吐率所对应的单小区半径和多小区半径，最后通过空口路损模型，得到单小区半径、多小区半径所对应的路损，两者之差即为干扰余量。

5.7.3　链路预算

LTE 上行链路预算公式为：

$$PL_{\_UL} = P_{out\_UE} + Ga_{\_BS} + Ga_{\_UE} - Lf_{BS} - M_f - M_l - L_p - L_b - S_{BS}$$

其中：$PL_{\_UL}$ 为上行链路最大传播损耗（dB）；P_{out_UE} 为终端最大发射功率（dBm）；$Ga_{\_BS}$ 为基站天线增益（dBi）；$Ga_{\_UE}$ 为终端天线增益（dBi）；Lf_{BS} 为馈线损耗（dB）；M_f 为阴影衰落余量（dB）；M_l 为干扰余量（dB）；L_p 为建筑物穿透损耗（dB）；L_b 为人体损耗（dB）；S_{BS} 为基站接收灵敏度（dBm）。

下行链路预算公式为：

$$PL_{\_DL} = P_{out\_BS} + Ga_{\_BS} + Ga_{\_UE} - Lf_{BS} - M_f - M_l - L_p - L_b - S_{UE}$$

其中：$PL_{\_DL}$ 为下行链路最大传播损耗（dB）；P_{out_BS} 为基站最大发射功率（dBm）；$Ga_{\_BS}$ 为基站天线增益（dBi）；$Ga_{\_UE}$ 为终端天线增益（dBi）；Lf_{BS} 为馈线损耗（dB）；M_f 为阴影衰落余量（dB）；M_l 为干扰余量（dB）；L_p 为建筑物穿透损耗（dB）；L_b 为人体损耗（dB）；S_{UE} 为终端接收灵敏度（dBm）。

以一般市区为例，LTE FDD 的链路预算见表 5-22。

表 5-22　　　　　　　　　　　　一般市区链路预算

序号	参数			备注
	系统参数			
1	链路方向	上行链路	下行链路	
2	小区边缘用户速率（kbit/s）	256.00	1 024.00	A
3	信道模型	EPA 5	EPA5	
4	频率（MHz）	2 100	2 100	B	2.1GHz 频段
5	系统带宽（MHz）	20.0	20.0	C	2×20MHz
6	使用带宽（kHz）	720.0	1 800.0	D	
7	RB 数	4	10	E	
8	MIMO 类型	1×2	2×2		
9	MCS	QPSK	QPSK		根据 CQI 指示映射

序号	参数				备注
	基站和终端参数				
10	最大发射功率（dBm）	23.00	46.00	F	基站：46dBm，2×2，每路 43dBm
11	发射天线增益（dBi）	0.00	18.00	G	
12	天线口发射功率（dBm）	23.00	64.00	H	H=F+G
13	热噪声（dBm）	−115.32	−111.34	I	I =−174+10log（1024×D）
14	噪声系数（dB）	2.30	7.00	J	
15	接收基底噪声（dBm）	−113.02	−104.34	K	K=I+J
16	SINR（dB）	−0.4	−0.6	L	含 MIMO 增益、TTI 绑定增益、IRC 增益
17	接收机灵敏度（dBm）	−113.42	−104.94	M	M=K+L
	增益				
18	接收天线增益（dBi）	18.00	0.00	N	
19	切换增益（dB）	0	0	O	是硬切换，增益为 0
20	增益合计（dB）	18.00	0.00	P	P=N+O
	损耗				
21	馈线和接头损耗（dB）	2.30	2.30	Q	
22	穿透损耗（dB）	18.00	18.00	R	
23	人体损耗（dB）	0.00	0.00	S	
24	损耗合计（dB）	20.30	20.30	T	T=Q+R+S
	余量				
25	面积覆盖率	95.00%	95.00%		
26	阴影衰落标准差（dB）	8.00	8.00	U	
27	阴影衰落余量（dB）	8.30	8.30	V	
28	网络负荷	50%	50%		
29	干扰余量（dB）	1.50	3.00	W	
30	余量合计（dB）	9.80	11.30	X	X=V+W
31	最大路径损耗(MAPL)(dB)	124.32	137.34	Y	Y=H+P−M−T−X

5.7.4 链路预算分析

在 LTE 系统中，覆盖分析需要考虑多方面的因素，包括上下行覆盖是否平衡、公共信道与业务信道的覆盖是否平衡、链路预算参数的组合优化等。在作覆盖分析的时候，必须注意到这些因素在不同环境中的影响程度。此外，链路预算还与厂家设备有关，需要结合设备提供商的具体产品来确定主要参数，从而提高链路预算的精确程度。

1. 业务信道与公共信道的链路预算比较

在 LTE 系统中，公共信道与业务信道是分开的。LTE 系统公共信道与业务信道占用不同 RE 方式隔离。LTE FDD 下行参考信号（Reference Signal，RS）及 PDCCH 分布、上行 RS 分布分别如图 5-11（a）和图 5-11（b）所示。

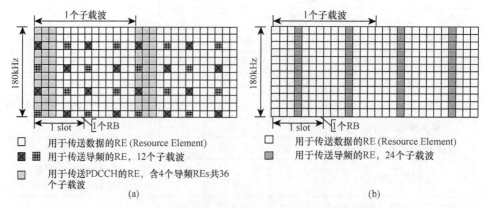

图 5-11　下行 RS 及 PDCCH 分布、上行 RS 分布示意图

LTE FDD 上行控制信道主要有 PUCCH 和 PRACH。PUCCH 又分 Format 1a、Format 1b、Format 2、Format 3 几种格式，见表 5-23。

表 5-23　　　　　　　　　　　　　　　　　PUCCH 的格式

PUCCH 格式	用途	调制方式	比特数
1a	ACK/NACK	BPSK	1
1b	ACK/NACK	QPSK	2
2	CQI	QPSK	20
2a	CQI+ACK/NACK	QPSK+BPSK	21
2b	CQI+ACK/NACK	QPSK+QPSK	22
3	CQI+ACK/NACK	QPSK	48

上行控制信道与上行业务信道 256kbit/s 的链路预算对比见表 5-24。

表 5-24　　　　　　　　　　上行控制信道和业务信道的链路预算对比

小区边缘用户速率（kbit/s）	PUSCH 256k	PUCCH Format 1a	PUCCH Format 2	PUCCH Format 1b	PUCCH Format 3	PRACH
RB 数	4	1	1	1	1	1
热噪声（dBm）	−115.3	−121.3	−121.3	−121.3	−121.3	−121.3
接收基底噪声（dBm）	−113.0	−119.0	−119.0	−119.0	−119.0	−119.0
SINR（dB）	−0.4	−5.1	−5.8	−4.3	−3.5	−7.8
接收机灵敏度（dBm）	−113.4	−124.1	−124.8	−123.3	−122.5	−126.8
最大路径损耗（MAPL）（dB）	122.32	133.04	133.74	132.24	131.44	135.74

从链路预算结果看，控制信道的最大路径损耗均大于 256kbit/s 业务信道，因此，在 LTE 的上行链路预算中，主要关注上行业务信道即可。

LTE FDD 下行控制信道主要有 PDCCH、PCFICH、PHICH 和 PBCH。下行控制信道与上行业务信道 1 024kbit/s 的链路预算对比见表 5-25。

表 5-25   下行控制信道和业务信道的链路预算对比

小区边缘用户速率（kbit/s）	PDSCH 1024k	PDCCH	PCFICH	PHICH	PBCH
RB/RE 数	10 RB	36 RE	12 RE	12 RE	12 RE
最大发射功率（dBm）	46	42.3	37.5	37.5	37.5
天线口发射功率（dBm）	64	60.3	55.5	55.5	55.5
热噪声（dBm）	−111.3	−125.0	−129.8	−129.8	−129.8
接收基底噪声（dBm）	−104.3	−118.0	−122.8	−122.8	−122.8
SINR（dB）	−0.6	−0.6	−0.6	4.4	−4.8
接收机灵敏度（dBm）	−104.94	−118.62	−123.40	−118.40	−127.60
最大路径损耗（MAPL）（dB）	135.34	145.32	145.34	140.34	149.54

从链路预算结果看，控制信道的最大路径损耗均大于业务信道，因此，在 LTE 的下行链路预算中，主要关注业务信道即可。

2．不同环境类型的链路预算比较

在不同的无线环境下，链路预算的方法是一致的，只是部分链路预算参数会有一定的差异。根据 LTE 建设策略，LTE 主要覆盖市区建成区以及县城城区、重要乡镇及重要交通干线，因此，这里以密集市区、一般市区、郊区、农村（交通干线等）等区域类型为例进行不同环境链路预算差异的说明。不同无线环境的区域，在链路预算上的差异主要体现在穿透损耗及阴影衰落余量的取值上。

不同环境下链路预算参数差异项参见表 5-26。

表 5-26   不同环境链路预算差异

区域类型	密集市区	一般市区	郊区
穿透损耗典型取值（dB）	20.00	18.00	10.00
面积覆盖概率	98%	95%	90%
阴影衰落余量（dB）	11.8	8.3	5

不同环境的链路预算结果见表 5-27。

表 5-27   不同环境链路预算结果

	上行 MAPL（dB）	下行 MAPL（dB）
边缘速率（kbit/s）	256	1 024
密集市区	118.82	131.84
一般市区	124.32	137.34
郊区	135.62	142.64

因此，从表 5-27 中可以看出无线环境对链路预算的影响。

3．不同边缘速率的链路预算比较

对于任何一种无线移动通信系统来说，覆盖平衡都是一个非常重要的问题，任何一种覆盖失衡现象都会给系统的覆盖性能带来负面影响。当下行链路太强而上行链路太弱时，对于处于切换状态的终端而言，公共信道的强度指示终端进行切换，但是终端的上行发射功率不足以维持上行链路的功率要求，很容易导致掉话。另外，若下行链路太弱而上行链路太强，在小区交界处，虽然终端有足够的发射功率与两个基站同时通信，但是下行链路的信号太弱，终端很容易失去与任一基站的联系，因此要求上下行链路达到均衡。均衡的系统可以使切换平滑并且降低干扰。

上下行链路的平衡也是在作规划中需要重点分析的问题。另外，通信网络上下行平衡的覆盖也有利于最大化地利用系统资源。

在 LTE 网络中，下行链路的部分参数和小区内在线移动终端的位置、速度、多径环境有关，因此下行链路的分析十分复杂，其预算结果仅有参考作用。由于上下行的业务需求不对称，以及 MCS 控制和无线资源管理等原因，LTE 网络的上下行链路处于动态平衡中，因此不能强求链路预算静止的绝对的平衡，一定要结合具体场景分析网络链路受限的具体方向和因素。一般而言，LTE 网络的容量受限于下行，而覆盖受限于上行，但这并不是绝对的，要具体情况具体分析。

一般市区不同上下行边缘速率的链路预算见表 5-28 和表 5-29。

表 5-28　　　　　　　　　　　　上行不同边缘速率链路预算

边缘速率（kbit/s）	128.00	256.00	512.00	1 024.00
MIMO 方式	1×2	1×2	1×2	1×2
所需 RB 数	3.00	4.00	8.00	10.00
使用带宽（kHz）	540.00	720.00	1 440.00	1 800.00
MCS 模式	QPSK	QPSK	QPSK	QPSK
SINR（dB）	−0.40	−0.40	−0.40	−0.40
接收灵敏度（dBm）	−114.67	−113.42	−110.41	−109.44
MAPL（dB）	125.57	124.32	121.31	120.34

表 5-29　　　　　　　　　　　　下行不同边缘速率链路预算

边缘速率（kbit/s）	512.00	1 024.00	2 048.00	4 096.00
MIMO 方式	2×2	2×2	2×2	2×2
所需 RB 数	8.00	10.00	20.00	24.00
使用带宽（kHz）	1 440.00	1 800.00	3 600.00	4 320.00
MCS 模式	QPSK	QPSK	QPSK	16QAM
SINR（dB）	−0.60	−0.60	−0.60	6.80
接收灵敏度（dBm）	−105.91	−104.94	−101.93	−93.74
MAPL（dB）	138.31	137.34	134.33	126.14

从上下行的链路预算看，同一速率等级，MAPL 值相差较大，反映出上下行覆盖的不平衡，覆盖上行受限。因此，在规划网络时，从上下行链路平衡的角度匹配合适的上下行小区边缘速率。

4．不同信道模型的链路预算比较

在进行链路预算时，要基于一定的信道模型条件。在 3GPP 协议中，定义的常见信道模型见表 5-30。

表 5-30　　　　　　　　　　　　　　3GPP 定义的典型信道模型

信道模型	含义	最大多普勒频移（Hz）	备注
EPA 5	扩展步行模型 5	5	
EVA 5	扩展车载模型 5	5	
EVA 70	扩展车载模型 70	70	
ETU 30	扩展城市模型 30	30	
ETU 70	扩展城市模型 70	70	
ETU 300	扩展城市模型 300	300	
HST S1	高铁模型场景 1	1 340	车速 350km/h
HST S3	高铁模型场景 3	1 150	车速 300km/h

这些不同的信道模型，在链路预算上的差异主要体现在 MCS 模式和 SINR 上。

对于几个特殊的信道模型，如高铁和高速等重要交通干道上，需要重点关注基站覆盖能力。

在高速和高铁上，由于 UE 的高速移动，使点播产生多普勒频移，对子载波的相位产生了影响，从而影响各个载波的正交性，进而形成干扰，抬升了底噪，接收机灵敏度降低（见表 5-31）。

表 5-31　　　　　　　　　　　　几种场景的接收灵敏度恶化量

信道模型	UE 移动速度（km/h）	多普勒频移（Hz）	Excess tap delay（ns）	灵敏度恶化（dB）
HST S2	300	1 150	550	3GPP 单独要求
EVA 460[*]	120	460	220	2.3

注：EVA 460 场景为根据高速公路一般最高限速 120km/h 反推多普勒频移和信道模型。

高速公路和高铁的链路预算见表 5-32。

表 5-32　　　　　　　　　　　　高速公路和高铁的链路预算

场景	高速公路		高铁	
UL/DL	上行链路	下行链路	上行链路	下行链路
小区边缘用户速率（kbit/s）	256.00	1 024.00	256.00	1 024.00
信道模型	EVA 460	EVA 460	HST	HST
频率（MHz）	2 100	2 100	2 100	2 100
使用带宽（kHz）	720.0	1 800.0	1 260.0	4 320.0
RB 数	4.0	10.0	7.0	24.0
MCS	QPSK	QPSK	QPSK	QPSK
热噪声（dBm）	−115.32	−111.34	−112.89	−107.54
接收基底噪声（dBm）	−113.02	−104.34	−110.59	−100.54
SINR（dB）	1.89	1.68	−1.50	−2.40
接收灵敏度（dBm）	−111.13	−102.66	−112.09	−102.94
馈线和接头损耗（dB）	2.90	2.90	2.90	2.90
穿透损耗（dB）	6.00	6.00	15	15
面积覆盖率	90.00%		90.00%	
阴影衰落余量（dB）	5.00	5.00	5.00	5.00
MAPL（dB）	136.73	149.76	128.69	141.04

其中，同前文链路预算参数相同的部分没有列入表中。链路预算中主要的变化是接收机的 SINR 值、穿透损耗、衰落余量以及所需要的 RB 数量。根据 3GPP 的协议，高铁信道模型建议采用 MCS 的 I_{TBS} 等于 2 的 QPSK 模型，因此，编码效率较低。要达到同等的小区边缘速率，需占用的 RB 数量较多。因此，高铁覆盖以牺牲网络的容量，换取信号解码的足够冗余，克服高速移动的解调性能下降，提高解码成功率，从而保障覆盖的性能。

5.7.5　链路预算的匹配与优化

LTE 无线网络的链路预算中，影响的因素众多。在链路预算表中，各项参数看起来是等价、线性、可以相互替换的。其实不然，链路预算没有精确反映各项参数对网络覆盖的影响，弱化了每个参数的个性，强调了每个参数的共性，从而可以进行数学运算，完成链路损耗估计。因此在总体链路预算的基础上，要认真分析链路预算中每个参数的性质和作用，对各项参数进行优化组合。首先，各项参数所发挥作用的对象是不同的；其次，各项参数所发挥作用的性质是不同的，一些参数是对抗慢衰落的，另一些参数是对抗快衰落的；第三，调整各项参数的实施成本是不同的。例如，同样的 3dB 上行增益，既可以通过增加发射功率来获取，也可以通过减小馈线损耗来获取，但其付出的成本是不一样的。

根据前文的链路预算和分析，再结合网络的建设策略，进行有选择的匹配和优化链路预算，优化网络的覆盖。

（1）城区

从城区的链路预算看，上下行链路预算相差较大。从匹配的角度，上行 256kbit/s、下行 4Mbit/s 的最大路径损耗接近，可以作为匹配的上下行边缘速率。由于 LTE 上下行链路速率差距较大，为了平衡上下行的速率，需要改善上行覆盖。

改善上行覆盖的主要方式有：基站侧采用 4 天线，上行用 1×4 的 MIMO，下行仍然采用 2×2 的 MIMO。采用 4 天线，上行改善 3dB 左右。因此，可以选用上行 256kbit/s、下行 2Mbit/s 的匹配上下行速率，或采用上行 512kbit/s、下行 4Mbit/s 的上下行速率。

（2）交通干道

交通干道的链路预算优化，首先是提升上下行的 MAPL，其次再来平衡上下行的覆盖。对于同步提升上下行的 MAPL 的方式有：

① 采用 RRU 基站，将 RRU 靠近天线安装，或者采用 RRU 和天线集成的产品，减小馈线损耗。

② 选用高增益的天线，改善上下行覆盖。

交通干道的上下行链路也不平衡，常见的情形也是上行覆盖不足，因此，也建议采用 4 天线。对于高铁，上行 256kbit/s 业务的 MAPL 较小，只有 128.8dB，需要重点改善。建议覆盖高铁的基站，尽量选用 1×4 的 MIMO。另外，可考虑降低上行的边缘速率，将上行边缘速率降低为 128kbit/s，这样 MAPL 能达到 135.4dB。

链路预算中，SINR 值直接影响基站接收灵敏度。基站的接收机 SINR 同 MCS 和调度算法相关。在 3GPP TS 36.213 中，表 7.1.7.2.1-1 是一个速率与 MSC 模式和 RB 资源的映射表。同一业务目标速率，有多个 MSC 模式和 RB 资源数组合。对网络容量有较大需求的区域，在资源管理算法上，可倾向于用较少的 RB 资源消耗和较高等级 MCS 模式，用覆盖换取容量。对于覆盖有较大需求的区域，在资源管理算法上，可倾向于用较多的 RB 资源消耗和较低等级

MCS 模式，用容量换取覆盖。3GPP 协议中建议的 HST 模式就是典型的以容量换覆盖的案例。

　　总之，链路预算中的各项参数的应用场景、作用性质、实施成本和获得收益是不同的。链路预算参数组合优化是选择合适的技术手段组合来调整链路预算参数，在满足覆盖要求的同时降低网络建设成本。链路预算参数组合优化是一种有创造性的活动，规划人员应开阔思路、勇于创新，从而不断地提高网络的质量，降低网络的投资。

5.7.6　电波传播模型

　　无线电波传播模型的分类众多，从建模的方法看，目前常用的传播模型主要是经验模型和确定性模型两大类。此外，也有一些介于上述两者之间的半确定性模型。经验模型主要是通过大量的测量数据进行统计分析后归纳导出的公式，其参数少，计算量少，但模型本身难以揭示电波传播的内在特征，应用于不同的场合时需要对模型进行校正；确定性模型则是对具体现场环境直接应用电磁理论计算的方法得到的公式，其参数多，计算量大，从而得到比经验模型更为精确的预测结果。

　　一个有效的传播模型应该能很好地预测传播损耗，该损耗是距离、工作频率和环境参数的函数。由于在实际环境中地形和建筑物的影响，传播损耗也会有所变化，因此预测结果必须在实地测量过程中进一步验证。以往的研究人员和工程师通过对传播环境的大量分析、研究，已经提出了许多传播模型，用于预测接收信号的中值场强。

　　目前得到广泛使用的传播模型有 Okumura-Hata 模型、COST231 Hata 模型和通用模型等几种。

1. Okumura-Hata 模型

　　Okumura-Hata 模型在 900MHz GSM 中得到广泛应用，适用于宏蜂窝的路径损耗预测。Okumura-Hata 模型是根据测试数据统计分析得出的经验公式，应用频率在 150～1500MHz 之间，适用于小区半径大于 1km 的宏蜂窝系统，基站有效天线高度在 30～200m 之间，终端有效天线高度在 1～10m 之间。

　　Okumura-Hata 模型路径损耗计算的经验公式为：

$$L_{50}(dB) = 69.55 + 26.16 \lg f_c - 13.82 \lg h_{te} - a(h_{re}) + (44.9 - 6.55 \lg h_{te}) \lg d + C_{cell} + C_{terrain}$$

　　其中：

　　① f_c 为工作频率，单位为 MHz。

　　② h_{te}（m）为基站天线有效高度，定义为基站天线实际海拔高度与天线传播范围内的平均地面海拔高度之差。

　　③ h_{re}（m）为终端有效天线高度，定义为终端天线高出地表的高度，单位为 m。

　　④ d 为基站天线和终端天线之间的水平距离，单位为 km。

　　⑤ $a(h_{re})$ 为有效天线修正因子，是覆盖区大小的函数，其数值与所处的无线环境相关，参见以下公式，即

$$a(h_{re}) = \begin{cases} (1.11 \lg f_c - 0.7) h_{re} - (1.56 \lg f_c - 0.8) & \text{中小城市} \\ 8.29 (\lg 1.54 h_{re})^2 - 1.1 (f_c \leqslant 300\text{MHz}) & \\ 3.2 (\lg 11.75 h_{re})^2 - 4.97 (f_c > 300\text{MHz}) & \text{大城市、郊区、乡村} \end{cases}$$

⑥ C_{cell} 为小区类型校正因子，有

$$C_{cell} = \begin{cases} 0 & 城市 \\ -2\left[\lg\left(\dfrac{f_c}{28}\right)\right]^2 - 5.4 & 郊区 \\ -4.78\left(\lg f_c\right)^2 + 18.33\lg f_c - 40.98 & 乡村 \end{cases}$$

⑦ $C_{terrain}$ 为地形校正因子。地形校正因子反映一些重要的地形环境因素对路径损耗的影响，如水域、树木、建筑等。合理的地形校正因子可以通过传播模型的测试和校正得到，也可以由用户指定。

2. COST231-Hata 模型

COST231-Hata 模型是 EURO-COST（EUROpean Co-Operation in the field of Scientific and Technical research）组成的 COST 工作委员会开发的 Hata 模型的扩展版本，应用频率在 1 500～2 000MHz 之间，适用于小区半径大于 1km 的宏蜂窝系统，发射有效天线高度在 30～200m 之间，接收有效天线高度在 1～10m 之间。

COST231-Hata 模型路径损耗计算的经验公式为：

$$L(\text{dB}) = 46.3 + 33.9\lg f_c - 13.82\lg h_{te} - a(h_{re}) + (44.9 - 6.55\lg h_{te})\lg d + C_{cell} + C_{terrain} + C_M$$

其中，C_M 为大城市中心校正因子，有

$$C_M = \begin{cases} 0 \text{ dB} & 中等城市和郊区 \\ 3 \text{ dB} & 大城市中心 \end{cases}$$

COST231-Hata 模型和 Okumura-Hata 模型主要的区别在于频率衰减的系数不同，COST231-Hata 模型的频率衰减因子为 33.9，Okumura-Hata 模型的频率衰减因子为 26.16。另外 COST231-Hata 模型还增加了一个大城市中心衰减 C_M。

3. 通用模型

通用模型是目前无线网络规划软件普遍使用的一种模型，它的系数由 Hata 公式推导而出。通用模型由下面的方程确定：

$$P_{RX} = P_{TX} + k_1 + k_2\lg(d) + k_3\lg(H_{eff}) + k_4(Diff) + k_5\lg(H_{eff})\lg d + k_6\lg(H_{meff}) + k_{clutter}$$

其中，P_{RX} 为接收功率；P_{TX} 为发射功率；d 为基站与移动终端之间的距离；H_{meff} 为终端的高度（m）；H_{eff} 为基站有效天线高度（m）；k_1 为衰减常量；k_2 为距离衰减常数；k_3 和 k_5 为基站天线高度修正因子；k_4 为绕射修正系数；k_6 为终端高度修正系数；$k_{clutter}$ 为终端所处的地物损耗。

之所以称之为通用模型，是因其对适用环境、工作频段等方面限制较少，应用范围更为广泛。该模型只是给出了一个参数组合方式，可以根据具体应用环境来确定各个参数的值。正是因为其通用性，在无线网络规划中得到广泛应用，几乎所有的商用规划软件都是基于通用模型的基础上，实现模型校正功能。

除了上述经验模型外，一些著名的确定性模型可用于计算传播损耗。所谓确定性模型是

指通过采用更加复杂的技术，利用地形和其他一些输入数据估计出模型参数，从而应用于给定的移动环境。确定性模型主要依赖三维数字地图（必须足够精细）提供的相关信息，模拟无线信号在空间的传播情况。例如，利用双射线的多径和球形地面衍射来计算超出自由空间损耗的视距损耗的朗雷—莱斯模型和基于从发射机到接收机沿途的地形起伏高度数据来计算传播损耗的 TIREM 模型等。

5.7.7　覆盖能力分析

链路预算获得基站最大允许路径损耗。基站覆盖能力除了与设备相关（最大允许路径损耗）之外，还跟基站工程参数、无线传播环境等相关。电波在传播过程中的衰减是根据电波传播模型计算得到的。传播模型有很多种，并且不同的传播模型适用于不同的传播环境。在实际工程中，还需要根据不同地区的电测结果对传播模型进行修正。

针对不同的无线传播模型，根据不同的基站高度和周围具体的建筑物情况，得到不同环境下的 LTE 室外覆盖典型半径，如表 5-33 所示。

表 5-33　　　　　　　　　　　　LTE FDD 室外覆盖典型半径

区域类型		密集市区	一般市区	郊区	农村（高速）	农村（高铁）	农村（高速）	农村（高铁）
小区配置		3 扇区	3 扇区	3 扇区	3 扇区	3 扇区	3 扇区	3 扇区
覆盖率		98%	95%	95%	90%	90%	90%	90%
上行 MIMO 方式		1×2	1×2	1×2	1×2	1×2	1×4	1×4
工作频率（MHz）		2000						
基站天线挂高（m）		30	30	40	45	45	45	45
终端天线高度（m）		1.5	1.5	1.5	1.5	1.5	1.5	1.5
电波传播模型		COST231-Hata						
上行业务信道 MAPL（dB）	128 kbit/s	120.1	122.3	134.9	138.0	132.4	141.0	135.4
	256 kbit/s	118.8	122.3	133.6	136.7	128.7	139.7	131.7
	512 kbit/s	115.8	119.3	130.6	—	—	—	—
	1 024 kbit/s	114.9	118.4	129.7	—	—	—	—
覆盖半径（km）	128 kbit/s	0.26	0.37	1.51	7.57	5.19	9.27	6.35
	256 kbit/s	0.24	0.37	1.39	6.96	4.04	8.52	4.95
	512 kbit/s	0.20	0.30	1.14	—	—	—	—
	1 024 kbit/s	0.18	0.28	1.07	—	—	—	—

在 LTE FDD 基站同其他制式基站共站址建设中，原有基站能否 1:1 复用、是否需要加密等，需要对比 LTE FDD 基站同其他制式基站的覆盖半径。

在这里结合国内的移动网络情况，主要将 LTE FDD 同 CDMA EVDO800、WCDMA 和 TD-LTE 进行比较，见表 5-34。

表 5-34　　　　　　　　　　　　不同制式基站典型覆盖半径比较

制式	频段(MHz)	天线模式	业务速率	密集市区（km）	一般市区(km)	郊区（km）
WCDMA	2 000	1×2	PS 128kbit/s	0.26	0.57	1.54
CDMA	800	1×2	PS 153.6kbit/s	0.38	0.47	2.94
TD-LTE	2 600	1×2	PS 256kbit/s	0.20	0.34	0.83
LTE FDD	2 000	1×2	PS 256kbit/s	0.24	0.37	1.39

从几种制式的覆盖半径比较看，利旧现有基站，进行 1:1 同站址建设，现有的 WCDMA、CDMA 基站的密度不能达到 LTE FDD 覆盖要求。对于以 CDMA800 基站为共站基础，建设 LTE 网络，要达到同等覆盖水平，需要新增较多的站址。

对于 LTE FDD 和 TD-LTE 同站址建设的情形，TD-LTE 的覆盖较弱，要达到同样的覆盖，需要对 TD-LTE 基站进行加密。

5.7.8　覆盖增强技术

在 LTE 系统中可以通过多种技术来提升网络覆盖，如 MIMO、IRC、TTI Bundling 等。

1. MIMO 技术

MIMO 又称为多入多出系统，指在发射端和接收端同时使用多个天线的通信系统，在不增加带宽的情况下大大提高通信系统的容量和频谱利用率。MIMO 技术实质是为系统提供空间复用增益和空间分集增益，空间复用可以提高信道容量，而空间分集则可以提高信道的可靠性，降低信道误比特率。

MIMO 系统模型框图如图 5-12 所示。

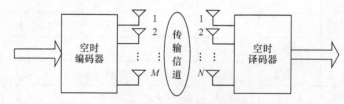

图 5-12　MIMO 系统模型框图

目前厂家多采用 2T2R，随技术增强也会使用 2T4R。以下是从上下行增益来进行对比分析。

相比于 2 天线，4 天线上行可集成接收分集增益和 IOT 增益，覆盖性能方面在上行可以有 3～4dB 的增益；在下行方向，如采用 2 天线发射，并无增益。

虽然上行存在 3～4 dB 的增益，但是在工程成本、工程实施上存在如下弊端。

（1）4 天线相比 2 天线尺寸较大了，迎风面积近 2 倍。

（2）4 天线场景下，馈线是 2 天线的 2 倍，工程施工难度大。

基于以上分析，建议在密集城区组网场景下，基于技术的成熟度和终端的配合程度及站间距等众多因素考虑，2T2R 作为主流基站类型，满足网络覆盖的需要。若在郊区等偏远地区由于网络容量不再是网络规划的焦点问题，可以考虑用 2T4R 方案以扩大小区覆盖半径，提升上行的边缘覆盖吞吐率。后期随着 2T4R 以及 4T4R 技术的逐步成熟，可以引入这些多天线的 MIMO 技术。

2. IRC

接收机使用来自多个信道的副本信息能正确恢复原发送信号，从而获得分集增益。而接收分集的关键是接收合并。IRC（Interference Refection Combining，干扰抑制合并）是利用一个权值矩阵对不同天线接收到的信号进行合并，抑制信道相关性导致的干扰，提高合并后信号的 SINR。基本原理如下：

支路 i 接收信号 $r_i(t) = h_i(t)s(t) + u_i(t)$，其中 $h_i(t)$ 是支路 i 信道系数，$s(t)$ 是发送信号，$u_i(t)$ 表示支路 i 的干扰和噪声信号。IRC 算法的目标是接收端最大化 SINR。基于最大化 SINR 准则，接收信号进行权值处理，目标函数为：

$$\max \mathrm{SINR} = \frac{E\left[\left|w^{\mathrm{H}}hs\right|^2\right]}{E\left[\left|w^{\mathrm{H}}u\right|^2\right]} = \frac{w^{\mathrm{H}}hh^{\mathrm{H}}w}{w^{\mathrm{H}}R_{\mathrm{uu}}w} \quad \rightarrow w^{\mathrm{H}} = h^{\mathrm{H}}R_{\mathrm{uu}}^{-1}$$

其中，$R_{\mathrm{nn}} = \sum_{i=1}^{L} E\left|h_i h_i^{\mathrm{H}}\right| + \sigma^2 I$ 是干扰和噪声信号的相关矩阵。因此 IRC 在计算权值时考虑了干扰的影响，接收合并后提高了 SINR，因此 IRC 对非白噪声的干扰起到了有效抑制作用。

由于 IRC 在最大化有用信号接收的同时最小化干扰信号，天线数越多干扰越强时，IRC 增益越大，IRC 性能较好。

3. TTI 捆绑

TTI 捆绑是 VoIP 专用覆盖增强技术。LTE 中可以在 RLC 层进行分片，对于每一分片采用独立的 HARQ 进程分别进行传输。

使用 HARQ 后的 RLC 分割示意如图 5-13 所示。

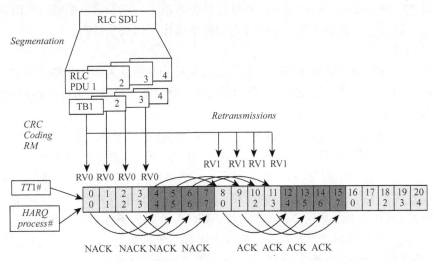

Segmenting an RLC SDU into RLC PDUs and transmission of corresponding transport blocks with hybrid ARQ.

图 5-13　使用 HARQ 后的 RLC 分割示意

RLC 层分片的方法会带来额外的头部开销和系统控制信令的开销。而且，HARQ 反馈的错误解码对于 RLC 层分片的影响也不容忽视。为此，提出了 TTI Bundling 的概念，对于上行的连续 TTI 进行绑定，分配给同一 UE，这些上行的 TTI 中，发送的是相同内容的不同 RV 版本。这样可以提高数据解码成功的概率，提高 LTE 的上行覆盖范围，代价是增加了一些时间延迟。eNodeB 只有在收到所有绑定的上行帧以后，才反馈 HARQ 的 ACK/NACK。这样就会减少所需的 HARQ 的 ACK/NACK 数目，同时由于上行资源进行一次分配，而应用到所有绑定的上行帧，这样上行资源分配的开销也会减少。

TTI Bundling 模式的配置，是通过上层信令中的参数 UL-SCH-Config：TTIBundling 来进行的。触发条件可以是 UE 上报了上行功率受限等。TTI Bundling 模式只对 UL-SCH 有效。TTI Bundling 中连续发送的 TTI 数目，也就是 TTI Bundle_Size 定义为 4。FDD 模式下，对于非 TTI Bundling 的上行帧，存在 8 个 HARQ 的进程。对于 TTI Bundling 的 HARQ 进程，则有 4 个。LTE 中规定 TTI Bundling 重传的时间间隔为 16 个 TTI，也就是 16 个 1ms 的子帧。对于普通非绑定的上行子帧，其重传的时间是 8ms；对于绑定的上行子帧，其重传的时间为 16ms。因此，对于同一 UE 以及不同 UE 之间的上行子帧调度，需要避免相互之间的冲突。

5.8 LTE 容量规划

5.8.1 容量的影响因素

LTE FDD 系统的容量由很多因素决定，首先是系统配置和算法的性能，包括单扇区频点带宽、MIMO 技术、基站功率、小区间干扰消除技术、资源分配方式和调度算法等；其次，实际网络整体的信道环境和链路质量会影响 LTE 网络的资源分配和调制编码方式选择。

（1）单扇区频点带宽

LTE 支持 1.4MHz、3MHz、5MHz、10MHz、15MHz、20MHz 带宽的灵活配置。显然采用更大的带宽，网络可用资源将更多，系统容量也将越大。由于调度增益的原因，用户吞吐量和接入用户数这两个容量参数与系统带宽的关系略比正比关系要高。

（2）MIMO

MIMO 技术按效果可以分为空间分集、波束赋形、空间复用和空分多址等方式。空间分集可以提高链路传输性能，提高边缘用户的吞吐量；空间复用可以显著提高用户的峰值速率。

（3）基站功率

LTE 采用的 OFDM 技术在小区内为正交传输，不存在 CDMA 远近效应，功率控制只为补偿路损和阴影。因此，LTE 只在上行采取慢速功控，下行为避免影响 CQI，仅采取半静态的功率分配方式。基于此原因，对于较为密集的场景，如站间距较小时，提升 LTE 的基站功率对于容量改善不大。而在保证覆盖的前提下，适当降低发射功率不仅不会对系统容量造成很大的影响，还可以避免导频污染。只有当对于郊区和乡村以覆盖为初期首要目标的场景（站间距较大），提升基站发射功率可在一定程度上提升系统容量。

（4）小区间干扰消除技术

LTE 系统由于 OFDMA 的特性，系统内的干扰主要来自于同频的其他小区。这些同频干扰将降低用户的信噪比，从而影响用户容量，因此干扰消除技术的效果将会影响系统整体容量及小区边缘用户速率。

（5）资源分配方式

LTE 的资源分配方式包括动态调度和半持续调度两种。前者采用按需分配方式，每次调度都需要调度信令的交互，这种方法比较简单，灵活性高，如不考虑调度信令资源的限制，资源利用率是最高的，但动态调度的信令开销很大，限制了系统容量。而后者只在第一次资源分配、重传或需要进行重新资源分配时采用动态调度，其他采用之前预定义的资源分配进行传输的调度方式。因此，节省了信令的开销，一定程度上提升了系统的容量。

（6）资源调度算法

LTE 采用自适应调制编码方式，使得网络能够根据信道质量的实时检测反馈，动态调整用户数据的编码方式以及占用的资源，从系统上做到性能最优。因此，LTE 整体容量性能和资源调度算法的好坏密切相关，好的资源调度算法可以明显提升系统容量及用户速率。

（7）网络结构

LTE 的用户吞吐量取决于用户所处环境的无线信道质量，小区吞吐量取决于小区整体的信道环境，而小区整体信道环境最关键的影响因素是网络结构及小区覆盖半径。在 LTE 规划时应比 2G/3G 系统更加关注网络结构，严格按照站距原则选择站址，避免选择高站及偏离蜂窝结构较大的站点，控制小区间的干扰。

5.8.2　容量评估和规划方法

LTE 采用 RB 分组的共享方式进行数据传输，并根据信道质量，采取自适应的调制编码方式，使得网络能够根据信道质量的实时检测反馈，动态调整用户的数据编码方式和占用的资源。因此，LTE 并不是给定几个参数就能准确估算整体容量的系统，即不能简单通过用户数来评估，也不能按照传统的等效爱尔兰、坎贝尔、SK 等算法进行话务模型测算。因此，LTE 系统容量的评估，只能是依据一些关键指标，如小区吞吐量、激活用户数等以及试验网和商用网络的测试情况进行评估。

（1）小区吞吐量

小区吞吐量是指数据经由物理层的编码和交织处理后，由空中接口实际承载并传送的数据速率大小。小区吞吐量取决于小区的整体信道环境，包括小区峰值吞吐量和小区平均吞吐量。

（2）用户吞吐量

用户吞吐量的概念与小区吞吐量类似，所不同的是，用户吞吐量只取决于该用户所处环境的无线信道质量，影响因素不同。

（3）激活用户数

激活用户数指保持上行同步，可以在上下行共享信道进行数据传输的用户数。

（4）非激活用户数

非激活用户数指处于上行失步状态的用户。如果需要进行数据传输，必须重新发起随机接入过程，以建立上行同步。该类用户需要在 eNodeB 保存终端用户上下文，并不占用空口资源。因此，决定最大非激活用户数的主要因素是 eNodeB 的内存大小。

（5）VoIP 容量

LTE VoIP 的性能主要由 VoIP 容量来评估，指的是网络内通过 VoIP 方式，满足其特定 FER 要求的用户数目。因此，VoIP 既包含了对 QoS 的要求，也包含了网络的能力。

（6）最大在线用户数

最大在线用户数=激活用户数+非激活用户数，指的是保持 RRC 连接的用户数总和。

（7）最大并发用户数

最大并发用户数指在同一 TTI 时间内可以同时调度的用户数，也即最大同时可调度用户数。

从指标性质来看，激活用户数、非激活用户数、最大在线用户数属于统计口径上的分类，小区吞吐量、用户吞吐量、VoIP 容量、最大并发用户数则属于容量能力上的分类。从用户和控制平面来看，用户数、吞吐量、VoIP 容量等均属于 TD-LTE 用户平面的系统容量，而最大并发用户数则属于 TD-LTE 控制平面的系统容量。

在 LTE 网络容量规划中，建网初期以覆盖目标为主，首先满足覆盖要求，分步建站，逐步提高系统容量；后期根据不同应用场景对容量的不同需求，灵活配置相应的网络参数。

容量规划的追求目标是最大的吞吐率，如小区吞吐率、单用户吞吐率及最大的接入用户数，但这些目标之间存在相互制约的关系。网络接入的用户数增多，每用户的吞吐率就会降低，小区的平均吞吐率也会受到影响。

在容量规划时，需要根据建网目标来综合平衡。较为简单的容量估算方法是基于用户话务模型，确定整个区域总接入用户数和总吞吐率需求的容量目标，整个区域的容量目标和单个小区的容量能力之比，就是从容量角度上计算出的小区数目，从小区数目就可以规划出基站数和载频配置数。

基于用户分布的容量规划是以地理化的用户分布和话务预测数据为基础，将规划网络的整个区域细分为一个个更小的区域，然后在每个更小的区域中，进行精细化的容量规划。

5.8.3 用户平面容量能力分析

1. 单小区峰值吞吐量

峰值吞吐率定义为把整个带宽都分配给一个用户，并采用最高阶调制和编码方案以及最多天线数目前提下每个用户所能达到的最大吞吐量。峰值吞吐率是评估系统技术先进性的最重要指标。

LTE 系统的理论峰值速率见表 5-35。

表 5-35 不同系统带宽的 LTE 系统的理论峰值速率

系统带宽（MHz）	链路	RB 数量	每 RB 的 RE 数	管理开销 RE 数	64QAM 码率	编码效率	MIMO 天线	RB 数量	理论峰值速率（Mbit/s）
20	下行	100	168	48	6	100%	2	100	144
	上行	100	168	24	6	100%	1	100	86.4
15	下行	75	168	48	6	100%	2	75	108
	上行	75	168	24	6	100%	1	75	64.8
10	下行	50	168	48	6	100%	2	50	72
	上行	50	168	24	6	100%	1	50	43.2

应该看到，小区峰值吞吐量是小区的理论容量，在实际的网络中，信道条件通常难以满足 64QAM 的要求，编码中也要考虑冗余保护，不可能达到 100%；另外，在资源管理算法中，整个小区的 RB，也不可能分配给一个用户。因此，理论峰值速率在网络规划中并不具有参考意义。

2. 单小区平均吞吐量

小区平均吞吐量定义为系统整体可达到的小区吞吐率性能，是通过对业务模型、信道模型、系统配置等参数进行详细定义并经系统性能验证评估的小区平均吞吐率。表 5-36 至表 5-39 是在 500m 和 1 700m 基站站间距下仿真和测试验证得到的小区平均吞吐量。

表 5-36　　　　　　　　　　500m 站间距小区下行平均吞吐量

系统带宽（MHz）	MIMO 场景	频谱效率（bit/s/Hz/Cell）	小区平均吞吐量（Mbit/s）
20	E-UTRA 2×2 SU-MIMO	1.69	33.8
	E-UTRA 4×2 SU-MIMO	1.87	37.4
15	E-UTRA 2×2 SU-MIMO	1.69	25.4
	E-UTRA 4×2 SU-MIMO	1.87	28.1
10	E-UTRA 2×2 SU-MIMO	1.69	16.9
	E-UTRA 4×2 SU-MIMO	1.87	18.7

表 5-37　　　　　　　　　　1 700m 站间距单小区下行平均吞吐量

系统带宽（MHz）	MIMO 场景	频谱效率（bit/s/Hz/Cell）	小区平均吞吐量（Mbit/s）
20	E-UTRA 2×2 SU-MIMO	1.56	31.2
	E-UTRA 4×2 SU-MIMO	1.85	37.0
15	E-UTRA 2×2 SU-MIMO	1.56	23.4
	E-UTRA 4×2 SU-MIMO	1.85	27.8
10	E-UTRA 2×2 SU-MIMO	1.56	15.6
	E-UTRA 4×2 SU-MIMO	1.85	18.5

表 5-38　　　　　　　　　　500m 站间距单小区上行平均吞吐量

系统带宽（MHz）	MIMO 场景	频谱效率（bit/s/Hz/Cell）	小区平均吞吐量（Mbit/s）
20	E-UTRA 1×2	0.735	14.7
	E-UTRA 1×4	1.103	22.1
15	E-UTRA 1×2	0.735	11.0
	E-UTRA 1×4	1.103	16.5
10	E-UTRA 1×2	0.735	7.35
	E-UTRA 1×4	1.103	11.03

表 5-39　　　　　　　　　　1 700m 站间距单小区上行平均吞吐量

系统带宽（MHz）	MIMO 场景	频谱效率（bit/s/Hz/Cell）	小区平均吞吐量（Mbit/s）
20	E-UTRA 1×2	0.681	13.62
	E-UTRA 1×4	1.038	20.8
15	E-UTRA 1×2	0.681	10.2
	E-UTRA 1×4	1.038	15.6
10	E-UTRA 1×2	0.681	6.81
	E-UTRA 1×4	1.038	10.38

在实际的商用网络中，小区的吞吐量还需要考虑一个网络利用率因素，因此，在规划网络能力时，需要在小区平均吞吐量能力的基础上再乘以系数。图 5-14、图 5-15 是某 LTE FDD 商用网上下行的小区吞吐量分布。该网络的系统带宽为 10MHz。

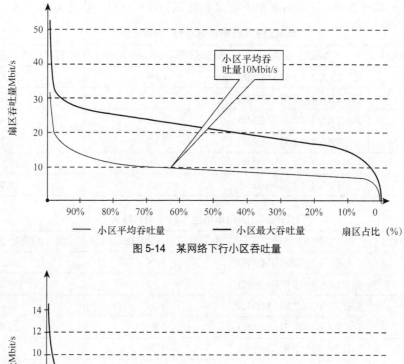

图 5-14　某网络下行小区吞吐量

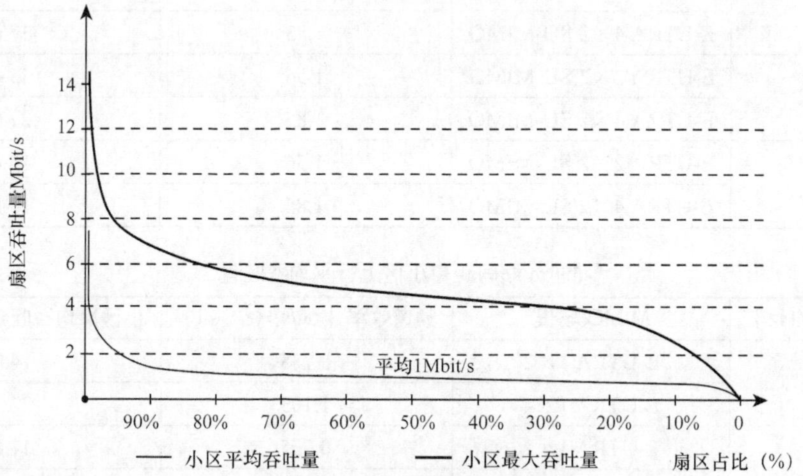

图 5-15　某网络上行小区吞吐量

从该运营商的小区吞吐量数据看，小区下行平均吞吐量为 10Mbit/s，平均小区负荷在 60% 左右。上行业务小区平均吞吐量为 1Mbit/s，平均小区负荷在 15% 左右。从上下行对比看，上行吞吐量较低，这主要还是由业务的特征决定，数据业务的平均上下行比例达到 1：10～1：8。而不是由于上行容量的限制。

从商用的 LTE 网络看，下行容量较上行容量，更加容易受限。因此，在网络规划中，从容量的角度，需要更多地关注下行的容量是否满足用户需求。

5.8.4　控制平面容量能力分析

1．单小区同时在线用户数

在 LTE 系统中，由于数据业务对时延相对不敏感，并且基于 IP 的数据业务在突发特性上并不是持续性地分布，只要 eNodeB 在程序上保持用户状态，不需要每帧调度用户就可以保证用户的"永远在线"，因此最大同时在线并发用户数与 LTE 系统协议字段的设计以及设备能力更为相关，只要协议设计支持，并且达到了系统设备的能力，就可以保证尽可能多的用户同时在线。在 20MHz 带宽内，LTE 单小区可提供不低于 1 200 个用户同时在线的能力。

图 5-16 是某 LTE 运营商，在 10MHz 系统带宽的网络中，小区的链接用户数统计。

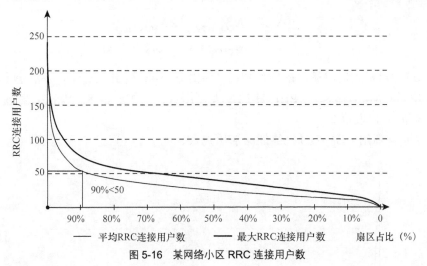

图 5-16　某网络小区 RRC 连接用户数

在全网的小区中，90%的小区的平均在线用户低于 50 个，90%小区的最大在线用户数小于 75 个。

2．单小区同时激活用户数

LTE 控制面容量主要指同时激活用户数，即最大同时可调度用户数。单小区同时激活用户数指的是在一定的时间间隔内，在调度队列中有数据的用户。激活用户属于有 RRC 连接，并且保持上行同步，可以在上下行共享信道进行数据传输的用户。

激活用户数的受限因素包括：

（1）eNodeB 处理能力。每个子帧 eNodeB 需要完成用户调度、基带处理的全部流程，要求调度、基带处理的时延非常短，限制了小区可以支持的最大激活用户数。

（2）业务 QoS。VoIP 业务对实时性要求较高，该类业务过多会影响其他低 QoS 业务的激活用户数；GBR 业务要求保证带宽，该类业务过多会限制其他低 QoS 业务的激活用户数。

LTE 同时能够得到调度的用户数目受限于控制信道的可用资源数目，即 PDCCH（包括 PHICH、PCFICH）信道可用的 CCE 数。一般情况下，一个对称业务的用户需要配置两条 PDCCH，其中 PHICH 占用 1 个 CCE，最多可复用 8 个用户。

PCFICH 指明给定带宽和天线配置下可用的 CCE 个数，如表 5-40 所示。

表 5-40　　　　　　　　　　　　　　可用 CCE 数

单天线，双天线		
CFI 值	10MHz（50RB）	20MHz（100RB）
1	11	22
2	27	55
3	44	88

根据可用 CCE 的总量可知：

$$\frac{N}{N_{\text{MUX\_PHICH}}} + N_{\text{CCE\_PCFICH}} + N \times N_{\text{PDCCH}} = N_{\text{CCE}}$$

由此得到最大同时可调度用户数，计算如下：

$$N = \frac{\left(N_{\text{CCE}} - N_{\text{CCE\_PCFICH}}\right) \times N_{\text{MUX\_PHICH}}}{1 + N_{\text{PDCCH}} \times N_{\text{MUX\_PHICH}}}$$

其中，N 为可最大同时调度的用户数；N_{CCE} 由表 5-40 给出；$N_{\text{CCE\_PCFICH}}$ 为每条 PCFICH 的 CCE 占用数；$N_{\text{MUX\_PHICH}}$ 为 PHICH 的最大复用数，一般取值 8；N_{PDCCH} 为每 VoIP 用户 PDCCH 的配置数，取值 2。

图 5-17 是某商用 LTE FDD 网络的激活用户数。

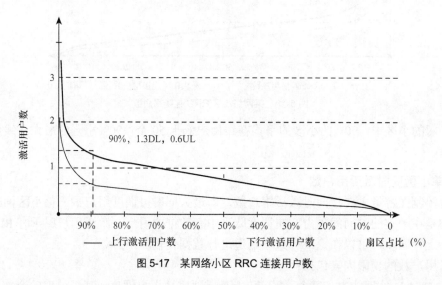

图 5-17 某网络小区 RRC 连接用户数

在 10MHz 系统带宽的 LTE FDD 网络中，90%小区的上下行激活用户每 TTI 分别为 0.6 和 1.3。

5.8.5 网络资源利用率评价

LTE FDD 网络的负载情况和扩容门限是网络容量规划中的重要问题。为了能够衡量 LTE 网络负载情况，需要制订无线利用率指标，用于有效合理地评估 LTE 无线网络资源利用情况。与现有的其他无线通信系统不同，LTE 采用了更加高效动态和复杂的网络资源调度策略和 MCS 调制模式，无论控制信道还是业务信道，都是根据接入用户及其发起的业务、信道质量等多方面的因素动态决定。LTE 无线利用率的门限取值需要考虑的因素更加复杂。

1. 资源利用率

在 LTE 的协议中，定义了最小的物理层资源时频资源单位 RE。下行物理控制信道向资源映射时，通常以 REG 和 CCE 为单位，一个 REG 等于 4 个 RE，一个 CCE 等于 9 个 RE。上下行业务信道都以 PRB 为单位进行调度。

在 LTE 网络中，资源调度的 TTI 周期是 1 ms，系统网络监控可采集到每个 TTI 中的 PRB

占用数，因此可使用 PRB 占用率来评估 LTE 无线网络资源利用情况。根据 LTE 网络特点，用 PDCCH 信道利用率、PDSCH 信道利用率和上行信道利用率 3 个指标评估 LTE 网络资源利用情况。PDCCH 信道利用率用于评估分析下行控制信道使用情况，PDSCH 信道利用率用于评估分析下行业务信道使用情况，上行信道利用率用于评估分析上行信道资源使用情况。

（1）PDSCH 下行业务信道资源利用率

根据网络实际占用的资源与全部可用资源的比值来标识无线网络利用率。

PDSCH 下行业务信道资源利用率=下行实际使用的 PRB 数/下行可使用的 PRB 数×100%

其中以 20Mbit/s 带宽为例，每个 TTI（1 ms）周期内，下行可使用的 PRB 资源为 100 个 PRB 对。统计以无线子帧（1 ms）为周期。下行实际使用的 PRB 数是指被调度用于传输 PDSCH 业务的 PRB 对个数。

（2）PDCCH 下行控制信道资源利用率

PDCCH 承载下行控制信息（Downlink Control Information，DCI），包括用于下行和上行数据传输的调度信息和上行功率控制信息等。根据动态调度用户的需求，每个子帧中控制区域占用的 OFDM 符号数是动态可变的（1～3 个），并由当前子帧中 PCFICH 信道指示。

PDCCH CCE 利用率＝实际使用的 CCE 数/可以使用的 CCE 数×100%

其中：

下行可使用的 CCE 数：根据实际的网络配置，单个 TTI 包含的 CCE 资源。

可以使用的 CCE 个数：按照 3 个 OFDM 符号取定。

统计周期取定为一个无线子帧（1 ms）。

（3）上行信道资源利用率

根据协议规定，PUCCH 和 PRACH 信道根据实际网络需求分配资源，随着 PUCCH 和 PRACH 资源的增加会减少 PUSCH 的资源，因此计算上行利用率时则需要综合统计 PUCCH、PRACH、PUSCH 3 者的占用情况，才能客观地反映资源占用情况。

上行利用率＝（PUCCH 占用的 PRB 数＋PRACH 占用的 PRB 数＋PUSCH 占用的 PRB 数）/上行总 PRB 数

上下行可用 PRB 数：（上/下行）全部可用 PRB 数与系统带宽有关。

上行实际使用 PRB 数：被调度传输 PUCCH、PRACH、PUSCH 的 PRB 个数。

统计周期为一个无线子帧（1 ms）。

2．网络扩容门限

在分析无线网络扩容门限时，首先需分析网络受限因素。无线信道分为受限和不受限两种情况。不受限信道包括以下几种。

（1）PSS/SSS、PBCH、PCFICH：占用固定的时频位置和资源，属于广播性质的信道，无需考虑容量问题，也不需要考虑与其他信道的制约关系。

（2）PHICH、PRACH、PUCCH、SRS：可通过信道本身配置实现其容量的增减，因此不存在容量受限情况，但会制约其他信道的可用时频资源。

受限信道包括以下几种。

（1）PDCCH：可用的时频资源来自 PCFICH 和 PHICH 分配后的剩余资源；随着控制信息和用户数的增加，会出现信道容量受限。

（2）PDSCH：传输下行业务信息，随着业务量的增加会出现容量受限。

（3）PUSCH：可用的时频资源来自 PUCCH 和 PRACH 分配后的剩余资源；传输上行业务信息，随着业务量的增加会出现容量受限。

根据受限信道的分类，主要是公共信道和业务信道两类。

对于公共信道 PDCCH，应综合考虑资源利用和用户数情况，按照占用 3 个符号情况下，PDCCH CCE 利用率建议不大于 70%。

对于业务信道，要考虑系统在满足接入成功率、掉线率、拥塞率等网络考核指标的情况下，可承载的最大无线利用率。该值需通过仿真、实际网络测试等手段取定，建网初期可暂定为 70%。

图 5-18 为某 LTE 运营商的小区的 PDSCH 信道 PRB 利用率分布。

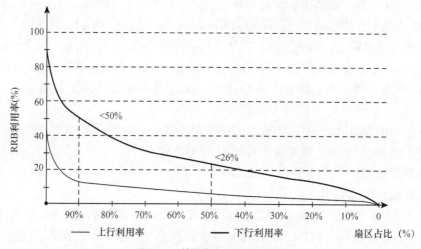

图 5-18　某网络小区 PRB 利用率

从图 5-18 中可以看到，50% 的基站的 PRB 利用率在 26% 以下，90% 基站的 PRB 利用率在 50% 以下。有 3% 的小区的 PRB 利用率超过 70%，因此需要扩容。对于网络频率资源受限的情况，难以通过增加系统带宽的方式增加容量，需要从其他技术手段或增加基站，进行分流，降低原有小区的 PRB 利用率。

为简化 PRB 利用率和网络资源利用率的关系，按照习惯的扇区吞吐量作为扩容门限的方式，估算不同系统带宽情况的扇区扩容门限，如表 5-41 所示。

表 5-41　　　　　　　　　　　扇区扩容门限建议

链路方向	系统带宽（MHz）	MIMO 场景	市区基站扩容门限（Mbit/s）	郊区基站扩容门限（Mbit/s）
下行	20	E-UTRA 2×2 SU-MIMO	23.7	21.8
	15	E-UTRA 2×2 SU-MIMO	17.7	16.4
	10	E-UTRA 2×2 SU-MIMO	11.8	10.9
上行	20	E-UTRA 1×2	10.3	9.5
	15	E-UTRA 1×2	7.7	7.2
	10	E-UTRA 1×2	5.1	4.8

5.9　LTE 规划组网策略与技术

5.9.1　组网策略

1．网络结构

（1）以 BBU+RRU 分布式基站作为主要设备类型

LTE FDD 无线网络在逻辑结构上，是一个扁平化的网络，基站通过 S2 接口连接 EPC 网络。在基站建设形态上，常见的有宏基站和 BBU+RRU 分布式基站两种。宏基站的有源设备均在机房内，运行较稳定可靠，但是对配套要求高，也不符合节能减排的发展方向。BBU+RRU 分布式基站的 RRU 部分靠近天线，就近安装，具有改善覆盖、对配套要求低等优点，但是有源设备在室外运行，稳定性不如宏基站。在 3G 时代之后，BBU+RRU 分布式基站成为基站建设的主要方向，在技术上，多天线的 MIMO 引入后，宏基站已经不再适合在 4 天线的基站上应用。因此，对于基站建设形态，以 BBU+RRU 分布式基站作为主要建设类型。

（2）引入异构网（HeNet），应对数据业务地域分布不平衡的特点

从 3G 网络的数据业务分布分析看，数据业务的不平衡性远大于语音业务。图 5-19 所示为亚洲某 LTE 运营商的小区流量分布。

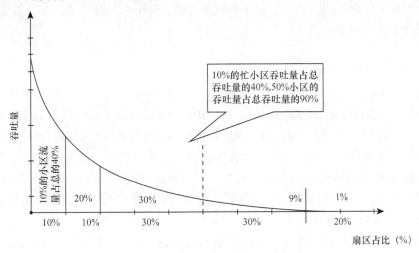

图 5-19　某 LTE 运营商的小区流量分布

可以看出，10%的基站小区提供了全网 40%的流量，50%的基站提供了全网 90%的数据流量。因此，业务分布极不均衡。传统的宏蜂窝覆盖方式在数据业务大爆发的时代，已经不能满足业务需求。

LTE 中的异构网的其中之一是低功率节点（LPN）组网方案。相比于宏基站，小基站设备具有部署灵活、对配套要求低、建设快的优点；同时 LPN 设备的发射功率较小，一般为20/24dBm，对应覆盖距离及容量性能等指标均有减弱。在部署初期可使用 LPN 设备用于弥补局部覆盖盲区；在部署中后期根据网络发展的需要，由于容量引起的瓶颈可以适当考虑LPN 设备分流流量负担。

（3）组建 C-RAN，协调和控制小区间干扰

C-RAN 通过结合集中化的基带处理、高速的光传输网络和分布式的远端无线模块，形成

集中化处理、协作化无线电、云计算化的绿色清洁无线接入网构架。C-RAN 的本质是通过实现减少基站机房数量，减少能耗，采用协作化、虚拟化技术，实现资源共享和动态调度，提高频谱效率，以达到低成本、高带宽和灵活度的运营。

C-RAN 除了本身系统的特点外，在 LTE 无线网络中，有助于基站间的干扰协调和控制。在 LTE 网络中，覆盖和容量最大的受限因素是干扰，LTE 采用 OFMDA 技术，避免了小区内部的干扰，但是小区间的干扰不容忽视。ICIC 技术要使得其发挥良好的性能，还需要多个条件的满足。采用 C-RAN 组网，BBU 集中方式，并进行基站小区间的干扰协调，能够大大改善网络覆盖和提升网络容量。

2．天线技术策略

LTE FDD 网络可选用多种 MIMO 天线方式。在目前常见的方案中，主要有 2 天线方案和 4 天线方案。

（1）2 天线方案为：下行 2×2，上行 1×2，基站侧天线为 2 发 2 收。

（2）4 天线方案为：下行 2×2，上行 1×4，基站侧天线为 2 发 4 收。

从前文的基站链路预算和覆盖分析看，4 天线能够改善网络的上行覆盖和容量。从 4 天线 RRU 设备和天线的产业链成熟度看，网络中采用 4 天线方案已经技术可行，工程可实施。因此，建议在要求广覆盖的区域，如高铁和高速公路，采用 4 天线方案；在容量受限的区域，如城区，采用 2 天线方案为主。

5.9.2　BBU+RRU 组网

在目前的 3G 系统，尤其是 TD-SCDMA 中，BBU+RRU 分布式基站的建设模式得到了大规模的应用，在 CDMA 和 WCDMA 网络中，BBU+RRU 分布式基站也得到了大量的应用。BBU 和 RRU 间通过光纤进行连接，相对采用馈线连接的普通基站而言，可以更好地降低馈线成本和工程施工难度。因此，该模式也必将延续性地应用于下一代宽带移动通信 LTE 系统中。但在之前 BBU+RRU 的实际组网过程中也暴露出诸多问题，主要表现在 RRU 占用光纤资源多、供电保障弱、建设成本控制等方面。因此，本节就这几个问题分别阐述。

（1）BBU 和 RRU 之间的光纤占用

BBU+RRU 分布式基站，最大的特点是 BBU 和 RRU 之间采用光纤裸纤连接。因此，当 BBU 集中放置时，出局的光纤占用较大，使得分布式基站的使用受到光纤资源的限制。

BBU 和 RRU 之间的接口 Ir 目前在业界还是设备厂家的内部接口，Ir 接口的标准化也进展缓慢。

BBU 和 RRU 之间的连接有星形、链形和环形。以一个 BBU 带 3 个 RRU 为例，星形连接占用 BBU 出局光缆 6 芯，链形占用 2 芯，环形占用 4 芯。在工程中，星形、链形较为常见。

为了进一步降低 Ir 接口光纤的占用，BBU 和 RRU 之间可采用几种技术方案，包括集成彩光承载方式、WDM/OTN 承载方式、Uni-PON 承载方式等。

集成彩光承载方式中，RRU 到 BBU 采用不同的波长复用到同一光纤内，RRU 和 BBU 采用彩光模块，波长复用/解复用采用无源设备。目前的彩光光模块可支持 8 种光波，每个光波即一个 6GHz 传输通道，相当于更多 RRU 到 BBU 之间的 IQ 的信号可在同一光纤上传输，从而提高光纤利用率，降低对城域网光纤资源的占用。

WDM/OTN 承载方式中，BBU 到 RRU 以 WDM/OTN 设备传输，RRU 和 BBU 采用普通光模块，传输链路需要 OTU（波长转换单元）和复用解复用设备。该种承载方式适用于光纤资源紧张或者传输距离长的场景，支持环形拓扑、链形拓扑、环带链等多种拓扑。

Uni-PON 承载方式中，BBU 与 RRU 之间的传输借助 PON 技术实现，融合有线与无线传输，链路需要 OTU、复用解复用设备。采用该种方式可最大化重用现有 PON 接入技术，节省主干光纤，适合大中城市室内环境覆盖以及低密度郊区覆盖。从成本角度来看，Uni-PON 毫无疑问具有很大的优势，但由于 PON 承载 C-RAN 需要对原有网络进行改造，很容易造成光功率预算不足，另外从安全角度来看，PON 网络的星形结构安全性相对较差。

（2）供电保障

BBU+RRU 基站设备供电方式主要有三种，即集中供电、分布式供电和远程供电。

对于集中供电，BBU 由机房总电源供电，而 RRU 处于天面，采用直流远拉的方式直接由机房电源供应，但是受到了直流远拉距离的限制。一般来说，当传输距离超过 50m 时，机房电压到达 RRU 时下降到 40V，已经不能保证 RRU 稳定可靠地工作，如果增加传输距离，只能增加线缆的截面积。

对于分布式供电，则就近采用 220V 市电，通过 AC/DC 变换，将市电转换为–48V 给 RRU 供电。这种方式就近取电，损耗小，但也有受交流供电电压不稳影响较大、电源接入困难等缺陷。

远程供电系统则由局端模块、远端模块、光电复合缆（或电源线缆）组成。机房–48V 电源进入局端模块，通过高效率 DC/DC 变换器将–48V 转换为 250～410V DC 可调的高压直流电（对地悬浮），通过远距离光电复合缆（或电源线缆）把电源送到室外远端模块，并把 250～410V DC 直流电转换为 DC–48V 输出，给 RRU 设备单元供电。同时，远端模块也内置市电/直流电自动切换模块。

远程供电的典型传输距离及损耗情况如表 5-42 所示。

表 5-42　　　　　　　　　　　　典型传输距离及损耗

负载功率（W）	750									
电源输出最低电压（V）	280									
线缆截面积（mm^2）	1.5									
线缆长度（m）	100	200	300	400	500	600	700	800	900	1 000
线缆阻抗（Ω）	1.23	2.47	3.70	4.93	6.17	7.40	8.64	9.87	11.11	12.34
线路压降（V）	3.21	6.42	9.63	12.82	16.04	19.25	22.45	25.67	28.87	32.08
线路损耗（W）	8.34	16.68	25.03	33.37	41.71	50.05	58.39	66.73	75.08	83.41
线缆截面积（mm^2）	3									
线缆长度（m）	100	200	300	400	500	600	700	800	900	1 000
线缆阻抗（Ω）	0.62	1.23	1.85	2.47	3.09	3.70	4.32	4.94	5.55	6.17
线路压降（V）	1.60	3.20	4.84	6.41	8.02	9.63	11.22	12.83	14.43	16.04
线路损耗（W）	4.17	8.34	12.5	16.68	20.2	25.02	29.20	33.36	37.53	41.71

在实际核算 RRU 远程供电配置时，可依据远程供电效率（工程上取 80%）、RRU 所需功率、线缆长度来选择线缆面积，从而计算线缆阻抗、压降和损耗。

（3）组网模式及成本

LTE 的 BBU+RRU 组网模式也分为集中式和分布式两大类。

集中式组网主要将 BBU 集中于汇聚节点，如图 5-20 所示。

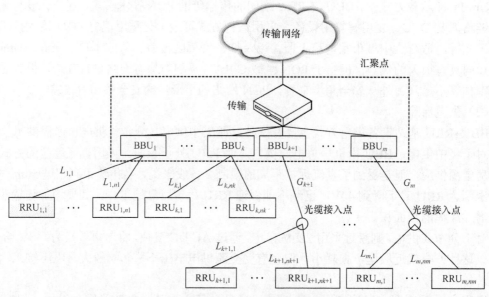

图 5-20　BBU+RRU 集中式组网

分布式组网则将 BBU 下沉至各接入点，如图 5-21 所示。

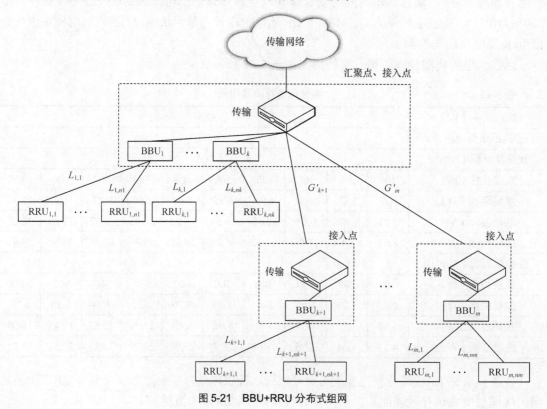

图 5-21　BBU+RRU 分布式组网

选择分布式或集中式组网，主要考虑网络建设的便利条件和综合成本。当 BBU 和 RRU 建设光缆长时，建议选择分布式模式；反之，选择集中模式。

5.9.3　HeNet 异构组网

HeNet（Heterogeneous Network）是一种分层组网的形式。HeNet 可以根据容量密度和覆盖的需求，至少选择两种不同的小区类型（如宏小区和微小区，有些甚至还有微微小区）相互叠加进行工作。宏小区主要保证连续覆盖，微小区和微微小区则主要用于吸纳业务量。低移动性和高容量的终端尽量使用微小区，而高移动性和低容量的终端则尽量使用宏小区工作，如此既能满足不同的容量密度要求，又能适应不同区域的覆盖需求，降低不必要的切换，提高系统的频谱效率。

1．小区分层结构

建立 HeNet 分层小区结构的根本原因在于网络覆盖补盲和增大网络的容量，提高网络对用户的服务质量。同其他 2G/3G 系统的 HeNet 结构类似，在 LTE 中，HeNet 宏小区的级别比较低，而微小区和微微小区的级别更高，如图 5-22 所示。

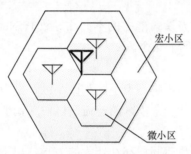

图 5-22　HeNet 宏小区与微小区

传统的 HeNet 小区结构设计通常有两种方法。其一，使不同层工作在相同的频段，不同层间的用户通过切换和发射信号要求不同进行区分；其二，不同层工作在不同的频段，不同层用户通过频域来区分。借助于 ICIC 的抗干扰技术，LTE 可以实现同频组网，也可以采取异频组网。当然，从提升网络质量的角度来说，设计异频的 HeNet 网络是 LTE 追求的目标。

2．HeNet 组网策略

在 LTE 的建网初期，需要以保证网络的覆盖为主要目标，站址的设置首先需要考虑热点和潜在热点区域，这样通过共用机房、天馈等资源可以节省扩容成本。这一阶段以满足覆盖为目的的小区可称之为宏小区。

在建网的中后期，则主要以提高网络的容量为目标，此时需要在热点地区新增新的小区，以满足用户需求。如果采用不同的频段，对原有网络干扰较小，不需要对原有网络重新进行规划。新小区可以是宏小区，也可以直接是微小区。对于前者，尽量采取与原小区共站址的建设方式。而随着业务量的增加，可以采用小区分裂的方式，将新小区分成为若干个扇形小区；可以通过小区分割的方式，将新小区的覆盖区域用若干个微小区覆盖；也可以采取以上两种的组合方式，最终目的在于提高 LTE 网络在热点区域的容量，如图 5-23 所示。

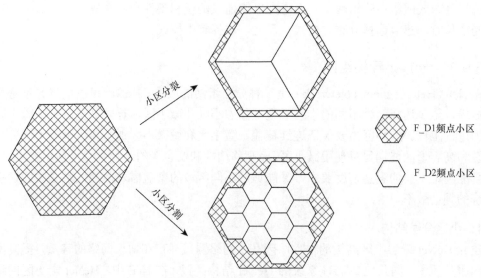

图 5-23　HeNet 小区覆盖演进

3．HeNet 切换设计

由于 HeNet 分层小区定位及覆盖能力的不同，导致 HeNet 切换要求非常高。

HeNet 小区切换的原因有如下几个。

（1）基于覆盖的切换

由于地形、建筑物等因素的影响，宏小区和微小区、微微小区的共同覆盖区域内的网络质量存在差异性，当终端处于某一个小区的覆盖盲区时，需要及时切换到另一个小区。

（2）基于负载均衡的切换

HeNet 不同级别小区间的负荷同样存在较大的差异，出于提高系统容量、降低系统阻塞概率的考虑，需要进行负荷转移，即将一部分负荷由网络利用率高的小区转移至利用率低的小区。

（3）基于移动速率的切换

用户在移动过程中，有可能因为切换不及时而导致掉线，恶化客户感知。对于因为用户移动造成的切换，在设计时建议将移动速率快的用户，尽可能地切换到宏小区中，因为其覆盖范围大，有助于降低切换频率。对于移动速率慢的用户，则尽可能地将其切换到微小区或微微小区中。

在 3 种不同的 HeNet 切换中，其首要准则是保证用户不掉线；其次是尽可能地均衡小区间的负荷，保证网络的安全，降低呼叫阻塞概率；最后是对网络进行优化，减少不必要的切换，提高网络的容量。

4．与 2G/3G 联合的 HeNet 设计

LTE 与 2G/3G 联合进行 HeNet 分层组网设计需要遵循以下原则。

（1）2G 系统的业务的支持能力不如 3G 和 LTE 系统，因此在切换时需要考虑 2G 业务的承载能力。只有 2G 系统能够支持的业务能力，才能触发 LTE/3G 到 2G 的切换。

（2）LTE 与 3G，以及 3G 与 2G 间的切换需要打开异 RAT 间的测量。

（3）基于负载均衡触发的 LTE 到 3G 或 2G，对于正在接入的用户，可以直接通过重定向

的方式，直接接入 2G/3G 网络。

对于 LTE 微小区的组建，可以借助 LPN、Femto eNodeB 飞蜂窝、Pico RRU、Relay 中继等无线设备，实现快速灵活、协同的分层覆盖。

5．需要注意的问题

引入 HeNet 组网后，需要注意，网络拓扑结构将更加复杂。

（1）干扰问题更加复杂：在引入 Femto、Pico 以及 Relay 等小基站设备后，网络拓扑结构将更加复杂，干扰将从原有的宏站之间的干扰演变为宏站与小基站、小基站之间、宏站与宏站之间的干扰，需要引入增强小区间干扰消除 eICIC 技术加以解决。

（2）对传输资源的需求：对于小基站如一个 BBU 带多个分布式 RRU 的场景等，在规划时需要预先考虑光纤资源用于传输资源部署。

（3）部署小基站在特殊场景需要进行专门的优化，如环路沿线、地铁城铁以及高速铁路沿线。

5.9.4　C–RAN 组网

1．C-RAN 概述

C-RAN 通过结合集中化的基带处理、高速的光传输网络和分布式的远端无线模块，形成集中化处理（Centralized Processing）、协作化无线电（Collaborative Radio）、云计算化（Real-Time Cloud Computing Infrastructure）的绿色清洁（Clean）无线接入网构架。

（1）集中化

一个集中化部署的 C-RAN 基带 BBU 支持 10~100 个 eNodeB 的工作，比一般分布式基站的支持能力大很多。基带处理或控制集中化有助于减少配套，降低站址要求。

（2）协作化

利用宽带、多频段的 RRU 或有源一体化天线，结合集中化信号处理，实现基站间协作化。即多个天面同时接收和发送一个服务的信号，通过协作调度、协作收发降低系统内的干扰，提高系统的总体容量，改善小区的边缘覆盖。

（3）云计算化

借助 IT 领域的云计算技术，将集中化部署基站的处理资源聚合成为资源池，采用虚拟化技术，根据基站的业务需要和动态变化分配处理资源，实现处理资源的云计算。

（4）绿色清洁

C-RAN 是一种绿色的无线接入技术，低成本、低能耗和高容量。

2．C-RAN 架构

C-RAN 的本质是通过实现减少基站机房数量，减少能耗，采用协作化、虚拟化技术，实现资源共享和动态调度，提高频谱效率，以达到低成本、高带宽和灵活度的运营。其总目标是为解决移动互联网快速发展给运营商所带来的多方面挑战，如能耗、建设和运维成本，以及频谱资源等，追求未来可持续的业务和利润增长。

C-RAN 可以有两种架构。其一为大集中架构，集中化的部分包括基带信号处理、高层协议处理及管理功能，而远端 RRU 只包含数字—模拟信号变换和功放的功能；其二为小集中架构，集中化的部分包括高层协议处理及管理功能，而远端 RRU 包括基带信号处理、数字—模拟信号变换及功放的功能。

第一种大集中的 C-RAN 架构如图 5-24 所示。

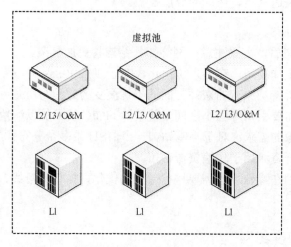

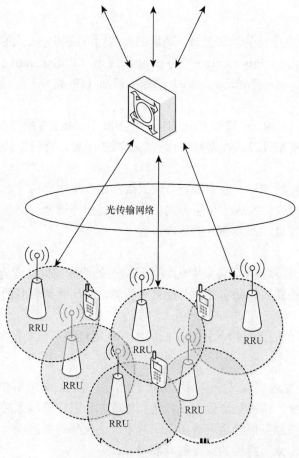

图 5-24　分布式 RRU+集中化 L1/L2/L3/O&M

第二种小集中的 C-RAN 架构如图 5-25 所示。

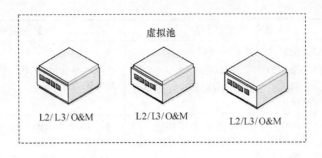

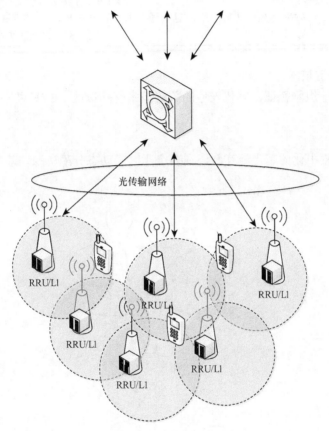

图 5-25　分布 RRU 和物理层+集中式 L2/L3/O&M

LTE C-RAN 的两种架构差异性体现在表 5-43 中。

表 5-43　　　　　　　　　　　　　　　　　C-RAN 架构差异

C-RAN 架构	大集中架构（方案一）	小集中架构（方案二）
集中处理	物理层、高层及相关控制功能	高层及相关控制功能
射频模块	A/D、D/A 转换、功放	物理层、A/D、D/A 转换、功放
所需传输带宽	10Gbit/s	150Mbit/s
传输技术	CPRI/Ir、白光/彩光直驱、WDM/OTN	可采用 CPRI/Ir/PTN 等
优点	（1）高度集中，最大限度的灵活性和资源利用率；	（1）BBU+RRU 之间仅传输解调后的数据，带宽小；

C-RAN 架构	大集中架构（方案一）	小集中架构（方案二）
优点	（2）最灵活的多标准支持； （3）最少的远端 RRU 维护； （4）多厂家的 BBU+RRU 较容易实现标准化	（2）容易和现有 IP 化传输网结合，如 PTN、微波传输等
缺点	（1）BBU 与 RRU 之间必须传输 I/Q 信号，对于 LTE 而言，传输时延短，带宽要求高； （2）必须采用光纤传输网络，对光纤资源压力大	（1）BBU 和 RRU 之间接口难以标准化，无法实现多厂家互操作； （2）RRU 上的处理能力较为固定，在复杂升级时需要更换 RRU 或物理层基带处理单元； （3）不利于实现完全的协作化处理

3．C-RAN 关键技术

根据 C-RAN 的组网特征，其代表性的关键技术有基带池、RRU 共小区、分布式基站传输等。

（1）基带池

C-RAN 通过集中化的基带池互联，在多个小区间动态分配资源。基带池示意如图 5-26 所示。

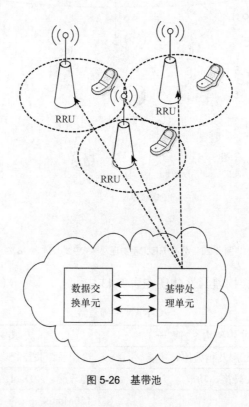

图 5-26　基带池

（2）RRU 共小区

RRU 共小区指不同物理站址的 RRU 在逻辑上构成为同一个小区，其价值在于：

① 提升网络性能。终端在共小区的物理站址间移动时，RRU 间实现协同。RRU 发射功

率低于下行干扰，上行对多个 RRU 的信号进行合并，存在增益。

② 解决业务潮汐。多个 RRU 共享一个小区容量（类似直放站），解决小范围潮汐业务问题。

C-RAN 的 RRU 共小区示意如图 5-27 所示。

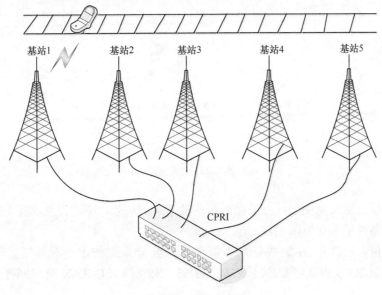

图 5-27　RRU 共小区

RRU 共小区在高速铁路、公路、隧道等场景应用广泛，用以改善切换和重选的次数，提升呼叫性能。相比之前直放站用于线性覆盖，存在明显的优势。RRU 共小区也可应对潮汐业务，来解决网络覆盖深度的问题。

（3）分布式传输

C-RAN 的分布式传输在 BBU 和 RRU 间采用 CPRI 接口，通过光纤直连，如图 5-28 所示。

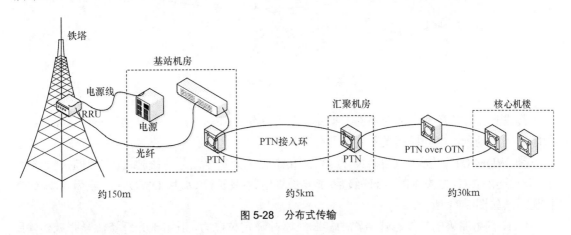

图 5-28　分布式传输

根据分布式传输网络的不同，C-RAN 在传输层可以分为光纤直驱、集成彩光和 OTN 传送等技术。

① 光纤直驱。C-RAN 光纤直驱指 BBU 通过 CPRI 接口，串联多个 RRU 进行组网，如图 5-29 所示，常用于 RRU 及光纤线路故障率低的室分系统中，支持环形、链形网络拓扑，不支持环带链结构。

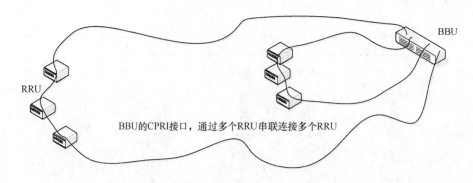

图 5-29　光纤直驱

但由于光纤直驱带宽受限，对于存在高容量需求的场景，不建议使用在 LTE 网络上。光纤直驱也不具备性能恶化监测功能。

② 集成彩光。C-RAN 集成彩光为每个无源波分系统独占一对纤芯，光纤纤芯需求量=2×RRU 数量/RRU 级联级数/波长数（CWDM 一般为 8）。C-RAN 集成彩光示意如图 5-30 所示。

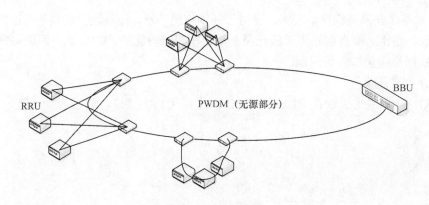

图 5-30　C-RAN 集成彩光

集成彩光支持环形、链形拓扑，但不支持环带链拓扑，适用于光纤资源不足、光纤线路故障率低的场景，也同样不具备性能恶化监测功能。

③ WDM/OTN 传送。C-RAN 的 OTN 传送技术为每个波分系统独占一对纤芯，光纤纤芯需求量=2×RRU 数量/RRU 级联级数/子波长复用数/波长数（城域 DWDM 一般为 40）。OTN 传送示意如图 5-31 所示。

OTN 具备完善的性能恶化监测功能和线路故障定位能力，适用于光纤资源紧张或传输距离长的场景，支持环形、链形和环带链等多种拓扑，同时支持多种无线制式、专业和 PON 等业务传送。

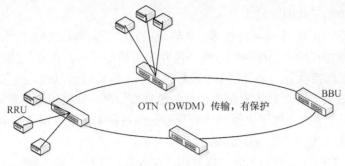

图 5-31　OTN 传送

④ Uni-PON。Uni-PON 是指 PON 的技术与波分技术进行结合，从而能为用户提供宽带服务又可以为射频信号提供传输。BBU 与 RRU 之间的传输借助 PON 技术实现，融合有线与无线传输，链路需要 OTU、复用解复用设备。采用该种方式可最大化重用现有 PON 接入技术，节省主干光纤，适合大中城市室内环境覆盖以及低密度郊区覆盖。从成本角度来看，Uni-PON 毫无疑问具有很大的优势，但由于 PON 承载 C-RAN 需要对原有网络进行改造，很容易造成光功率预算不足，另外从安全角度来看，PON 网络的星形结构安全性相对较差。图 5-32 是 Uni-PON 承载方式示意图。

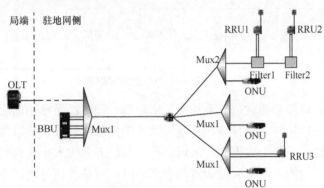

图 5-32　Uni-PON 承载方式示意图

以上几种分布式传输技术方案的对比见表 5-44。

表 5-44　　　　　　　　　　C-RAN 的分布式传输技术对比

	光纤直驱	集成彩光	WDM/OTN	Uni-PON
技术特点	RRU 级联组网，BBU 和 RRU 集成为长距离光模块	BBU 和 RRU 内置长距离彩光模块，集成为无源波分	BBU 和 RRU 采用短距离光模块直连，OTN 传送 CPRI 业务	BBU 和 RRU 采用短距离光模块直连，OTN 传送 CPRI 业务
应用场景	光纤丰富	光纤资源不足	光纤资源严重不足，多业务共同承载	已有 PON 网络
光纤资源（参考值）	6 芯/站	2 芯/站	2 芯/16 站	2 芯/32 站
传输能力	1 CPRI/2 芯	8 CPRI/2 芯	80 CPRI/2 芯	32 CPRI/2 芯
性能恶化监测	不具备	不具备	具备	具备
故障定位	部分具备	部分具备	具备	具备

4．C-RAN 中的干扰消除技术

LTE 中，传统的 ICIC 干扰消除技术，是假定接收机正确判决接收序列，并将该序列信息通过基站接入传输传送给邻小区基站。邻小区收到干扰信号后，在本地接收机模块里，减去干扰信号，从而正确接收有用信号。在正确解码后，再次将该信息传达给邻小区，以此迭代，达到干扰消除的效果。ICIC 技术对信道估计的敏感度很高。如果信道信息不准确，导致接收机的初次判决错误，那么在接下来的迭代消除干扰的过程中会造成误差扩散，极端的情况下，接收机的误比特率会增大，性能无法收敛。

基于 C-RAN 架构基站协同下的干扰软消除技术通过干扰信息的软判决，各个 BBU 之间协同检测出干扰信息和有用信息。整个过程中，以后验概率作为干扰信息估计是否可靠的标准，多次迭代使得算法收敛。

C-RAN 中基于多用户检测的干扰迭代软消除技术，通过使用贝叶斯 MMSE（最小均方估计）估计量来代表干扰软信号，并计算相应的 MMSE 估计量方差作为软信号的可靠因子。C-RAN 干扰迭代软消除技术原理如图 5-33 所示。

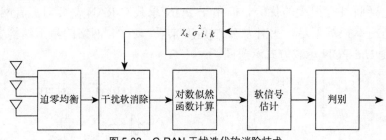

图 5-33　C-RAN 干扰迭代软消除技术

通过多次迭代，使得干扰软信号更加接近实际值。同时在数据初始化阶段，对干扰信号进行最小二乘初始估计得到软信号 k，并通过星座图先验知识校正其取值范围，提高了迭代过程中数据的可靠性。在整个过程中，通过估计信号的方差的大小来判断干扰估计信号的可靠度。在方差呈且增大趋势，且增大量超过某个阈值时，将估计信号进行重置，再进行新一轮的干扰迭代过程，最终可以达到性能收敛。在计算贝叶斯 MMSE 估计量时，需要计算信号的后验似然函数。理论上，后验似然函数的计算具有指数复杂度。而一般各个小区的干扰和噪声可以看作独立高斯分布，可采用近似的后验似然对数计算方式，迭代过程中将指数操作转化成了对数加法操作，在保证收敛性能的同时，大大降低了干扰迭代的算法复杂度。

上述算法需要基站 BBU 之间共享信道状况信息、用户数据、干扰噪声方差等信息。这个算法过程需要在一个集中的基站处理集群下实现，而这些条件在 C-RAN 架构下，通过基带基站池资源共享技术非常容易实现。

通过对干扰迭代软消除技术进行仿真，以系统 BER 为标准，通过对比没有引入 C-RAN 干扰迭代软消除技术的系统 BER，可以得出在 SNR 较好的情况下，算法能提升 3～5dB 的系统性能。

5.10　LTE 基站及其参数规划

5.10.1　基站估算

LTE 基站估算是根据链路预算和容量分析，获得不同热点区域基站的典型覆盖半径、吞吐

量和容量配置，并将各区域计算所得基站数量汇总的一个过程。基站数量估算具体步骤如下。

（1）确定网络负荷

根据设备性能和网络建设策略，确定链路负荷，即预留多少干扰余量。

（2）确定规划参数

在给定网络规划条件下，确定规划主要参数。

（3）按覆盖估算

根据基站覆盖范围 R，计算满足覆盖要求的最少基站数量。按照基站类型可以分为全向站、定向站。定向站可分为两扇区和三扇区基站。两扇区定向站一般用来覆盖道路、河流等线状覆盖区域。下面对全向站和三扇区基站分别计算单基站能够覆盖的面积。

① 全向站。全向站的蜂窝结构示意图如图 5-34 所示。

其中，R 为基站最大覆盖半径，D 为基站平均站间距。已知基站最大覆盖半径 R，可以得到单基站覆盖面积 S_0 为：

$$S_0 = 3\sqrt{3} \times R^2 / 2$$

② 三扇区定向站（三叶草）。三扇区定向站（三叶草）蜂窝结构示意图如图 5-35 所示。

$D = 1.732 \times R$
$S = 2.6 \times R \times R$

图 5-34　全向站蜂窝结构图

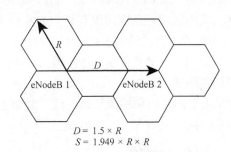

$D = 1.5 \times R$
$S = 1.949 \times R \times R$

图 5-35　三叶草蜂窝结构图

已知基站最大覆盖半径 R，可以得到单基站覆盖面积 S_{60} 为：

$$S_{60} = 9\sqrt{3} \times R^2 / 8$$

三叶草蜂窝结构在市区使用得比较普遍。

综上分析，不同蜂窝结构下，基站最大覆盖半径与单基站覆盖面积关系参见表 5-45。

表 5-45　　　　　　　　　　　　　不同扇区配置覆盖面积汇总表

基站扇区配置	站间距	每基站覆盖面积
全向站	$\sqrt{3}R$	$3\sqrt{3}R^2 / 2$
三扇区定向站（三叶草）	$1.5R$	$9\sqrt{3}R^2 / 8$

在确定单基站覆盖面积后，可以对覆盖维度的基站规模进行估算。

（4）按容量估算

根据基站容量估算，计算满足容量要求的最小基站数量。根据 5.8 节容量估算，可以得到基站的容量指标能力，再根据规划区域给定的总吞吐量，即可获取所需的 LTE 小区规模，即：

$$N_{2i\_小区吞吐量} = \sum_i \frac{规划区域\,i\,内的总吞吐量}{小区平均吞吐量}$$

（5）各规划区域基站需求

在给定条件下，针对各个规划区域，分别计算基站数量需求。当覆盖需求基站数量大于容量需求基站数量时，定义为覆盖受限，此时以覆盖需求基站数作为最终的基站估算结果。当覆盖需求基站数量小于容量需求基站数量时，定义为容量受限，此时以容量需求作为最终的估算结果。

（6）确定基站配置

根据每扇区容量，估算典型基站的信道单元配置和其他板卡配置。

（7）基站数量修正

基站数量修正指由于 LTE 覆盖区域在小范围内变化，而造成的基站数量变动。比如未连续覆盖导致所需基站减少、道路覆盖导致新增线覆盖基站等。

5.10.2　PCI 规划

PCI（Physical Cell Index）是 LTE 网络的物理小区标识，用于区分不同小区的无线信号，保证在相关小区覆盖范围内没有相同的物理小区标识。LTE 的小区搜索流程确定了采用小区 ID 分组的形式，首先通过 SSCH 确定小区组 ID，再通过 PSCH 确定具体的小区 ID。

PCI 在 LTE 中的作用类似 PN 码在 CDMA 系统中的作用，因此规划的目的也类似，就是必须保证复用距离。

PCI 由主同步码和辅同步码组成。其中主同步码有 3 种不同取值，辅同步码有 168 种不同的取值，所以共有 504 个 PCI 码。

1. PCI 规划的原则

（1）可用性原则：满足最小复用层数与最小复用距离，从而避免可能发生的冲突。

（2）扩展性原则：在初始规划时，就需要为网络扩容做好准备，避免后续规划过程中频繁调整前期规划结果。这时就可保留一些 PCI 组以及其他未保留 PCI 组内保留若干个 PCI 用于扩容。

（3）不冲突原则：保证某个小区的同频邻区 PCI 不同，并尽量选择干扰最优，即模 3 和模 6 后的余数不等。否则会导致重叠覆盖区域内某些小区将不会被检测到，小区搜索也只能同步到其中一个小区。

（4）不混淆原则：混淆即指一个小区的邻区具备相同的 PCI，此时 UE 请求切换将不知道哪个是目标小区。

（5）错开最优化原则：LTE 的参考 RS 符号在频域的位置与该小区分配的 PCI 相关，通过将邻小区的 RS 符号频域位置尽可能错开，可以在一定程度上降低 RS 符号间的干扰，有利于提高网络性能。

2. PCI 规划

（1）同一个小区的所有邻区列表中不能有相同的 PCI。

（2）使用相同 PCI 的两个小区之间的距离需要满足最小复用距离。

（3）PCI 复用至少间隔 4 层小区以上，大于 5 倍的小区覆盖半径。

（4）邻区导频位置尽可能错开，即相邻的两个小区 PCI 模 3 后的余数不同。

（5）对于可能导致越区覆盖的高站，需要单独设定较大的复用距离。

（6）考虑室内覆盖预留、城市边界预留。

另外，小区的 PCI 规划时，主要考虑的问题就是各个物理信道/信号对 PCI 的约束。

（1）约束条件 1：主同步信号对小区 PCI 的约束要求。

相邻小区 PCI 之间模 3 的余值不同，即：

$$\mathrm{mod}(PCI_1, 3) \neq \mathrm{mod}(PCI_2, 3)$$

原理：相邻小区必须采取不同的 PSS 序列，否则将严重影响下行同步的性能。

（2）约束条件 2：辅同步信号对小区 PCI 的约束要求。

相邻小区 PCI 除以 3 后的整数部分不同，即：

$$\mathrm{floor}(PCI_1/3) \neq \mathrm{floor}(PCI_2/3)（此约束条件较弱）$$

原理：相邻小区采用的 SSS 序列也需要不同，否则将影响下行同步性能。由于 SSS 信号序列由两列小 m 序列共同决定。只要 $N_{\mathrm{ID}}^{(1)}$ 和 $N_{\mathrm{ID}}^{(2)}$ 不完全相同即可，约束条件 1 已经保证了相邻小区的 $N_{\mathrm{ID}}^{(2)}$ 不同。所以，此约束条件相对较弱。

（3）约束条件 3：PBCH 对小区 PCI 的约束要求。

相邻小区 PCI 不同，即：

$$PCI_1 \neq PCI_2$$

原理：加扰广播信号的序列初始序列需要不同。广播信道的扰码初始序列有 $c_{\mathrm{init}} N_{\mathrm{ID}}^{\mathrm{Cell}}$。

（4）约束条件 4：PCFICH 对小区 PCI 的约束要求。

相邻小区 PCI 模 2 倍的小区 RB 个数后的余值不同，即：

$$\mathrm{mod}(PCI_1, 2N_{\mathrm{RB}}^{\mathrm{DL}}) \neq \mathrm{mod}(PCI_2, 2N_{\mathrm{RB}}^{\mathrm{DL}})$$

此条件隐含在约束条件 1 中。

原理：相邻小区的 PCFICH 映射的物理资源位置不同。

（5）约束条件 5：DL-RS 对小区 PCI 的约束要求。

相邻小区 PCI 模 6 的余值不同，即：

$$\mathrm{mod}(PCI_1, 6) \neq \mathrm{mod}(PCI_2, 6)$$

此条件隐含在约束条件 1 中。

原理：相邻小区的 DL-RS 映射的物理资源位置不同。

（6）约束条件 6：UL-RS 对小区 PCI 的约束要求。

相邻小区 PCI 模 30 的余值不同，即：

$$\mathrm{mod}(PCI_1, 30) \neq \mathrm{mod}(PCI_2, 30)$$

此条件隐含在约束条件 1 中。

原理：上行参考符号 UL-RS 采用的基序列不同，即保证相邻小区的 UL-RS 中的 q 不同，q 由 u,v 来决定。u 由 $f_{\mathrm{gh}}(ns)$ 及 $f_{\mathrm{ss}}^{\mathrm{PUCCH}}$ 或 $f_{\mathrm{ss}}^{\mathrm{PUSCH}}$ 来确定。当 $\mathrm{mod}(PCI_1, 30) \neq \mathrm{mod}(PCI_2, 30)$

时，f_{ss}^{PUCCH} 会不同，可以保证很大概率上的 q 值不同。

5.10.3 TA 规划

TA（Trace Area，跟踪区）与 2G/3G 的 LA（Location Area，位置区）和 RA（Routing Area，路由区）类似。所不同的是，LA 和 RA 分别是 GSM 和 UMTS 时代电路域和分组域的概念，均是一组小区（cell）的集合。对于 LA 而言，终端注册到某个位置区，在 MSC/VLR 中都会保持记录，网络在呼叫终端的时候，先通过 HLR 查找到终端所在的 MSC/VLR，然后再从其中查找到终端所在的 LA，将寻呼消息发送到该 LA 包含的所有基站。类似的，如果终端要发起数据传输，须向 SGSN 和 HLR 注册。移动过程中，RA 发生改变而 RA 则是发起 RA 更新，修改网络侧的注册信息。

在 LTE 系统中，新引入 TA，其作用在于：

（1）网络需要终端加入时，通过 TA List 进行寻呼，快速地找到终端。

（2）终端可以在 TA List 中自由地移动，以减少与网络的频繁交互。

（3）当终端进入一个不在其注册的 TA List 时，需要发起 TA 更新，MME 为终端分配一个新的 TA List。

（4）终端也可以发起周期性的 TA 更新，以便和网络保持紧密联系。

在进行 TA 规划时，需要遵循以下原则。

（1）与 2G/3G 协同。由于 LTE 网络覆盖受限，及目前对语音的支持能力薄弱，终端会频繁地在 LTE 与 2G/3G 系统间进行互操作，从而引发系统重选和位置更新流程，导致终端耗电。因此，在网络规划时 TA 尽量与 LA、RA 相同。

（2）覆盖范围合理。TA 的规划范围应适度，不能过大或过小。TA 范围过大，网络在寻呼终端时，寻呼消息会在更多小区发送，导致 PCH 信道负荷过重，同时增加空口的信令流程。TA 范围过小，终端发生位置更新的机会增多，同样增加系统负荷。

（3）地理位置区分。地理位置区分主要充分利用地理环境减少终端位置更新和系统负荷。其原则同 LA/RA 是类似的。比如，利用河流、山脉等作为位置区的边界；尽量不要将位置区边界划分在话务量高的区域；在地理上应该保持连续。

5.10.4 干扰规划

LTE 的干扰包括内部干扰和外部干扰。内部干扰包括同频干扰和异频干扰，外部干扰则包括系统间干扰及其他随机干扰。

1. 内部干扰

（1）同频干扰

由于只涉及一个系统，但涉及不同的小区，因此同频干扰存在小区内干扰和小区间干扰两大种类。

对于小区内干扰，由于 LTE 采用的 OFDM 子信道是正交的，决定了小区内干扰可以通过正交性加以克服，一般认为基于 OFDM 技术的 LTE 系统小区内干扰很小，不需要做干扰规划。

对于小区间干扰，可以采用干扰抑制技术，主要包括干扰随机化、干扰消除和干扰协调。

干扰协调从资源协调周期上可分为静态协调、半静态协调、动态协调和协作调度 4 种方式；从资源协调方式上可分为部分频率复用、软频率复用和全频率复用 3 种方式。

对于 LTE 的网络干扰规划来说，采用静态小区干扰协调是最简单的方式，另外 3 种由于需要相对复杂的算法和流程配合，在实用方面受到一些限制。而在资源协调方式上，也对部分频率复用、软频率复用和全频率复用进行了对比，如表 5-46 所示。

表 5-46　　　　　　　　　　　　　　ICIC 方案对比

	静态协调	准静态协调	动态协调	协作调度
部分频率复用	√	√	√	○
软频率复用	√	√	√	○
全频率复用	○	√	√	√

由于各类 ICIC 方案均比较复杂，在实际组网的干扰规划时，需要根据具体的网络需求，结合一定的调度算法，合理规划频率部分复用的比例，避免同频干扰的同时最大限度地提高频率利用率，尽量减少频谱资源的浪费。

（2）异频干扰

LTE 异频组网中相邻小区为了降低干扰，使用不同的频率，频谱效率相对于同频要差一些，但 RRM 算法简单，边缘速率相对于同频组网会高一些。因此，如果采用异频组网，需要进行合理的频率规划，确保网络干扰最小。同时，由于受限于频段资源，因此存在干扰控制与频段使用的平衡问题。

以 OFDMA 技术为基础的 LTE 系统的空中接口没有使用扩频技术，由此，信道编码技术所产生的处理增益相对较小，降低了小区边缘的干扰消除能力。为了提高 LTE 系统容量，必须采取有效的频率复用技术，一种好的频率复用方式可以极大降低 LTE 的干扰，使系统达到最佳性能。

2．外部干扰

外部干扰包括系统间干扰及其他随机干扰，主要针对 LTE 与其他异系统之间存在的干扰，如邻频干扰、杂散辐射、互调干扰和阻塞干扰。外部干扰分析详见 5.11 节。

5.10.5　码字规划

LTE 的码字规划比较简单，主要包括物理层小区 ID、主同步码、辅同步码和信道扰码等。

（1）物理层小区 ID

LTE 系统中共有 504 种独特的物理层小区特征 ID。物理层小区特征 ID 被分为 168 个物理层小区特征组，每个组包含 3 个物理层 ID。具体内容可详见 5.7 节中 PCI 规划的相关要求。

（2）主同步码

主同步码序列是一个 Zadoff-Chu 序列，取值由该小区所属的物理层小区 ID 组决定。

（3）辅同步码

辅同步信号（SSS）序列是由两个 31 位长的二进制序列的交织级联而成。该级联序列再由主同步信号（PSS）所决定的序列加扰。

（4）扰码

系统中不同信道有不同的扰码生成公式，主要是和小区 ID、n_s、n_{RNTI} 等参数有关，不同扰码生成公式产生不同的初始化扰码 C_{init}，具体如表 5-47 所示。

表 5-47　　　　　　　　　　　　　信道扰码生成

物理信道	扰码初始化	初始化周期	备注
PBCH	$C_{init} = N_{ID}^{Cell}$	4 个无线帧初始化	先加扰后 QPSK 调制
PCFICH	$C_{init} = \left(\left\lfloor \dfrac{n_s}{2} \right\rfloor + 1 \right) \times \left(2N_{ID}^{Cell} + 1 \right) \times 2^9 + N_{ID}^{Cell}$	每个子帧初始化	先加扰后 QPSK 调制
PHICH	$C_{init} = \left(\left\lfloor \dfrac{n_s}{2} \right\rfloor + 1 \right) \times \left(2N_{ID}^{Cell} + 1 \right) \times 2^9 + N_{ID}^{Cell}$	每个子帧初始化	先 BPSK 再加扰
PDCCH	$C_{init} = \left\lfloor \dfrac{n_s}{2} \right\rfloor \times 2^9 + N_{ID}^{Cell}$	每个子帧初始化	先加扰后 QPSK 调制
PDSCH	$C_{init} = n_{RNTI} \times 2^{14} + q \times 2^{13} + \left\lfloor \dfrac{n_s}{2} \right\rfloor \times 2^9 + N_{ID}^{Cell}$	每个子帧初始化	先加扰后调制

5.10.6　邻区规划

LTE 的邻区与 2G/3G 邻区规划原理基本一致，需要综合考虑各小区的覆盖范围及站间距、方位角等，并且注意 LTE 与异系统间的邻区配置。具体配置上，LTE 由于没有 BSC，因此每个 eNodeB 配置其他 eNodeB 的小区为邻区时，必须先增加外部小区，这一点与在 BSC 中配置跨 BSC 邻区时类似，即必须先增加对应的小区信息，才能配置邻区。

目前在 eNodeB 配置邻区是按照本地小区标识（Local Cell ID）来标识的，而之前都是小区 ID 对小区 ID，因此建议本地小区标识和小区 ID 保持一致。

1．邻区设置原则

邻区列表设置原则如下。

（1）互易性原则

根据各小区配置的邻区数情况及互配情况，调整邻区，尽量做到互配，邻区的数量不能超过 18 个。即如果小区 A 在小区 B 的邻区列表中，那么小区 B 也要在小区 A 的邻区列表中。

（2）邻近原则

如果两个小区相邻，那么它们要在彼此的邻区列表中。对于站点比较少的业务区（6 个以下），可将所有扇区设置为邻区。

（3）百分比重叠覆盖原则

确定一个终端可以接入的导频门限，在大于导频门限的小区覆盖范围内，如果两个小区重叠覆盖区域的比例达到一定的程度（比如 20%），将这两个小区分别置于彼此的邻区列表中。

（4）需要设置临界小区和优选小区

临界小区是泛指组网方式不一致的网络交界区域、同频网络与异频网络的交界、对称时隙与非对称时隙的过渡区域、不同本地网区域边界、不同组网结构边界。优选邻区是与本扇区重叠覆盖比较多的小区，切换时优先切到这些小区上。

邻区调整的顺序是首先调整方向不完全正对的小区，然后是正对方向的小区。对于搬迁网络，在现有网络邻区设置基础上，根据路测情况调整，调整后的邻区列表作为搬迁网络的初始邻区。如果存在邻区没有配置而导致掉话，则在邻区列表中加上相应的邻区。

系统设计时初始的邻区列表参照下面的方式设置，系统正式开通后，根据切换次数调整邻区列表。邻区设置步骤为：同一个站点的不同小区必须相互设为邻区，接下来的第一层相邻小区和第二层小区基于站点的覆盖选择邻区。当前扇区正对方向的两层小区可设为邻区，小区背对方向第一层可设为邻区。

2．互操作邻区设置

考虑到 LTE 与其他 2G/3G 网络共存的情况，初期 LTE 在覆盖方面还存在薄弱环节，因此，合适的互操作邻区设置对于提高 LTE 与 2G/3G 的切换成功率、降低 LTE 掉话率、提升 LTE 用户感知能起到很大的作用。LTE 邻区需要提供的相关信息有频点号、扰码、CELL ID、TAC。

对于 LTE 与其他 2G/3G 系统的互操作邻区设置，除了遵循互易性、邻近性、百分比重叠、临界小区和优选小区之外，还需遵循以下原则。

（1）与 LTE 小区正对的 2G/3G 小区，必须设置为邻区关系。

（2）若 LTE 与 2G/3G 共站址，宜将与 LTE 同方向的 GSM/CDMA 小区设置为邻区关系。

（3）在 GSM900/DCS1800 共址情况下，LTE 小区可只配 GSM900 作为邻区。

（4）考虑到终端测量能力，LTE 邻区数量不宜大于 8 个。

（5）LTE 覆盖区域的 2G/3G 应添加 LTE 邻区，以便 LTE 用户及时享受宽带业务。

虽然 ANR（Automatic Neighbor Relation）算法可以自动增加和维护邻区关系，但考虑到 ANR 需要基于用户的测量，和整网话务量密切相关，并且测量过程会引入时延，初始建网不能完全依靠 ANR。初始邻区关系配好后，随着用户不断增加，此时可以采用 ANR 功能来发现一些漏配邻区，提升网络性能。

5.10.7　传输带宽需求测算

LTE 的 E-UTRAN 侧接口主要包括 S1 和 X2 接口。eNodeB 直接和演进型分组核心网（EPC）通过 S1 逻辑接口相连，相邻 eNodeB 之间通过 X2 逻辑接口直接相连。为了提高核心网的负荷分担和容灾能力，eNodeB 支持 S1-flex 接口与多个服务网关（S-GW）或移动性管理实体（MME）互联。因此，接入网每个 eNodeB 的传输带宽需求应为 S1 接口的流量、X2 接口的流量及网管接口的流量之和。网管接口负责管理和维护需求，涵盖配置管理、故障管理和性能管理，平均接口流量实际只有几百 kbit/s，且其中配置管理一般安排在网络非忙时，性能管理产生其中大部分上行带宽需求，与 S1、X2 接口流量相比可忽略不计。因此，需重点考虑的是 S1 接口和 X2 接口的带宽计算。

1．S1 接口带宽

基于 S1 接口协议栈，S1 接口流量由用户面流量和控制面流量组成。S1-U 是指连接在 eNodeB 和 S-GW 之间的接口。S1-U 接口提供 eNodeB 和 S-GW 之间用户平面 PDU 的传输。GTP-U 在 eNodeB 和 S-GW 之间传输用户平面协议数据单元。S1-C 是指连接在 eNodeB 和 MME 之间的接口。与用户平面类似，不同之处在于应用 SCTP 协议来实现信令消息的可靠传输。

（1）S1 用户平面接口带宽

用户面流量需考虑多方面因素。

① 小区的容量规划目标。小区边缘速率规划越大，小区容量越大。

② 站点拓扑结构。合理的站点拓扑结构可以获得更高的容量。

③ 频率带宽。频率带宽越大峰值吞吐量越大。

④ 多天线配置。多天线能提升小区容量。

⑤ 用户分布和使用特性，城区、热点区域等用户集中区域带宽要求大。

在实际网络部署系统配置确定条件下，用户吞吐率的大小主要取决于无线链路质量及可分配的 RB 资源数量。LTE 采用 AMC 技术，通过改变数据传输的编码和调制方式，适应无线链路的变化：靠近基站的用户，其无线环境良好，接收到的无线信号功率强，链路质量较好，频谱效率高，一般采用高阶调制方式（如 64QAM，频谱效率 6bit/s/Hz），可获得较高的数据业务吞吐率；远离基站的用户，其无线环境较差，接收到的无线信号功率低，链路质量很差，一般采用低阶调制方式（如 QPSK，频谱效率 2bit/s/Hz），可获得的数据业务吞吐率较低。综上所述，单站用户面流量主要受系统性能规划和用户流量模型的双重影响，因此需使用多个维度的吞吐率指标衡量用户面流量，即峰值吞吐率、小区高负载平均吞吐率、小区忙时平均吞吐率。

峰值吞吐率定义为把整个带宽都分配给一个用户，并采用最高阶调制和编码方案以及最多天线数目前提下每个用户所能达到的最大吞吐量。峰值吞吐率是评估系统技术先进性的最重要指标，在 20MHz 带宽、2×2 空分复用条件下，LTE 小区峰值吞吐率约 144Mbit/s。但在典型的部署中，单个用户离基站的距离不同，单个用户的无线信号传播条件通常不理想，而且资源必须在多用户之间共享。因此，虽然系统峰值数据速率在理想的条件下的确可以达到，然而对于一个单独的用户来说，基本上很难在一段持续时期内维持峰值传输速率，而且所设想的用户业务体验通常也不需要达到这种高水平性能。

小区高负载平均吞吐率定义为系统整体可达到的小区吞吐率性能。通过对诸如部署方案、业务模型、信道模型、系统配置等参数进行详细定义并经若干系统性能验证步骤评估的小区平均吞吐率。在 20MHz 带宽、2×2 空分复用、干扰抑制接收机（IRC）情况下，LTE 小区平均频谱效率 1.6~1.8bit/s/Hz/cell，小区平均吞吐率 32~36Mbit/s。

小区忙时平均吞吐率定义为网络系统忙时单位时间内小区平均吞吐率，与小区用户行为（包括用户数量、用户地理分布、用户业务使用习惯），以及业务特征（包括单位业务占用的上下行无线资源大小、时间、业务的 QoS 服务要求）强相关，用户话务模型越大，小区平均吞吐率越大。

单小区带宽配置，主要应基于两种策略考虑。

策略一，基于系统性能的策略。该策略着重突出 LTE RAN 的良好性能，强调提供端到端性能保障，传输网拥有足够容量适配满足 LTE RAN 峰值吞吐率的需求。在 LTE 大规模部署、传输网带宽有保障的情况下，适用于高价值终端用户分布区、重点覆盖区域站点等场景。

策略二，基于业务模式的策略。面向成本建设，部署低成本高效的网络，传输网应匹配相应的业务模式，允许一定程度的传输网络拥塞、无线业务性能下降。在传输网建设成本高的情况下，适用于一般终端客户分布区、非密集站点区域等传输成本高而业务量低的场景。

若基于策略一配置 S1 接口用户面带宽，更多地从系统能力、市场竞争力角度出发，配置足够容量适配满足 LTE RAN 峰值吞吐率的需求，考虑到在实际网络中，峰值速率是只会在只有一个信道质量足够优质的用户在线时，数据传输瞬间能够达到峰值，而归属同一基站的各小区不可能在同一瞬间达到这一条件。因此，在基站传输带宽规划时，主要考虑策略二。

另外，从现有 LTE 商用网络的扇区吞吐量和接口带宽配置看，基站的接口带宽基本按照策略二执行。考虑基站接口带宽调整的灵活性，也考虑初期按照策略二进行，待后期小区吞吐量上升后，监控小区吞吐量，再适当提高接入带宽。

在传输过程中，业务数据包需经过多个协议层封装，每一个协议层都会加入一个协议头，形成传输开销，具体开销系数参考表 5-48。

表 5-48　　　　　　　　　　　　　　　IP 协议开销

协议类型	IPv4 包头开销	IPv6 包头开销
GTP-U Header	8	8
UDP Header	8	8
IP Header	20	40
IPSec Header	n/a	n/a
全部 GTP-U/UDP/IP 开销	36	56
Ethernet Overhead（IEEE 802.1Q）	22	22
小计	58	78
平均净荷大小	700	700
协议开销因子	1.08	1.11
传输效率	95%	95%
总的传输开销因子	1.14	1.17

对于 S1 接口，典型的传输是 IP over Ethernet，以 LTE 现网典型的包大小 700Byte 为例，IPv4 开销系数为：（8+8+20+22+700）/700/95%=1.14。

（2）S1 控制平面接口带宽

S1 控制平面流量主要包含应用协议以及用于传输应用协议消息的信令承载。根据仿真结果，单站 S1 控制平面峰值流量为 250kbit/s，控制平面平均流量约为峰值流量的 10%。控制平面负荷相对于用户平面来说可以忽略。

2．X2 接口带宽

相邻的 eNodeB 之间通过 X2 接口互相连接，这是 LTE 相对原来的传统移动通信网的重大变化，产生这种变化的原因在于网络结构中没有了 RNC/BSC，原有的树形分支结构被扁平化，使得基站承担更多的无线资源管理责任，需要更多地和其相邻的基站直接对话，支持激活模式的手机移动（基于 X2 接口的切换），或交换负载和干扰信息。

X2 接口也分为用户平面和控制平面，用户平面协议结构与控制平面协议结构均与 S1 接口类似。X2 接口的用户平面提供 eNodeB 之间的用户数据传输功能。X2-UP 的传输网络层基于 IP 传输，UDP/IP 协议之上采用 GTP-U 来传输 eNodeB 之间的用户面 PDU。X2-CP 的传输网络层控制平面 IP 层之上也采用 SCTP，为信令消息提供可靠的传输，应用层信令协议表示为 X2-AP。X2-AP 实现 X2 接口控制平面的主要功能，支持 LTE-Active 状态下 UE 在 LTE 接入系统内的移动性管理功能，主要体现在切换过程中由源 eNodeB 到目标 eNodeB 的上下文传输以及源 eNodeB 与目标 eNodeB 之间用户平面隧道的控制。

（1）X2 控制平面带宽

在基于 X2 接口切换情况下，两个 eNodeB 之间需交换 4 条信令消息涉及 3 个阶段，分别是准备阶段的"切换请求"信令和"切换请求响应"信令，执行阶段的"状态转移"信令，完成阶段的"释放资源"信令。平均信令消息长度约为 120Byte。X2-C 上信令流量与切换速率成线性正比，还取决于小区激活态用户数。考虑忙时高负荷的场景，控制平面负荷相对于用户平面来说可以忽略。

（2）X2 用户平面带宽

X2 接口用户面的流量取决于切换过程中转发的切换数据包的大小、切换的持续时间、切换次数的多少，关键参数有每用户平均切换次数（NHO）、平均切换时长（THO gap）、忙时平均吞吐量 m。

切换中经过 X2 接口的用户传输数据量计算式为：

$$X2\text{-}U = NHO \times THO\ gap \times m$$

从切换角度分析 X2 接口的流量需求比较复杂，且 X2-U 本身流量相对于 S1 的流量小很多，在实际工作中一般基于仿真或者经验值来估算，通常 X2-U 带宽取 S1-U 带宽的 3%～5%。

3．接口带宽典型值

从上面的分析可知，LTE 接入网传输带宽需求主要为 S1 接口用户面流量及 X2 接口用户面流量，与小区平均吞吐量有很大关系。

表 5-49 以网络部署规划条件为例，估算了单基站最低传输配置带宽。

表 5-49　　　　　　　　　　单基站传输配置带宽估算

系统带宽（MHz）	20	15	10
小区网络高负载时吞吐率（Mbit/s）	33.8	25.35	16.9
eNodeB 3 扇区网络高负载时吞吐率（Mbit/s）	101.4	76.05	50.7
传输开销因子	1.17	1.17	1.17
S1-U 带宽（Mbit/s）	118.6	89.0	59.3
X2-U 带宽（Mbit/s）	5.9	4.4	3.0
单站传输带宽（Mbit/s）	124.6	93.4	62.3

因此，对于规模建设的 LTE 网络，建议不同载频带宽初期基站接入传输带宽为 62.3.6～124.6.2Mbit/s，在实际具体配置中，郊区和交通干道的基站接入传输带宽可以适当再减小配置。在密集市区的高话务基站，可以根据用户需求和体验因素，再考虑 20%～30% 的余量。

5.11　LTE 基站与其他系统的干扰协调

5.11.1　通信系统间的干扰

通信系统间的干扰主要分为 3 个部分，即杂散干扰、阻塞干扰和互调干扰。

杂散干扰与 LTE 基站带外发射有关，这是接收方自身无法克服的。发射机的杂散辐射主要通过直接落入接收机的工作信道形成同频干扰而影响接收机，这种影响可以简化为提高接收机的基底噪声，使被干扰基站的上行链路变差，从而降低接收机的灵敏度。阻塞干扰与接收方接收机的带外抑制能力有关，涉及 LTE 的载波发射功率、接收机滤波器特性等，接收方接收机将因饱和而无法工作。互调干扰是干扰信号满足一定的关系时，由于接收机的非线性，会出现与接收信号同频的干扰信号，它的影响和杂散辐射一样，提高接收机的基底噪声，降低接收机的灵敏度，因此可以把互调干扰也看作杂散的影响。

发射机的发射功率和杂散辐射作用于接收机时，带内发射功率可能导致接收机阻塞，需要考虑满足接收机阻塞指标所必需的隔离度；而杂散辐射可能导致接收机灵敏度的下降，此时需要考虑满足杂散辐射时的另一个隔离度要求。在工程分析中对每一种情况获得两个方面的隔离度要求，在一种应用环境中，应该选取要求最严格的一个隔离度，作为两个系统间的空间隔离要求。

LTE 系统干扰的引入势必会导致接收机灵敏度的下降，所以为了保证有较好的系统性能，接收机侧的 3 种干扰必须避免或最小化，为了实现这个目标必须保证两个同址基站的天线有较好的隔离度。

如果在接收频段内有干扰，会对接收机的灵敏度造成影响，抬高系统接收噪声的电平。通常，由外来干扰导致基站接收灵敏度恶化的计算公式为：

$$基站接收灵敏度恶化=10\lg（（I+N）/N）=10\lg（（I/N）+1）$$

式中的 I 指外来干扰电平，N 指系统接收噪声电平值。

对应不同的干扰噪声比要求，导致的灵敏度下降也不同。对原系统接收灵敏度恶化 0.5dB 时，$I/N=-9$dB，即允许的干扰电平必须小于原系统接收噪声电平 9dB；对原系统接收灵敏度恶化 0.1dB 时，$I/N=-16$dB，即允许的干扰电平必须小于原系统接收噪声电平 16dB；而当干扰电平与原系统接收噪声电平相等时，系统接收灵敏度将恶化 3dB。

干扰基站落入被干扰系统的干扰，使得被干扰系统的灵敏度恶化 0.5dB 以内，一般认为干扰可以忽略。要使接收机的灵敏度恶化在 0.5dB 以内，其所收到的干扰电平应低于受干扰系统内部的噪声 9dB 以上。在后面的干扰分析中，以 9dB 作为干扰分析的测算依据。

5.11.2　干扰分析

分析 LTE FDD 系统与上述移动通信系统的干扰时，分别从杂散、阻塞和互调进行分析。

1. 杂散干扰

杂散干扰是由于发射机中的功放、混频器和滤波器等器件的非线性，会在工作频带以外很宽的范围内产生辐射信号分量，包括热噪声、谐波、寄生辐射、频率转换产物和互调产物等，当这些发射机产生的干扰信号落在被干扰系统接收机的工作带内时，抬高了接收机的底噪，从而减低了接收灵敏度。

杂散干扰首先计算被干扰系统的底噪，即：

$$N_b=热噪声+噪声系数=-174+10×\log（B）+N_f$$

其中，B 为系统带宽。

根据杂散干扰模型：

$$I_{ZS}=Z_1-N_b-X$$

式中，X 为被干扰系统低于底噪的容耐能力，如取 9dB。

可以得出 LTE FDD 与其他各系统的杂散干扰要求，如表 5-50 所示。

表 5-50　　　　　　　　　　LTE 与其他各系统的杂散干扰要求

杂散	接收机底噪（dBm/100kHz）	LTE FDD 干扰强度（dBm/100kHz）	LTE FDD 对其他系统的隔离度(dB)	其他系统对 LTE FDD 干扰强度	其他系统对 LTE FDD 的隔离度（dB）	隔离度（dB）
LTE FDD	−121.7					
CDMA800	−120	−98	30	−86dBm/1 600kHz	32.7	32.7
GSM900	−119	−98	30	−95dBm/200kHz	32.7	32.7
DCS1800	−119	−98	32	−95dBm/200kHz	32.7	32.7
TD-SCDMA	−119	−96	33	−80dBm/3 840kHz	34.9	34.9
WCDMA	−120	−96	34.7	−84dBm/1 600kHz	34.7	34.7
TD-LTE	−121.7	−96	32	−96dBm/100kHz	34.7	34.7

2．阻塞干扰

阻塞干扰分为带内阻塞和带外阻塞，形成原因在于干扰信号过强，超出了接收机的线性范围，导致接收机饱和而无法工作。

（1）带内阻塞

带内阻塞是根据被干扰系统的带内阻塞电平要求 D_n 及干扰系统的共址辐射电平最低要求 Z_1，可知带内阻塞干扰值为：

$$I_{dn}=Z_1-D_n$$

如果 $I_{dn}<0$，则不予考虑。

LTE FDD 和其他移动通信系统对带内阻塞的要求和控制均较好，经分析，各系统间的理论计算带内阻塞 $I_{dn}<0$，因此不需要进行带内阻塞隔离。

（2）带外阻塞

对于带外阻塞，其模型为：

$$I_{dw}=P_S-D_W$$

其中，P_S 为干扰系统的发射电平值；D_W 为被干扰系统的带外阻塞要求。

为此，可以得出 LTE FDD 与其他各系统的带外阻塞要求，如表 5-51 所示。

表 5-51　　　　　　　　　　LTE FDD 带外阻塞

杂散	发射功率（dBm）	LTE 阻塞电平，连续波干扰信号（dBm）	LTE FDD 对其他系统的隔离度（dB）	其他系统阻塞电平	其他系统对 LTE FDD 的隔离度（dB）	隔离度（dB）
LTE FDD	46					
CDMA800	32	16	16	17dBm/1.6MHz	34.1	34.1
GSM900	47	16	31	8dBm/200kHz	24.0	31.0
DCS1800	47	16	31	0dBm/200kHz	32.0	32.0

续表

杂散	发射功率（dBm）	LTE 阻塞电平，连续波干扰信号（dBm）	LTE FDD 对其他系统的隔离度（dB）	其他系统阻塞电平	其他系统对LTE FDD 的隔离度（dB）	隔离度（dB）
TD-SCDMA	42	16	26	25dBm/1.6MHz	26.1	26.1
WCDMA	43	16	27	39dBm/3.84MHz	15.9	27.0
TD-LTE	43	16	27	16dBm/5MHz	30.0	30.0

3．互调干扰

互调干扰主要是由接收机的非线性引起的，会抬高底噪、降低接收灵敏度。互调干扰可分为发射信号和杂散信号造成的互调干扰两种。

对于发射信号造成的互调干扰，LTE FDD 可能应用的频段在：

1.8GHz 频段：1 755～1 785MHz/1 850～1 880MHz，其 3 阶互调为 1 820MHz（$2f_1-f_2$）、1 910MHz（$2f_2-f_1$）。

2.1GHz 频段：1 955～1 980 MHz /2 145～2 170MHz，其 3 阶互调为 2 120MHz（$2f_1-f_2$）、2 195MHz（$2f_2-f_1$）。

在 LTE FDD 这两个频段的 3 阶互调中，落入现有移动通信系统的有 1.8GHz 频段的 3 阶互调，对 TD-SCDMA F 频段产生干扰。

其他移动通信系统的 3 阶互调中，落入 LTE FDD 频段的有 DCS1800 系统，其 3 阶互调落入 LTE FDD 1.8GHz 频段。

对杂散信号造成的互调干扰，同样会影响 LTE FDD 的发射机和接收机，分别分析如下。

对于发射机，LTE FDD 要求此杂散信号相对于发射信号幅度小于 45dB，所以 LTE FDD 发射带内杂散信号需≤−13dBm/1MHz−45dB＝−58dBm/1MHz。DCS1800 在 1 755～1 785MHz 带内的杂散为−96dBm/100kHz（−86dBm/1MHz），远小于−58dBm/1MHz，不需做考虑。

对于接收机，3GPP TS 36.104 规定 LTE FDD 接收互调特性要求落在接收机带内的干扰信号≤−52dBm。根据协议，DCS1800 在 LTE FDD 频段内的杂散为−95dBm/200kHz；因此，隔离度要求为−95dBm/200kHz−（−52dBm/5MHz）＝−29dB。

因此，互调干扰也不做考虑。

4．干扰汇总

根据上文分析的杂散、阻塞和互调干扰，对其中的每一种取最大值，得出 LTE 与其他各系统中的最终干扰要求，如表 5-52 所示。

表 5-52　　　　　　　LTE FDD 与其他各系统的干扰隔离要求（单位：dB）

系统	杂散干扰	阻塞干扰	互调干扰	系统间干扰
LTE FDD 与 GSM	32.7	24.0	0	32.7
LTE FDD 与 DCS	32.7	32.0	0	32.7
LTE FDD 与 CDMA	32.7	34.1	0	34.1
LTE FDD 与 WCDMA	34.7	15.9	0	34.7
LTE FDD 与 TD-SCDMA	34.9	26.1	0	34.9
LTE FDD 与 TD-LTE	34.7	30	0	34.7

5.11.3 LTE 系统与其他系统的隔离距离

1．空间隔离经验公式

天线距离与隔离度之间有对数线性关系。CELWAVE 和 KATHREIN 天线公司以及麦罗拉等在试验的基础上，总结出了空间隔离计算的经验公式，符合一般的计算要求，是具有高通用性和公认的特定情况下的蜂窝移动天线隔离度计算公式，是分析不同运营商基站间隔离度状况、解决隔离度计算分歧、达到统一认识的判定标准。

水平隔离度 L_h 用分贝（dB）表示的公式为：

$$L_h = 22.0 + 20\lg(d/\lambda) - (G_t + G_r)$$

其中，d 为收发天线水平间隔（单位为 m）；λ 为天线工作波长（单位为 m）；G_t、G_r 分别为发射和接收天线的增益，已经综合考虑了发送和接收馈线电缆的损耗（单位为 dBi）。G_t、G_r 是两天线在直线方向上的增益。当两天线面对面时增益最大。图 5-36 中，当两天线以一定的角度水平放置时，计算水平隔离度中代入公式的是 G_t 和 G_r，而不是 G_{tx} 和 G_{rx}。因此，天线间的水平隔离度同天线的方向和波瓣相关。

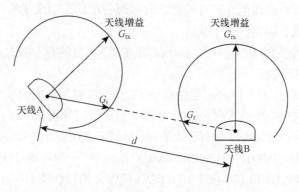

图 5-36 天线水平隔离度计算

在图 5-36 中，$G_t = G_{tx} - SL_{tx}$，$G_r = G_{rx} - SL_{rx}$。

G_{tx} 为发射天线增益，G_{rx} 为接收天线增益。SL_{tx} 为发射天线在信号辐射方向上相对于最大增益的附加损失，SL_{rx} 为接收天线在信号辐射方向上的附加损失。这两个附加损失一般从天线的水平波瓣参数中查得到。

垂直隔离同天线的垂直波瓣的关系不大，垂直隔离度 L_v 用分贝表示公式为（如图 5-37 所示）：

$$L_v = 28.0 + 40\lg(d/\lambda)$$

其中，d 为收发天线垂直间隔（单位为 m）；λ 为天线工作波长（单位为 m）。

倾斜隔离度 L_s 用分贝表示公式为（如图 5-38 所示）：

$$L_s = (L_v - L_h)(\theta/90) + L_h$$

其中 θ 是水平距离和垂直距离围成的直角三角

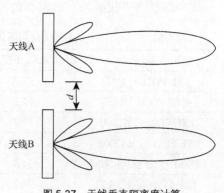

图 5-37 天线垂直隔离度计算

形的夹角。

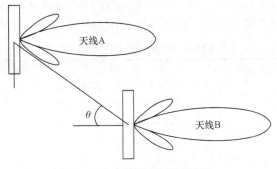

图 5-38　天线倾斜隔离度计算

2. LTE FDD 系统与其他系统的隔离距离

有了计算方法和波瓣参数，就可以计算出 LTE FDD 与不同制式网络的水平和垂直隔离距离，其中，天线水平波瓣参数可以从天线的波瓣参数文件（Pattern files）中得到。

经计算，垂直隔离距离计算结果如表 5-53 所示。

表 5-53　　　　　　　　　　与 LTE FDD 共站垂直隔离距离要求

共站的系统	垂直隔离距离（m）
LTE FDD 与 GSM900	0.42
LTE FDD 与 DCS1800	0.22
LTE FDD 与 CDMA800	0.49
LTE FDD 与 WCDMA	0.24
LTE FDD 与 TD-SCDMA	0.24
LTE FDD 与 TD-LTE	0.24

水平隔离距离的计算比较复杂。在这里，主要对两天线主瓣方向平行情况下的隔离距离进行计算，如图 5-39 所示。

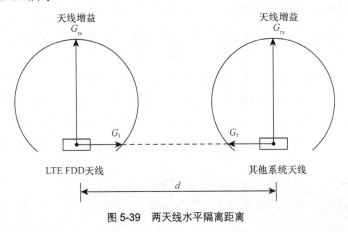

图 5-39　两天线水平隔离距离

计算时，首先需要得到各种制式天线在 90°方向的 G_t 和 G_r。LTE FDD 2×2 天线典型的 SL_{tx} 和 SL_{rx} 都约为 20dB。GSM900、DCS1800、CDMA800、WCDMA 和 TD-LTE 天线的 SL_{tx}

217

和 SL_{rx} 都可以从天线波瓣参数文件中读出。因此，根据隔离度计算公式，分别计算 LTE FDD 基站收发两个方向上的隔离距离，取其中较大值作为最终的隔离距离要求。LTE FDD 典型 2×2 定向天线同其他制式常用定向天线水平隔离距离计算结果如表 5-54 所示。

表 5-54　　　　　　　　　　　　与 LTE FDD 共站水平隔离距离要求

共站的系统	水平隔离度（m）
LTE FDD 与 GSM900	1.10
LTE FDD 与 DCS1800	0.57
LTE FDD 与 CDMA800	1.38
LTE FDD 与 WCDMA	0.70
LTE FDD 与 TD-SCDMA	0.70
LTE FDD 与 TD-LTE	0.70

3．典型情况的空间隔离测量

由于无线环境复杂，一般规律不一定适合所有场合，需要对重要疑问站点采取现场测试的办法，实地测量是在站址选定后和设备安装前进行。实地测量需要进行的主要工作有：

（1）在新站建立前，测量周边原有各站的载波频率、强度，计算 3 阶互调干扰。

（2）测量在新站接收频带内的杂散信号强度。

（3）根据（1）的载波频率和强度测量值进行接收机过载研究。

（4）测量新站接收机天线处的电场强度。

为了尽可能精确地模拟实际环境，用于测量的天线设置尽可能和设计要求一致，主瓣对准实际所需方向，测量的时间选在话务忙时。

工程中典型布置情况下的空间隔离度测试方法是：测试信号由信号发生器产生，接到发射天线，输出端信号为 0dBm。接收信号强度由频谱分析仪测量，接收天线输出端信号强度的绝对值扣除接收机天线和接收端、发射端的馈线损耗影响之后的差值，就是实际测量得到的天线隔离度。

5.11.4　系统间的干扰抑制

为避免 LTE 系统与其他无线系统共存造成 LTE 系统覆盖范围减小，一般情况下可通过合理设计天线的朝向、垂直和水平安装位置，确保与干扰系统达到必要的隔离度来达到该目的。合理利用楼顶建筑物的阻挡也能增大天线间的隔离。多系统共站时，尽量以垂直隔离作为系统间的隔离方式。增加天线间的耦合损失是最经济有效的隔离方法，通过适当的布置，天线间的最小耦合损失可以从 30dB 提高到 50～60dB 而不牺牲基站位置设置的灵活性。该方法简单可行，无需额外增加成本。若天线隔离仍不能满足要求，可采取以下措施。

（1）在接收机和/或发射机上加装高性能的滤波器。

（2）重新选择适当站址，避免与干扰系统共址。

（3）设置适当的频率保护带。

（4）与干扰者协调，要求其降低功率，减轻干扰。

（5）在天线之间加装隔离物体，如金属板材等。

5.12　LTE 无线网络规划仿真

5.12.1　仿真概述

无线网络规划仿真主要是针对 LTE 无线接入系统进行仿真，得到其在不同无线环境、系统负载以及外界干扰下的系统性能。规划仿真有两个主要用途，一是用于检验无线接入系统的性能；二是用于系统规划和优化。本书对后者进行重点分析，从而指导无线网络规划和优化。

通过模拟发射机或接收机的无线环境、基站配置、运动速度和方向、功率变化、干扰情况、无线控制算法等，仿真计算出每条无线链路的传播损耗；再汇总各路信号得到信噪比，然后根据信噪比以及链路级输出的仿真结果查找到此时对应的 BER、BLER 或 FER，得到如覆盖、容量、质量等网络性能参数，从而得到每条链路的性能以及整个系统的性能。

在网络规划中，利用仿真软件对网络的整体性能进行模拟，根据预测用户与业务量情况、设备性能、业务质量以及网络所处地理环境，确定出主要无线网络工程参数，如基站天线挂高、天线方向角和下倾角、基站最大发射功率等。

5.12.2　传播模型校正

传播模型是移动通信网络规划的基础,传播模型的准确与否直接关系到小区规划的合理性以及仿真结果的准确性。传播模型测试的目的就是通过测试几个典型站点的传播环境，来预测整个规划区域的无线传播特性。利用随机过程的理论分析移动通信的传播，可表示为：

$$r(x)=m(x)r_0(x)$$

其中，x 为传播距离；$r(x)$ 为接收信号；$r_0(x)$ 为瑞利衰落；$m(x)$ 为本地均值。本地均值也就是路径损耗和阴影衰落的合成，可以表示为：

$$m(x) = \frac{1}{2L} \int_{x-L}^{x+L} r(y)\mathrm{d}y$$

其中，$2L$ 为平均采样区间长度，也叫本征长度。因为地形地物在一段时间内基本固定，所以对于某一确定的基站，在某一确定地点的本地均值是确定的。该点平均值就是连续波（Continuous Wave，CW）测试期望测得的数据，也是与传播模型预测值最逼近的值。

CW 测试就是尽可能获取在某一地区各点地理位置的本地均值，即 $r(x)$ 与 $m(x)$ 之差尽可能小，因此要获得本地均值必须去除瑞利衰落的影响。对于一组测量数据取平均时，若本征长度太短，则仍有瑞利衰落的影响存在；若本征长度太长，则会把正态衰落也平均掉。因此在测试中 $2L$ 的长度的确定影响到所测数据与实际本地均值的逼近程度及传播模型预测的准确程度。根据李氏定理，在本征长度为 40 个 λ，采集 36～50 个抽样点能有效去除快衰落的影响。

模型校正的原理为：首先选定模型并设置各参数值，通常可选择该频率上的默认值进行设置，也可以是其他地方类似地形的校正参数；然后以该模型进行无线传播预测，并将预测值与路测数据作比较，得到一个差值；再根据所得差值的统计结果反过来修改模型参数；经过不断地迭代、处理，直到预测值与路测数据的均方差及标准差达到最小，此时得到的模型各参数值就是我们所需的校正后参数。

传播模型的准确程度直接影响无线网络规划的规模估算、站点分布、仿真及投资，是无线网络仿真的基础，在整个网络规划中具有十分重要的作用。随着我国移动通信网络的飞速发展，各运营商越来越重视传播模型与本地区环境相匹配。无线传播环境复杂、差异性大，必须通过实际的传播模型测试与校正，真实反映无线传播特性。传播模型测试和校正就是通过几个有代表性的测试站点，来预测整个规划区域的无线传播特性。

在传播模型校正中，除了信道模型外，还将讨论传输信道的一个重要特性——衰落。终端接收到的电波一般是直射波与绕射波、反射波以及散射波的叠加，这样就造成所接收信号的电场强度起伏不定，这种现象称为衰落。这种衰落是由多径引起的，所以称为多径衰落（快衰落），它使得接收端的信号近似于瑞利（Rayleigh）分布，故多径快衰落又称为瑞利衰落。接收信号除瞬时值出现快衰落之外，场强中值也会出现缓慢变化。变化的原因主要有两方面，一是地区位置的改变；二是由于气象条件变化，大气的条件发生缓变，以致电波的折射传播随时间变化而变化，多径传播到达固定接收点的信号的时延随之变化。这种由阴影效应和气象原因引起的信号变化，称为慢衰落。慢衰落接收信号近似服从对数正态分布，变化幅度取决于障碍物状况、工作频率、障碍物和终端移动速度等。快衰落和慢衰落由相互独立的原因产生，随着终端的移动，这二者是构成移动通信接收信号不稳定的主要因素。

模型校正要消除快衰落的影响，对接收信号的中值场强进行校正。移动环境的复杂多变，给接收信号中值的准确计算带来困难。工程一般在大量场强测试的基础上，经过对数据的分析与统计处理，给出传播特性的计算公式，并建立对应的传播预测模型。

传播模型校正一般用网络仿真工具来做。为保证覆盖预测的准确性，应根据以下要求选取数字地图。

（1）宏蜂窝覆盖预测：市区数字地图精度≤20m，郊区、农村数字地图精度≤100m。

（2）微蜂窝覆盖预测：数字地图精度≤5m。

经过传播模型校正后，预测模型和 CW 测试数据的误差应满足以下要求。

（1）模型校正后，预测与实测差值的平均值为 0dB。

（2）模型校正后，预测与实测差值的均方差小于 8dB。

5.12.3　仿真过程

在网络规划阶段，使用的仿真一般为静态仿真。静态仿真对系统的采样相互之间是独立的，在时间上是离散的，所以只适用于仿真系统的覆盖、话音容量等静态性能。对于切换算法、分组调度等系统算法以及数据业务相关的动态性能，则采用动态仿真更合适。动态仿真是对系统进行连续采样，能够更真实反映系统的运行情况，所以无论对系统哪个方面进行仿真，动态仿真总是要比静态仿真准确。正是由于动态仿真的这个特点，使得仿真的复杂度、仿真所需时间较之静态仿真都有了大幅度提高。

应该根据仿真的目的和用途、仿真区域的大小以及仿真需要的精度等，灵活选用仿真方法。静态仿真多用于无线网络规划中对网络覆盖和网络容量相关性能指标进行分析，以检验网络设置能否达到设计目标。在无线网络规划中，仿真区域面积很大，仿真精度要求不高，所以采用静态仿真是比较合适的。而动态仿真多用于对无线网络协议、算法和策略进行仿真，这时多采用理想蜂窝小区模型，仿真区域不大，精度要求较高。

1. 静态仿真过程

无论对何种性能进行仿真，静态仿真的方法是基本相同的。一次完整的静态仿真过程包括对 LTE 系统的多次独立的采样。每一次采样称为一次"快照（Snapshot）"，其含义就是对一个时变系统进行多次快照拍摄，每次快照都拍摄到系统某个瞬间的状态。进行多次独立的快照拍摄，获得系统多个瞬间的状态，从而统计系统的性能。在每一次快照中，都独立产生用户分布，产生用户与基站间的无线衰落，然后根据用户和基站之间的传播损耗，利用迭代算法计算出基站和用户的发射和接收功率，从而求得相应的性能参数并记录。具体的几个主要阶段如下。

（1）产生仿真区域内的用户分布

不同的用户分布会极大地影响系统的性能。如果用户都分布在无线环境简单的区域，那么仿真得到的系统性能就很好；反之，如果用户都分布在无线环境恶劣的区域，那么仿真得到的系统性能就很差。仿真需要得到的是系统的平均性能。虽然有时可能需要对某种极端情况进行系统性能仿真，但无论是理论分析还是网络规划，系统平均性能是最有意义也是最有价值的。因此，静态仿真要进行多次快照，每次都应独立产生用户分布。

产生用户分布的方法有很多种。在理论分析中，最常用的方法是用户均匀分布在规划区域内。在网络规划中，通常根据当前实际网络的用户分布产生用户，而当前实际网络的用户分布可以从操作维护中心或其他渠道获得。

（2）初始化

一旦用户分布产生后，每个用户的地理位置就确定下来了，基站参数在仿真开始之前就已经确定了。这时就可以根据用户和基站的位置计算它们之间的距离。然后根据某种事先定义好或者校正过的传播模型，计算终端和基站之间的路径损耗。用户和基站之间的传播损耗除了路径损耗外，还包括阴影衰落和快衰落。由于快衰落变化很快，对系统的平均性能影响不大，因此静态仿真一般不考虑快衰落对系统的影响。而慢衰落一般被模拟为 8～9dB 方差的对数正态分布的随机变量，而且每个用户和每个扇区之间的阴影衰落都相互独立。除此以外，基站和用户终端的天线增益和接收端的接收机噪声系数也都应考虑在内。

（3）确定归属小区

静态仿真中必须确定每个用户的归属扇区。归属扇区是根据用户检测到的来自不同扇区的下行参考信号 RSRP 强度确定的。

（4）资源管理和功率控制

根据用户和基站之间的传播损耗、信道环境、用户的业务情况，通过迭代算法选择基站下行的 MCS 模式，用合适的速率发送数据流。在上行方向，通过迭代算法计算终端上行的发射功率。具体的解法为：通过迭代算法，获得最合适的下行 MCS 模式。在 LTE FDD 系统中，基站下行发射功率恒定，MCS 模式应恰好能够保证在到达目标 SINR 时，最大化地发送数据。在上行方向，过大的发射功率会增大干扰、浪费容量和增加功耗，而过小的发射功率无法保证通信质量。

（5）统计数据

通过迭代计算出基站和终端的发射功率及 MCS 模式后，就可以记录系统的相关性能指标。仿真的目的不同，需要记录的内容也不尽相同。如果做覆盖分析，就需要根据基站的发射功率，计算在地图上每个点的 PDCCH 强度、接收功率等参数。如果做容量仿真，需要记录每个终端的业务信道质量（SINR 或 BLER）。在采样个数足够的情况下，还需要统计系统性能相关指标，包括统计均值、方差、概率分布密度函数和概率累计密度函数等。

（6）采样个数是否足够

快照应达到一定的数量，以保证仿真的准确度。注意仿真次数太多，可能造成仿真时间过长。

2. 静态仿真特点

静态仿真虽然应用十分广泛，但是由于仿真采用不连续采样的方式，使得它无法模拟系统的瞬时变化，对于系统中快速变化的控制机制和业务性能都无法准确仿真。高速数据信道分配给哪个终端、分配多大的速率都是系统根据用户的无线环境、QoS 要求和优先级等指标由资源分配算法和调度算法确定的，是无法预知的。高速数据信道是在基站和终端之间通过信令快速建立和释放的，所以静态仿真无法对其准确仿真。

5.12.4 仿真参数设置

LTE FDD 的仿真工具软件众多，功能和特性基本相似，本书以 Atoll 为例，介绍 LTE FDD 仿真关键参数的设置。

Atoll 的 LTE 仿真步骤如图 5-40 所示，因为仿真流程同 3G 网络大同小异，这里不再赘述。

图 5-40　Atoll 的 LTE 仿真步骤

LTE 网络仿真参数的设置主要有以下几类。

1. 地图信息

仿真的地图信息设置主要根据地图文件提供的信息，正确设置地球参考系。

由于我们常见的 GPS 使用的是 WGS-84 参考系，为避免导入的路测数据及基站经纬度数据出现偏差，一般要求地图制作商提供 WGS-84 参考系的三维地图。在仿真地图参数选择和设置中，需要选择正确的投影系和投影带，如图 5-41 所示。

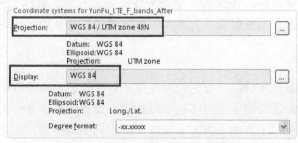

图 5-41　Atoll LTE 仿真投影带选择

在地图设置中，除了阴影衰落余量、穿透损耗等在以往的 2G、3G 仿真中需要设置外，在 LTE 仿真中，增加了不同地貌的 SU-MIMO 及分集接收增益，如图 5-42 所示。

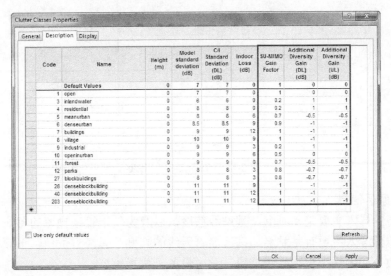

图 5-42　LTE 仿真不同地貌参数设置

2．系统信息

LTE 全局系统参数设置在隐含的文件夹属性内，如图 5-43 所示。

图 5-43　LTE 仿真全局系统参数设置

（1）全局系统参数主要包括 CP 设置、PDCCH 开销、PUCCH 开销等。

（2）频段设置包括起始频率、信道号、信道带宽、RB 数量、双工模式等。

（3）ICIC 设置包括 ICIC Configuration RB 总数和 ICIC RB Group 指配，如 Group 0～Group 2 的 RB 数量。

例如，20MHz 带宽下，有 100RB，按照 1/3 的配置，将这 100 个 RB 分为 3 组，在满足 ICIC 的条件（来自最佳小区和第二小区的信号电平差=4dB）时，按照 PCI 进行 RB 组的分配，这样边界区域是异频，将会提高边界区域信噪比，提升网络性能，如图 5-44 所示。

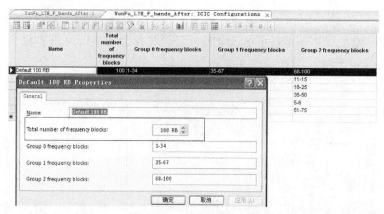

图 5-44　LTE 仿真 ICIC 设置

3. 基站扇区信息

基站信息的导入主要是基站名、基站经纬度，以及为便于筛选预留的备注信息等。

基站信息的导入主要有基站名、扇区名、天线的高度、天线方位角、下倾角等，还需要配置扇区参数，如天线类型、天线端口、发射设备、传播模型。

其他的扇区参数设置还包括（参数设置仅供参考，如图 5-45、图 5-46 和图 5-47 所示）。

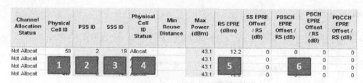

图 5-45　LTE 仿真扇区参数设置 1

（1）PCI：物理小区号（要与前面的逻辑小区名区别开来），PCI=PSS ID+SSS ID。

（2）PSS ID：主同步码。作用有两个，一是完成同步的第一个步骤——OFDM 符号同步；二是 ICIC 频段分配（频段号与 PSS ID 一致）。

（3）SSS ID：辅同步码，作用是完成同步的第二个步骤，即帧同步。

（4）PCI 状态：PCI 可手动分配，也可自动分配（需要先完成覆盖预测、最佳小区预测、邻区自动规划才能作 PCI 自动规划）。

（5）RS EPRE：RS 信号每 RE 功率，正常情况下，20W 总发射功率，RS EPRE=12.2dBm，当使用 PowerBoosting 功能进行 RS 覆盖扩展时，RS EPRE=15.2dBm（PB=1）。

（6）offset：其他信道与 RS 之间的功率偏差（特殊情况下设置）。

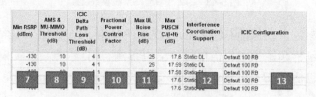

图 5-46　LTE 仿真扇区参数设置 2

（7）最低接收电平：−130dBm。

（8）AMS 门限：AMS 即自适应 MIMO 转换功能，当信噪比好的时候使用 SU-MIMO

以提升速率，当信噪比差的时候使用分集接收以提升信噪比（间接提高速率），该门限为两种模式间转换的 SINR 门限；根据多次仿真对比分析的结果，设为 10dB 能提升整网吞吐量。

（9）ICIC 路损差异：区分是小区内部还是小区边界的门限值，4dB。

（10）上行链路功控因子：设 1，按 PL 计算；设 0.8，发射功率是 1/0.8。

（11）上行最大噪声抬升：设置的越大，上行容量越大。典型值为 25dB。

（12）ICIC 支持模式：静态。

（13）ICIC 配置：跟带宽相关，20MHz 为 100 RB。

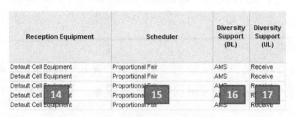

图 5-47　LTE 仿真扇区参数设置 3

（14）接收设备：Cell 接收设备。

（15）调度：PF，正比公平模式。

（16）下行分集模式：AMS（SU-MIMO 与接收分集自动转换）。

（17）上行分集模式：接收分集。

4．终端信息

终端参数主要包括终端类型、发射功率、噪声指数、MIMO 收发天线数量等，如图 5-48 所示。在终端类型选择上，目前 UE 能力主要为 CAT3、CAT4。

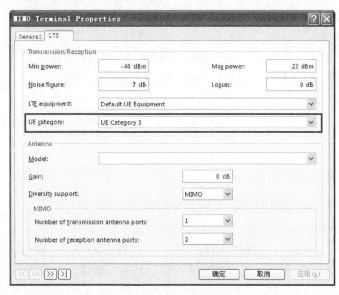

图 5-48　LTE 仿真终端参数设置

对于终端的能力，如图 5-49 所示。

Name	Max Number of Transport Block Bits per TTI (DL)	Max Number of Transport Block Bits per TTI (UL)	Highest Supported Modulation (UL)	Max Number of Reception Antenna Ports
UE Category 1	10,296	5,160	16QAM	1
UE Category 2	51,024	25,456	16QAM	2
UE Category 3	102,048	51,024	16QAM	2
UE Category 4	150,752	51,024	16QAM	2
UE Category 5	299,552	75,376	64QAM	4

图 5-49　LTE 仿真终端能力

不同于 3G 网络规划，LTE 网络仿真对终端和业务的定义较为简单，因为 LTE 的业务种类较 3G 少，仅有 PS 分组数据业务，不需要像 3G 网络那样定义 CS 业务、PS 业务等。

5．仿真网络目标设定

仿真的目的是通过网络仿真评估网络规划方案，判断网络的覆盖和容量性能是否达到网络规划的目标，定位方案中存在的网络弱覆盖、过覆盖、干扰严重区域，指导网络规划的制定和优化调整。

网络仿真的目标主要包括覆盖、容量、边缘速率和质量等。

（1）覆盖目标

覆盖的目标主要是对 RSRP 和 SINR 目标的设定，如：

① 连续覆盖要达到室外道路 RSRP>−110dBm 且 SINR>−3dB 的比例不低于 98%。

② 深度覆盖要达到室外道路 RSRP>−100dBm 的比例不低于 90%。

这个预测的覆盖结果可由覆盖仿真结果得到。

（2）吞吐量目标

在仿真中，设置 50%负载下，小区上/下行平均吞吐量不低于 4Mbit/s/20Mbit/s。50%负载在蒙特卡罗仿真参数中进行设置，小区上下行吞吐量数据在蒙特卡罗仿真后，对生成结果进行统计得到。

（3）边缘速率目标

边缘速率目标如小区边缘用户上/下行速率达到 250kbit/s/1Mbit/s。在进行蒙特卡罗仿真后，对用户吞吐量结果统计，95%的用户能达到的吞吐量为边缘吞吐量。

（4）接入性能目标

对于接入性能目标，如接入成功率大于 95%，这个参数可在蒙特卡罗仿真后，对生成结果进行统计得到。

5.12.5　仿真结果分析与规划优化

在仿真结果分析和规划优化中，常用的分析有以下几个。

（1）最佳服务小区

最佳服务小区的作用有，在网络结构优化中，合理规划小区的覆盖，通过服务小区的布局，解决越区覆盖、覆盖不足、覆盖过远的问题。另外，创建某些话务地图时，Atoll 会基于最佳服务小区，这样在仿真中，用户的撒布会更加合理可控。图 5-50 是一个仿真后最佳服务小区的图。从图中可以看出，有些小区的覆盖并不合理，需要对扇区的方位角、下倾角进行优化调整，合理分配好每个小区的覆盖范围。

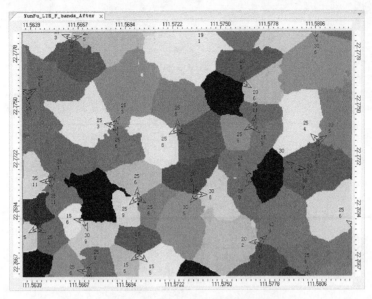

图 5-50　Atoll LTE 仿真最佳服务小区

（2）RSRP

仿真中，第二个分析和优化对象是 RSRP。图 5-51 是某大学城在第一次规划建设 49 个利旧原址，参考现网工程参数进行建设的仿真 RSRP 覆盖图。

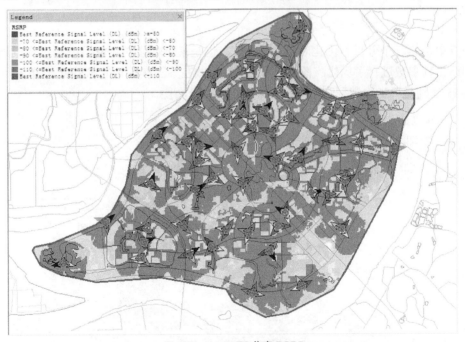

图 5-51　Atoll LTE 仿真 RSRP

从图 5-51 中可以看出，该大学城内，还有不少覆盖的盲区、弱区，因此，需要增加相应的基站，以弥补这些弱覆盖的区域。

图 5-52 是第二次规划，是在第一次规划基础上新增 11 个站点，补充弱覆盖区后的仿真 RSRP 覆盖图。

图 5-52　补充覆盖后的 RSRP

从图 5-52 中可以看出，原来黄色、绿色区域明显减少，蓝色区域明显增多，RSRP 覆盖得到加强。

（3）SINR

仿真中，第三个分析和优化对象是 SINR，也是最难优化的对象。在第三次规划中，主要对网络工程参数进行了优化。图 5-53 是某大学城在第三次规划的 RSRP 分布图。图 5-54 和图 5-55 分别是第二次规划和第三次规划的 SINR 分布图。

图 5-53　LTE 仿真优化后的 RSRP

从图 5-53 中可以看出，第三次规划，优化调整后，整个区域的 RSRP 反而下降了。

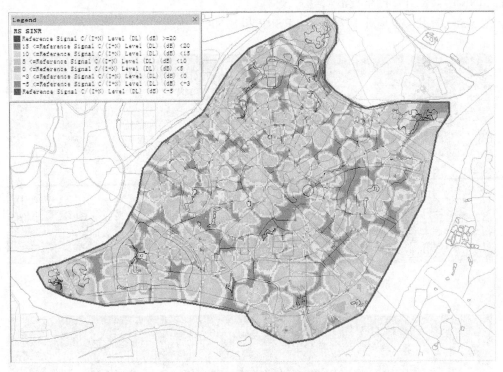

图 5-54　补充覆盖后的 SINR

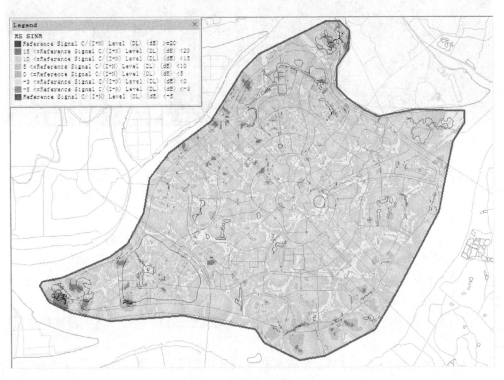

图 5-55　仿真优化后的 SINR

从两次的 SINR 对比看，经过覆盖控制和干扰优化后，红色、橙色区域明显减少，该区域的 SINR 明显提升，网络覆盖质量大大提高。

图 5-56 和图 5-57 是对 3 次规划的 RSRP 和 SINR 数据统计。

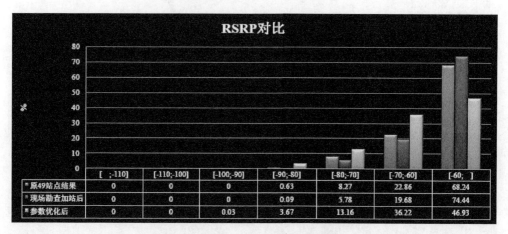

	[;-110]	[-110;-100]	[-100;-90]	[-90;-80]	[-80;-70]	[-70;-60]	[-60;]
原49站点结果	0	0	0	0.63	8.27	22.86	68.24
现场勘查加站后	0	0	0	0.09	5.78	19.68	74.44
参数优化后	0	0	0.03	3.67	13.16	36.22	46.93

图 5-56　Atoll LTE 仿真 RSRP 数据统计

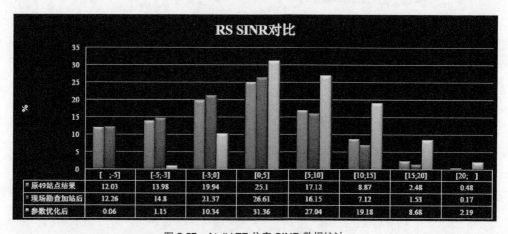

	[;-5]	[-5;-3]	[-3;0]	[0;5]	[5;10]	[10;15]	[15;20]	[20;]
原49站点结果	12.03	13.98	19.94	25.1	17.12	8.87	2.48	0.48
现场勘查加站后	12.26	14.8	21.37	26.61	16.15	7.12	1.53	0.17
参数优化后	0.06	1.15	10.34	31.36	27.04	19.18	8.68	2.19

图 5-57　Atoll LTE 仿真 SINR 数据统计

通过 3 次规划的数据统计很容易看清这 3 次规划的变化。第二次规划，覆盖得到加强，但是干扰也增多。第三次规划，干扰得到控制，覆盖强度也下降，说明在控制好干扰后，基站的功率可以得到有效的节省。

在 LTE FDD 网络仿真中，结合 LTE 网络的特点，针对上述参数的优化，我们建议：

① 同频组网下，LTE 性能提升的关键是干扰控制，因此，优化最主要的目标是 SINR。

② RSRP 不是主要追求目标，过高的 RSRP 会导致干扰提升，在同频组网下，追求一个低的底噪环境是提升 LTE 性能的关键。

③ 在仿真过程中，分析抬高底噪的干扰站点，对这些站点，通过多种手段进行覆盖控制，控制其干扰。

④ 由于对部分站点覆盖控制会造成某些区域 RSRP 低于合理门限，也会导致 SINR 降低，因此在这些区域还需进行覆盖增强。

⑤ 在仿真中，重点关注多小区重叠区，通过覆盖增强突出主覆盖小区，强调主导小区的概念。

参考文献

[1] 3GPP TS 36.104 v10.10.0. Evolved Universal Terrestrial Radio Access (E-UTRA), Base Station (BS) radio transmission and reception.

[2] 3GPP TS 36.101 v10.10.0. Evolved Universal Terrestrial Radio Access (E-UTRA), User Equipment (UE) radio transmission and reception.

[3] 3GPP TS 36.211 v10.7.0. Evolved Universal Terrestrial Radio Access (E-UTRA); Physical channels and modulation.

[4] 3GPP TS 36.213 v10.9.0. Evolved Universal Terrestrial Radio Access (E-UTRA); Physical layer procedures.

[5] 肖清华，汪丁鼎，许光斌，丁巍. TD-LTE 网络规划设计与优化. 北京：人民邮电出版社，2013.

[6] 罗建迪，汪丁鼎，肖清华，朱东照. TD-SCDMA 无线网络规划设计与优化. 北京：人民邮电出版社，2010.

[7] 韩志刚，孔力，等. LTE FDD 技术原理与网络规划. 北京：人民邮电出版社，2012.

[8] 王健. C-RAN 架构中干扰消除技术的研究. 华中科技大学，2012.

[9] 余征然. 面向 C-RAN 的传输承载方式的探讨. 邮电设计技术，2012.4.

[10] 焦燕鸿，赵旭淞. TD-LTE 无线网络利用率评估体系探讨. 电信工程技术与标准化，2013.1.

第 6 章
LTE FDD 无线网工程设计与工艺要求

6.1 总体要求

6.1.1 总体原则

LTE FDD 通信工程设计必须贯彻国家相关通信技术政策要点，遵循工业和信息化部（简称工信部）的相关技术政策、技术体制，以及有关标准、规范的规定。

本章内容主要论述无线接入子系统相关部分的设计与要求（以下统称无线网络工程设计）。

无线网络工程设计应满足移动通信网服务区的覆盖质量、业务质量和用户容量需求，满足运营商的总体发展策略和业务发展需求。在实际的无线网络设计与建设中，应考虑我国地域辽阔、经济发展不平衡、用户密度不均匀等的特点，根据各地区的经济发展水平和市场需求，确定相应的网络建设目标。同时，在充分调查和预测用户需求及考虑今后运营维护需要的基础上，做到一定的前瞻性，尽量减少今后网络割接调整的工作量。在 2G/3G 与 LTE 网络的协同上，充分结合运营商现有 2G/3G 网络资源，利旧现有配套资源，经济建网，节省投资。

无线网络设计应考虑 LTE 在数据业务提供能力方面的先进性，研究并建立相应的数据业务模型，在后期的工程设计中，应充分利用前期工程的运行和维护数据，调整业务模型使之符合实际情况。

无线网络设计的总目标是以合理的投资建成符合业务发展需求，满足相关设计规范要求，达到一定服务等级的移动通信网络。无线网络设计不能仅考虑技术方案的先进性或经济效益的最优化，而应综合考虑工程在技术方案先进性和投资经济效益两个方面的合理性。

6.1.2 设计要求

无线网络的工程设计内容包括基站设置、基站等设备安装、无线网接入传输、电源设备配置以及配套工艺、防雷接地等几方面的工作，具体工作内容如下。

（1）基站设置。基站设置包括基站选址、勘察、设备配置、设备安装、无线参数设置等几个方面。

① 基站选址、勘察。根据规划所确定的站址位置，通过现场勘察获得基站机房、塔桅、方位角以及其他配套详细情况。

② 设备配置。根据规划所确定的设备类型，进一步确定基站的硬件和软件配置，包括信道单元和其他处理板的数量。

③ 设备安装。在机房内综合规划已有设备、新增设备的排列布放，将本次工程新增设备安装在合适的位置，并尽量预留将来扩容设备的安装位置。

④ 无线参数设置。通过基站勘察核实规划中所确定的天线类型及挂高、方位角、下倾角等，必要时进行相应的调整。

在工程设计阶段，这部分工作主要是细化和落实无线网络规划方案。

（2）无线网接入传输。根据基站的传输需求，设计接入传输网，包括传输容量、方式等。

（3）电源和配套设施的改造设计。根据设备设置情况，计算相应的电源和配套需求，并进行安装设计。

（4）提供基站设计的勘测设计图，要求能指导工程施工。

（5）提供基站设施的施工工艺要求，如机房工艺、塔桅工艺、施工工艺等。

（6）编制无线网络工程设计概预算。

6.2　基站设备

6.2.1　eNodeB 概述

基站 eNodeB（E-UTRAN NodeB）是 LTE 系统的无线接入设备，主要完成无线接入功能，包括管理空中接口、接入控制、移动性控制、用户资源分配等无线资源管理功能，相比现有 3G 中的 NodeB，集成了部分 RNC 的功能，减少了通信时协议的层次。多个 eNodeB 可组成 E-UTRAN（Evolved Universal Terrestrial Radio Access Network）系统。LTE FDD eNodeB 的设备形态，主要有宏基站、BBU+RRU 分布式基站、微基站 3 类。

eNodeB 宏基站即为传统的基站，基带和射频部分等功能都集中在一个机柜中。宏基站因为设备集中，基站和天线之间需要较长馈线的连接，形成一定的功率损耗和接收灵敏度的降低。但是宏基站因为在机房内运行，运行环境较好，工作较室外基站设备稳定。

BBU+RRU 分布式基站，分为基带单元（BBU）和射频拉远单元（RRU），BBU 可集中放置，相互之间可连接以达到更好的小区间干扰协调功能。BBU 和 RRU 之间通过光纤与远端单元相连。

其中，BBU 的主要功能包括：

（1）集中管理整个基站系统，包括操作维护、信令处理和系统时钟。

（2）提供基站与传输网络的物理接口，完成信息交互。

（3）提供与 OMC 连接的维护通道。

（4）完成上、下行数据基带处理功能，并提供与射频模块通信的接口。

（5）提供和环境监控设备的通信接口，接收和转发来自环境监控设备的信号。

RRU 的主要功能包括：

（1）通过光纤和基带池进行通信，包括 I/Q 数据和操作维护消息。

（2）通过射频电缆和天线阵列相连，完成射频信号的收发。

（3）下行通道发信功能，即将基带 I/Q 信号变换成射频信号，通过天线发射出去。

（4）上行通道收信功能，即将天线接收的射频信号变换成基带 I/Q 信号，送给 BBU。

（5）支持多种不同规格的 RRU，根据不同的应用场景可采用多种形式的扇区组网。

（6）支持智能天线的天线校准。

微基站，也称小功率基站，即 LPN（Lower Power Node）基站，主要是为了解决网络中的覆盖补盲和在 HetNet 组网中使用。其特点是设备小巧紧凑，工程安装灵活。LPN 基站还被应用到室内分布的信号源中，作为小型楼宇的 LTE 信号源。微基站具有体积小、质量轻、即插即用、自配置、无需机房等特点，在站址获取及工程部署上具有极大的优势，为运营商提供快速便捷的站点解决方案。

目前，LTE FDD 无线主设备厂家众多，其中几家主要 LTE FDD 设备厂家有华为、中兴、爱立信、阿尔卡特朗讯、诺基亚、西门子。其中，华为、中兴、爱立信、阿尔卡特朗讯的主要基站设备型号如表 6-1 所示。

表 6-1　　　　　　　　　　　　主要厂商 LTE FDD 产品型号

厂商	宏基站	分布式基站		微基站及其他类型基站
		BBU	RRU	
华为	BTS3900 BTS3900A	BBU3900	RRU3628、RRU3630 RRU3632、RRU3638	BTS3202E、pRRU
中兴	BS8800 BS8900A、B	B8200	R8882、R8884 R8862A	BS8912（微站）、BS8102（Pico）
爱立信	RBS6201/6202	RBS6601	RRUS01，RUS11 RRUS02/12	mRBS、mRRU、pRBS、AIR 产品
阿尔卡特朗讯	尚未引进	9926	RRH2×40（60）—18 RRH 2×60—21A	9768 MRO 2×5W

基站设计中设备选型应本着技术先进、可靠性高、设备成熟、功能强、适应性强的原则，应既符合国际标准又适应中国国情。具体而言，应具备以下条件。

（1）移动通信系统应符合国内相关技术规范，操作维护方便。

（2）系统功能强，组网灵活。

（3）升级、扩容方便，技术演进平滑。

（4）很好的开放性和兼容性，互操作性强。

（5）网管系统所选设备（包括软件）要求技术先进、技术合理，系统容量、处理能力满足要求，升级、扩容容易，开放性强，遵循相关的 ITU-T 或 ISO 标准、协议。所选择的应用开发平台和开发工具要先进、简便、有效。

6.2.2　宏基站

这里以华为的 BTS3900 为例，介绍 LTE FDD 的宏基站设备。3900 系列采用模块化设计，由机柜、室内射频模块 RFU 和基带控制模块 BBU 组成。

1. 3900 系列机柜

（1）BTS3900 机柜

BTS3900 机柜用于室内宏基站，机柜支持-48V DC 和 AC 电源输入。BTS3900（Ver.D）机柜内部结构如图 6-1 所示。

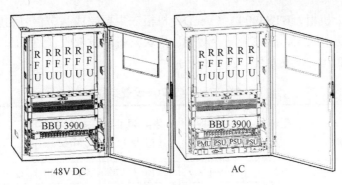

图 6-1　华为直流/交流 BTS3900（Ver.D）机柜

BTS3900（Ver.D）机柜指标参数如表 6-2 所示。

表 6-2　　　　　　　　　　　　BTS3900（Ver.D）机柜指标参数

项目	指标
RFU	支持 6 个 RFU 和 9 个 RRU
BBU	支持 1 个 BBU
供电	−48V/220V
尺寸（高×宽×长）	900×600×450（mm）
质量	≤60kg（空柜）
	≤135kg（满配置，无传输）
环境温度/湿度	温度：−20～50℃；湿度：5%～95%

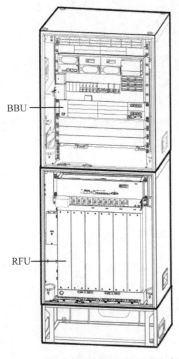

图 6-2　华为 BTS3900A（Ver.D）机柜

（2）BTS3900A 机柜

BTS3900A 机柜用于室外宏基站，由射频柜、电源柜或传输柜组成。

① 射频柜：射频柜（Radio Frequency Cabinet，RFC）采用直通风散热方式，用于室外环境。通过与电源柜或传输柜堆叠安装，为 RFU 和 BBU3900 提供配电、防雷、防护等功能。每个射频柜最多可安装 6 个 RFU。

② 电源柜：输入电源为 110V AC 或 220V AC 时，配置电源柜。此时，BBU3900 可安装在电源柜内。

③ 传输柜：输入电源为 −48V DC 时，配置传输柜。此时，BBU3900 可安装在传输柜内。

以 AC 电源输入为例介绍 BTS3900A 机柜结构，−48V DC 电源输入的机柜结构与 AC 机柜相同，仅电源模块配置不同。BTS3900A（Ver.D）机柜（AC）内部结构如图 6-2 所示。

2．射频模块 RFU

华为 CRFUd（CDMA&LTE Radio Filter Unit typed）、CRFUe 是室内射频单元，是宏基站的射频部分。用于

235

BTS3900（Ver.D）机柜、BTS3900A（Ver.D）机柜，主要完成基带信号和射频信号的调制解调、数据处理、功率放大、驻波检测等功能，模块具备双发双收（2T2R）的射频能力。

CRFUd 和 CRFUe 设备参数如表 6-3 所示。

表 6-3　　　　　　　　　　　　　**CRFUd 和 CRFUe 设备参数**

RFU	尺寸（高×宽×长，mm）	质量（kg）	接收频段（MHz）	发射频段（MHz）	支持带宽（MHz）	支持载波数	最大输出功率（W）	单模块最大功耗（W）
CRFUd	400×71×308.5	12	1 920～1 980	2 110～2 170	5/10/15/20	2	2×60	460
CRFUe	400×71×308.5	12	1 920～1 980	2 110～2 170	5/10/15/20	2	2×80	580

CRFUd 物理接口见表 6-4。

表 6-4　　　　　　　　　　　　　　**CRFUd 物理接口**

接口类型	连接器类型	数量	说明
电源接口	3V3 电源连接器	1	−48V DC 电源输入
射频接口	DIN 型母型连接器	2	射频收发共用接口，用于连接天馈系统
CPRI 接口	SFP 母型连接器	1	用于连接 BBU，在级联时用于连接上级 CRFUd
		1	在级联时用于连接下级 CRFUd
射频接收信号互连接口	QMA 母型连接器	2	天馈通道接口
监控接口	RJ45 连接器	1	监控和调测接口

BBU3900 与 CRFUd 之间采用 CPRI 接口，通过电缆或光纤相连接，传输 CPRI 信号，以适应无线网络建设的要求。

3. 基带模块 BBU

宏基站机柜里配置的基带模块 BBU 和分布式基站的 BBU 型号相同，详见 6.2.3 节。

6.2.3　分布式基站 BBU

还是以华为的设备为例，BBU3900 是一个 19 英寸宽、2U 高的小型化的盒式设备，可安装在室内环境或有防护功能的室外机柜中。BBU3900 外观如图 6-3 所示。

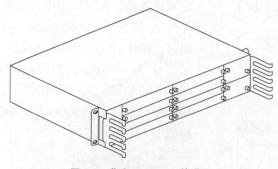

图 6-3　华为 BBU3900 外观图

BBU3900 基带单元指标参数如表 6-5 所示。

表 6-5 BBU3900 基带单元指标参数

项目	指标
输入电源	–48V DC，电压范围：–57V DC～–38.4V DC
尺寸（高×宽×长）	86×442×310（mm）
质量	≤12kg（满配置）
工作温度	–20～+50℃（长期工作）
	+50～+55℃（短期工作）
相对湿度	5% RH～95% RH
保护级别	IP20
气压	70～106kPa

BBU3900 单板包括：

主控传输板：UMPT；

基带处理板：LBBP；

传输扩展板：UTRP；

星卡时钟单元：USCU；

防雷板：UFLP；

电源模块：UPEU；

环境接口板：UEIU；

风扇模块：FAN。

BBU3900 支持即插即用功能，可以根据需求对其进行灵活配置。

BBU3900 单板典型配置如图 6-4 所示。

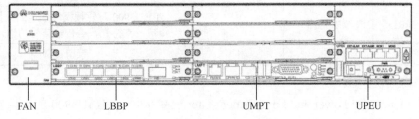

图 6-4　华为 BBU3900 典型配置

（1）主控传输板：UMPT

UMPT（Universal Main Processing & Transmission unit）为通用主控传输单元，是 BBU3900 的主控传输板，管理整个 eNodeB，完成操作维护管理和信令处理，并为整个 BBU3900 提供时钟。

UMPT 的主要功能包括：

① 完成配置管理、设备管理、性能监视、信令处理、无线资源管理、主备切换等 OM 功能。

② 提供基准时钟、传输接口以及与 OMC（LMT 或 M2000）连接的维护通道。

③ 基带框内各单板的低速用户面数据和控制/维护信号经过 UMPT 单板的 IDX1 交换到目标端口。

UMPT 单板的接口如表 6-6 所示。

表 6-6　　　　　　　　　　　　　　　　UMPT 单板的接口

面板标识	连接器类型	接口数量	说明
FE/GE0	RJ-45	1	FE/GE 电接口
FE/GE1	SFP	1	FE/GE 光接口
CI	SFP	1	用于与 UCIU 级联的接口
USB	USB	1	标 "USB" 丝印的 USB 接口传输数据，可以插 U 盘对基站进行软件升级，与调试网口复用。标 "CLK" 丝印的 USB 接口用于 TOD 与测试时钟复用
CLK	USB	1	用于传输时钟信号
E1/T1	DB26 母型	1	支持 4 路 E1/T1 信号的输入、输出
GPS	SMA	1	UMPTb2 上 GPS 接口用于传输天线接收的射频信息给星卡

（2）基带处理板：LBBP

LBBP（LTE BaseBand Processing unit）是 LTE 基带处理板，包括 LBBPd1、LBBPd2 和 LBBPd4。

LBBP 的主要功能包括：

① 提供与射频模块的 CPRI 接口。

② 完成上下行数据的基带处理功能。

LBBP 单板的接口如表 6-7 所示。

表 6-7　　　　　　　　　　　　　　　　LBBP 单板的接口

面板标识	连接器类型	接口数量	说明
CPRI0～CPRI5	SFP 母型	6	BBU3900 与射频模块互连的数据传输接口，支持光、电传输信号的输入、输出
HEI	QSFP	1	预留接口

（3）电源模块：UPEU

UPEU（Universal Power and Environment interface Unit）是 BBU3900 的电源模块。

UPEU 的主要功能包括：

① UPEUc 将 −48V DC 输入电源转换为 +12V 直流电源。一块 UPEUc 输出功率为 360W，两块 UPEUc 可以提供 650W 供电能力。

② 提供两路 RS-485 信号接口和 8 路开关量信号接口，开关量输入只支持干接点和 OC 输入。

UPEU 单板的接口如表 6-8 所示。

表 6-8　　　　　　　　　　　　　　　　UPEU 单板的接口

面板标识	连接器类型	接口数量	说明
UPEUa/UPEUc：−48V UPEUb：+24V	3V3	1	+24V/−48V 直流电源输入
EXT-ALM0	RJ-45	1	0～3 号开关量信号输入端口

续表

面板标识	连接器类型	接口数量	说明
EXT-ALM1	RJ-45	1	4~7 号开关量信号输入端口
MON0	RJ-45	1	0 号 RS-485 信号输入端口
MON1	RJ-45	1	1 号 RS-485 信号输入端口

6.2.4　分布式基站 RRU

RRU 是射频拉远单元，是分布式基站的射频部分。RRU 支持抱杆安装、挂墙安装和立架安装，可靠近天线安装，节省馈线长度，减少信号损耗，提高系统覆盖容量。RRU 主要完成基带信号和射频信号的调制解调、数据处理、功率放大、驻波检测等功能。

eNodeB 支持 RRU 混合配置，即将相同频段的两个 RRU 连接到同一块基带板上，为同一个扇区服务，以支持更大的容量。华为 RRU 的收发能力、支持的频段和制式如表 6-9 所示。

表 6-9　　　　　　　　　　　　　**华为 RRU 型号**

RRU 的型号	收发能力	支持的频段	最大输出功率	支持的制式
RRU3626	1T2R	2.1GHz	1×80W	FDD LTE
RRU3628	2T2R	2.1GHz	2×40W	FDD LTE
RRU3630	2T4R	2.1GHz	2×40W	FDD LTE
RRU3632	2T4R	2.1GHz	2×60W	FDD LTE
RRU3638	2T2R	2.1GHz	2×60W	FDD LTE
RRU3929	2T2R	1.8GHz	2×40W	FDD LTE

RRU3628 和 RRU3632 的外观如图 6-5 所示。

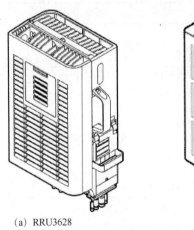
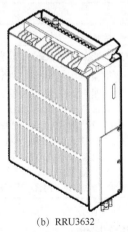

(a) RRU3628　　　　　　　　　　(b) RRU3632

图 6-5　华为 RRU 外观

RRU3628 和 RRU3632 的设备参数如表 6-10 所示。

表 6-10   RRU3628 和 RRU3632 的设备参数

RRU	尺寸（高×宽×长，mm）	质量（kg）	接收频段（MHz）	发射频段（MHz）	支持带宽（MHz）	最大输出功率（W）	单模块最大功耗（W）
3628	400×220×140（12.3L，不含外壳）400×240×160（15.4L，含外壳）	14（不含外壳）15（含外壳）	1 920～1 980	2 110～2 170	5/10/15/20	2×40	350
3632	400×300×100（12L，不含外壳）400×300×120（14.4L，含外壳）	14（不含外壳）15（含外壳）	1 920～1 980	2 110～2 170	5/10/15/20	2×60	380

以 RRU3628 为例，物理接口如表 6-11 所示。

表 6-11   华为 RRU3628 物理接口

接口类型	连接器类型	数量	说明
电源接口	快速安装型母端（压接型）连接器	1	–48V 直流电源接口
CPRI 光接口	DLC 连接器	2	用于连接 BBU3900，或者 RRU 间的级联
电调天线通信接口	DB9 连接器	1	用于连接 RCU
主集发送/接收接口	DIN 型母型防水连接器	1	用于连接天馈系统
分集发送/接收接口	DIN 型母型防水连接器	1	
告警接口	DB15 连接器	1	提供干接点告警

BBU3900 与 RRU3628 之间采用 CPRI 接口，通过光纤相连接，传输 CPRI 信号，以适应无线网络建设的要求。CPRI 接口能力如表 6-12 所示。

表 6-12   CPRI 接口能力

项目	指标
CPRI 接口数量	2 个
CPRI 接口速率	1.25Gbit/s、2.5Gbit/s 或者 4.9Gbit/s
级联能力	使用速率为 1.25Gbit/s 的光模块时：受限于 CPRI 带宽，不支持级联；使用速率为 2.5Gbit/s 的光模块时：小区带宽≤5MHz：3 级；小区带宽为 10MHz：2 级；小区带宽≥15MHz：受限于 CPRI 带宽，不推荐级联；使用速率为 4.9Gbit/s 的光模块时：小区带宽≤10MHz：4 级；小区带宽为 15MHz/20MHz：2 级

6.2.5 微基站及其他

1. 微基站

随着移动通信技术日新月异的发展，运营商对通信网络的要求越来越高，除完善网络覆盖外，还需要各种提升容量的技术来应对移动宽带时代高速增长的数据流量的挑战。

较多室外热点区域存在网络容量不足和覆盖盲点的问题，极大影响了用户体验。运营商急需一种低成本、易部署的精准覆盖解决方案来吸收热点话务、覆盖盲点。

微基站主要用于室内覆盖的信号源、提高热点地区的容量和应急通信，一般放置在机场、车站、购物中心和闹市区的街道，覆盖范围在几百米以内，天线的安装高度低于建筑物的平均高度。微基站设备体积小、质量轻、安装方便灵活。作为宏基站的补充和延伸，微基站主要应用在如下方面。

（1）作为室内覆盖的信号源，消除室内盲区，提高覆盖率，如应用于一些宏基站很难覆盖到的盲点地区——地铁、地下室、隧道。

（2）提高容量。主要应用在高话务量地区，如繁华的商业街、购物中心、机场、饭店、体育场等。

（3）在边远区域提供覆盖。在边远地区，由于话务量低，设置宏基站的成本高，可以采用微基站设备加上功率放大器进行低成本覆盖。

（4）应急通信。可以将微基站设备安装在车上，配上简易的传输和动力设备，组成应急通信车，对突发性大话务量地区或突发性故障地区进行覆盖及提供容量，充分利用微基站设备的灵活性。

华为的 LTE 微基站设备有 BTS3202E，中兴有 ZXSDR FDD BS8912。中兴的微基站设备外观如图 6-6 所示。

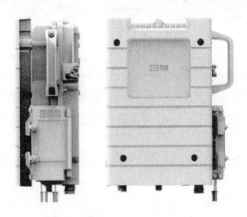

图 6-6　中兴微基站 BS8912 外观

微基站的主要功能包括：

（1）传输接口单元主要提供与 EPC 通信的物理接口，以及与操作维护系统的操作维护通道。

（2）主控处理单元主要提供操作维护功能、信令处理功能和系统时钟，进行集中管理。

（3）基带处理单元主要完成 Uu 接口用户面协议栈处理，包括上下行调度和上下行数据处理。

（4）射频处理单元主要完成基带信号和射频信号的调制解调、数据处理、合/分路等功能。

（5）射频天馈主要用来接收用户设备发射过来的上行信号和发射基站输出的下行信号，并且对基站有一定的雷电保护作用（感应雷）。

BS8912 各个指标参数如表 6-13 所示。

表 6-13　　　　　　　　　　　　　　中兴 BS8912 指标参数

类型	项目	参数
性能指标	工作带宽	5/10/15/20MHz
	工作频率	BS8912 L1800：Band3 TX：1 805～1 880MHz RX：1 710～1 785MHz
		BS8912 L2100：Band 1 TX：2 110～2 170 MHz RX：1 920～1 980 MHz
	容量	S1@20MHz 或 S11@10MHz
		150Mbit/s DL/50Mbit/s UL
		600 用户
	输出功率	2×5W
	同步方式	GPS，IEEE 1588
	移动性	≤120km/h
物理指标	尺寸（高×宽×长）	360mm×230 mm×110mm
	质量	<10kg
电源指标	工作电压	−48V DC 或者 220V/110V AC
	功耗（峰值）	130W@100%射频负载

2．Pico 产品

为满足对热点覆盖、室内覆盖和盲区覆盖的需求，各个厂家纷纷推出了室内 Pico（适用于室内安装环境）和室外 Pico（同时适用于室内室外安装环境）产品。

Pico 设备具备部署灵活等优点，可用于增强室内覆盖，主要应用于数据速率需求相对较大的小型家庭办公区域（SOHO）、小中型企业（SME）、政府机关、站台、景点、旅馆、机场和商业购物中心等地。

Pico 产品外观如图 6-7 所示。

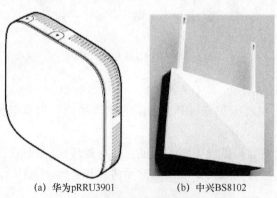

(a) 华为 pRRU3901　　　　　　(b) 中兴 BS8102

图 6-7　厂商 Pico 产品外观

pRRU 为射频拉远单元，实现射频信号处理功能。主要功能包括：

（1）发射通道从 BBU 接收基带信号，对基带信号进行数模转换，采用零中频技术将基带信号调制到发射频段，经滤波放大后，通过天线发射。

（2）接收通道从天线接收射频信号，经滤波放大后，采用零中频技术将射频信号下变频，经模数转换为基带信号后发送给 BBU 进行处理。

（3）通过网线传输 CPRI 数据。

（4）支持内置天线或外置天线。

（5）支持通过 PoE 供电或 AC/DC 适配器功能。

（6）通过内置不同制式的射频卡，支持多模运用。

pRRU 应用场景如图 6-8 所示。

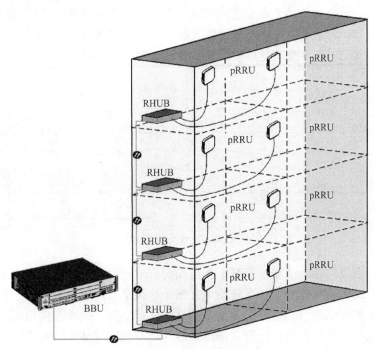

图 6-8　pRRU 应用场景

配置原则如下。

（1）BBU 与最后一级 RHUB 间距离不能超过 10km。

（2）RHUB 最大支持 4 级级联，pRRU 不支持级联。

（3）一个 RHUB 提供 8 个 CPRI_E 接口（CPRI_E0~CPRI_E7），每个接口可连接一个 pRRU，最多可连接 8 个 pRRU。

（4）pRRU 与 RHUB 之间通过 CAT5e 网线进行连接，通过内置 POE 供电及 Extender 扩展，最大拉远距离为 200m。

6.3　天线技术及产品

6.3.1　天线参数

基站天线参数的合理选择及严格的无线网络规划，将会是网络通信质量的保证，使无线信道接通率、掉话率等多项指标方面得到改善。天线的主要参数包括工作频率、增益、波瓣宽度、前后比等。

（1）工作频率

天线的频率带宽是指在规定的驻波比下天线的工作频带宽度。工作在中心频率时天线所能输送的功率最大，偏离中心频率时它所输送的功率将减小。在天线工作频带内，天线性能下降不多，仍然是可以接受的。

（2）增益

天线增益用来衡量天线朝一个特定方向收发信号的能力，它是选择基站天线最重要的参数之一。增益表示天线辐射电磁能量的集中程度，是指在同样的辐射功率时，有方向性天线在最大辐射方向远区某点的功率通量密度与无方向性天线在该点的功率通量密度之比。天线增益通常用分贝 dBi 表示（相对于各向同性天线），若用半波振子作为参考天线，增益的单位为 dBd。0dBd=2.15dBi。天线增益单位之间的关系如图 6-9 所示。

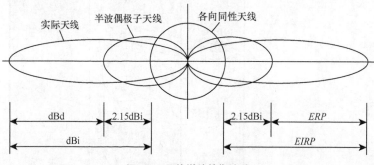

图 6-9 天线增益单位关系

一般来说，增益的提高主要依靠减小垂直面向辐射的波瓣宽度，而在水平面上保持全向的辐射性能。天线增益对移动通信系统的运行质量极为重要，因为它决定着蜂窝边缘的信号电平。增加增益就可以在一确定方向上增大网络的覆盖范围，或者在确定范围内增大增益余量。任何蜂窝系统都是一个双向过程，增加天线的增益能同时减少双向系统增益预算余量。相同的条件下，增益越高，电波传播的距离越远。一般地，LTE FDD 定向基站的天线增益为 18dBi，全向的为 11dBi。

（3）天线的方向性

天线的方向性是指天线向一定方向辐射电磁波的能力。对于接收天线而言，方向性表示天线对不同方向传来的电波所具有的接收能力。天线的方向性的特性曲线通常用方向图来表示，用来说明天线在空间各个方向上所具有的发射或接收电磁波的能力。

（4）波瓣宽度

在方向图中通常都有两个瓣或多个瓣，其中最大的瓣称为主瓣，其余的瓣称为副瓣。主瓣两半功率点间的夹角定义为天线方向图的波瓣宽度，称为半功率角，如图 6-10 所示。

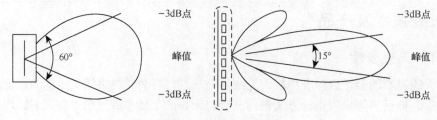

图 6-10 天线的半功率角

天线垂直的波瓣宽度一般与该天线所对应方向上的覆盖半径有关。因此，在一定范围内通过对天线垂直度（俯仰角）的调节，可以达到改善小区覆盖质量的目的，这也是我们在网络优化中经常采用的一种手段。

水平平面的半功率角（H-Plane Half Power beamwidth）：（如 45°、60°、90° 等）定义了天线水平平面的波束宽度。角度越大，在扇区交界处的覆盖越好，但是当提高天线倾角时，也越容易发生波束畸变，形成越区覆盖。角度越小，在扇区交界处覆盖越差。提高天线倾角可以在一定程度上改善扇区交界处的覆盖，而且相对而言，不容易产生对其他小区的越区覆盖。在市中心基站由于站距小，天线倾角大，应当采用水平平面的半功率角小的天线，郊区选用水平平面的半功率角大的天线。

垂直平面的半功率角（V-Plane Half Power beamwidth）：（如 48°、33°、15°、8° 等）定义了天线垂直平面的波束宽度。垂直平面的半功率角越小，偏离主波束方向时信号衰减越快，越容易通过调整天线倾角准确控制覆盖范围。

（5）前后比

前后比是衡量天线后向波束抑制能力的重要指标。基站天线前后比指天线的后向 180°±30° 以内的副瓣电平与最大波束电平之差，用正值表示，单位为 dB，该指标与天线增益及类型有关，如图 6-11 所示。

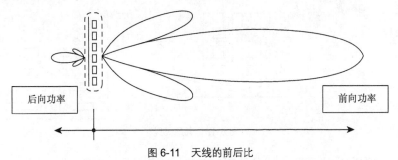

图 6-11　天线的前后比

前后比表明了天线对后瓣抑制的好坏。选用前后比低的天线，天线的后瓣有可能产生越区覆盖，导致切换关系混乱，产生掉话。一般在 25～30dB 之间，应优先选用前后比为 30 的天线。

（6）下倾

天线波束下倾主要有以下几种。

① 固定波束电下倾。通过控制天线的辐射单元的幅度和相位，使天线主波束偏离天线阵列单元取向的法线方向一定的角度（如 3°、6°、9° 等）。

② 手动连续可调波束电下倾。基站天线采用可调移相器，获得主波束指向连续调节，电调范围一般可以达到 0°～10°。

③ 有线远控倾角电调。该类型天线在设计时增加了微型伺服系统，通过精密电机控制移相器达到遥控调节目的，由于增加了有源控制电路，天线可靠性下降，同时防雷问题变得复杂。

（7）天线的输入阻抗

天线的输入阻抗是天线馈电端输入电压与输入电流的比值。天线与馈线的连接，最佳情形是天线输入阻抗是纯电阻且等于馈线的特性阻抗，这时馈线终端没有功率反射，馈线上没有驻波，天线的输入阻抗随频率的变化比较平缓。天线的匹配工作就是消除天线输入阻抗中的电抗分量，使电阻分量尽可能地接近馈线的特性阻抗。一般移动通信天线的输入阻抗为 50Ω。

（8）天线的极化方式和交叉极化比

天线的极化是天线辐射时形成的电场强度方向。当电场强度方向垂直于地面时，此电波就称为垂直极化波；当电场强度方向平行于地面时，此电波就称为水平极化波。在移动通信系统中，一般分为垂直极化和±45°极化两种方式。

交叉极化比是双极化天线特有的指标。交叉极化就是与主极化垂直的极化方向场的分量。交叉极化比是主极化电平与交叉极化电平的比值（用 dB 表示）。

6.3.2　有源天线技术

1．有源天线结构

有源天线是将基站的射频部分集成到天线内部，即将 RRU 分解成为多个独立的小型收发模块（包括数模/模数转换器、放大器、低噪放和双工器），集成于天线内部的辐射振子，实现空间波束成型，完成射频信号的收发，如图 6-12 所示。

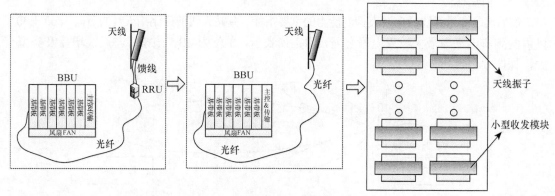

图 6-12　有源天线

所有的小型收发模块由数字信号处理（DSP）模块控制，实现同步功能和数字波束赋形功能，Optical CPRI（Common Public Radio Interface，普通公共无线接口）用于连接基带单元（BBU），实现 I/Q 数据的远程传送，如图 6-13 所示。

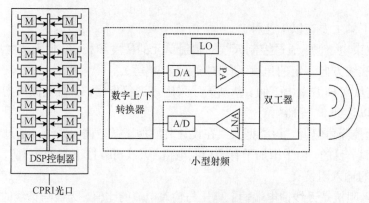

图 6-13　2×2 MIMO 的有源阵列天线

由于更短的射频路径，节约了射频跳线，从而增加了天线的增益，能够有效提升系统的覆盖能力，同时也简化了工程建设的难度。有源天线将是移动通信天馈系统的一次革命。

2．有源天线的技术优势

有源阵列天线每个辐射模块的频率、幅度、相位可控，能形成单个或多个波束，并可控制波束指向及波束重构，以实现大角度范围内的灵活扫描。与传统的无源天线系统相比，有源天线系统具有诸多技术优势。

（1）集成度高，天面要求低，便于快速安装

与当前使用的分布式基站相比，有源天线基站将射频单元集成于天线内部，节省了 RRU 的安装空间，大大降低了对天面资源的要求，高度集成产品更容易安装和替换。同时，射频单元内置于天线内部，实现了零馈线、零损耗，节省了馈线的投资以及减小了馈线损耗对性能的影响，提升了机顶输出功率和接收机的灵敏度，对网络覆盖性能的改善大有益处。

（2）具有一定的自我修复能力（Self-healing）

有源天线使用分布式多通路设计结构，具有冗余备份功能，某些阵子的失效不会导致整个扇区失去服务功能。当系统检测到某些阵子损坏后，会通过调整剩余阵子的幅度和相位来补偿增益损失，实现自动补偿功能，从而提高了系统的可靠性。当某个阵子失效后，如果不作补偿，天线方向图与之前相比有一定的偏离和增益损失，经过补偿之后，天线方向图有明显改善，当然，系统的有效 EIRP（Effective Isotropic Radiated Power，有效全向辐射功率）和接收信号水平有一定的损失，是不能完全补偿的。

（3）灵活多样的电子下倾技术

由于有源天线每个阵子都有独立的收发单元，能够实现对信号幅度和相位的单独控制，具有灵活多样的电子下倾功能，不同的载波采用不同的下倾角，上下行独立下倾角，垂直多扇区等，仿真结果表明，这些技术便于实现更加精细的网络优化，使系统覆盖和容量有明显提升。

3．有源天线产品介绍

有源天线系统（Active Antenna System，AAS）是继 RRU、RFU 之后衍生出的一种新的射频单元形态，这种射频单元形态继续采用 CPRI 接口与基带处理单元连接，将原有的射频模块功能与天线功能合并，大大简化了站点资源；同时采用射频多通道技术，通过控制天线垂直方向的波束和水平方向的波束，改善无线信号的覆盖范围，提升网络容量。有源天线与普通天线的应用区别如图 6-14 所示。

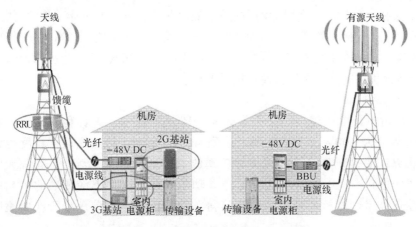

图 6-14　有源天线与普通天线的应用区别

有源天线的外观如图 6-15 所示。

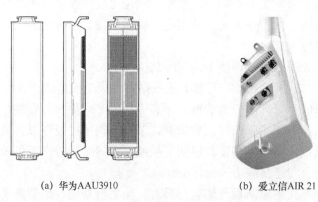

(a) 华为AAU3910　　　　　　　　(b) 爱立信AIR 21

图 6-15　厂家有源天线产品外观

有些有源天线产品支持2T4R，如爱立信的 AIR 产品，具备远程电调功能，典型功耗400W，质量 41kg。北美运营商普遍采用爱立信 AIR 产品，T-Mobile 全网采用 AIR。华为 AAU3910 支持 2.1GHz 频段 FDD 和 2.6GHz 频段 TDD，其中 FDD RRU 模块内置，TDD RRU 模块需通过内置合路器合路。

4．有源天线所面临的挑战

有源阵列天线集中了现代相控阵理论、超大规模集成电路、现代数字信号处理技术、先进固态器件及光电技术等高新技术，虽然具有诸多技术优势，有着广泛的应用空间，但是有源天线的大规模应用还要面临一些挑战。

（1）体积和质量

有源天线阵列是由许多收发单元和天线阵子组成的，在收发单元的背面要附加多个散热片以达到良好的散热性能，这种结构使得整机体积和质量较大，特别是当天线阵列增加时，如 4 天线或 8 天线，收发单元、天线阵子和散热片的数量将成倍增加，整机体积和质量将难以接受，大大限制了有源天线的应用场景。因此，采取有效措施降低体积和尺寸是规模推广有源天线应用需要重点解决的问题。

（2）成本问题

有源天线中多路收发单元大量使用的数字处理芯片、复杂的设计工艺使研发费用和制造费用也大幅增长。如何有效降低有源天线的价格是设备厂商必须考虑的问题。随着设计制造工艺的持续改进、大规模集成芯片价格降低、小型化功放和双工器产业链的不断成熟，相信将来有源天线的价格能降低到运营商可接受的程度。

（3）功放效率问题

目前，基站中最广泛使用的功率放大器一般采用数字预失真和 Doherty 相结合的结构，最大功率可达 100W，功放效率可达到 40%～50%，功放线性化程度也比较高，此类结构被业界证明是现阶段性能较优的功率放大器解决方案。然而，有源天线中使用的是低功率（一般只有几瓦）小型化的分布式功放，无法采用已经成熟的大功率功放的高效率高线性化技术，整机的功放效率是值得关注的问题。目前还处于实验室阶段，尚难规模应用。

6.3.3　天线发展趋势

以上着重介绍了目前 LTE FDD 具备革命性的有源天线。但就天线的实际发展过程来说，宽带化、多制式、电调化与小型化仍然是必须实现的目标。

1. 宽频天线

宽频天线指能够横跨多个频段的 LTE FDD 天线，宽带化为网络系统的扩频升级做好准备，为客户节约系统的建设成本，为 LTE FDD 长期演进奠定基础。但同时也给天线设计提出了新的难题。

（1）水平维度的阵列元间距控制

阵列元间距越小，阵列间的互耦性越强，隔离度变差，阵中单列水平方向图越宽。好处是天线扫描到达角度更接近理论值，且扫描波束副瓣将减小。因此，如何适当控制水平间距需要仔细研究。

（2）垂直维度的下倾角精度控制

频带相隔越大，天线同一组赋形权值越难以同时满足。此时，需要特殊边界技术、宽带馈电技术等来提高阵列元间的隔离度，改善垂直下倾角的精度。

2. 多频天线

多制式天线就是让不同通信系统共用一副天线，以便有效地节约安装空间。多制式天线的实现主要是通过在天线内部合理地放置辐射单元实现天线工作频段的宽带化，以及通过信号合路和分路实现不同频段信号的调节和控制。双频天线的设计原理如图 6-16 所示。

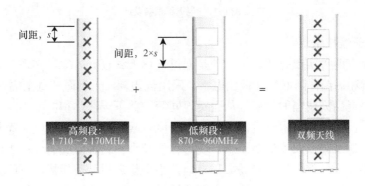

图 6-16　双频天线的设计原理

多制式天线超越了传统意义上的超宽带天线，实现不同制式的独立调节。目前超宽带天线工作频段覆盖多个制式的网络，每个制式无法实现独立灵活的调节，这就无法在不同制式需要不同下倾角的场景下应用，而且较为严重的系统间干扰问题限制了超宽带天线的应用推广。

未来运营商在推动多制式天线技术发展和产品成熟的过程中，应挖掘新型器件和新型材料的应用，以解决不同频段的信号合路和分路问题；推动先进移相器技术在天线领域的应用，以解决独立调节所需的复杂移相器和控制难题；另外，推动解决多制式天线带来的不同系统间的干扰问题。

3．电调天线技术

天线系统利用空间资源来提高通信的可靠性，但天线只能在水平面内通过后端信号处理来作二维的波束扫描，而在俯仰面内的波束是固定的。因此，增加天线在俯仰面内的电调功能，更能充分地保障通信质量。和机械下倾相比，电下倾不至于引起天线方向图的畸变，从而恶化小区质量。

电调天线通过在馈电网络增加移相器使天线主波束改变辐射方向，因此多路同步联动、紧凑型的移相器设计成为电调化的关键，目前存在分散式、集成式和等相差分式 3 种技术，如图 6-17 所示。

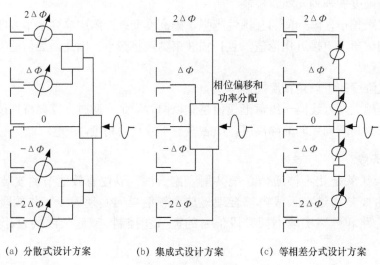

(a) 分散式设计方案　　(b) 集成式设计方案　　(c) 等相差分式设计方案

图 6-17　电调移相器设计

4．小型化天线技术

天线小型化有两种实现方式。第一种是通过优化天线设计方案，实现服务区外电平快速下降、压低旁瓣和后瓣，降低交叉极化电平，采用低损耗、无表面波寄生辐射、低 VSWR 的馈电网络等途径提高天线辐射效率，从而实现同等增益下天线体积的缩小。这种方式天线的性能指标不变，但是限于技术难度，体积下降程度有限，实现难度比较大而且成本较高。第二种实现方式是通过降低天线的增益来实现体积的减小。这种方式的体积下降明显，增益每降 3dB 体积就会缩小一半，比较容易实现，但是小型化之后增益指标的下降会限制天线的应用范围。为保证天线小型化后的性能满足不同场景的应用需求，未来天线小型化技术应在第一种实现方式上发展。

目前移动通信天线通过第一种方式实现一定程度的小型化，业内也有小型化天线的应用案例，但限于各种因素，目前小型化天线的安装仍需要一定的天面资源，而且性能指标有待提高，工作频段较窄。如果在网应用，需要多个小型化天线同时工作才能全频段覆盖，这就失去了小型化的优势和意义。

未来运营商应引导产业优势力量，推动天线后端设备充分一体化，达到利用环境实现美化和隐身要求，实现天面资源的真正节约和灵活的部署方式。在推动天线小型化的同时，实现天线工作频段的宽带化，以利于减少天线数量和未来系统升级，充分体现小型化天线的优势。

6.3.4　天线设备形态

根据国际上对 FDD 频段的划分，下面列出 LTE FDD 系统比较常用的几款天线规格及产品。

1．FDD 单频天线

FDD 单频双极化电调天线有 8 端口（2T8R）、4 端口（2T4R）和 2 端口（2T2R），外观如图 6-18 所示。

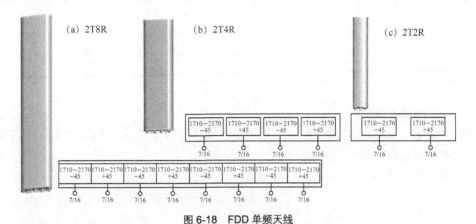

图 6-18　FDD 单频天线

目前 2T2R 和 2T4R 的 LTE FDD 单频天线已经大规模商用，2T8R 的 FDD 天线只有主流厂家具备小批量的生产能力。以京信的一款适合 LTE FDD 频段的天线为例（型号为 ODV-065R18K-G（B）），来看一下 FDD 单频双极化电调天线的电气指标和机械指标，见表 6-14。

表 6-14　　　　　　　　　　　　　FDD 单频天线指标

电气指标	
频率范围	1 710～2 170MHz
增益	18dBi
电压驻波比	≤1.4
端口隔离度	≥30dB
水平波瓣宽度	65°±6°
垂直波瓣宽度	7°±1°
电下倾角	0°～10°
交叉极化比	≥15dB
前后辐射比	≥25dB
极化方向	±45°
功率容量	250W
3 阶互调	≤−107dBm（@20W）
阻抗	50Ω
电调控制方式	By hand or by optional RCU

续表

机械指标	
接口型号	7/16 DIN female
天线尺寸	1310mm×145mm×86mm
天线质量	8.5kg
机械调整	Azimuth 360°、elevation 0°～−10°
抱杆直径	$\phi 50\sim\phi 114$mm
温度范围	−55～+75℃
雷电保护	直接接地
最大风速	工作风速 110km/h；极限风速 200km/h
天线罩	FRP

2．FDD 宽频天线

国际上分配给 LTE 的频段较多，宽频天线在工作频段上必须横跨两个或多个 LTE 频段。虹信一款 4 端口宽频天线如图 6-19 所示。

图 6-19　FDD 宽频天线（4 端口）

其电气指标和机械指标如表 6-15 所示。

表 6-15　　　　　　　　　　　　　**FDD 宽频天线指标**

电气指标	
频率范围	1 710～2 690MHz
增益	（17±1）dBi
电压驻波比	≤1.5
端口隔离度	≥28dB
水平波瓣宽度	65°±8°
垂直波瓣宽度	7°±2°
电下倾角	0°～10°
交叉极化比	≥15dB@0°（≥10 dB @±60°）

电气指标	
前后辐射比	≥25dB
极化方向	±45°
功率容量	200W
3 阶互调	≤−107dBm（@20W）
阻抗	50Ω
电调控制方式	By hand or by optional RCU
机械指标	
接口型号	7/16 DIN female
天线尺寸	1350mm×320mm×110mm
天线质量	13.5kg
抱杆直径	$\phi50\sim\phi114$mm
温度范围	−40～+70℃
天线罩	FRP

其水平面方向图和垂直面方向图如图 6-20 所示。

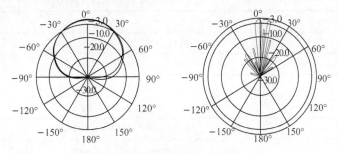

图 6-20　FDD 宽频天线方向图

3．FDD 双频天线

FDD 的双频天线主要用在原有网络上新增 LTE FDD 系统，天面受限不允许新增天馈的情况，运营商往往采用替换原天线为双频天线的方式。武汉虹信一款双频天线如图 6-21 所示。

图 6-21　虹信 FDD 双频天线（4 端口）

以 4 端口的 FDD 双频双极化电调天线为例，参数如表 6-16 所示。

表 6-16　　　　　　　　　　　　　　　　　　FDD 双频天线指标

电气指标		
频率范围	820～960MHz	1 710～2 170MHz
增益	15dBi	17.5dBi
电压驻波比	≤1.5	
端口隔离度	≥28dB	
水平波瓣宽度	65°±6°	65°±6°
垂直波瓣宽度	14°	7°
电下倾角	0°～14°	0°～8°
交叉极化比	≥15dB@0°（≥10 dB @±60°）	
前后辐射比	≥25dB	
极化方向	±45°	
功率容量	250W	100W
3 阶互调	≤−107dBm（@20W）	
阻抗	50Ω	
机械指标		
接口型号	4×7/16 DIN female	
天线尺寸	1 645mm×267 mm×137mm	
天线质量	17kg	
抱杆直径	φ50～φ114mm	
机械调整	Azimuth 360°、elevation 0°～−12°	
温度范围	−40～+70℃	
最大风速	60m/s	
天线罩	FRP	

其方向图如图 6-22 所示。

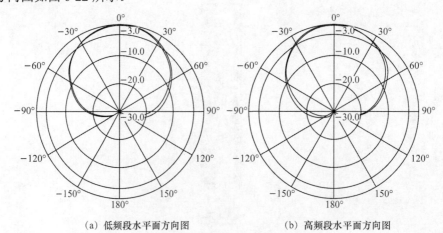

（a）低频段水平面方向图　　　　　　　（b）高频段水平面方向图

图 6-22　FDD 双频天线方向图

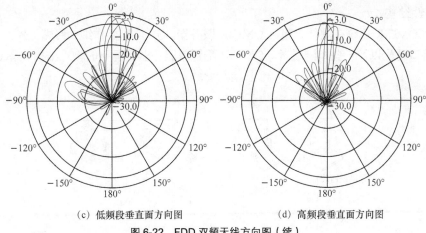

（c）低频段垂直面方向图　　　　　　　（d）高频段垂直面方向图

图 6-22　FDD 双频天线方向图（续）

6.4　OMC-R 设备

OMC-R（无线操作维护中心）是无线接入网网元统一管理平台。通过这个平台，可以统一管理 LTE 无线接入网的 eNodeB 设备。

OMC-R 具有如下几个主要功能。

（1）配置管理（含状态管理）。

（2）故障管理。

（3）性能管理。

（4）拓扑管理。

（5）软件管理。

（6）安全管理（含日志管理）。

（7）测试跟踪管理。

（8）系统管理。

（9）命令行操作方式管理。

（10）北向网管接口。

OMC-R 位于 TMN（Telecommunication Management Network，电信管理网）模型中的 EM-layer（Element Management-layer，网元管理层），并向 NMS（Network Management System，网络管理系统）提供网管接口。在 LTE 系统中，所有网元均 IP 化，直接连接到网管上，实现对 eNodeB 的操作维护。

6.4.1　OMC-R 结构

OMC-R 采用客户端/服务器的工作方式，OMC-R 软件分为客户端软件和服务器软件，客户端软件和服务器软件相对独立，并分别运行在客户端和服务器上。

OMC-R 系统通过网关与网元进行通信，网关将网元信息转换为 OMC-R 系统内部通用的 XML 格式的信息。

OMC-R 客户端采用 PC，可以根据需要同时配置多个客户端。根据需要，OMC-R 可以配置一台服务器，也可以配置两台服务器（主备用方式）构成高可靠性系统。

1．硬件结构

典型的 OMC-R 系统在硬件上包括 OMC-R 服务器、OMC-R 操作维护终端（客户端）、网关、上级网管接口适配以及一些组网设备。OMC-R 配置单服务器情况下的物理结构如图 6-23 所示。

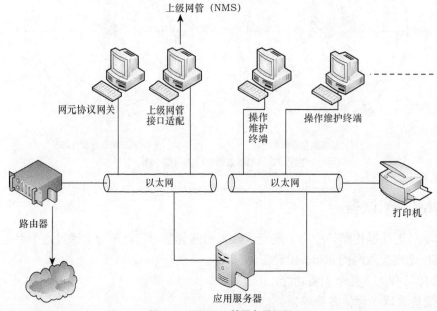

图 6-23　OMC-R 单服务器配置

2．软件结构

OMC-R 软件由 OMC-R 服务器软件、OMC-R 客户端软件、网关软件、上级网管代理等几部分组成。

（1）OMC-R 服务器软件由各个功能管理模块组成，这些软件模块通过 CORBA 软件总线通信。

（2）客户端子系统向用户提供 GUI（Graphic User Interface，图形化用户界面），实现对所管理网元的操作维护。

（3）OMC-R 系统通过网关与网元进行通信，网元协议网关将网元信息转换为 OMC-R 系统内部通用的 XML 格式的信息。

（4）上级网管代理主要完成对上级网管下发操作维护指令的转换以及网元设备状态、性能、告警等信息的上报。根据 3GPP 推荐，该接口使用 CORBA 构架。

6.4.2　OMC–R 配置

OMC-R 的配置主要考虑系统的处理能力和存储能力。

（1）处理能力计算

告警：根据测算，OMC-R 标准配置下单网元告警 30 条/s，多网元告警 100 条/s。

性能：按照 5min 最小粒度计算，每个小区计数器个数为 900 个（平均值），每个载扇的计数器个数为 50 个。

（2）存储能力计算

性能指标需保存至少 3 个月告警数据（含事件告警），每个网元的告警数据为：网元数×

每日告警条数×30 天×3 个月。

根据性能指标需要保存 3 个月的性能数据，每个计数器占用 4 个字节空间，性能数据最短每 5min 上报一次。

LTE 的 eNodeB 上报的性能数据容量（含载波）按以下方式计算：

基站上报的性能数据容量＝小区上报性能数据容量＋载波上报性能数据容量＝（小区数×每小区计数器个数＋载波数×每波频计数器个数）×每小时上报次数×24h×30 天×3 个月×每计数器字节数。

6.5　基站选址与勘察

6.5.1　选址总体原则

在基站站址选择中，除了遵循规划中站址选择的原则外，还应注意以下几点。

（1）站址选在非通信专用房屋时，应根据基站设备质量、尺寸及设备排列方式等对楼面荷载进行核算，以便决定是否需要采取必要的加固措施。

（2）站址宜选在有可靠电源和适当高度的建筑物或铁塔可资利用的地点。如果建筑物的高度不能满足基站天线高度要求时，其强度具有屋顶设塔或地面立塔的条件，并征得城市规划或土地管理部门的同意。

（3）基站应远离加油站，应符合《汽车加油加气站设计与施工规范》（GB 50156—2002）要求，满足一定的安全距离。

（4）郊区基站应避免选在雷击区，出于覆盖目的在雷击区建设的基站，应符合国家关于防雷和接地的标准规范的规定。

（5）在高压线附近设站时，通信机房应和高压线保持 20m 以上的距离，铁塔与高压线的距离必须在自身塔高高度 4/3 以上。

（6）当基站需要设置在航空机场附近时，其天线高度应符合机场周围净空高度要求，应征得机场管理单位的同意。

（7）不宜在大功率无线发射台、大功率电视发射台、大功率雷达站和有电焊设备、X 光设备或产生强脉冲干扰设备的企业或医疗单位附近设站。

（8）基站站址不应选择在易燃、易爆的仓库和材料堆积场，以及在生产过程中容易发生火灾和爆炸危险的工业企业附近。

（9）严禁将基站设置在矿山开采区和易受洪水淹灌、易塌方的地方。

（10）基站站址不宜设置在生产过程中散发较多粉尘或有腐蚀性排放物的工业企业附近。

除上述规定外，基站站址的选择应执行《电信专用房屋设计规范》（YD/T 5003—2005）的有关规定和共建共享的相关要求。

基站勘察是设计过程中一项非常重要的工作。勘察记录信息的细致完整程度直接关系到设计能否指导工程的实施、能否准确反映工程的实际情况，从而影响到工程设计的效用。

6.5.2　SSUP 选址

无线网络勘察选址涉及无线技术的覆盖模型、选点原则、防雷接地和电磁保护等方面的要求。

一般的网络选址均需要考虑无线网络的整体结构、备用站址，从覆盖、干扰、业务均衡等层面进行综合分析。但实际上，传统意义上的选址方法更多的是对站址本身的可用性考量。随着运营商竞争格局的变化、移动通信网络建设深度的增加，无线站址已逐渐成为运营商的战略储备资源。无线站址的选择除了上述必须考虑的因素外，还需要增加建设成本、建成后的客户感知等指标，方能在选址深度上更进一步。因此，本书提出一种全新的 SSUP（Site Selection based on User Perception，基于用户感知的选址）选址方法，能较好地解决基站选址和用户感知的矛盾。

1. SSUP 流程

假设需要对 n 个基站进行选址，构成候选站址集 $BS=\{B_1, B_2, \cdots, B_n\}$。SSUP 方法首先需要构建评估站址选择的指标体系，并且对各指标体系中的指标进行离散化。之后，对各指标体系中的离散指标构建综合评估指标。为突出客户感知的重要性，必须对客户感知指标计算方差，表示客户感知的差异性，以此作为基站选址的决策依据。整个流程如图 6-24 所示。

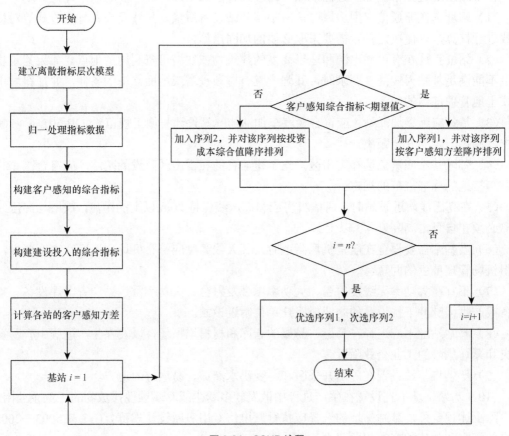

图 6-24　SSUP 流程

2. 构建评估指标体系

涉及的评估指标包括客户感知指标（User Perception Indicator，UPI）、建设投资指标 KPI1 和运维成本指标 KPI2，即仍然需要全面考虑客户、成本和建设的中间量。其中，网络质量指标纳入到客户感知指标中。

将涉及到的所有站址评估过程分为 3 层，即目标层、指标层和方案层。目标层即站址建设的评估工作，为最初始目标。指标层表示评估站址建设所考虑的要素，包括客户感知指标体系、建设投资指标体系和运维成本指标体系。方案层则针对于需要筛选评估的 n 个无线基站。

（1）客户感知指标体系 UPI

UPI 包括客户感知的主要典型指标，包括语音质量、数据速率等。具体如下：

$UPI=\{P_1，P_2，\cdots，P_m\}$（$m=8$）={语音质量 MOS、数据业务速率、接入时延、切换时延、接入成功率、掉话率、切换成功率、呼叫建立成功率}。

（2）建设投资指标体系 KPI1

KPI1 包括与待选址基站的建设资本支出，如下：

$KPI1=\{$主设备投资、基础设施投资$\}$

$=\{Q_1，Q_2，\cdots，Q_n\}$（$n=6$）={基站设备、基站控制器、传输系统、动力系统、机房、塔桅}。

（3）运维成本指标体系 KPI2

KPI2 包括与待选址基站在运营期间所发生的运营与维护支出，如下：

$KPI2=\{$网络运营成本、网络维护成本$\}$

$=\{Q_{n+1}，Q_{n+2}，\cdots，Q_{n+k}\}$（$k=8$）={人工及维护成本、车辆支出、租赁费、水电动力费、单次日修成本、代维费用、耗材成本、仪器仪表成本}。

层次模型如图 6-25 所示。

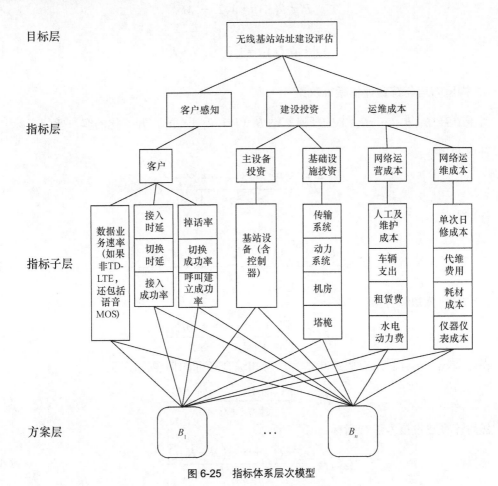

图 6-25　指标体系层次模型

将"建设投资指标"与"运维成本指标"统一合并成"建设投入指标"。

3．归一化函数处理

由于评估指标数据千差万别，在计算前需要作归一化函数处理。首先，对指标区分成顺势指标和逆势指标。顺势指标包括接入时延、切换时延、掉话率等，表示取值越大，越具备选址与建设的必要性。反之，逆势指标，如资本开支、成本支出等指标，则表示取值越大，越不倾向于选址与建设。

归一化函数处理过程如下。

将 $BS=\{B_1, B_2, \cdots, B_n\}$ 中的各站址的同一指标数据进行升序排列，设定归一化函数 $\theta(\cdot)$。对于顺势指标，根据排名第 i 的基站 B_i 数据 x_i，直接得到该指标的归一化处理结果：

$$\theta(x_i) = \frac{x_i}{\sum x_i} \tag{6-1}$$

对于逆势指标，则将所有的 $\theta(x_i)$ 进行降序排列，选择其中排名第 i 的数据结果作为 B_i 的归一化输出。

为方便下文叙述，假设各指标的归一化函数处理结果，即：

$$P_t' = \theta(P_t), t = 1, 2, \cdots, M \tag{6-2}$$

$$Q_t' = \theta(Q_t), t = 1, 2, \cdots, N+K \tag{6-3}$$

4．构建方差与综合评估指标决策

对于 $BS=\{B_1, B_2, \cdots, B_n\}$ 中的任何基站 B_i（$i=1, 2, \cdots, n$），归一化的客户感知指标 $P_{i,t}'$

计算期望值：

$$\overline{P_i'} = \frac{P_{i,1}' + P_{i,2}' + \cdots + P_{i,M}'}{1 + 2 + \cdots + M} \tag{6-4}$$

计算方差：

$$S_i^2 = \frac{\left(P_{i1}' - \overline{P_1'}\right)^2 + \left(P_{i2}' - \overline{P_1'}\right)^2 + \cdots + \left(P_{iM}' - \overline{P_1'}\right)^2}{M} \tag{6-5}$$

计算客户感知综合指标：

$$PC_i' = \frac{P_{i,1}' + 2P_{i,2}' + \cdots + MP_{i,M}'}{1 + 2 + \cdots + M} \tag{6-6}$$

在此基础上，计算所有候选基站客户感知综合指标的期望值，即：

$$\overline{PC'} = \frac{PC_1' + PC_2' + \cdots + PC_n'}{1 + 2 + \cdots + n} \tag{6-7}$$

然后计算建设投入综合指标：

$$QC_i' = \frac{Q_{i,1}' + Q_{i,2}' + \cdots + (N+K)Q_{i,N+K}'}{1 + 2 + \cdots + N + K} \tag{6-8}$$

在决策时，首先从 $BS=\{B_1,B_2,\cdots,B_n\}$ 中选择基站序列：

$$Sq_1 = \left\{ B_i\left(i = j,\cdots,k\right) \middle| PC_i' < \overline{PC} \right\} \tag{6-9}$$

将 Sq_1 序列中的基站，根据 S_i^2 的大小进行降序排列，得序列 SQ_1。对剩余基站

$$Sq_2 = BTS - Sq_1 \tag{6-10}$$

进一步筛选，按 QC_i' 的大小进行降序排列，得序列 SQ_2。

由此，得到不同选址优先级的基站序列，即：

$$SQ = SQ_1 \quad SQ_2 \tag{6-11}$$

SQ 中的基站列表，从前至后表征着重考虑客户感知、建设成本投入相辅相成的基站优先级序列。在实际站址选择评估时，可以根据实际物业情况逐个筛选。

无线基站的选址评估是一个重要的过程。在当前的无线站址筛选、评估、建设过程中，大量存在随机、高成本投入的现象，对客户感知了解甚少，造成投资成本增加、KPI 指标转好，但客户感知尚未提升或提升不多的相　现象。基于客户感知的 SSUP 无线基站选址评估方法，以客户感知为终极目标，兼顾建设投入成本，能够比较　满地克服以往选址评估方法的局限性，是今后基站选择的重要策略方向。

基站站址选择直接关系到网络的质量，站址选择是否合理，对工程项目的建设经济性和网络质量，起着举足轻重的作用，也直接反映了设计质量的好坏与水平的高低。基于 SSUP 的规划选址，能从综合评估的角度，选择最优的站址。在设计阶段，站址选择是进一步落实规划中的具体站址。

6.5.3　基站勘察

1. 准备工作

勘察准备是勘察前必须做的工作，勘察准备工作包括：

（1）制订初步的勘察计划，落实勘察日期及建设方的联络人。与建设方联络人、其他专业设计人员、设备厂家等相关人员取得联系，记录所需的电话、地址、传真、E-mail 等联络方式。

（2）向建设单位的联系人了解勘察期间当地的气候特点、区域地理类型。

（3）制订切实可行的勘察计划，包括勘察路线、日程安排以及相关联系人。

（4）配备必要的勘察工具。标准配置为 GPS、30m 以上皮尺、指南针、钢卷尺、数码相机、便携式计算机、电子地图工具如 GoogleEarth、Mapinfo 等；可选配置有高精细地图、望远镜、激光测距仪。

（5）确认前期规划方案，包括基站位置、基站配置、天馈类型等。

（6）了解工程设备的基本特性，包括设备供应商、基站、天馈、电源、蓄电池等设备的电气物理性能和配置情况。

（7）对已有机房的勘察，可在勘察前打印出现有机房平面图纸，并了解机房内空间预留情况，以便进行现场核对，节省勘察时间。

（8）如果还需要现场路测，需要准备相应路测设备，包括便携式计算机、路测软件、电子地图、GPS 接收机、测试手机、相应配套电源设备、测试车辆等。

2．机房勘察

机房勘察包括机房内勘察和机房外勘察两种情况。

机房内勘察内容主要包括：

（1）确定所选站址建筑物的地址信息。

（2）记录建筑物的总层数、机房所在楼层（机房相对整体建筑的位置）。

（3）记录机房的物理尺寸，包括机房长、宽、高（梁下净高），门、窗、立柱和主梁等的位置和尺寸，以及其他障碍物的位置、尺寸。

（4）判断机房建筑结构、主梁位置、承重情况，向机房业主获取有关资料，如房屋地基、结构平面图、大楼接地图等。

（5）记录机房内设备区的情况，机房内已有设备的位置、尺寸、生产厂家、年份、型号和工作负荷等。

（6）确定机房内走线架、馈线窗的位置和高度。

（7）了解机房内市电等级、容量及市电引入、防雷接地等情况。

（8）了解机房内直流供电的情况。

（9）了解机房内蓄电池、UPS 和空调等情况。

（10）了解基站传输情况。

（11）了解机房接地情况。

（12）拍照存档。

其中，在机房内设备区勘察，需要：

（1）根据机房内现有设备的摆放图、走线图，在机房草图上标注原有、新建设备（含蓄电池组）摆放位置。

（2）机房内部是否需要加固以及如何加固，需经有关土建部门核实。

在确定机房内走线架、馈线窗的位置和高度时，需要：

（1）在机房草图上标注馈线窗位置尺寸、馈线孔使用情况。

（2）在机房草图上标注原有、新建走线架的离地高度，走线架的路由，统计需新增或利旧走线架的长度。

机房外勘察内容主要包括：

（1）机房所在的楼层。

（2）机房相对整体建筑的位置。

（3）建筑物的外观结构。

（4）塔桅情况及相对位置。

（5）天馈及馈线路由走向（也可参见天馈系统的勘察）。

（6）市电引入和室外接地的情况。

（7）确定方向（注意：用指南针定方向时，尽量远离铁塔及较大金属体，最好在多点确认）。

3．天馈系统勘察

天馈系统的勘察内容主要包括：

（1）勘察基站基本信息填写，包括勘察时间、基站编号、名称、站型、经纬度、海拔、共址情况、区域类型等。

（2）确认基站的经纬度与方位。

（3）塔桅勘察。

① 了解楼顶塔的天面结构或落地塔的位置。

② 已有天馈线系统的安装位置、高度、方位角和下倾角。

③ 天馈线的安装位置、高度、方位角和下倾角。

④ 馈线、光缆、电源线走线和室外走线架的路由。

⑤ 初步了解室外防雷接地情况。

⑥ 记录天面勘察内容，拍照存档。

⑦ 绘制天馈安装草图。

⑧ 记录并拍摄室外接地铜排情况。

⑨ 拍摄基站所在地全貌。

4．勘察信息记录

勘察信息记录是勘察成果的具体表现，勘察信息一般由两个部分组成，即勘察信息表和勘察草图。

（1）勘察信息表

勘察信息表应该记录的内容包括但不限于：

① 基站基本信息，包括基站编号、名称、经纬度、站址、地形、海拔等。

② 机房信息，包括机房所在建筑的楼层及高度、土建结构、机房的性质、机房高度及所在楼层、机房是否加固、新建或改建意见。

③ 室内设备，包括已有设备、新增设备、扩容设备、开关电源、蓄电池、机房空调等。

④ 传输类型、传输接口或端子情况。

⑤ 室外接地排、馈线情况、GPS 馈线情况、室外走线架和过桥。

⑥ 对于共站址情况，需要列出共站址的其他系统基站信息，如基站配置、天线类型、天线增益、天线挂高、方向角、下倾角等。

⑦ 市电引入情况。

⑧ 周围环境说明，包括地形地势、附近有否高压线、变电站、加油站、煤气站、医院、幼儿园、小学及其他敏感设施等；如有其他通信局站（雷达站、微波站及其他中国移动基站等），应特别说明。

（2）勘察草图

现场要求至少绘制以下两张草图。

① 机房平面图。

② 天馈安装示意图。

如仍无法说明基站总体情况时可增加：

① 机房走线架图。

② 机房走线路由图。

③ 馈线走线图。

④ 建筑物立面图。

⑤ 周围环境示意图。

草图应画得工整清晰，信息记录应简洁明了，以便于绘制成正式的设计图纸。

机房平面图大致包括以下信息。

① 机房长宽高尺寸，门、窗、梁（上、下）、柱等的位置、尺寸（含高度）；指北方向；如为多孔板楼面的应标明孔板走向，便于加固设计及设备摆放布置。

② 室内如有其他障碍物（管道等），应注明障碍物的位置、尺寸（含高度）。

③ 走线架、馈线窗、室内接地排、交流配电箱、浪涌抑制器等的位置、尺寸（含高度）。

④ 机房如需改造，应详细注明改造相关的信息，需新增部分走线架的应有设计方案并与原有走线架相区别。

⑤ 已有及新增设备（含空调、蓄电池等）的平面布置，设备尺寸（含高度）等。

⑥ 馈线及电缆路由。

⑦ 在平面图适当地方画出馈线孔及室内接地排使用情况图，如不能满足要求，需说明如何改造或新增。

⑧ 在平面图适当地方画出电源空开分配情况图，说明每路空开下挂的设备情况，剩余空开的路数、容量能否满足工程新增设备的要求，如不能满足需说明如何改造。

⑨ 如蓄电池需扩容，则提出扩容方案。

⑩ 如无法确认机房无承重问题，应提醒建设单位对承重进行核算和加固。

天馈安装示意图应记录的有关信息有：

① 落地塔。

a. 对已有落地塔，需详细记录铁塔塔型，铁塔与机房的相对位置，馈线路由（室外走线架、爬梯和过桥），各安装平台的高度、直径、抱杆及方位，所有已安装天线（包括微波等）的具体安装位置、高度、方位。

b. 需安装天线（包括微波等）的安装位置、高度、方位、下倾角，如铁塔需改造，则需提出改造工艺。

c. 对新建铁塔，需记录铁塔塔型，铁塔与机房的相对位置，馈线路由（室外走线架、爬梯和过桥），各安装平台的高度、直径、抱杆及方位。

② 桅杆。

a. 屋顶总体平面图，尺寸应尽可能精确。如屋顶楼梯间、水箱、太阳能热水器、女儿墙等的位置及尺寸（含高度信息），梁或承重墙的位置，机房的相对位置等。如建筑物结构复杂，应补充"建筑物立面图"加以说明。

b. 周围 50m 以内的障碍物与本基站的相对位置。附近高压线、变电站、加油站、煤气站、医院、幼儿园、小学及其他敏感设施与本基站的相对位置。如同一张图上无法体现，应补充"周围环境示意图"以说明。

c. 记录现有塔桅或设计新增塔桅在屋顶的准确位置、高度，各系统天线的安装位置、安装高度、方位角和下倾角，室外走线架及馈线爬梯位置、尺寸，馈线走线路由，室外接地排位置等。

d. 如塔桅需改造则需设计塔桅改造方案、尺寸。

e. 工程天馈（含 GPS）安装位置（含高度信息）、方位、下倾角。

f. 建筑物防雷接地网情况，记录接地点可选位置，考虑防雷接地方案。

g．如馈线路由复杂，同一张图中无法体现，应补充"馈线走线图"。

6.6　基站设计

一个完整的基站设计需要在完成前期的勘察、选址后对基站进行容量配置，对机房布局进行设计。根据覆盖的规划确定基站相关配套，如塔桅、走线架、电源、防雷接地等，最后完成天馈系统的设计，确定相关工艺要求等。

由于天馈系统和工艺要求的重要性，本书对此进行单独分析，本节只对基站配置、布局和配套设计进行阐述。

6.6.1　基站系统设计

1．基站配置

LTE FDD 基站的站型配置，目前主要是采用定向站覆盖，在网络部署的初期，每扇区基本考虑单载波。具体载波数量需求，需要根据业务模型、业务预测进行确定，具体方法可以参见第 5 章网络规划的相关内容。

eNodeB 系统 BBU 和 RRU 的选择与配置，主要考虑如下。

（1）BBU 的配置

目前 LTE FDD 的 BBU 都采用高集成、模块化的设计。在配置 BBU 时，可按照必选项和可选项配置。常见的配置方法以华为 BBU3900 为例，见表 6-17。

表 6-17　　　　　　　　　　　　　华为 BBU3900 配置

板件名称	型号	配置数量	配置条件
机框	机框	1	必选
主控板	UMPT	1	必选
基带处理板	LBBP	N	必选，根据容量需求配置
传输扩展板	UTRP	1	可选，主控板传输能力不足时配置
环境监控板	UEIU	1	必选
星卡时钟单元	USCU	1	可选
防雷板	UFLP	1	可选
电源模块	UPEU	1	必选
风扇模块	FAN	1	必选

关于 BBU 设备的安装，由于 BBU 都是标准的 19 英寸的机框设计，在机房内安装比较自由。可以安装在空的机架上，也可以挂墙安装，安装方式均比较灵活。

（2）RRU 的配置

RRU 的配置，需要考虑 RRU 支持的频段、通道数量等，不同的频段需要根据网络规划的需要进行选择。从支持的天线安装方式，常见接头类型有 N 头、盲插。盲插方式支持一体化天线的安装，方便工程施工。

RRU 的功率配置，目前双通道 FDD RRU 有 2×40W、2×60W、2×80W 等，4 通道 FDD RRU 有 4×20W、4×40W 等。

2．基站机房布局

LTE FDD 采用 BBU＋RRU 模式，由于新工艺的发展，现在 BBU 设备趋于小型化，安装也很方便，大部分设备都可以支持标准机架安装、挂墙安装。所以对基站机房的要求也变得简单。

对于室外基站，一般采用大容量的 BBU。在机房空间允许的条件下，建议 BBU 采用机架的安装方式，安装位置按照 600mm（长）×600mm（宽）×2 000mm（高）考虑。如果机房空间比较紧张，建议采用挂墙的安装方式，安装位置可按照 500mm（长）×350mm（宽）×180mm（高）考虑。

在机房布局中，需要考虑强电区、弱电区、信号区的协调和隔离。机房走线合理整齐，避免电源线、接地线等对信号线产生不良干扰。

一个典型的机房布置如图 6-26 所示。

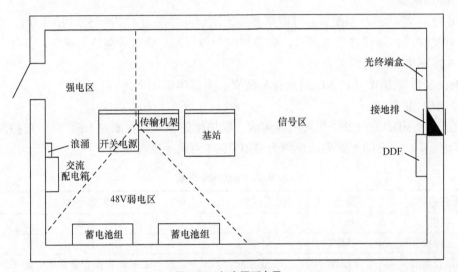

图 6-26　机房平面布置

在图 6-26 中，以虚线为界，最左边是强电区，主要是 220V、380V 交流区，中间是 48V 弱电区，右边是信号区，包括馈线信号、E1 信号、光信号等。各个功能区清晰，线缆交叉少，强电对弱电和信号的干扰最小。

6.6.2　基站配套设计

1．天馈

（1）天馈组成

移动通信中天馈系统本身所占的投资尽管不大，但却极大地影响了无线网络质量、运营维护工作量和工程建设。在任何一个移动通信系统中，天馈系统的设计都是无线网络设计的重要内容。

LTE FDD 室外部分为基站天馈子系统，包括天线、GPS 天线和 RRU 及各种电缆、光缆。天馈系统和室内部分的物理连接示意图如图 6-27 所示。

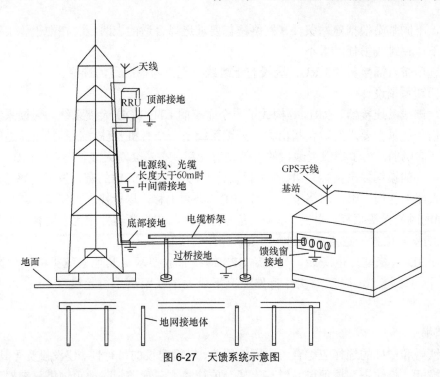

图 6-27　天馈系统示意图

（2）天线选择

天线的选择直接关系到网络质量。密集城区、市区、郊区和农村、道路等各种覆盖场景下，天线增益、半功率角以及 MIMO 方式等的选择各不相同。可根据设计的需要，选择 LTE FDD 的单频、宽频或者多频天线，具体天线的参数可参考 6.3 节。

（3）馈线选择

馈线路由应在保证信号传输的前提下尽量短，路由要尽量减少馈线的转弯。宏基站馈线一般采用 7/8″ 同轴电缆，当单根馈线长度超过 80m 时采用 5/4″ 馈线。同轴电缆与天线和设备的连接处采用 1/2″ 软馈线连接，以满足同轴电缆曲率半径的要求。7/8″ 同轴电缆和 1/2″ 软馈线的曲率半径分别为 250mm 和 120mm。

对于 RRU 到天线这段跳线损耗，要求尽量少，但是也要考虑到实际安装施工的可操作性，一般要求在 1dB 以内，建议在 0.6dB 以内，最大允许 1.5dB。对于小于 1dB 的损耗，小区半径收缩在 6%以内。对于 1.5dB 的路损，小区半径大约有 10%的收缩。对于个别站点实在不能满足要求的可以放松到 1.5dB，但以牺牲覆盖为代价。

不同允许损耗下的跳线长度见表 6-18。

表 6-18　　　　　　　　　　　　不同允许损耗下的跳线长度

	允许损耗（dB）	馈线类型	百米损耗（dB）	允许长度（m）
建议值	0.6	1/2″	10.7	5.6
		3/8″	17	3.5
一般值	1	1/2″	10.7	9.3
		3/8″	17	5.9
最大值	1.5	1/2″	10.7	14.0
		3/8″	17	8.8

因此，不同基站根据建站条件和网络覆盖要求选择合适的上跳线。在便于施工和合理投资的前提下，使跳线损耗尽量小。

对于选用带盲插接头的 RRU，因没有上跳线，无需考虑跳线的选择。

（4）天馈系统设计

天线、馈线及连接器、RRU 等构成了一个完整的 LTE FDD 天馈系统。天馈系统的主要功能是将信号能量按要求发射传播出去。天馈系统是一个有机整体，各射频单元之间是相互依赖、相互影响的。为了确保天线口的有效发射功率，必然会对天线的增益、RRU 额定功率以及跳线接头的损耗提出指标要求。在工程设计上，为了提高天线的有效发射功率，发挥 RRU 低噪声放大器的作用，确保网络覆盖范围，RRU 必须上移，尽量接近天线口，减少天线口与 RRU 之间的跳线接头损耗。此外，RRU 是有源器件，和无源器件相比，更容易出故障，因此，RRU 的安装位置一定要考虑到今后维护操作的便利。

LTE FDD 系统室外电源线、光缆、GPS 馈线布放要求与其他系统类似，如馈线卡安装均匀、平均每隔 1m 固定一次、特殊情况下最大飞线距离不得超过 1.5m、入室时须做防水弯。

2. 塔桅

基站铁塔和桅杆的选择应综合考虑网络覆盖、塔桅建设的可行性、建设投资等具体情况，综合选择桅杆、拉线塔、楼顶塔、增高支架、单管塔、三管塔、落地角钢塔等来架设基站天线。不同塔桅的选择需要根据天线的高度需求以及当地的建塔条件来确定。

桅杆的主要构件是用于安装天线的钢管，安装方式多种多样，可采取：

（1）直接固定在墙面上。

（2）预埋地脚螺栓安装在屋面上。

（3）预埋地脚螺栓并增加双向斜撑安装在屋面上（用于较高抱杆）。

（4）用配重安放在屋面上。

桅杆在通信塔桅中应用很多，最大特点是节省钢材，加工及施工都十分快速，对基础要求低，便于天线美化。

拉线塔设计和施工要求较高，需要较大的拉线空间，塔身位移较大，由于整体失稳或局部失稳导致的倒塌事故也是高耸结构中最多的。建议在楼顶或地基状况较差，有一定拉线空间的位置设立拉线塔，特别是临时性或过渡性的基站。

楼顶塔一般采用角钢塔较多，有两种情况。其一，建筑物设计时已经考虑铁塔载荷并设置了预埋件；其二，在旧建筑物上加建铁塔。第二种情况要对原建筑物进行验算，对结构进行改造，增加铁塔的锚固措施。楼顶塔的根开（铁塔的两个基础间的距离）往往不等，塔高也受限，还要认真修复因施工受到破坏的屋面防水层，设计时应格外慎重。

增高支架是介于桅杆和楼顶塔之间的一种塔桅形式，结构较简单。屋面增高架水平截面从下到上均相同，体型有 3 面、4 面、6 面等，也有依据现场条件确定的不规则截面，依靠与楼面结构锚固和与建筑物连接的钢拉线保持稳定。

单管塔根开小，占地面积小，采用大机械加工安装，对人工要求低，有利于批量生产安装。缺点是综合造价高，对安装现场要求有一定的运输及施工条件。建议在现场交通、安装条件好、风压小、高度较低时采用。单管塔有内爬式和外爬式两种。从工程经济的角度，近年来，外爬式的单管塔由于投资节省，成为目前主要单管塔应用类型。

三管塔采用三边形的截面形式，外形美观且具备柔性结构，不易倒塌，根开较小，占地面积较小，综合造价也较低。缺点是塔身自振周期较大，风载作用下位移较大，对地基要求较高。建议在风压不大、塔身高度较低、地基状况良好地区采用。

落地角钢塔是最常用的角钢塔，构造简单，加工、运输及安装方便，焊接少，坚实稳固，质量容易控制。缺点是根开较大（6~10m），占地大，钢材耗用量较大，基础及综合造价较高，又有最大构件限制，建议在中低风压及地质情况较好的情况下采用。

常见的塔桅及其使用场合如表 6-19 所示。

表 6-19　　　　　　　　　　　　　　　　塔桅选择参考

类型	说明	应用场合
桅杆	一般高度在 3~7m，一根桅杆上安装一副天线	用于市区楼顶
拉线塔	一般高度在 20m 以上	用于楼顶或农村地区
楼顶角钢塔	15m 以上，高度根据技术需求和楼的条件确定	有条件的楼顶
增高支架	一般高度在 7~15m，用于在楼顶增高天线	用于市区、郊区楼顶，需要增高天线，但是用桅杆又不能满足高度的情形
单管塔	高度在 30~50m，1~2 个平台	一般用于市区和郊区
三管塔	高度在 30~60m，2~3 个平台	一般用于郊区和农村
落地角钢塔	一般在 40m 以上，2~3 个平台	普遍应用于农村和郊区

新建塔桅应按移动通信基站塔桅工艺要求进行设计，塔桅结构应满足移动通信系统的收发信天线工艺要求以及各系统的干扰隔离要求，高度根据覆盖范围的需要确定。铁塔各类平台的数量及间距应按铁塔高低、通信天线数量、所处环境进行设置。铁塔的改造须经铁塔设计部门核算认可。

3．机房土建

（1）机房选型

机房选型应根据结构安全性、耐久性、整体性、便捷性、施工进度要求、造价要求等因素综合确定。对楼顶彩钢板房基础不采用整板基础，而采用型钢等构件将机房及设备荷载转移到原房屋承载能力较强的构件上，如梁根、柱头等。详细方案因不同房屋结构而不同。

（2）基站机房土建工艺要求

对无线基站机房的土建工艺要求如下。

① 室内净空高度≥2.8m。

② 地面均布荷载≥600kN/m^2（同机房内有更高荷载要求设备，按高荷载计）。

③ 地面材料：水磨石、半硬质塑料、地板砖。

④ 墙面、天花板面层材料：乳胶漆。

⑤ 门采用钢质防盗门，门外开，门窗封闭性良好，机房良好防尘。

⑥ 馈孔尺寸为：300mm×500mm，离地 2 400mm，特殊情况可降低一些。

⑦ 照度（Lx）：50（离地 0.8m 水平面上）。

⑧ 对墙壁的工艺要求：墙壁表面要平整光洁、无裂缝、不掉灰，并尽量减少不必要的线脚，以免积聚尘土；墙体上的预留孔洞、沟槽、预埋加固件等均应抹灰补平；外墙应严密防水、防渗。

（3）机房地面荷载与加固

专用机房和民用建筑不同，通信机房所要求的楼面荷载一般不小于 $6kN/m^2$，电力机房要求的楼面荷载一般不小于 $10kN/m^2$，是民用建筑楼面荷载的 3 倍以上；根据机架的不同排列方式，对楼面所能承受的活荷载又有不同要求，因此对所选的基站机房应要求其所能承受的活荷载最低不得小于 $6kN/m^2$，而一般的预制楼板很难达到此要求，这就要求尽量选能满足要求的现浇楼板机房；当选用机房楼面荷载达不到规范要求时，则必须由土建专业人员提出可靠的加固方案，或在机房设备排列上充分考虑到此因素。

加固方案分以下几种。

① 现浇楼板当承载力略有不足时，可以采取分散机架排列，增加各排机架的间隔距离，以达到分散荷载、减小等效均布活荷载的作用。

② 对预制板楼面或现浇板承载力相差太大时，在板支撑端有可靠承重墙或框架梁的情况下，可采取均布槽钢上铺防静电地板的方式，使机架重量直接传递至两边墙或梁上。此种加固方法较为常用。

③ 以上两种方法都不能达到要求，则须根据情况对梁、板、柱均采取可靠的加固方案，这会影响相关楼层层高。

④ 需要特别说明的是，基站布放电池位置的楼面荷载规范要求是 $6\sim10kN/m^2$，而租用机房荷载难以达到要求。结合基站机房的实际荷载情况，进行蓄电池组的合理排放，可采取平铺、梁上放置等方式，一般必要时需采取加固措施，个别难以实施的基站应根据实际情况进行单独处理。

4．走线架和馈线洞

（1）走线架

LTE FDD 基站线缆数量较少，主要由 1 根 GPS 馈线、3 根光缆、3 根电缆组成，工程施工难度较低。在设计中，走线架应满足以下要求。

① 机房内走线架的宽度一般不低于 400mm。

② 水平走线架安装后需保持水平，两端使用终端固定于墙面，要求至少每架水平走线架（3m 定长）采取一处吊挂。

③ 垂直走线架安装后保持垂直，上端平齐于水平走线架，下端最低处以保证走线不出现凌空飞线为标准。

④ 走线架支撑杆使用凹型钢，砖混房宜采用吊挂加固方式，彩板房采用立地加固方式。

⑤ 走线架连接处要可靠连接。

（2）馈线洞

LTE FDD 光纤拉远系统每个扇区包括 1 根光缆、1 根电源线，另外整个系统还需要 1 根 GPS 馈线，对于机房馈窗要求大大降低。这样，一个 3 扇区的基站，共需要 7 个小的馈线孔。

图 6-28 中所示是已经安装好馈线的基站馈线窗。

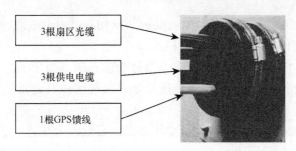

图 6-28　已经安装好的馈线孔

设计中，新增馈线洞的位置应有利于室外馈线的引入，有利于缩短馈线长度。

馈线洞的下沿一般要高于室外和室内走线架上沿 50mm，其内侧下沿要有 5° 的斜坡，以防止雨水进入机房。馈线洞的工艺要求如图 6-29 所示。

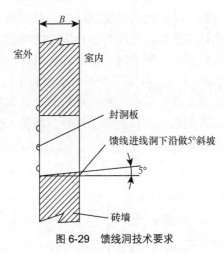

图 6-29　馈线洞技术要求

5. 电源

LTE FDD 基站无线设备一般采用–48V 直流供电系统。在实际配置电源中，根据基站是新建还是共享、RRU 离 BBU 距离的远近进行不同的电源配置。

对于新建基站，常见的基站电源系统包括交流引入、交直流配电和整流设备等几个部分。

（1）交流引入

由于各基站所处的位置不同，市电的供电情况及引入各不相同，市电的引入可分为下列 3 种情况。

① 自建市电变压器的基站，要求引入一路高压市电，变压器可采用 H 杆形式架空安装。

② 从其他公用的市电变压器的配电屏引入一路 3Φ–380V 交流电源，采用埋设电力电缆引入基站内。

③ 从基站建筑物的原交流配电屏（箱）引入一路 3Φ–380V 交流电源，电力电缆采用沿墙穿管和走线槽的形式引入基站内。

不论采用何种引入方式，基站市电要求有一路不小于 3 类的可靠市电引入。交流电源应满足以下要求。

① 供电电压：三相 380V，电压波动范围 323～418V。

② 市电引入容量：交流 3Φ–380V 容量要求在 10～25kW。

③ 交流引入线采用三相五线：采用 $4×16mm^2+1×10mm^2$ 电力电缆，保护接地线单独引入。交流中性线严禁与保护接地线、工作地线相连。

三相电度表安装在入局交流配电箱配电部分的前一级。为便于维护人员电费结算，电表可安装于室外安全位置。在市电引入处需加装避雷装置，其避雷装置安装于入局交流配电箱内。

如基站所处区域地处偏远，引入交流电压不稳，有较大的波动，可在市电引入机房后加装交流稳压器或采用专用变压器。

（2）交流配电

① 交流供电系统的组成。基站要求配置一套低压配电设备，包括 1 只交流配电箱、1 只电度表箱、1 只浪涌抑制器、1 只市电油机电源转换箱。上述设备可相互独立配置，也可组合成一只配电箱。

柴油发电机组的配置应根据各基站的具体情况而定。基站设在山上且只有一路不可靠的市电供电，移动油机又无法到达该基站，可配置一台固定的柴油发电机组作为备用电源。其余的基站不配置固定的柴油发电机组，断电时由移动油机前往供电。

② 基站交流供电系统的供电方案。各基站使用市电作为主用电源，移动油机作为备用电源。当市电正常时，由市电电源给基站供电；当市电检修或故障停电时，由移动油机供电。市电与移动油机的转换在各站内的双电源转换箱上进行（油机未供电时，由蓄电池组供电）。

一个典型基站交流部分走线如图 6-30 所示。

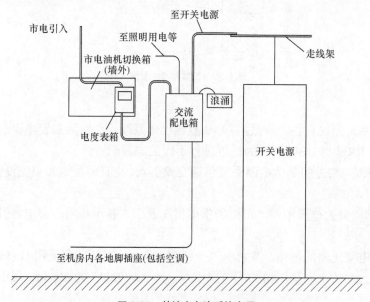

图 6-30　基站内交流系统布局

图 6-30 中，交流配电箱、浪涌抑制器、电度表箱、油机切换箱布局井然有序，线缆布局流畅。如果电度表或油机切换箱安装在室外，其与室内设备之间的交流电缆需使用铠装电缆，并埋入地下。

交流配电箱的容量按远期负荷考虑，输入开关一般要求为 100A，站内的电力计量表根据当地供电部门的要求安装。

（3）直流供电

①　直流供电系统的组成。移动基站的直流供电系统由组合式开关电源架（内含交流配电单元、直流配电单元、整流模块单元、监控模块单元）、阀控式密封蓄电池组组成。直流–48V 供电系统均采用全浮充供电方式，市电停电而油机（移动式油机）未供电之前，由蓄电池放电供给通信设备；市电来电后，则恢复原供电方式。组合式开关电源应具有远程监测和监控等功能。

②　基站直流供电系统供电方式。为确保基站传输系统在基站停电的情况下不中断，在基站的开关电源中设置了两级低压保护装置。

以–48V 为基础电源的移动基站为例，在基站停电的情况下，由蓄电池供电给基站及传输设备。当电池电压低于第一级保护关断电压时（初步设定为 46V），切断基站重负载设备的供电，电池只给传输设备供电。当电池电压低于第二级保护关断电压时（初步设定为 42V），切断基站传输设备的供电（即切断基站全部负载），保护蓄电池，不致电池过放电。在上述时间范围内，维护单位可根据基站的重要性采取相应措施，如该基站为重要的基站，则应在基站停电时间 2～4h，移动油机到基站现场并供电；如该基站为非重要基站，则应在基站停电时间 5～10h，移动油机到基站现场并供电。另外，各级保护的关断电压可调，维护单位可根据不同基站的特点设置不同的关断电压，但第二级关断电压不应低于 42V，否则对蓄电池的寿命有影响。

（4）电源系统配置原则

交流配电设备的配置应按满足远期容量考虑。

组合式开关电源的机架容量应按远期容量考虑，其整流模块应按近期负荷 $N+1$（10 台整流器以上每 10 台备用 1 台）冗余配置。开关电源需具有二次下电功能。

新建基站宜配置两组蓄电池，机房条件受限或后备时间要求较小的基站可配置 1 组蓄电池。蓄电池组的总容量由蓄电池组独立向负载供电的时间确定，蓄电池组独立向负载供电的时间应结合基站重要性、市电可靠性、运维能力、机房条件等因素确定，对市区、城镇的基站按大于或等于 3h 的放电时间考虑蓄电池组的总容量，对郊区、乡镇基站按大于或等于 6h，农村基站按大于或等于 8h 的放电时间考虑蓄电池组的总容量。

具体容量计算公式参考《通信电源设备安装工程设计规范》（YD/T 5040—2005）。

新建基站地线系统应采用联合接地方式，即工作接地、保护接地、防雷接地共设一组接地体的接地方式。在机房内应至少设置 1 个地线排。

新建基站内电源电缆均应采用非延燃聚氯乙稀绝缘及护套软电缆，各种用途电缆截面积及颜色选择可参见表 6-20。

表 6-20　　　　　　　　　　常见电缆截面积及颜色选择

电缆用途	电缆截面积选择	颜色选择	备注
交流市电引入电缆	≥4×16mm² （铜芯电缆）	外护套为黑色，内绝缘层分别为 A 相黄色、B 相绿色、C 相红色、中性线黑色。若采用五芯电缆引入，要求：外护套为黑色，内绝缘层分别为 A 相黄色、B 相绿色、C 相红色、中性线蓝色，地线为黄线相间色	当市电引入距离大于 200m 时，应相应增大电缆线径，室外采用铠装电缆
	≥4×25mm² （铝芯电缆）		
	（市电引入容量为 10～15kW）		
	≥4×25mm² （铜芯电缆）		
	≥4×35mm² （铝芯电缆）		
	（市电引入容量为 20～25kW）		

电缆用途	电缆截面积选择	颜色选择	备注
高频开关组合电源交流引入电缆	4×16mm² （铜芯电缆）（满架容量为 300A） 4×25mm² （铜芯电缆）（满架容量为 600A）		
空调机电源电缆	5×4mm² （铜芯电缆）（3 匹或 5 匹三相空调机）		
蓄电池组电缆	≥2×70mm² （铜芯电缆）	正极电源线采用红色，负极电源线采用蓝色或黑色	
地线引入电缆	1×95mm² （铜芯电缆）	黄绿色	
高频开关组合电源工作地线	1×70mm² （铜芯电缆）	蓝色	
交流配电箱保护地线	≥1×16mm² （铜芯电缆）		
高频开关组合电源保护地线	≥1×16mm² （铜芯电缆）		
无线设备机架保护地线	≥1×16mm² （铜芯电缆）	黄绿色	由无线设备厂家提供
走线架的接地线	1×16mm² （铜芯电缆）		
电池铁架的接地线	1×16mm² （铜芯电缆）		

对于 RRU 的供电，一般采用基带信号源 BBU 处的电源为其供电。当 RRU 至 BBU 的线缆长度小于或等于 100m 时，用标配的供电电缆从信号源处的–48V 直流电源为其供电，供电电缆线径一般大于或等于 2.5 mm²；当 RRU 至 BBU 的线缆长度大于 100m 且小于等于 300m 时，如果标配的供电电缆不能满足电压降的要求，可通过加粗供电电缆线径从信号源处的 –48V 直流电源为其供电。供电电缆线径一般不小于 6mm²；当 RRU 至 BBU 的线缆长度大于 300m 时，宜单独采用–48V 直流电源为其供电，为 RRU 配置一体化的小开关电源及蓄电池组。若安装位置受限时可采用交流 220V 电源为其供电。当市电引入困难时，可以采用远供电源供电，从远处通过 220-380V 直流高压输电，变压后以–48V 直流给 RRU 供电。对于远供电源的供电距离，从建设综合成本考虑，一般不超过 2km。

对于利旧 2G、3G 基站配套的共址基站，电源设计需要考虑的内容包括：

① 共址基站市电容量以及市电引入电缆应能满足新增 LTE FDD 设备需求，对于原市电容量以及市电引入电缆不能满足要求的基站，应进行市电接入改造和增容。

② LTE FDD 基站设备应与 2G、3G 基站设备采用同一套直流系统供电。如现有电源机架容量能满足设备需要，则只需增加整流模块对原开关电源进行扩容；如现有电源机架容量不能满足需要，则采用更换开关电源的办法解决；对于现有开关电源机架总容量小于 300A（不含 300A）的基站，宜更换为机架总容量为 600A 的开关电源。新增的 LTE FDD 无线设备供电要求两路 32～63A 的直流分路。基站开关电源的直流配电端子根据各基站的现有情况和需要进行改造。如现有直流配电端子不能满足 LTE FDD 设备的需求，或更换配电开关，或增

加直流配电箱，直流配电箱的电源应从开关电源架母线排引接。

③ 蓄电池组应根据基站后备时间要求、机房可承受的荷载、机房面积等因素来确定是否需要更换和更换后的容量。更换后的蓄电池宜采用两组。

④ 如原有室内地线排不能满足 LTE FDD 设备的接地需求时，可在机房内的适当位置增加 1 个地线排，并用截面积不小于 95mm² 的铜芯电力电缆与原有的室内地线排并接。

6．接入传输

LTE FDD 无线网基站的接入传输是 X1/S2 接口的连接，这些物理接口类型为 GE。对于 LTE FDD 的接入传输技术方案，应该结合移动通信运营商的实际承载网（如 PTN、IP-RAN 等）现状，在遵循以下原则的前提下，综合考虑选择。

（1）LTE FDD 基站传输接入应采用光缆接入方式。建设应充分利用现有传输网络的空余资源，实现共用传输网。

（2）对于新建传输系统，在满足近期业务发展需要的基础上，应适当超前，预留业务发展余量和设备端口。共址基站的传输设备如不满足工程需要，则应根据基站的具体情况考虑扩容改造。

（3）从安全可靠性出发，接入层系统尽量采用环网结构，在地理条件和光缆建设确有困难的情况下可少量采用链型结构。对于不具备后备电源条件的基站，需单独组织传输系统。

（4）接入层光缆传输系统的建设需要综合考虑移动网、大客户等带宽需求、节点布局、光缆资源和网络安全等多种因素，合理安排系统制式和环上节点数量。

对于 LTE FDD 承载网的配置，建议：

（1）接入层配置可以升级为 10GE 的 GE PTN 设备，交叉容量不小于 30GB，与 eNodeB 连接应使用 GE 光接口（1000Base-SX）。

（2）接入层系统尽量采用环网结构，每个接入环 3～8 个节点。

（3）汇聚层采用 10GE 组环，单个设备交叉容量不小于 160GB。

（4）核心层采用 10GE 组环，单个设备交叉容量不小于 320GB。

7．防雷接地

（1）接地系统的组成

移动基站的接地系统应采用联合接地系统，即通信设备的工作接地、保护接地、建筑物的防雷接地共用一个接地的联合接地方式。基站的接地系统应按《通信局（站）防雷与接地工程设计规范》（YD 5098—2005），采用联合接地方式，按单点接地原理设计。基站馈线 3 点接地使用接地卡子套件，接地排至防雷接地的导线必须单独布放，且接地点与避雷针引流扁钢的接地点相距应大于 5m。接地装置地下构件各连接点均要求焊接牢固。对于土壤电阻率高的地区，接地电阻难以达到要求时，可采用向外延伸接地体、改良土壤、深埋电极、选用降阻剂等方法。接地装置中的垂直接地极宜采用长度为 1.5～2.5m 的镀锌钢材，垂直接地极间距为 3～5m；环形接地体宜采用 40mm×4mm 的镀锌扁钢。接地端子预留不少于 3 处，尽可能预留在地槽内。如移动基站为新建的机房或未设置接地装置的建筑物，则按上述设计规范设计联合接地系统；如移动基站现有的建筑物已设接地装置，而接地电阻未达到要求的，须将原接地装置加以改造，使其接地电阻达到要求。

（2）接地电阻的要求

移动通信基站联合接地系统接地电阻小于 10Ω。对于年雷暴日小于 20 天的地区，接地电阻允许小于 10Ω。

（3）基站防雷过电压要求

基站防雷系统由铁塔的防雷、天馈线系统的防雷、交直流供电系统的防雷、传输线路的防雷、机房内走线架的防雷等部分组成，基站的过电压保护采用 3 级过电压保护。基站的铁塔防雷接地与基站的联合接地网连接后共用一个接地网。

防雷接地具体到不同的设备有天馈线防雷接地、中继线防雷接地、电力线防雷接地和机房的防雷接地等。

① 天馈线。LTE FDD 天线的防雷通过避雷针保护，天线的接地直接通过与塔桅的连接接入地网。LTE FDD 射频上跳线长度短，在 RRU 和天线端应有一处接地。GPS 馈线大都沿铁塔布放至塔底，再由过桥经馈线洞引入机房。馈线在进入机房前其金属外护层应有 3 点接地。第 1 点位于 GPS 天线安装平台的下方；第 2 点位于爬梯与铁塔过桥搭接处上方 0.5～1m 处，采用接地卡子与爬梯附近的铁塔避雷引下线紧密连接；第 3 点位于馈线洞外，采用接地卡子与室外接地铜排紧密连接。室外走线架始末两端均应作可靠接地连接。

位于馈线洞附近的室外接地排接地引下线可采用截面积不小于 95mm² 的绝缘多股铜导线或截面积不小于 40mm×4mm 的热镀锌扁钢，长度不宜超过 30m，沿机房外墙以最短途径与机房的联合地网相焊接。若机房接地端子难以发掘，应妥善与邻近雷电流引下线的根部连通。在其进入机房后的 1m 范围内，应装设馈线避雷器，避雷器的接地端子应就近引接到馈线洞附近的室外接地铜排上，引接线采用截面面积不小于 35mm² 的绝缘多股铜导线，严禁与室内金属设施电气连通。选择天馈线避雷器时，应确保其传输能力（最大功率）、阻抗、插入损耗、工作频段等指标与通信设备相适应。

② 电力线。电力线是一条重要的引雷途径，对供电系统应采取多级保护、层层设防的严格措施。

基站交流电力变压器高压侧的 3 根相线应分别就近对地加装氧化锌避雷器。电力变压器低压侧的 3 根相线应分别就近对地加装无间隙氧化锌避雷器。变压器的机壳、低压侧的交流中性线以及与变压器相连的电力电缆的金属外护层应就近接地。出入基站的所有电力线均应在出口处加装避雷器。

进入基站的低压电力电缆宜采用有金属护套或绝缘护套的电缆，并经钢管由地下引入基站，其长度不应小于 50m。电缆金属护套或钢管两端（变压器处和大楼入口处）应就近可靠接地。

电力电缆在进入基站配电房后，在交流配电屏输入端应加装电源浪涌抑制器。电源浪涌抑制器的接地引线要尽量短，采用截面面积不小于 35mm² 的绝缘多股铜导线。

BBU 和 RRU 之间的连接电缆宜采用有金属护套或绝缘护套的电缆，电缆金属护套或钢管两端应就近可靠接地。

③ 光缆、电缆中继线。当基站采用光缆或电缆作为中继线时，也容易由此引入雷害。由于与中继线相连的终端设备的耐过电压水平低于电源设备，造成设备损坏的雷害事故屡见不鲜。

有条件的基站，建议出入基站机房的中继线采用有金属屏蔽层的光（电）缆全线直埋或没有金属屏蔽层的光（电）缆穿金属管直埋进基站。若不具备全线直埋条件，光（电）缆在进入基站前应有一段直埋，埋地长度宜不小于 30m，其深度不低于 70cm。埋地光（电）缆的金属屏蔽层或金属管至少在两端接地，且要作防锈处理。光缆金属加强芯也一并接地。其余架空的中继线也应采取保护措施，架空用的金属吊挂线和光（电）缆的金属护套及其金属加强芯在每个杆塔处同时接地。在山区的基站，由于雷害严重，建议光（电）缆应直埋进机房。

电缆内芯线在设备连接之前，应加装相应的信号避雷器，避雷器和电缆内的空闲线对地应作保护接地。

在雷害严重的地区，也可采取防雷型光（电）缆或无金属光缆。

LTE 系统由于有源设备 RRU 安装在楼顶和塔顶，电源线和光纤的防雷设计中一般采用安装防雷箱设计，如图 6-31 所示。

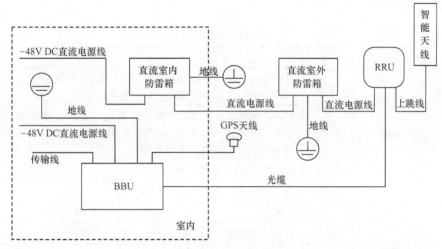

图 6-31　基站系统防雷箱

④ 机房。机房应有防直击雷的保护措施。机房屋顶应设避雷网，其网格尺寸不大于 3m×3m，并与屋顶避雷带按 3～5m 间距一一焊接连通。机房房顶 4 角应设雷电流引下线，该引下线可用 40mm×4mm 镀锌扁钢，其上端与避雷带、下端与地网焊接连通。机房屋顶上其他金属设施分别就近与避雷带焊接连通。机房内走线架、吊顶铁架、机架或机壳、金属通风管道、金属门窗等均应作保护接地。保护接地引线一般宜采用截面积不小于 $35mm^2$ 的多股铜导线。

接地线与接地体的连接点应在地平面 70cm 以下，离墙基不小于 4m，可根据实际情况作适当调整。接地体应设置在建筑物的外墙或墙角附近，以避免雷击电流流入建筑物下面。

8．消防

新建机房、租赁机房的基站需增加相应的消防设备，利旧机房的基站如果消防设备不合格或者缺少，应相应增加。

各基站机房装修应尽量采用耐高温阻燃材料，基站配备手持式灭火器。机房耐火等级不低于 2 级。各基站机房应设置烟感探头、温度探头、红外探头、门禁探头等与外围控制装置共同监视火情隐患、门窗损坏及非法进入。施工完毕，所有进线孔洞必须用防火材料堵塞，施工中的设备包装材料和打印纸等易燃物品要随用随清运，不得堆放在机房内或安全通道上。

9. 机房监控

监控的设置可以随时掌握网络的运行状态，对网络故障尽快分析、处理，因此监控在整个网络的运行中起着至关重要的作用。

LTE FDD 基站设置监控系统，在机房内设置监控器及温感探头、防火烟感探头、红外防盗探头。基站监控器可通过传输线路将温度、消防、门禁等信号传向监控中心，由监控中心集中监控。各基站配置基站监控器，主要对基站的环境、市电、直流电源低压报警、空调等实行集中监控。监控中心能显示各站电源系统的参数及运行状态，具有数据记录、打印功能；各监控单元能接收监控中心的指令，可设置、修改电源系统的有关参数。

温度过高、交流断电、门禁、火情、烟雾、电池低压和地水等告警信号均通过 eNodeB 机架告警输入端上传到 OMC-R。

常见的基站监控测点见表 6-21。

表 6-21　　　　　　　　　　　　　　　　基站监控测点表

序号	设备名称	类型	测点
1	开关电源	遥测	三相输入电压、三相输出电流、输入频率、输出总线电压、模块单体输出电流、总负载电流、蓄电池电流
		遥信	模块单体状态（开/关机、限流/不限流）、模块单体故障/正常；系统状态（均/浮充/测试）、系统故障/正常、一次下电开关状态、监控模块故障、主要分路熔丝/开关故障
		遥调	均充/浮充电压设置、限流设置
		遥控	模块开/关机、均/浮充、电池管理
2	普通空调设备	遥测	温度
		遥信	空调工作状态、工作模式（通风/制冷/加热/除湿）
		遥调	温度设置
		遥控	空调开/关机
3	交流配电箱（屏）	遥测	三相输入电压、三相输入电流、功率因数、频率、有功功率、电度
		遥信	开关状态、市电状态
4	蓄电池组	遥测	蓄电池组总电压
5	环境	遥测	温度、湿度
		遥信	烟感、水浸、门磁
		遥控	智能门禁

对于与原有基站设备共址的基站，应对基站内现有监控设备进行扩容改造，以便对新增或更换的电源设备（包括开关电源、蓄电池组等）、新增或更换的空调设备、新增机房环境监测点进行监控。

10. 空调

基站空调的负荷主要有设备负荷、人员负荷、照明负荷、新风负荷等。其中设备负荷占总负荷的 90%以上。

基站设备在运行中散热量大而且集中，散湿量极小。即机房设备散热量的 95%是显热，热量大，湿量小，热湿比极大。在这种情况下，空气处理可近似作为一个等湿降温过程，要消除余热必然是大风量。为使设备各元器件工作在相近的温度范围内，进入设备的空气和从设备排出的空气的温度差越小越好。但是为了有效地排出设备中的热量，则要求有较大的送风量，因此要求机房内的空调系统送回风温差小，送风量大。

对于移动通信机房，温度必须满足 B 级或 B 级以上要求（18～28℃）。若一个机房内放置多种设备，以要求最严格的设备来考虑。机房内温度变化率应达到 B 级要求，不允许结露。要求机房空调系统具有供风、加热、加湿、冷却、去湿和空气除尘能力，以满足机房环境要求。考虑到通信设备扩容的需要，基站空调机应根据远期的设备散热量配置。此外，机房空调设计应考虑 15%～20%的余量。

严寒地区、寒冷地区的基站宜选择热泵型空调机；夏热冬冷地区、夏热冬暖地区和温和地区的基站，宜选择冷风型空调机。此外，为了降低空调运行成本，可根据当地室外空气环境情况选择基站节能型设备。

空调设备一般应有专用的供电线路，供电电压波动范围不应超过设备标称值的±10%。空调设备应有良好的保护接地，其接地电阻不大于 10Ω。空调设备应具有自动启动和延时启动功能，其延时启动时间可以设置。空调机应满足基站监控系统的要求，采用智能空调监控接口。

11．照明

机房内的照明设计一般应遵循以下要求。

（1）工作电（设备用电及空调用电）与照明电应分开布放。

（2）在有条件的地方（例如基站设置在局房内），机房照明应分设正常照明及应急照明，其要求如下：正常照明平时由市电电源供电，当市电电源中断时，则由自备柴油机的电源供电。当市电电源中断，油机尚未供电之前，应急照明由蓄电池组供电。

（3）基站机房的主要光源宜采用荧光灯。

（4）照度要求：离地 0.8m 水平面上大于或等于 50Lx。

（5）工作区内一般照明的均匀度（最低照度与平均照度之比）不应小于 0.7，非工作区的照度宜低于工作区平均照度的 1/5。

（6）面积较大的机房，照明场所的灯具应分区、分段设置开关。

（7）各基站机房应安装带有接地保护的电源插座，其电源不应与照明电源同一回路，若不能单独成一回路，应选择带有保险丝的插座。电源插座距地不小于 30cm。

6.7　基站工艺要求

6.7.1　机房工艺要求

基站机房工艺要求提供给承担基站机房土建的工程公司，作为基站机房设计和工程建设的基本依据。

1．共址共站机房的结构要求

共址共站机房是已有通信设备的机房或同其他设备共用的机房。共站机房一般有电源、传输和配套条件，新建 LTE FDD 设备时可以利用原有资源，节约投资。基站在共址共站机房中安装需考虑多种因素。

（1）机房的空间

绝大多数原有自建机房在当初的设计上已经考虑了多种通信系统设备的工艺要求，因此，这类共站机房应该有足够的空间来安装 LTE FDD 基站设备。对于原有的租用机房，如果机房的面积偏小，则可以考虑以扩租的形式来扩大机房面积。扩租的部分以原机房的隔壁为宜，垂直相邻的上下层也可考虑。对于其他共用机房来说，如果不共用电源，则需要提供 $10m^2$ 左右的机房空间；如果共用电源，则只需提供 1～2 个设备机架的位置即可。对于空余面积小的机房，可以将 BBU 挂墙安装。

（2）机房地面承重

机房楼层机架设备区地面负荷要求为 $6kN/m^2$，机房楼层电池区地面负荷要求为 $10kN/m^2$。实际设备重量不一样，对机房的承重要求也不相同，具体机房楼层承重以土建部门核算为准。承重复核的结论应由设计人员根据《建筑结构可靠度设计统一标准》（GB 50068—2001）计算后确定。

如承重不够，则机房楼层地面需要加固，或者调整蓄电池组（或设备）布放方式，达到满足承载力要求。在机房设备平面布置时，蓄电池组尽可能放置在承重梁的上方。如无法调整或调整达不到要求的情况下，采取加固电池组（或设备）的方式，包括架空电池组（或设备）、使用地排分散电池组（或设备）荷载、使用地排将电池组（或设备）荷载分配到板边，减少楼板跨弯矩产生的荷载。

（3）其他

如果机房原有的馈线洞不够，不足以使工程设备的所有馈线引进机房，则应选择适当的位置开凿新的馈线洞。此外，当新增通信系统设备、电源设备或对机房进行调整时，应考虑是否新增走线架。如果原有的接地铜排不足，应考虑新增接地铜排。

2．新建机房的结构要求

新建独立机房可以根据不同的地块条件按几种类型进行设计，机房结构安排应满足工程和将来扩容的工艺要求。机房类型根据所征地块大小及用途确定，下面提供几种机房类型供参考。LTE FDD 基站设备支持标准机架和挂墙安装两种方式，并且建议以标准机架安装。因此，下文将统一以标准机架安装为例进行介绍。

新建机房的大小根据实际条件以及需求进行取舍，在新建机房时尽量按照几种规划的样板机房建设，不要随意变动，方便后期统一管理。

结合自建落地塔和机房的实际情况，常见的征地面积可考虑以下几种情况。

（1）单管塔和塔边房，征地面积为：$10m \times 6m = 60m^2$。

（2）角钢塔和塔下房、塔内房，征地面积为：$10m \times 10m = 100m^2$。

（3）角钢塔和塔边房，征地面积为：$15m \times 10m = 150m^2$。

具体可根据铁塔的根开以及机房的大小来确定所需的征地面积。

3．租用机房的结构要求

租用机房面积建议在 $15m^2$ 以上。机房楼层机架设备区地面承重同样为 $6kN/m^2$，电池区地面承重为 $10kN/m^2$，具体以满足实际设备的承重要求为前提，如不满足要求，采取加固措施。具体加固措施由土建专业设计单位提出。租用机房的梁下高度建议在 2.6m 以上，以便走线架和馈线有充足的安装空间。

4．机房装修改造要求

（1）机房内禁止装饰性装修（如安装吊顶和活动地板等）。如有，则应拆除。

（2）各机房的大门应向外开，外开单扇门的宽度不宜小于 0.9m，外开双扇门的宽度不宜小于 1.2m。

（3）机房所有的门、窗和线缆的进出口进行防水处理。

（4）机房具有良好的密封性，既能防止灰尘及害虫从外界进入机房，又便于对机房温度和湿度进行控制。

（5）机房的地面宜采用水泥地面并涂刷防尘漆。墙面使用阻燃型装修材料，表面阻燃涂覆处理，达到阻燃、防火的要求。

6.7.2　塔桅工艺要求

LTE FDD 基站的铁塔技术要求同其他移动通信系统的铁塔技术要求基本相同，但是由于 LTE FDD 天馈系统的特殊性，其对铁塔的要求有不同之处。新建铁塔和铁塔改造增加平台均需具有资质的铁塔设计单位设计和核算认可，通信设计单位提供的塔桅工艺要求作为基站铁塔设计和建设的基本依据。以下塔桅工艺要求可供参考。

1．新建铁塔的结构要求

新建铁塔按移动通信基站综合通信塔进行设计，铁塔结构应满足 LTE FDD 网络及将来移动通信系统的收发天线工艺要求。铁塔高度根据覆盖范围的需要确定。除特殊情况外，铁塔最高平台离地面高度建议在 35～60m，满足天线挂高需求。平台间隔一般取 5～7m。各类平台的数量及间距应按铁塔高低和所处环境进行设置。新建铁塔分为两类：单管塔（主要用于市区、郊区）和角钢塔（主要用于郊区和农村）。

通信铁塔的最顶端为第一工作平台，以下按顺序为第二工作平台、第三工作平台等。一般铁塔只需要两个工作平台。

（1）由于在平台上要安装 RRU 和考虑 2G、3G 系统的天线要求，系统对平台的直径要求更大些，因此建议工作平台围栏高 1 200mm，平台直径 D=4 000mm（普通单管塔按 D=2 800mm 设计，景观塔不建平台）。安装 3 对天线支撑钢管，每对钢管以 120° 等间隔布置。每对支撑钢管中的两根钢管间距为 600mm，每根天线支撑钢管下露平台底部 500mm。天线固定钢管伸出平台为 800mm，要求钢性支撑（能站人）。各固定钢管的长度约为 3 000mm，直径和钢管壁厚满足当地风压负荷要求。

表 6-22　　　　　　　　　　　　天线固定钢管基本规格表

风荷载设计值（kN）		0.4	0.6	0.8	1.0	1.2	1.4	1.6	1.8
抱杆长度（m）	1.5	—	—	—	—	ϕ60×4	ϕ60×5	ϕ70×5	ϕ76×5
	2.0	—	ϕ60×4	ϕ60×5	ϕ70×4	ϕ70×4	ϕ70×5	ϕ76×5	ϕ83×5
	2.5		ϕ60×5	ϕ70×4	ϕ70×5	ϕ76×5	ϕ76×5	ϕ89×5	ϕ89×5
	3	ϕ60×4	ϕ70×4	ϕ70×5	ϕ76×5	ϕ83×5	ϕ89×5		

为方便天线调整，平台结构应每间隔 30° 预留一对固定钢管的相应孔位，便于天线调整。对于全向基站，考虑安装一根天线支撑钢管，天线支撑钢管要求伸出塔身 2m 以上。

平台上需要考虑安装 RRU 的位置，需安装 3 根支撑钢管，每根钢管以 120°等间隔布置，连接在相应的天线支撑钢管后端。钢管固定在平台内侧。每根 RRU 支撑钢管下部距平台底部 400mm，向内距护栏不小于 500mm，要求刚性支撑（能站人）。各固定钢管的长度约为 800mm，直径和钢管壁厚满足当地风压负荷要求。

（2）预留的工作平台考虑将来其他移动通信系统的各类天线安装，预留平台的要求同新建平台。

（3）在第一平台和第二平台中间或第二平台以下的塔身上考虑安装若干根微波天线固定杆，固定杆数量根据微波天线数量确定（单管塔可不考虑预留微波天线位置）。各固定钢管的长度约为 3 000mm，直径和钢管壁厚满足当地风压负荷要求，安装在塔身的对角线位置。在第一、第二平台间和第二平台以下的塔身四侧应预留安装位置，以便调整方向。

（4）天线支撑钢管应能上下移动，便于调整和更换。距支撑钢管下端 20mm 处应安装一个销钉，销钉两端露出支撑钢管各 30mm，便于天线的固定，以防天线下滑。

（5）应能满足 GPS 天线的安装。若 GPS 天线安装在塔上，支架需离塔身 2 000mm 以上，安装抱杆钢管的直径×长度为 30mm×800mm，朝南侧安装。

（6）如铁塔爬梯为外侧爬梯结构，需设置保护圈。爬梯两侧每隔 1 000mm 需提供馈线布放、固定使用的角钢，角钢伸出爬梯 500mm。平台设馈线下线孔，孔径要求不小于 400mm×300mm，孔内不得有阻挡，以便馈线下线。如单管塔为外爬梯结构，爬梯固定在圆柱形塔体外侧，需设置安全保护装置。

（7）爬梯与铁塔过桥须在铁塔同一侧，并可靠连接。过桥与铁塔塔身搭接应有利于馈线的安装固定及今后的维护，并连至移动通信机房进线洞。铁塔过桥与室内走线架严禁相连。

（8）爬梯悬空距地 800mm，铁塔制造厂家提供爬梯挂钩，以供安装设备及维护之用。

（9）铁塔上的航标灯根据当地要求设置。

（10）铁塔结构应尽量美观、大方，符合当地城建部门的要求。铁塔在外观上应有运营商的具体标志，以区别于其他运营商的基站铁塔。

2．铁塔改造要求

对于 LTE FDD 基站利用原有铁塔安装天线，如果这些铁塔缺乏安装空间或安装支撑杆，则必须对这些铁塔进行改造。以下改造方案可供参考。

（1）经铁塔设计部门核算认可，在铁塔承重允许的情况下，建议根据天线挂高要求新增工作平台。新增工作平台要求同新建铁塔的平台工艺要求。

（2）经铁塔设计部门核算认可，在铁塔承重允许的情况下，可根据天线挂高新建增高支撑架。对于全向基站，天线支撑钢管必须伸出塔身 2m。对于安装定向天线的基站，安装 3 根天线支撑钢管，钢管工艺要求同新建铁塔平台。

（3）经铁塔设计部门核算认可，在铁塔承重允许的情况下，可根据天线挂高增加铁塔高度并新建支撑架，新建支撑架的具体要求同上。

（4）改造后应能满足 GPS 天线的工艺要求。若 GPS 天线安装在塔上，支架需离塔身 2 000mm，安装抱杆钢管的直径×长度为 30mm×800mm，朝南侧安装。

3．增高支架工艺要求

增高支架由于生产厂家不同，结构也不同，所以此部分工艺只针对增高支架的天支部分做要求，仅供参考。各厂家可根据自己不同的增高支架类型进行核算，以满足支架上设备的安装需求。

一般要求增高支架至少安装 3 副 LTE FDD 天线，另外还需至少考虑 3 个 RRU 的安装位置，RRU 可独立安装，也可和天线安装在同一支撑杆上，位置应在天线的下面。3 根天线支撑钢管，每根钢管以 120°等间隔布置。各固定钢管的长度约为 3 000mm，直径和钢管壁厚满足当地风压负荷要求。在支架靠南面一侧预留 GPS 的安装配置，GPS 安装支撑杆离塔身 2 000mm，安装抱杆钢管的直径×长度为 30mm×800mm。

4. 桅杆工艺要求

LTE FDD 基站的桅杆工艺要求同 GSM 基站类似，但由于 LTE FDD 天线和 RRU 安装在同一桅杆上，桅杆的风荷和垂直负载较其他系统大。对于一根桅杆安装 1 副天线和至少 1 个 RRU 的情形，建议桅杆直径不小于 90mm，钢管壁厚不小于 5mm。桅杆的基础必须满足桅杆自重、天线、RRU 和操作人员合计的负荷要求。桅杆的加固可用拉线、三角支撑、贴墙抱箍等方式。

5. 负荷要求

(1) 铁塔的负荷要求：铁塔第一平台安装 3 副移动通信天线、至少 3 个 RRU，第二平台安装 6 副移动通信天线（除特殊情况外），每副天线自重 15～20kg，每个 RRU 自重约 20kg。对于有共享需求的铁塔，一般需要满足 3 套系统的负荷要求。

(2) 楼顶桅杆满足安装 1 副 LTE FDD 天线和至少 1 个 RRU 的负荷要求，增高支架满足安装 3 副 LTE FDD 天线和至少 3 个 RRU 的负荷要求。

(3) 落地铁塔考虑安装两面口径为 0.6m 的微波天线，楼顶铁塔考虑安装两面口径为 0.6m 的微波天线，单管塔可不考虑。

(4) 馈线单位重量以普通电缆为例，约 0.25kg/m（1/2″馈线）、0.45kg/m（7/8″馈线），每条馈线长度按与铁塔第一平台高度等同，考虑到铁塔上还安装其他 2G、3G 移动通信系统，建议每塔按 13 根 1/2″馈线、12 根 7/8″馈线计算，单管塔、增高架馈线数量可适当减少。

(5) 天线平台施工负荷按 150kg/m² 计算，过桥的负荷按 25 根馈线和两个工作人员重量计算。

(6) 其他负荷（如风、雨、雪、冰凌）由铁塔设计部门根据实际情况计算。

6. 变形限制

(1) 铁塔在当地气象部门提供的 30 年一遇最大 10min 平均风速（并不低于相应的全国风压图的要求）的作用下，铁塔轴向摆动不得超过±0.5°（单管塔可适当放宽指标），不发生畸变。

(2) 发生地震时，铁塔不产生影响通信的永久性畸变，地震烈度按当地有关新建工程抗震设防的规定，铁塔须按建设部颁《建筑抗震设计规范》（GB 50011—2001）标准设计。

7. 安全防护措施

(1) 考虑到雷击因素，通信铁塔之间的距离必须大于 50m，以防止相互之间的雷击影响。若相互间距不足 50m，两地网之间必须有 2～3 点可靠连接。

(2) 落地塔应建独立的地网。当铁塔坐落在机房旁边时，其地网面积应延伸到塔基 4 脚

1.5m 以外的范围，网格尺寸不应大于 3m×3m，其周边为封闭环。同时，还应利用塔基地桩内两根以上主钢筋作垂直接地体，铁塔地网与机房地网之间应每间隔 3～5m 相互连通一次。

（3）当铁塔位于机房屋顶时，其 4 脚应与机房立柱的建筑主钢筋焊接，并与楼顶避雷带及雷电流引下线分别就近焊接（不少于两处）。

（4）铁塔必须设置防雷措施，保护范围包含基站机房、通信天线。避雷针顶端到第一平台的距离不得小于 9m，并且满足避雷保护要求。避雷针塔座高度由铁塔设计厂家自行设定。

（5）避雷针的引下线应专门设置。在铁塔上靠近爬梯两侧各敷设一根避雷引下线，引下线材料为 40mm×4mm 的热镀锌扁钢。引下线应与避雷针及塔底接地网相互焊接连通。引下线在接地网上的连接点与其他接地引下线在接地网上的连接点之间的距离不宜小于 10m。

（6）塔身走线架上需在两处设置接地地排（超过 60m 需加设一处），一处在馈线下平台处，一处在塔底处。地排可用扁铁，其应与接地引下线作可靠连接（焊接）并保证良好接地。

（7）铁塔塔体及所有构件均应热镀锌，并有 30 年的抗腐蚀能力。

（8）铁塔、楼顶桅杆、支架、拉线塔防雷接地须按邮电部颁《通信局（站）防雷与接地工程设计规范》（YD 5098—2005）标准设计。

6.7.3　天馈工艺要求

1．天馈连接

LTE FDD 基站设备和天馈系统连接如图 6-32 所示。

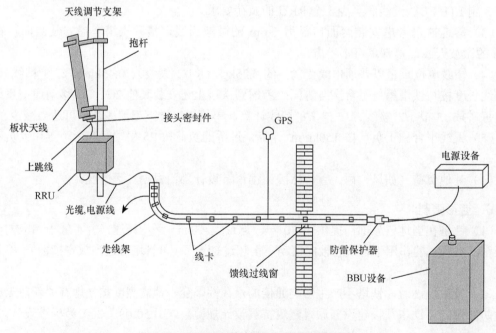

图 6-32　LTE FDD 基站设备和天馈系统连接图

主要的安装组件有：

（1）天线调节支架，用于调整天线的俯仰角度，范围为 0°～15°。

（2）室外上跳线，用于天线与 RRU 之间的连接。常用的跳线采用 1/2″柔性馈线，长度一般不超过 3m。

（3）接头密封件，用于室外跳线两端接头（与天线和 RRU 相接）的密封。常用的材料有绝缘防水胶带和绝缘胶带。

（4）接地装置，主要用来防雷和泄流，安装时与主馈线的外导体直接连接在一起。一般每根馈线装 3 套，分别装在馈线的上、中、下部位，接地点方向必须顺着电流方向。

（5）线卡、线扎，用于固定 GPS 馈线、光缆、电源线，垂直方向每间隔 1～1.5m 安装一个，水平方向每间隔 1m 安装一个。在室内的馈线，不需要安装卡子，一般用尼龙白扎带捆扎固定。

（6）走线架，用于布放馈线、传输线、电源线及安装馈线卡子。

（7）馈线窗，主要用来穿过各类线缆，并可用来防止雨水、鸟类、鼠类及灰尘的进入。

2．天线工艺要求

天线安装过程中的要求包括：

（1）抱杆必须高于天线顶端至少 100mm。

（2）根据《移动通信天线通用技术规范》（GB/T 9410—2008）规定，在 36.9m/s 风速作用下，要保证天线（包括天线支撑杆）不发生损坏（断裂或塑性变形），天线安装牢固，目测天线平面不应有明显变形。

（3）天线必须处于避雷针 45°保护范围之中，其下部的端口与馈线连接后需作防水处理。

（4）方位角的设定要遵从规划设计要求。方位角以正北为 0°，顺时针方向为正，不取负值，允许±5°的误差。用指南针测量。

（5）机械俯角：天线平面相对于铅垂线的夹角。用专用斜度测量仪在天线上取 3 点平均值。

（6）最小垂直隔离度：该天线与垂直方向最近的天线的距离。用卷尺或测绳测量。

（7）最小水平隔离度：该天线与水平方向最近的天线的距离。用卷尺或测绳测量，特殊情况可以目测。

3．天线美化要求

天线美化是指在满足无线网络质量要求的同时，对基站的天线系统（含走线架等部分）进行外观美化，通常采用特型天线、隐蔽、遮挡等多种手段，使基站的外观与城市环境尽量协调统一，减少对环境的影响，避免市民投诉。

需要注意的是，LTE FDD 天线系统包含天线和 RRU，RRU 是通过短软跳线与天线相连的，且距离较近（2.5～3.5m）。所以，LTE FDD 天线系统美化跟普通天线的美化手段相比，具备以下特性。

（1）LTE FDD 天线的美化工作应该涉及天线和 RRU，两者的美化方式是不同的。所以 FDD 天线的美化难度和成本比普通天线更高，主要体现在美化面积和体积的增加。RRU 也存在一定尺寸，而 RRU 为有源器件，美化时应该考虑到 RRU 正常工作的通风散热条件，以及天线系统运营时的维护和优化需要，不能因为美化而使天线系统工作异常，或者增加运维难度。一般情况下可以通过隐藏的方式来达到美化 RRU 的目的。

（2）三扇区天线和 RRU 总质量约在 100kg，所以对塔桅的强度提出了更高的要求。在更需要天线美化的市区环境，一般采用支撑杆来架设天线，体积也要求更大，所以在一定程度上对塔桅也提出了部分美化要求。

由于目前小区居民对天线的电磁辐射愈加敏感，因此 FDD 天线相比普通天线更容易引起周围住户的注意，也更应该采取美化的方式，以利于基站进居民小区的选址工作顺利开展。

不失一般性，根据 FDD 天线和 RRU 的结构特点及安装位置，目前存在以下几种 LTE FDD 天线的美化思路。

（1）绿化天线。利用假树叶、树干来装饰天线抱杆以及天线，从而达到修饰、美化基站天线的效果。对于一些对环境美化要求较高、需要竖立抱杆或较高天线杆的站点，如居民住宅小区、公园等，可以采取这种方式。

绿化天线一般要求 RRU 能够直接置于天面，最好隐藏在女儿墙后面，美化工作专门针对大面积的天线。美化效果的好坏取决于植物覆盖的程度。

（2）外墙装饰天线。对于需要安装在建筑物外墙面的天线，可以将天线的抱杆、天线罩漆上与建筑物外墙一样的图案和颜色，减少视觉差异。也可以将天线罩加上传播损耗率低的玻璃纤维罩，或伪装成假空调外壳，或加以颜色涂敷使之成为建筑物本身装饰的一部分，融于建筑物之中。

天线及 RRU 外面安装一个罩子，罩子仿造建筑物的一部分或空调室外机等。外罩机比较简单，可以有多种色彩和造型，可满足不同建筑物的需要。但对于 RRU 外罩机而言，需要注意其透风效果，以免影响 RRU 正常工作。墙饰型天线美化适用于街道站、住宅小区、商业区等多种场合。

（3）隐藏天线。通过隐藏在建筑物的特定位置使之不可见，从而达到天线美化的目的。譬如建筑物顶部本身已架有其他设施，且其对电磁波的损耗很小，如由塑料、纤维布料做成的广告牌等，则可以将天线隐藏在这些设施之后。也可以考虑将天线隐蔽在通风窗口、架空层中或其他任何可以安装并隐藏天线，但又不影响天线辐射方向角的地方。"隐藏天线"成本较低，施工过程与一般天线安装没有区别，仅是位置不同而已。但天线选点较为困难，同时也需要考虑天线辐射方向的阻挡问题。

美化景观天线的常见类型有：集束型美化天线、美化天线外罩和各种小区美化天线。常见的外罩有变色龙型、方柱型、烟囱型、圆柱型、水塔型、空调型、栅格型等。小区美化天线主要有射灯型、草坪灯型、路灯型、广告灯箱型、空调室外机型、蘑菇型。

美化景观天线的外壳大部分用玻璃钢做成，增加一层玻璃钢外罩后带来的损耗为 0.5dB 左右，附加 VSWR 不超过 0.05。不同类型的景观天线损耗略有不同，总体上看，对基站覆盖影响不大。

4. RRU 工艺要求

对于采用 RRU 和天线分体安装的情形，由于受到上跳线长度要求限制，RRU 挂架可以安装在抱杆的合适位置上，尽量接近天线下端，减少上跳线长度，需要为 RRU 选择合适的位置。对于在屋面安装的抱杆，如天线高度较高，则 RRU 需固定在抱杆上。对天线安装高度较低的抱杆，可在屋面上安装 4 脚角钢支架，直接将 RRU 放置其上即可，角钢支架要留足 RRU 下出线的高度。对于其他情形，RRU 可以就近安装在塔上或增高支架的抱杆上。

桅杆上天线 RRU 安装示意如图 6-33 所示。

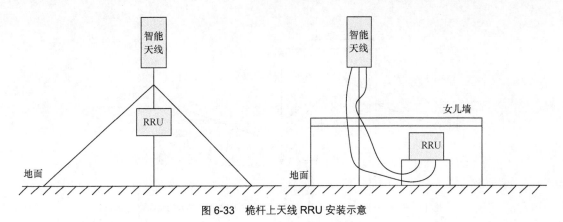

图 6-33　桅杆上天线 RRU 安装示意

RRU 的安装及加固应符合工程设计要求。RRU 与天线和馈线的匹配应良好，接口朝下，连接正确，安装应稳定、牢固、可靠，连接头有防水保护。底部应预留至少 500mm 布线空间，前部应预留至少 800mm 维护空间，顶部应预留至少 200mm 维护空间，左、右侧应预留至少 300mm 维护空间。

5．GPS 工艺要求

（1）安装 GPS 的位置建议选取位置开阔、可视性较好、水平方向无阻挡且便于安装的地点。

（2）GPS 天线应在避雷针保护区域内，避雷针保护区域为避雷针顶点下倾 45°范围内。

（3）GPS 天线在安装中必须保持垂直，安装时远离如电梯、空调等电子设备或其他电器。为避免反射波的影响，GPS 天线位置尽量远离周围尺寸大于 20cm 的金属物体 2 000mm 以上。

（4）在位置满足要求的情况下，GPS 接收机馈线尽量短，以降低中间线路的衰减。

（5）GPS 天线系统接地不得和空调、电动机、水泵马达的地导体接在一起。

（6）两个或多个 GPS 天线安装时要保持 2 000mm 以上的间距。

（7）GPS 馈线应与抱杆进行固定（如采用黑色防紫外线扎带），并留有余量。

（8）GPS 线缆接地要遵循就近取短原则，避免出现走线混乱、缠绕和打环的现象。

（9）GPS 线缆接地应单点接地，严禁复接，接地点应作防锈处理。

（10）接地夹需要按规范作防水处理。

GPS 安装的示意如图 6-34 所示。

6．走线架工艺要求

走线架的组装应符合下列要求。

（1）走线架扁钢平直，无明显扭曲和歪斜。

（2）组装好的走线架应平直，横铁规格一致，两端紧贴走道扁钢和横铁卡子，横铁与走道扁钢相互垂直，横铁卡子螺钉紧固。

（3）横铁安装位置应满足电缆下线和做弯要求，横铁排列均匀。当横铁影响下电缆时，可作适当调整。

（4）走线架吊挂应符合工程设计要求，吊挂安装应垂直、整齐、牢固，吊挂构件与走线架漆色一致。

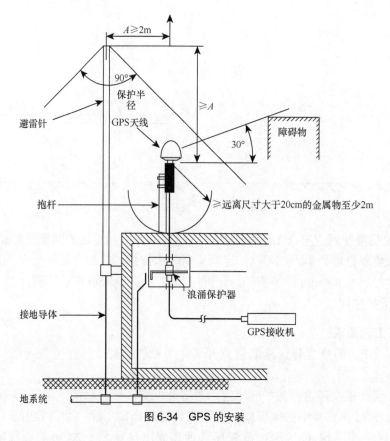

图 6-34　GPS 的安装

（5）走线架的地面支柱安装应垂直稳固，垂直偏差不得大于±5mm。同一方向的立柱应在同一条直线上，当立柱妨碍设备安装时，可适当移动位置。

（6）走线架的侧旁支撑、终端加固角钢的安装应牢固、端正、平直。

（7）沿墙水平走线架应与地面平行，沿墙垂直走线架应与地面垂直。

（8）走线架穿过楼板孔洞或墙洞处应加装保护框，电缆放绑完毕应有盖板封住洞口，保护框和盖板均应刷漆，其颜色应与地板或墙壁一致。

7．馈线窗工艺要求

馈线窗作为室外线缆进入室内的通道，要求达到防水、防尘、密封的效果，其工艺要求如下。

（1）馈线孔需要留出备份，便于日后线缆进入。

（2）位置尽量靠近走线架，可以安装在室内墙面上，也可以安装在室外墙面上，但有金属圈突出的一侧必须朝向室外。

（3）若馈线从楼顶进入室内，则馈线密封窗一般安装在楼顶屋面上，有金属圈突出的一侧朝向室外。

（4）馈线窗安装完毕后应是密封不透光的。

8．防雷及接地安装

防雷接地总体要求按照《通信局（站）防雷与接地工程设计规范》（YD 5098—2005）执行。基站的防雷接地按照防雷工艺要求进行接地安装。改造基站的防雷接地系统，应根据《通信局（站）在用防雷系统技术要求和检测方法》（YD/T 1429—2006）和原信息产业部科技司发布的《通信局（站）在用防雷系统抽查检测实施细则》委托相关检测单位对原有基站进行检测。

对于检测合格的基站，新增 LTE FDD 设备的防雷接地系统可以直接在原系统上进行建设。对于新增的 LTE FDD 天线桅杆应在其顶端加设避雷针，使得新增天线在避雷针的保护范围内，新增避雷针应通过专线与屋顶避雷带可靠电气连接。

对于检测不合格的基站，应根据检测结果逐条进行改造，使得系统符合《建筑物防雷设计规范》（GB 50057—2000）和《通信局（站）防雷与接地工程设计规范》（YD 5098—2005）的要求。

如接地电阻值不符合要求，应根据现场实际情况，用增大地网面积或者更换人工接地体等措施降低接地电阻值，使其符合规范要求。接闪器和引下线选用材料、施工工艺或现状不符合要求的，应及时进行更换。

6.8　基站共建共享和节能减排设计

6.8.1　共建共享设计

共建共享是移动通信运营商内部或之间共同建设或共享部分或全部基站配套电源设施，包括塔桅、机房、传输、电源和天面等，其目的是加快网络建设进度、避免重复投资、降低运维成本，具有可观的经济效益和社会效益。

（1）节省大量建设投资和运行维护费用，避免重复建设和资源浪费。提供共建共享的运营商可大幅提高原有投资的利用率，提高经济效益。

（2）加快网络部署速度，迅速扩大网络覆盖。

（3）带来环境方面的益处，例如减少铁塔的数目，减轻社区等区域的视觉污染。

（4）减缓运营商之间的恶性竞争，使竞争领域更多地转向服务和业务创新，从而使消费者受益。

运营商内部和运营商之间的共建共享从技术层面来看差异性不大，但从实施操作、工程管理等维度却存在很大不同。

（1）运营商内部的共建共享针对于自身的资源，本身拥有所有权和管理权，可以全局规划、统筹管理。

（2）运营商之间的共建共享则涉及了运营商的不同利益，需要经历比较繁杂的申请、核实、实施、维护、费用结算和仲裁等流程，甚至需要出台相应的管理办法或法律法规方可实施。

因此，本节更多地考虑共建共享的技术要求，从优化配置、节约资源、保护环境等角度出发，重点介绍了 LTE 网络的共建共享。为方便下文的阐述，将以不同运营商之间的共建共享为例进行说明。为不引起歧义，对共建共享对象的建设、配置、维护等操作等也假设以所有权方进行负责。

1.基站站址共建共享

从共建共享的层次上看，其范围可以涵盖基站站址、无线接入网、核心网、地理区域网络甚至全部网络等。一般而言，我国采用比较多的是基站站址的共建共享，平常所讲的共建共享也主要针对于此。关于无线接入、核心网甚至全部网络的共建共享则在欧洲（如德国、英国）比较常见。为描述方便，本章涉及的共建共享均以站址共建共享为例进行论证。

站址的共建共享主要是解决选址困难问题。共建共享的资源包括基站机房、塔桅设施、天面资源，以及市电引入设施、交直流供电系统、消防、空调、照明等其他配套系统，而网络设备（包括基站、基站控制器）和核心网设备本身不共享。

站址共建共享方式实现简单，技术要求低，对移动网络设备没有新要求。对于共建共享站址的运营商而言，其功能业务提供是完全独立的。

2. 基站塔桅、天面资源共建共享模式要求

基站塔桅、天面资源共建共享模式要求包括干扰协调要求和承载能力要求。

（1）满足不同通信系统间的干扰协调要求。

① 基站共建共享应分析多系统间的干扰协调要求，采用合理的隔离手段确保多系统间干扰不影响移动通信系统性能。

② 已安装有天馈系统的塔桅、天面资源，应该提供干扰协调解决方案并予以实施。

③ 共建共享基站时，干扰基站落入被干扰系统导致被干扰系统的灵敏度恶化值应控制在0.5dB 内。

④ 基站共享塔桅时，不同系统天线之间宜优选垂直隔离方式，不同系统天线采用垂直隔离时应保持一定隔离度，并满足灵敏度恶化指标要求。现有塔桅不具备垂直隔离安装条件时可采用水平隔离等方式，必须合理设计天线隔离距离和朝向，确保隔离度满足灵敏度恶化指标要求。现有塔桅结构不满足天线安装隔离要求的，应对塔桅结构进行改造以符合天线工艺要求。

⑤ 基站共享天面资源时应合理设计天线隔离方式，优选共用塔桅的垂直隔离方式。不具备共用塔桅条件时，天线安装宜充分利用建筑物阻挡，合理设计天线朝向、隔离距离，避免系统间干扰。

⑥ 基站共享时采用上述隔离方式不能满足干扰协调要求的，产生干扰方应提供解决方案负责消除干扰，干扰方应配合干扰消除方案的实施。

（2）在多套天馈设备共存的条件下，满足规定的承载能力。

① 对于已有塔桅结构，在增设天馈设备时，必须由塔桅设计部门进行结构复核验算。已有塔桅结构能够满足承载能力可进行新增设备的安装；如不满足要求，应由塔桅设计部门提出相应方案，对塔桅结构进行加固改造，提高其承载能力，以满足新增设备荷载要求。

② 对于新建塔桅结构，共建各方应向塔桅设计部门提供各自的工艺要求，协商确定平台、支架分配和天馈设施工艺要求等，由塔桅设计部门统一完成塔桅结构设计后实施。

③ 塔桅结构设计、加工和安装必须符合《移动通信工程钢塔桅结构设计规范》（YD/T 5131—2005）和《移动通信工程钢塔桅结构验收规范》（YD/T 5132—2005）的要求。

3. 基站机房共建共享模式要求

基站机房共建共享模式要求包括共建技术要求和共享技术要求两种。

（1）共建技术要求。

① 共同新租用机房的，机房空间应满足共享各方的设备安装需求。机房需要改造、加固

的，共建各方共同提出设备布置方案，委托相关设计部门进行机房结构承重核算。对于不满足承重要求的机房，由设计部门提出加固方案进行结构加固。

② 共同新建基站机房的，机房空间应满足共享各方的设备安装需求。机房建设应符合《电信专用房屋设计规范》（YD/T 5003—2005）的要求。

（2）共享技术要求。

① 已有基站机房共享，机房剩余空间应满足申请需求，否则应在不影响原有系统正常运行情况下，提出并实施机房空间布局调整。

② 已有基站机房共享，需要新增系统设备的，应该组织相关设计部门进行机房结构承重核算。对于原有机房不满足新增设备承重要求的，必须进行结构加固。对于以前已进行过加固的机房，现行加固方案应在原有加固方法的基础上进行。对于以前未进行过加固的机房，放置原有设备部分的区域也应一并加固。

4. 其他基站配套设施共建共享模式要求

其他配套设施的共建共享需要遵循以下要求。

（1）基站市电引入设施应满足基站共享的需求，否则应向电力部门提出市电引入增容。

（2）原有基站电源系统不满足基站共享方设备安装、扩容、调整需求的，应加以扩容、扩造并满足实际需求。原有基站电源系统提供共享导致明显降低蓄电池放电时间，低于维护指标要求的，应提供蓄电池的扩容、改造或替换，保障蓄电池放电时间满足正常维护要求。基站电源系统的扩容、改造实施不应影响其他运营商设备的正常运行。基站电源系统建设、改造实施应满足《通信电源设备安装工程设计规范》（YD/T 5040—2005）的要求。

（3）基站其他配套设施不满足共享需求的，应加以改造以满足共享需求，改造不应影响运营商设备的正常运行。

（4）基站共建时共建各方应对相关配套设施建设方案协商达成一致，建设方案满足各方工程实施需求。

（5）基站共建共享对于基站站址选取、建设和改造实施应严格控制环境污染，保护和改善生态环境，对环境可能产生的不利影响应符合《通信工程建设环境保护技术规定》（YD 5039—1997）和《电磁辐射防护规定》（GB 8702—1988）的要求。

（6）共建共享移动基站防雷接地的建设和改造应符合《通信局（站）防雷与接地工程设计规范》（YD 5098—2005）的要求。

（7）共建共享移动基站新增设备安装、改造实施应符合《通信设备安装抗震设计规范》（YD 5059—2005）和《电信机房铁架安装设计标准》（YD/T 5026—2005）的要求。

5. 共建共享工程实施分析

站址共享内容主要包括机房共享、塔桅共享、天面共享三方面。

（1）机房共享

机房共享指共享基站的配套、电源等设施，包括机房空间、电源、传输、机房走线、其他配套等。

① 机房空间。目前，LTE 主要采用宏基站和 BBU+RRU 的基带拉远型设备。BBU 安装支持挂墙或机架式的解决方案，射频拉远单元（RRU）支持室外安装，一般放置在天线的下方。BBU 挂墙安装对机房空间要求不高，而机架式安装则同传统型宏基站的要求比较类似。

由于机房里已经安装现网主设备、开关电源、传输柜、空调等，必须有空余位置才能实现机房共享，且尽量预留后期的网络扩容空间。对于宏基站，基站设备的占地面积一般都在 $600 \times 600mm^2$ 以内。因此，机房内一般需要具备一个以上的 $600 \times 600mm^2$ 的空闲机柜空间。此外，机架能否支持靠墙安装，也会对机房的要求发生变化。对于不支持靠墙安装的机架，机柜的前面和后面必须预留足够的维护空间。

机房共享还必须解决机房的承重问题，对放置主设备和电源的机房进行承重核算。按照规范，一般要求机房楼层机架设备区地面负荷要求为 $6kN/m^2$；机房楼层电池区地面负荷要求为 $10kN/m^2$。实施操作中，机房不同区域的承重要求以各个厂家提供的设备承重要求为准。

② 电源。在机房共享中，电源以共享为主。在新增电源设备许可的情况下，可自建电源，如开关电源、蓄电池、交流配电箱等设备。无论是自建电源还是共享电源，都应满足 LTE 基站对蓄电池和开关电源容量的需求，即用电量在现有基础上增加基站设备的功率消耗。

基站的市电引入应考虑共享，当市电引入容量不足时需要申请增容。

③ 传输。基站的传输可以根据实际条件选择共用传输或自建传输。在不重新为 LTE 建设传输网络的前提下，如果存在传输接口，并且满足容量需求，可以考虑共享现有传输网络。

传输设备集成化程度较高，设备体积小，可以挂墙安装，对于需新建传输设备的情形，对机房的要求很低。

④ 走线空间。BBU+RRU 的基带拉远型基站，由于采用光纤拉远，一般情况下仅有直流电源线和光缆到天面，机房走线空间需求大幅减少，因此仅需预留到 RRU 的光缆、GPS 馈缆和电源线空间即可满足要求。对于宏基站，主要考虑馈线的走向空间。但实际上由于考虑共建共享及未来扩容需求，仍然需要预留空间。

⑤ 其他配套。基站中的其他配套，如消防、基站监控、空调完全可共享。空调的配置与热负荷相关。新增加 LTE 设备后，机房的热负荷增加，空调的配置也需要相应增加。机房内其他配套对内部设备是通用的，新增加基站后，各类配套根据基站负荷情况进行调整。

（2）塔桅共享

天馈系统的共站安装是站址共享的关键。塔桅共享主要应考虑两方面内容，即天馈安装空间和塔桅荷载。

① 天馈安装空间。LTE 天馈安装空间要求已经在 6.7 节中叙述，在这里需要注意的是多系统之间的隔离度要求。LTE 和不同系统天线间的隔离距离已经在第 5 章中叙述。一般情况下，共塔桅的天线用垂直隔离的方式。常见的塔桅类型中，角钢塔安装空间相对较多，在塔平台上、塔身上可以安装天线，单管塔、拉线塔、增高支架的安装空间并不是很多，具体是否可以安装需要根据各个铁塔的实际情况确定。

② 塔桅荷载。塔桅上的荷载核算主要包括垂直荷载和风荷载。天馈系统本身的重量相对于塔体而言，其比重很小，现有塔桅一般均能满足多系统的垂直荷载要求，风荷载才是塔桅荷载核算的关键内容，是必须进行核算的。风荷载的计算应遵循《建筑结构荷载规范》（GB 50009—2001）及《高耸结构设计规范》（GB 50135—2006）中的相关要求。

需要说明的是，LTE 天馈系统的迎风面积是天线和 RRU 两部分之和，具体计算同安装的方向有关。对于具体到每一种塔桅类型、每一座铁塔，多系统塔桅共享能否实现，还需要塔桅设计部门的荷载核算。

（3）天面共享

天面共享常见于城市中的基站。天面是稀缺资源，在无法更换站址的情况下，在设计中尽量考虑天面共享。天面共享的关键是满足天线间的隔离度要求。

工程上可以运用多种隔离方式进行天面共享。垂直隔离、背对背隔离、借助天面建筑物隔离等多种方式综合运用，灵活采用不同的方式实现良好隔离，大多情况下天面共享还是能够实现的。

当仅用水平或垂直隔离不一定能满足天线之间的隔离度要求时，工程上可利用天面的建筑物、天线的不同指向等加大隔离度。如可将天线背靠建筑物，利用建筑物阻挡加大隔离度。当各种空间隔离措施仍不能满足隔离要求时，可加装滤波器实现系统间的隔离。实际上，从天线间的空间隔离计算公式可知，多系统在一个建筑物上，空间隔离能较好地协调系统间的干扰，实现系统间的隔离要求。常见的天面共享的隔离方式如图 6-35 和图 6-36 所示。

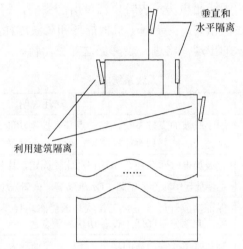

图 6-35　天面上的空间隔离和建筑物间隔

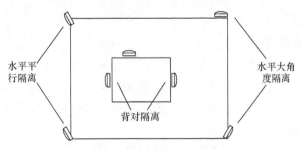

图 6-36　天面上的水平隔离

在实际环境中，天面共享的案例很多，不同运营商运用各种方式实现了天面共享。LTE 基站同其他系统的隔离要求并不高，天面共享的实现并不困难。

6.8.2　节能减排设计

从保护环境的角度来看，电能消耗是环境恶化的主要元凶之一。电信行业的电耗是工业耗电大户之一。对于一张移动通信网络，以机房为维度，可以划分为接入网机房和核心网机房两部分。经过分析发现，移动网络的能耗主要集中在接入网机房，大部分来自无线设备和空调。就单基站而言，两部分耗电量占基站总耗电的 92%，另外，电源系统耗电占 5%，传输系统耗电占 2%，占比较小，如图 6-37 所示。

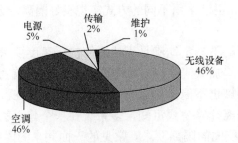

图 6-37　基站能耗结构

其中，空调的能耗是为了满足机房室内特定温度所产生的，和外界气候和设备功耗有强相关性。主设备功耗和话务量相关，主要基于机柜能耗和载波能耗，如表 6-23 所示，随着通信技术的发展以及节能技术的出现，将进一步降低这部分功耗。

表 6-23　　　　　　　　　　　　　无线系统能耗

功耗来源		功耗说明
机柜功耗	控制板、风扇、合路器等	用于载波的支持系统，如站点基本控制功能、传输功能、散热等。这部分的能耗相对比较固定，而且小于载波的能耗
载波功耗	基带部分功耗	载波加电时即存在，功耗相对比较固定，比例较小
	射频小信号部分功耗	主要处理中频部分电路、DA/AD 等。该部分功耗占比较小，耗能比较固定
	功放管静态偏置功耗	保证功放管处于正常工作状态的静态功耗。该功耗与偏置电压的大小有关，此部分是降低主设备功耗的重点之一
	功放管动态功耗	发功时功放管消耗的功率，此部分变动较大，也是降低主设备功耗的重点之一

1. 无线设备节能

（1）低能耗设备的应用

目前，业界已提出"绿色基站"的概念，即通过采用高集成度的芯片以及新的内部体系架构设计，将无线基站单机柜设备的容量和性能大幅度提升，设备整体能耗大大降低，从而达到节能效果。同时，采用大容量高集成度的设备也可以有效减少基站设备的数量和设备相关板件的使用，节约材料消耗。

另外，新基站设备可以在可扩展的平台下构建，保证设备对 MIMO、LTE 等网络演进的支持，不需要整机替换，只需增加或者更换部分硬件板件，并对软件进行升级就可以实现网络的平滑演进，保留原有基站大部分的通用单元，电源等配套也不需要大的改动，节省投资的同时也节约了站点的能耗。

需要注意的是，大容量高集成度低能耗设备虽然可以有效节省空间、节约能耗，但是设备造价相对小容量设备较高，所以在使用中必须综合考虑话务量需求、建设场景以及投资回报等诸多因素，所使用设备的容量能力要跟网络发展的需要相匹配。

（2）高效功放技术

射频部分是基站主设备中耗能最大的部分（约占总功耗的 65%），而功放部分又是射频部分中耗能最大的部分（约占射频部分总功耗的 80%）。

业界在研究中的功放高效率技术有许多种，如 CFR（Crest Factor Reduction，消峰）+DPD（Digital Predistortion，数字预失真）+Dorherty 技术、包络跟踪、包络消除再生技术和自适应偏置技术，目前已经可以实用的是第一种，有效克服了非恒包络信号（存在峰均比）输出效率下降的问题。

高效功放适用于高话务区、广覆盖区、特殊覆盖场景等所有场景，不仅能够为运营商降低能耗，节省电源等配套设施的投资，而且由于功耗的降低、生产工艺的简化，还能降低整机散热的要求，增加设备的稳定性，优化网络性能。

2．空调节能

降低空调能耗包括设计节能和技术节能。设计节能指通过选用节能型空调，采取合理的空调设计来取得节能效果。技术节能则涵盖智能通风/换热、节能水冷换热系统、基站热量直排、空调节电器、地下水空调等技术方式。

新建和改造工程所选用的基站空调，空调整体技术性能应满足机房高热湿比、长时间运行、高可靠性、安全性、机组工艺美观、结构紧凑，日常维护、检修和操作方便等要求。

风冷直接蒸发式机组应具有高效节能性，压缩机具有较高的能效比。

基站机房空调设计与基站节能密切相关，从建筑与环境、设计标准、风系统设计、水系统设计等方面采取相应措施可以取得良好的空调节能效果，具体如表 6-24 所示。

表 6-24　　　　　　　　　　　　　　基站机房空调设计

技术种类	技术说明	措施	节能效果
建筑与环境	改善基站环境	（1）加强基站机房周围的绿化，种植遮阴效果好的乔木，广植草地、花木； （2）基站机房外表面的颜色，尽可能处理成白色或接近白色的浅色调	减少太阳辐射的影响，调节小环境的温、湿度，降低空调冷负荷
建筑与环境	合理设计基站机房平面与体形	（1）基站机房体形力求方正，避免狭长、细高和过多的凹凸； （2）尽量避免东、西朝向	有待验证
设计标准	降低基站室内温度的设计标准	在满足技术规范和使用要求的前提下，适当降低冬季室内设计温度和提高夏季室内设计温度	供暖时，每降低 1℃可节能 10%～15%；供冷时，每提高 1℃可节能 10%左右
设计标准	降低室内相对湿度的设计标准	对于使用中对室内相对湿度无严格要求的房间，夏季室内相对湿度取不超过 70%；冬季不低于 30%	减少冷、热负荷
其他	避免采用电加热	基站机房空调应控制电加热器动作	减少电耗、降低运行费用
其他	加强保温	选择高效保温材料，室内外机连接铜管进行保温处理	减少冷、热损失

空调技术节能的应用场景及节能效果如表 6-25 所示。

表 6-25　　　　　　　　　　　　　　　　空调技术节能的应用场景

技术名称	节能效果	适用范围/场景
智能通风	空调能耗降低 20%～40%，投资回收期两年左右	适用于基站常年室内外温差较大（建议在 8℃以上），通风条件比较好，空气质量好的地区。不宜在外部环境和空气质量较差的地区安装，如灰尘较大的道路和工厂旁，海边或空气污染较重的地区。温和地区效益最好，其次是夏热冬冷地区和寒冷地区
智能换热	空调能耗降低 15%～30%，投资回收期 2～3 年	适用于基站常年室内外温差大（建议在 10℃以上），空气质量较差的地区。温和地区、夏热冬冷地区和寒冷地区效益较好
水冷换热系统	低于智能换热	适用于室外温度低于 20℃时间较长、空气质量较差的地区。冬季，应注意水循环系统的防冻
空调节电器	综合技术，单从节电效益不能完全体现其价值	应用于采用舒适型空调的基站机房中。在压缩机制冷/制热量不足的情况下，不适于采用智能空调节电器控制

3．建筑节能

建筑节能是国家"节能减排"的重要领域之一，随着节能减排的力度加大，用于建筑节能的技术措施和新型材料也在不断涌现，本节主要阐述的是建筑外围护结构保温隔热对基站机房节能的主要作用。

对于基站机房，能耗主要包括设备能耗、空调能耗、照明能耗等，而空调能耗又有一部分是通过建筑外围护结构的散失而消耗掉的。

据近年来相关数据的统计显示，房屋空调能耗主要在夏天炎热地区和冬季寒冷地区显示消耗最明显，在春秋过渡季节显示消耗相对较少。在全年中，20%～50%的空调能耗是由外围护结构传热所消耗（不同气候区其消耗有所不同）。

通过对建筑外围护结构采取有效的节能措施，将对基站机房的节能起到直接的积极作用。

基站机房建筑节能的主要原理为：如何采取有效措施减少外围护结构空调能耗的散失。对于基站机房而言，外围护结构主要包括机房外墙面、屋面、地面、架空楼面、外门窗等。

目前，建筑的新型节能材料和施工工艺较多，结合基站机房的使用功能，在基站机房的土建设计和选材中需注意其节能、环保、适用、防火、耐久、防盗，以及就地取材、方便施工、方便后期维护等。

在具体设计中，可参考现行国家标准《公共建筑节能设计标准》和地方节能标准，按当地执行的节能指标设计维护结构的节能参数。

从土建工程建设的角度看，建筑外围护结构的节能措施主要包括以下系统。

（1）外墙外保温系统

外墙外保温系统包括外墙外保温、屋面保温、楼地面保温和外门保温系统。

通过对基站机房外围护结构外墙采用挤塑聚苯板（XPS 板）、聚苯板（EPS 板）、发泡聚氨酯、保温料浆（砂浆）、岩棉等保温材料降低原有外墙墙体的导热系数，达到保温的效果。

对屋面采用挤塑聚苯板（XPS 板）等材料保温，架空屋面通风隔热，或部分基站选址有特殊景观要求且方便维护管理的也可采用种植屋面来起到隔热作用。

对于架空楼面保温做法可选用适宜的保温材料实施。

基站机房门作为外围护结构的一部分，也要采用节能措施。建议部分地区（如夏热冬冷、寒冷地区等）机房门可采用两道门，外层使用钢制防盗门、内侧使用保温门。在以散热为主的季节仅使用钢制外防盗门，以利于散热；在以保温为主的季节里则使用两道门，以利于保温。

（2）外墙内保温系统

外墙内保温系统包括外墙内保温、屋面保温、楼地面保温和外门保温系统。

通过对基站机房外围护结构内侧采用保温砂浆、岩棉板、新型保温涂料等保温材料降低原有外墙墙体的导热系数，达到保温的效果。鉴于大多数保温材料的防火性能不高，在机房内保温材料的选材时要特别注意其防火性能需满足机房使用要求。

（3）外墙自保温系统

外墙自保温系统包括外墙自保温、屋面保温、楼地面保温和外门保温系统。

外墙自保温系统，是指墙体本身具有能满足规范要求的保温性能，不需在墙体外侧增加节能保温层的材料。基站机房墙体材料主要包括保温彩钢板、轻集料混凝土砌块、复合保温砌块、页岩模数多孔砖、江湖淤泥烧结砖、自保温混凝土叠合墙板等，另外还有施工方便、效果良好的双层墙夹心保温等。

该技术适用于公路沿线、偏远地区、山地海边、楼宇顶部、景点或商业区。

（4）热反射涂料系统

太阳产生热的 3 种传播方式是：

① 紫外线——破坏表面层的元凶，约 3%的阳光所产生的热来自紫外线。因此使用抗紫外线的涂料是必要的。

② 可见光——40%的热源来自于此。虽然一些淡色的涂料可以暂时反射部分可见光，但这些涂料的褪色所造成的反射率衰减是难以防范的。

③ 红外线——占阳光热的 57%，这是无法反射的光源，也是人体唯一能感受到的阳光热。因红外线占了阳光热最大的比例，所以如何选择抗红外线的涂料和绝缘材料显得异常重要。

另外，热有 3 种传播方式，即辐射（热波的运动）、对流（带热的气流）、传导（热在介质中从高温传至低温）。因此，通过反射隔热涂料的处理，外墙外侧对上述 3 种热的传播方式起到不同程度的阻隔，起到节能效果。

（5）架空隔热屋面

屋面架空隔热是指除在墙体及机房顶面采用保温做法外，针对夏热冬冷、夏热冬暖及炎热地区提出的有效的节能做法。采用此方案不仅仅利用架空层起到通风散热的作用，同时尚可利用此空间较好地解决基站机房空调室外机被盗严重的问题。除造价较一般机房高外，是一种较适合基站机房建筑的模式。

屋顶架空隔热通风机房的具体方案为：在机房上部增设架空隔热通风层。外墙表面做聚氨酯保温板。架空层为平屋顶设计，高 1 800mm 左右（如不考虑放空调室外机此高度可降低），架空空间内可放置空调室外机，能有效减小空调室外机被盗的危险性。此外，架空层四周墙体根据空调室外机的通风要求开设一定数量的小窗，从而有效保证良好的通风散热效果。通过架空层，阻隔阳光对基站内部的直射，而架空层内部的空气流动形成良好的冷热交换，降低基站顶部热量的导入，达到节能效果。

该技术适用于夏热冬冷、夏热冬暖、炎热地区、日照充裕等地区。

（6）种植隔热屋面

种植屋面是指在屋面防水层上覆土或铺设锯末、蛭石等松散材料，并种植植物，起到隔热作用的屋面。对于南方气候温热湿润地区，一年四季适合植物生长，因此，在机房屋面设置种植屋面可以有效地达到保温隔热的效果。

种植屋面系统一般分为 8 个层次，从上至下依次为植被层、种植土、过滤层、排水层、耐根穿刺层、普通防水层、找坡（找平）层、结构层。各地选用设计时，需满足相关设计规范和图集的要求，也可由整体种植屋面系统专业厂家设计施工。在夏热冬暖地区保温层可以不设，一般也能达到国家节能标准的要求。

另外，单纯的屋面隔热处理并不能达到良好的节能效果，自建时在墙体等外围护部分需配合适宜的保温措施。

该技术适用于南方气候温热湿润、一年四季适合植物生长的地区，以及对景观有特殊要求的景观区、绿化带、公园等地区。

（7）应用场景与节能效果

建筑节能的应用场景及节能效果如表 6-26 所示。

表 6-26 建筑节能的应用场景

技术名称	节能效果	适用范围/场景
外墙外保温	寒冷地区节能约 35%	新建或外保温改造机房，均可采用
外墙内保温	夏季高温季可使基站空调能耗减少约 32%	多适用于自建基站机房的节能改造和租用机房（特别是屋顶站房）的节能改造项目。针对机房外墙不适合改造的项目
外墙自保温	有待验证	适于公路沿线、偏远地区、山地海边、楼宇顶部、景点或商业区使用
热反射涂料	夏季高温季节建筑围护部分可节能约 30%	适用于日照充足、炎热地区
屋面架空隔热	节能效果有待验证	适用于夏热冬冷、夏热冬暖、炎热地区、日照充裕及多风地区的新建机房
种植隔热屋面	同于屋面架空隔热	适用于南方气候温热湿润、一年四季适合植物生长的地区，以及对景观有特殊要求的景观区、绿化带、公园等地区。对于新建基站和节能改造基站均适用

4. 电源节能

基站相关的电源系统主要包括高/低压配电（外市电引入）、开关电源（或 UPS）、蓄电池组以及供电线路（室内配电线路）等部分。从基站机房整体能耗构成来看，电源系统整体耗能所占比重相对较小。然而，通信电源系统作为电能的引入端和输送通道，对后级用电设备的能耗具有显著的级联效应，也是电源节能工作的重要组成部分。通信电源节能技术重点围绕着通信电源高效率、模块化等方面展开。

（1）开关电源智能休眠

出于系统安全性、可靠性考虑，通信机房的直流开关电源配置一般都是按系统的最大负载和蓄电池充电电流来核算，并考虑整流模块的 $N+1$ 备份。在实际运行中，蓄电池的充电时间对整个电源系统而言很短，造成整流模块长期处于高冗余运行状态，负载率偏低，从而影响运行效率，导致大量电能损耗。

开关电源智能休眠技术就是根据系统的电流负荷情况和当前整流模块的工作状况，通过智能软开关技术，在保证系统冗余安全的条件下，自动调整工作整流模块的数量，使部分模块处于休眠状态，把整流模块调整到最佳负载率下工作，从而降低系统的带载损耗和空载损耗，实现节能目的。

休眠节能模式不同于模块的冷备份模式。休眠节能模式下，模块的主电路完全停止工作，控制电路仍在工作，整个系统处于待机状态。一旦有告警等异常情况，休眠模块可立即进入工作状态。

休眠节能技术也不同于传统的遥控关机技术。传统的遥控关机功能只关闭模块的 DC/DC 输出部分，输入及其他辅助电路仍处于工作状态。在休眠节能模式下，通过在整流模块内增设直流侧辅助电源，使模块完全关闭功率电路（含 AC/DC、DC/DC），从而使休眠模块达到最佳的节能状态。

休眠状态的整流模块数量可根据负载的变化而动态调整，当负载增大到一定程度或系统异常时，系统会立即根据需要唤醒部分休眠模块，保证整体输出容量。整流模块的休眠时间和休眠次序可以通过软件设置，实现模块的轮换休眠，从而使每个模块的累计工作时间基本一致，同步老化，有利于提高整流模块的使用寿命。

休眠节电措施实施较为方便，主流电源设备供应商目前都能提供智能休眠节能功能的开关电源产品。对于新入网的开关电源系统，可明确要求具备整流模块智能休眠功能。对在网运行的开关电源系统，大部分都不具备节能管理功能，通过升级更换管理芯片可实现智能休眠的节能功能。

开关电源智能休眠技术在国内部分地区已有应用，节能效果可达 4%～10%。按基站机房日均用电量为 70kW·h 测算，每基站年节电量为 4%～10%×70×365＝1 022～2 555kW·h。这表明，开关电源智能休眠所带来的负载率的提升不仅可以表现在自身能耗下降，同时还能够传导至交流配电、空调以及通信设备，带来整体能耗降低。在网运行设备仅需通过更换监控模块的控制芯片即可增加节能管理功能，技术改造成本在 1 000 元左右，投资回收期约为 1 年。此外，休眠节能技术还能延长整流模块的使用寿命，从而间接延长电源设备的使用周期，节省投资。

（2）蓄电池恒温+机房恒温技术

根据《通信中心机房环境条件要求》（YD/T 1821—2008），基站温度要求为 10～30℃，湿度要求为 20%～85%。基站内蓄电池对工作环境温度的要求在 15～25℃，其他设备对环境温度的要求至少可在–5～50℃。建议基站的工作环境温度为 25℃（机房温度应以要求最严格的设备来考虑，基站机房为蓄电池区域），采用蓄电池恒温箱为蓄电池提供一个适宜的局部温度环境后，机房温度主要是考虑主设备区域，至少可以设置到 30℃，然后根据运行情况和需求逐步升高到 35℃。

适用范围：对空调制冷能耗较大的夏热冬暖地区、夏热冬冷地区以及温和地区效果较好。严寒地区若非制热能耗大，暂时不推荐采用该技术。

（3）应用场景与节能效果

电源节能的应用场景及节能效果如表 6-27 所示。

表 6-27 电源节能的应用场景

技术名称	节能效果	适用范围/场景
开关电源智能休眠	4%～10%，投资回收期 1 年	对系统负荷较小、负载率较低的系统节能效果明显，对负载率较大的系统节能效果不明显
蓄电池恒温技术+机房升温	机房温度从 25～35℃，节能效果在 50%以上，投资回收期 2～4 年	优先应用于制冷能耗大的基站，尤其是夏热冬冷地区

5. 新能源技术

（1）太阳能光伏发电系统

太阳能光伏发电系统通常由太阳能电池板、充电控制器和蓄电池等构成，其基本原理如图 6-38 所示。

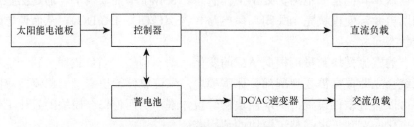

图 6-38　太阳能光伏发电系统

太阳能电池板的作用是将太阳辐射的能量直接转换成直流电，供负载使用或存储于蓄电池内备用。充电控制包含对光伏发电系统的控制功能，如对太阳能电池方阵的控制、对负载的控制功能、对蓄电池充放电的管理等。逆变器的作用就是将太阳能电池方阵和蓄电池提供的低压直流电逆变成 220V 交流电，供给交流负载使用。蓄电池组不仅将太阳能电池方阵发出的直流电储存起来，供负载使用，而且在太阳能系统中起到了稳压器的作用。

太阳能光伏发电系统适用于当地平均日照峰值时间>3h/天的区域。

新建通信基站地区无市电引入或市电引入成本过高，可考虑采用独立太阳能系统或太阳能与油机组成的混合系统。新建通信基站地区有农电或不稳定的小水电，可考虑采用太阳能与高频开关电源组成的混合系统。从经济性考虑，站点全部设备总功耗推荐不要超过 1kW。

目前太阳能光伏发电系统为通信基站供电在全国已形成了规模应用，技术较为成熟，在设计站点时，根据基站设备的功率和当地日照情况，确定好蓄电池的容量、太阳能电池组件和充电控制器的功能即可。

（2）风能供电系统

风力发电系统的基本原理就是通过风力机将风能转化为机械能，从而带动发电机发电，然后经过整流器得到稳定的直流电供给直流负载，直流电再通过逆变器输出三相交流电，供给三相交流负载。

风力发电机组的作用是将风能转换成电能，供负载使用或存储于蓄电池内备用。控制器的主要功能是对蓄电池进行充电控制和过放电保护，同时对系统输入、输出功率起到调节与分配作用等。逆变器的作用就是将风力发电机组提供的低压直流电逆变成 220V 交流电，供给交流负载使用。蓄电池组完成储存电能的功能。

风能供电系统适用于市电资源缺乏但风能资源较为丰富的偏远山区、海岛等地区，年平均风速通常要大于 4m/s。

需要注意的是，在应用风能供电系统进行选址设计之前，应汇集及测量当地风能资源、其他天气及地理环境数据，包括每月的风速、风向数据、年风频数据、每年最长的持续无风时数、每年最大的风速及发生月份等，了解当地是否适合采用风力发电系统。

目前，由于风力发电系统的不稳定性，单独采用风力发电为通信基站供电的情况较少，近几年采用风力发电系统都是与太阳能发电系统互为补充供电的站点较多。

（3）多能源互补

由于单一的能源系统均会受到外部条件的影响，如常规市电会遭遇停电或者电压不稳定、太阳能和风力发电系统受制于天气因素、油机受制于供油因素等，所以仅靠独立的能源系统经常会难以保证系统供电的连续性和稳定性，因此，可以根据实际情况采用多能源互补的供电技术，达到连续、稳定供电的目的。目前较为成熟的能源系统包括市电、太阳能、风能、油机，另外还有在试用的生物能、核能、潮汐能等，一旦这些新能源技术成熟，也可以直接加入该系统中。

采用多能源互补供电技术是根据现场的实际情况选择能源的搭配组合，通过利用不同能源的优点，避免其缺点，能够起到对能源利用的优化作用。根据目前较为成熟的几种能源供电系统，可以考虑互相搭配使用在以下场景中。

场景一：市电无法引入，太阳能资源和风能资源较丰富的偏远地区。

采用太阳能光伏发电系统和风能发电系统互相搭配为基站供电，根据当地太阳能和风能资源的实际情况确定两种能源的供电比例。

场景二：市电可以引入，但不稳定，而太阳能资源丰富的地区。

采用市电和太阳能光伏发电系统互相搭配为基站供电，平时采用市电给基站供电，当市电不稳时，可采用太阳能供电。

场景三：市电可以引入，但不稳定，而风能资源丰富的地区。

采用市电和风能发电系统互相搭配为基站供电，平时采用市电给基站供电，当市电不稳时，可采用风能供电。

场景四：市电无法引入，太阳能资源丰富而无其他廉价资源的地区。

采用太阳能光伏发电系统和油机发电系统互相搭配为基站供电，个别月份太阳能不能满足基站用电要求时，油机能够提供后备能源。

场景五：市电无法引入，风能资源丰富而无其他廉价资源的地区。

采用风能发电系统和油机发电系统互相搭配为基站供电，个别月份风能不能满足基站用电要求时，油机能够提供后备能源。

多能源互补的应用案例如下。

西部某运营商在某湖边建立的太阳能和风能互补供电系统基站，网络覆盖湖沿线主干道，周边区域是草原。为保证旅游季节的覆盖需求，该基站采用 S4/2/2 基站，基站能耗降到 600W，为太阳能供电在该站点的应用奠定了基础。同时，为了应对可能存在的长期阴雨天气造成的太阳能供电中断，该站点采用风能供电作为补充，提高基站供电可靠性。

该站点的供电系统使用了 1kW 的风力机两台，22 块 160W 的太阳能电池板，蓄电池 1200Ah 一组，备电时间为 3 天。系统充分利用了当地太阳能和风能的互补性，保证了天气变化时系统仍然能够输出足够的电能给基站设备，同时使用了一组大容量蓄电池作为后备，在连续阴雨天且没有风能可利用情况下，系统仍能正常工作 3 天，极大地提高了系统的可靠性。

（4）应用场景与节能效果

新能源技术的应用场景及节能效果如表 6-28 所示。

表 6-28　　　　　　　　　　　　　　　新能源技术的应用场景

技术名称	节能效果	应用情况	适用范围/场景
新能源（风能、太阳能）	初始投资较高，回收期较长	新疆、青海、甘肃、四川、海南和内蒙古有试点应用	新能源适用于有太阳能和风能等自然条件较好的区域，一般常见于高海拔偏远山区及海岛
风电互补系统	投资回收期较长，富风区大于 6 年	江西、湖北有试点应用	试点要选择条件最佳的区域，比如富风、气候适宜、有正规设计的铁塔、电费高等

参考文献

[1] 3GPP TS36. 104 v9.4.0. Evolved Universal Terrestrial Radio Access (E-UTRA). Base Station (BS) radio transmission and Reception.

[2] 韩志刚，孔力，陈国利，李福昌. LTE FDD 技术原理与网络规划. 北京：人民邮电出版社，2012.

[3] 陈建刚，肖清华，汪伟. 基于客户感知的网络选址方法分析. 移动通信，2012.13.

[4] 杨涛，等. 有源天线在移动通信系统中的应用研究. 电信科学，2011.11.

[5] 罗建迪，汪丁鼎，肖清华，朱东照. TD-SCDMA 无线网络规划设计与优化. 北京：人民邮电出版社，2010.

[6] 肖清华，汪丁鼎，许光斌，丁巍. TD-LTE 网络规划设计与优化. 北京：人民邮电出版社，2013.

[7] 华为、中兴、爱立信、阿朗、京信、虹信等厂商 LTE 产品技术资料.

第7章
LTE FDD 室内覆盖系统规划设计

7.1 概述

7.1.1 目的与意义

国内外 3G 业务的发展规律表明,视频电话、流媒体等高速数据业务 70% 都发生在室内环境中。作为解决室内覆盖的主要方式,LTE FDD 室内分布系统势必成为 LTE FDD 网络建设的重中之重。旨在提高峰值数据速率、小区边缘速率、频谱利用率,并着眼于降低运营和网络建设成本,LTE FDD 实现了网络扁平化,有效降低了控制面和用户面的传输时延。但同时 MIMO 等新技术的引进又提高了工程实施的难度,使得 LTE FDD 的室内分布建设会更难。在现有多系统合建的室内分布系统中,如何进一步将 LTE FDD 集成,也日益成为移动运营商关注的焦点。

现代建筑大量采用了混凝土和金属材料,造成了对无线信号的屏蔽和衰减。在部分高层建筑物的低层,LTE FDD 基站信号较弱;在超高建筑物的高层,信号杂乱或者没有信号。从质量角度看,在没有完全封闭的高层建筑的中高层常出现乒乓切换,通信质量难以保证。从容量角度看,不同类型的室内场所存在不同的业务需求。在大型购物商场、会议中心等建筑物内,移动电话分布密度大,局部网络容量不能满足用户需求,无线信道容易发生拥塞现象。与目前的 2G/3G 网络相比,LTE FDD 网络在建筑物内部会出现更多的弱信号区,存在盲区多、易断线、网络表现不稳定等缺点。

室内信号覆盖主要有以下 3 种解决方案。

（1）借用室外小区信号

对于应用场所的室内纵深比较小、楼宇高度不高于周围楼群平均高度的情况,可以考虑让室外基站信号直接覆盖室内。若室外基站信号较强,经过建筑物的穿透损耗后还能完成对室内的覆盖。依靠室外小区的信号穿透,解决了大量建筑物内部的信号覆盖。该覆盖方法最经济、最便利,但在室外网络建设时需要考虑室内穿透损耗。

（2）建设室内分布系统

对于室内纵深比较大的应用场所、高度比周围楼群的平均高度高 5 层左右的楼宇,或者像地下室之类的室外信号很难覆盖的地方,应建设独立的室内分布系统。这种方法建设成本较高、物业协调难度大,而且分布系统建设还需要有一个逐步完善的过程。

随着用户对室内通信要求的提高，分布系统建设力度逐步扩大，从大楼转向一般楼宇，从高业务量需求区域转向一般业务量需求的室内区域。

引入室内分布系统可以扫除盲区，吸收室内业务量，改善室内业务质量。室内分布系统建设可以为 LTE FDD 开辟高质量的室内移动通信区域，分担室外小区业务量，减小拥塞，扩大网络容量，从整体上提高 LTE FDD 网络质量。

（3）放装式小功率覆盖系统

室内覆盖的小功率基站（Small Cell），是应对现有室内分布系统建设和改造难而产生的。采用小功率、微功率基站，并集成室内天线，用挂墙、吊顶内隐藏或者伪装式安装的方式，解决了部分分布系统改造难的问题，适合于比较开阔的室内应用场景，如商场超市、会展中心、体育场馆、民航机场、地下停车场等场景。在设备方面，主要设备商均有此类的产品，可支持小功率覆盖系统的建设。

以上第一种解决方案在室外基站规划设计章节中已有叙述，本章重点介绍第二种解决方案。第三种解决方案广义上可以理解为第二种方案的一种特殊类型，即室内覆盖中单个信号源、单个分布天线的场景，因此，在覆盖和容量等分析方法上，与第二种方案相似。

7.1.2　室内分布组成

室内分布系统由信号源和分布系统两部分组成，其原理就是利用分布系统将信号源的信号均匀分布在室内每个角落，从而保证室内区域拥有理想的信号覆盖。信号源包括 BBU+RRU 和直放站等多种类型。分布系统包括传输介质、元器件和天线。传输介质分光纤、同轴电缆和泄漏电缆等；元器件包括干线放大器（简称干放）、功分器、耦合器、合路器等；天线分为全向天线和定向天线。

LTE FDD 室内分布系统的结构与 2G 分布系统类似，可以与后者实现局部共享。

图 7-1 所示是室内分布系统结构示意图。

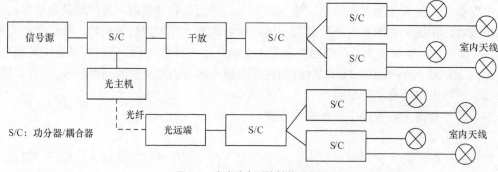

图 7-1　室内分布系统结构示意图

在室内环境中，室内外信号有墙壁阻挡，室内环境相对简单，室内信号分布均匀，若室内外干扰可以得到较好控制（如室内外小区采用异频组网方式），则室内分布系统的邻区干扰很少。室内信号源依赖 MIMO 技术，同样可以保证室内信号 SINR 到达设计要求。

7.1.3　信号源类型

通常可以选作室内分布系统信号源的有 BBU+RRU、直放站等。

1. BBU+RRU

目前普遍采用 BBU+RRU 作为室内分布系统的信号源。BBU 可以选择刀片型，也可以选择机柜型。在机房空间足够的条件下，优选机柜型 BBU。机柜型 BBU 供电有保障，且能够插入多块基带处理板，可以根据不同地区的话务密度提供不同的信道处理能力，因此 BBU+RRU 通常应用于面积大、人流量大、业务量高的室内站点。

2. 直放站

直放站分为无线直放站和光纤直放站两种。直放站通过收发系统将室外基站的信号引入室内，共享基站的基带处理能力。直放站不额外增加系统容量，适合于对业务量和质量要求都不高的室内环境。在室外信号纯净、相对封闭的楼宇内可以使用无线直放站作为信号源，但是易受到周围无线环境的影响。光纤直放站不受无线环境影响，但占用光纤资源。

直放站投资少、安装方便快捷，解决了弱覆盖区域和覆盖盲区。直放站信号源的话音质量相对较差，影响施主基站的接收机灵敏度，还容易造成对周围基站的干扰。

下面对两种典型信号源进行对比分析，参见表 7-1。

表 7-1　　　　　　　　　　　　典型信号源的对比分析

信号源种类	优点	缺点	适用场合
BBU+RRU	组网灵活，扩容方便，质量好，有监控	建设成本较高	各种类型楼宇
直放站	安装灵活，施工简单，建设成本较低	干扰较大，不能增加容量，覆盖面积小，监控不力	封闭性好的小规模楼宇

综上所述，室内分布系统的信源选择需要综合考虑建筑物的覆盖、容量和周围网络环境等关键因素，一般应该遵循如下原则。

（1）对于低密度业务量、小规模覆盖且较为封闭的场景，可选用直放站作为信号源，在减少投资的同时，可以充分利用室外基站的容量。

（2）对于中密度业务量和中等规模覆盖的场景，优先选用刀片型 BBU+RRU 作为信号源。附近有施主 BBU 且光纤可进楼时，可以省略 BBU。

（3）对于高密度业务量和大规模覆盖的场景，优先选用机柜型 BBU+RRU 作为信号源。

7.1.4　分布系统类型

分布系统类型（又称为传输介质类型），可分为 3 大类，即同轴电缆分布方式、光纤分布方式和泄漏电缆分布方式。

1. 同轴电缆分布方式

同轴电缆分布包括无源同轴电缆分布系统和有源同轴电缆分布系统两种方式。无源同轴电缆分布系统将信号源输出能量通过功分器、耦合器等无源设备合理分配，经同轴电缆和天线将能量均匀分布至室内各区域。其优点是性能稳定、造价便宜、设计方案灵活、易于维护和线路调整，还可以兼容多种制式的系统。无源同轴电缆分布系统覆盖范围受同轴电缆的传输损耗和信号源输出功率的限制，一般只适用于中小楼宇。在综合分布系统中，不同通信系统的传输损耗不一致，需要精确计算各系统功率分配，设计与施工技术含量较高。

由于无源同轴电缆分布系统不能满足大楼宇覆盖需求，需要增加干放对主干信号进行放大，以弥补功率分配和线缆损耗，增大信号输出总能量，增大单信号源覆盖面积，因此引入了有源同轴电缆分布系统。其优点为设计与施工简单方便，信号强度动态可调，系统具有良好的可扩展性，是一种灵活的通用室内覆盖系统。有源同轴电缆分布系统涉及多个有源器件，互调产物多，可靠性低，需要实时监控和维护。

2. 光纤分布方式

光纤分布系统利用单模光纤将射频信号传输到建筑物内部的各个地方，通常将光纤和同轴电缆结合使用。在建筑物纵平面上采用光纤传输，横平面上进入楼层以后采用同轴电缆传输。由于光纤具有损耗小的特点，有时也利用光纤实现信号在不同建筑物间的传输，进入建筑物以后则采用同轴电缆传输。光纤分布方式的传输损耗小、传输容量较大、不受电磁干扰、性能稳定可靠、布线方便、组网灵活，易于设计和安装，可兼容多种移动通信系统。光纤分布方式更适合于远距离的信号传输，但需要增加专门的光电转换设备，光远端站需要远端供电。

近几年出现的多业务光纤分布系统结合了光纤直放站、多系统合路和光分布系统，是组合的分布系统。这类系统具有造价较低，支持多系统合路，充分利用网络容量的特点，适合大楼内多个系统复杂合路的需求。其系统结构如图 7-2 所示。

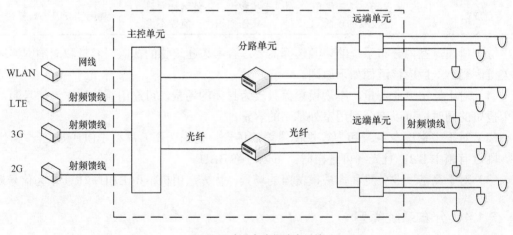

图 7-2 多业务光纤分布系统

3. 泄漏电缆分布方式

泄漏电缆由内导体、绝缘介质和开有周期性槽孔的外导体组成。泄漏电缆通过泄漏电缆外导体上的一系列开口，在外导体上产生表面电流，从而在电缆开口处横截面上形成电磁场，沿电缆纵向均匀地发射和接收信号。泄漏电缆具有传输损耗均匀、信号稳定可靠等优点，但泄漏电缆价格高、线径大、施工困难，通常用于对地铁、隧道、电梯等特定环境的覆盖。

不同传输介质系统的差异性比较参见表 7-2。

表 7-2　　　　　　　　　　　　不同传输介质系统差异性比较

方式	优点	缺点	适用场合
无源同轴分布系统	技术成熟，价格便宜，应用广泛；元器件通用；无需供电，可靠性高，易于维护；不受光、热、尘埃和湿度等影响；交调和噪声性能良好；系统动态范围大，且不会产生上行噪声	天线输出功率需要精确计算；馈线损耗较大，传输长度受限；线径较粗，占用较大的空间，施工困难	在可能的情况下，优先采用此方案。当施工条件受限或覆盖范围过大时，需要采用其他方案
有源同轴分布系统	设计与施工简单方便，信号强度动态可调，系统具有良好的可扩展性	系统涉及多个有源器件，造价较高。有源器件可靠性低，互调产物多，有噪声积累，需要实时监控和维护	是一种极为灵活的通用室内覆盖系统。一般适用于中型楼宇
光纤分布系统	传输损耗小，传输距离远；光纤质量轻，体积小，便于施工	引入光电转换模块，动态范围较小，远端需要供电，维护复杂	在远距离传输时，引入光纤分布天线系统
泄漏电缆分布系统	场强分布均匀，可控性高；频段宽，多系统兼容性好	造价高，传输距离近	地铁、隧道等特定区域

7.1.5　技术流程

LTE FDD 室内分布技术流程主要包括规划、设计和建设流程。其中，规划部分需要明确LTE FDD 室内分布系统的系统特性（如覆盖与容量的要求、共建共享的要求等），建立用户行为和业务模型，确定系统间和系统内的干扰，明确规划指标等相关要求，确定规划方案。设计部分则在了解 LTE FDD 室内传播能力的基础上，进行现场勘察、模拟测试，实施方案设计等。在规划和设计的基础上再根据现有2G/3G 系统的室内分布情况对 LTE FDD 进行新建或改造的网络建设。

图 7-3　LTE FDD 规划设计流程

LTE FDD 室内分布的总体技术流程如图 7-3所示。

本章将依次按照这个流程进行 LTE FDD 室内分布技术的介绍。

7.2　室内传播模型

本章以最常用的 ITU-R P.1238 传播模型为例进行介绍。

ITU-R P.1238 室内传播模型，是一个通用的模型，即几乎不需要有关路径或位置信息。其基本模型为：

$$PL(\text{dB}) = 20\lg(f) + N\lg(d) + L_f(n) - 28 + X_\delta \qquad （7-1）$$

其中，N 为距离功率损耗系数，典型取值参见表 7-3；f 为频率，单位为 MHz；d 为终端与基站之间的距离，单位为 m，$d>1m$；$L_f(n)$ 为楼层穿透损耗因子，n（$\geqslant 1$）为终端和基站之间的楼板数，$L_f(n)$ 典型取值参见表 7-4；X_δ 为慢衰落余量，取值与覆盖概率要求和室内阴影衰落标准差有关，如表 7-5 所示。

表 7-3　　　　　　　　　　　功率损耗系数（N）参考取值

频率	居民楼	办公室	商业楼
900 MHz	—	33	20
1.2～1.3 GHz	—	32	22
1.8～2 GHz	28	30	22
4 GHz	—	28	22
5.2 GHz		31	
60 GHz		22	17
70 GHz		22	

注：60 GHz 和 70 GHz 是假设在单一房间或空间的传输，不包括任何穿过墙传输的损耗。

表 7-4　　　　　　　　　　楼层穿透损耗因子 $L_f(n)$ 参考取值（dB）

频率	居民楼	办公室	商业楼
900MHz	—	9（1 层）、19（2 层）、24（3 层）	—
1.8～2 GHz	$4n$	$15+4$（$n-1$）	$6+3$（$n-1$）
5.2 GHz	—	16（1 层）	—

表 7-5　　　　　　　　　　　　　阴影衰落参考取值

频率	居民楼	办公室	商业楼
1.8～2 GHz	8	10	10
5.2 GHz	—	12	—

该基本模型把传播场景分为视距（LOS）和非视距（NLOS）两种。

具有 LOS 分量的路径是以自由空间损耗为主的，其距离功率损耗系数约为 20，穿楼板数为 0，模型更正为：

$$PL（dB）=20\lg（f）+20\lg（d）-28+X_\delta \qquad (7\text{-}2)$$

对于 NLOS 场景，模型公式不变，仍然为：

$$PL（dB）=20\lg（f）+N\lg（d）+L_f（n）-28+X_\delta \qquad (7\text{-}3)$$

需要注意的是，当 NLOS 穿越多层楼板时，所预期的信号隔离有可能达到一个极限值。此时，信号可能会找到其他的外部传输路径来建立链路，其总传输损耗不超过穿越多层楼板时的总损耗。

7.3　室内覆盖分析

7.3.1　业务场景

在 LTE FDD 室内分布系统规划中，首先需要考虑室内用户的数量、业务类型以及单用户业务量（数据吞吐量），以便采用相应的设备来承载，减少室外小区负担，提高用户满意度，降低运营商投资。室内分布是针对精品区域的重点覆盖，与广覆盖的室外场景相比，主要有以下区别。

（1）用户密度方面，室内分布的用户密度很高。

（2）业务分布方面，室内分布的高端用户比例较高，数据业务需求较大。

（3）业务渗透率方面，室内分布的数据业务渗透率高。室外数据业务渗透率一般在 5%～34% 之间，而室内分布的数据业务渗透率通常在 30%～50% 之间。

室内分布系统是针对信号覆盖情况差或者业务量大、通信质量要求高的建筑物内部而采用的覆盖策略。为了方便对室内场景进行业务模型和传播模型分析，综合考虑建筑物结构、电磁波传播环境和容量需求方面的因素，将室内分布场景细分为以下几类。

1．商务写字楼

该类建筑多为全钢或钢筋混凝土结构外加玻璃幕墙，楼层内的墙壁采用复合吸音材料或砖墙，穿透损耗与房间隔断材料组成关系密切。该环境下高端用户比重较大，室内覆盖需要考虑一定数量用户的数据业务需求。

2．商场超市

建筑多为钢筋混凝土框架结构外加玻璃幕墙，层内一般无阻挡或是简单的装修隔挡，穿透损耗小，层间穿透损耗较大（30dB 以上）。用户业务主要考虑话音业务，业主业务考虑楼宇视频和监控业务，高峰时段的业务密度较大。

3．会展中心、会议中心、室内体育场馆

这类场景在建筑特点上有很多相似之处，室内无线传播条件比较理想，信号为视距传输，能量以直达径为主。此外，会议中心和体育场馆与室外的隔离度比较高，所以其室内信号对室外基站的影响基本不用考虑。

这些场景在业务模型上也有相似之处，用户业务主要以事件为触发。平时几乎没有业务量，有展览、会议、赛事举行的时候，话务量会出现高峰，所以容量估算应该以高峰时计算。另外，这类场景中的新闻中心会有大量的数据业务覆盖需求，在规划时需要区别考虑。

4．民航机场、车站、码头

民航机场建筑物结构一般采用全钢骨架、玻璃幕墙、不锈钢铁皮屋顶。候机楼楼层高、面积大，基本无阻挡，传播环境比较简单，信号为视距传输，能量以直达径为主。

机场高端用户、漫游用户比例较高，数据业务在总业务中占的比重相对较高，其中候机大厅、VIP 候机厅要保证数据业务的覆盖。城市的火车站、汽车站、码头等区域具有与民航机场相类似的特点。

5. 宾馆酒店

该类建筑物结构多为钢筋混凝土结构，楼层内布局结构复杂，走廊狭长，隔墙厚且多，穿透损耗较大，该环境下高端用户比重较大，语音业务和数据业务量相对较大。

6. 娱乐场所

在大中型城市，娱乐场所数量非常多，主要集中在楼宇底层，少部分位于地下。由于地形的阻隔、建筑物墙体的影响以及娱乐场所内复杂的隔挡结构的影响，使得该场景一般都需要加装室内分布系统。其特点是室内面积小，高端用户多，业务需求不高，场所数量众多且分布不集中。

7. 地下停车场、电梯

地下停车场建筑物结构多为加强的钢筋混凝土结构，内部空间开阔，封闭情况很好。虽然高端用户比重较大，但业务量较小，且以话音业务为主。

电梯在场景性质上，同停车场类似，用户一般作短暂停留，其业务模型也类似。

室内覆盖系统的建设应根据覆盖等级、话务等级，结合市场发展策略，确定建设优先级，分批建设。对无法利用室外基站信号达到室内良好覆盖以及对业务需求大的公共场所，应优先安排建设。优先覆盖的原则如下。

（1）从建筑物的性质考虑，大型公共场所、重要办公楼优先。

（2）从业务量角度考虑，高业务量区域、人流量大的区域优先。对拥有 3G 网络的运营商而言，可根据 3G 网络的业务量来分析 LTE FDD 的需求，优先考虑 3G/LTE FDD 需求有交集的建筑。

（3）从覆盖角度考虑，根据 3G 网络的经验，楼高 15 层以上、单层面积超过 1 200m^2、室内间隔较多的建筑物优先。也可根据室外基站规划仿真结果，对室外基站能否解决室内覆盖进行初步判断。

7.3.2 覆盖指标

LTE FDD 室内的覆盖指标可参考如下。

（1）边缘场强：目标覆盖区域内 95%以上区域，RSRP≥−105dBm，SINR≥5dB。

（2）信号外泄：室外 10 米处应满足 RSRP≤−110dBm，或室内外泄电平比室外低 10dB。

（3）BLER 及呼损：对于数据业务，要求 BLER 在 5%～10%之间，呼损≤2%。

（4）天线口功率：建议一般场景下，LTE FDD 天线口功率控制在−15～−10dBm 之间。

7.3.3 估算流程

LTE FDD 室内覆盖估算的目的在于根据 LTE FDD 覆盖指标的要求，如边缘场强、C/I、数据 BLER 目标及呼损等，结合不同场景的单天线覆盖半径及室内传播模型，折算出天线出口功率。在此基础上，根据分布系统平层、主干电缆长度及损耗计算出总的功率需求。具体流程如图 7-4 所示。

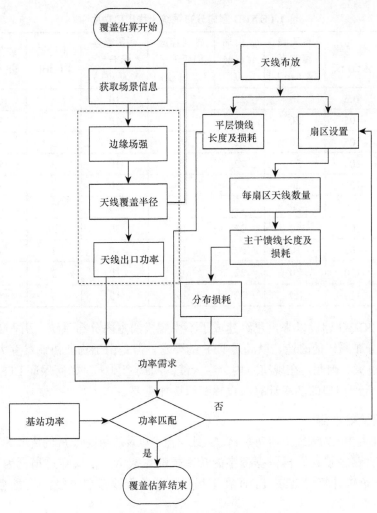

图 7-4　室内覆盖估算流程

最终核算出的基站功率必须不小于实际的功率需求，否则会导致功率不匹配。

7.3.4　功率分析

1. 天线出口功率

根据以上 LTE FDD 覆盖的估算流程，要实现室内分布系统的功率匹配，需要对天线出口功率及分布系统损耗进行比较。由于后者与目标楼宇的结构、平层面积息息相关，在此不作详细的讨论，本节只就天线出口功率作分析。

$$\text{无线出口功率 } P_t = \text{边缘场强 } P_r + \text{最大路径损耗} - \text{天线增益 } G_t \tag{7-4}$$

其中，最大路径损耗根据目标楼宇的功率损耗系数 N、楼层穿透损耗因子 $L_f(n)$ 和阴影衰落余量 X_δ 等参数由室内传播模型进行计算。由此，也需要先确定单天线的覆盖半径。根据试验网的经验值，在可视 LOS 环境下，如商场、超市、地下停车场、机场等，其覆盖半径建议取值 10～20m。反之，在多隔断，如宾馆酒店、居民楼、娱乐场所等处，覆盖半径取值 5～10m。具体计算见表 7-6。

表7-6 LTE FDD 室内分布系统天线出口功率

典型场景	边缘场强 P_r(dBm)	单天线覆盖半径（m）	功率损耗指数 N	楼层穿透损耗因子 $L_f(n)$(dB)	阴影衰落标准差 X_δ（dB）	天线增益（dBi）	衰落余量(dB)	天线出口功率 P_t（dBm）
写字楼	−105	10	22	15	10	3	8	−12
商场超市	−105	20	22	6	10	3	8	−14
会展中心	−105	20	22	6	10	3	8	−14
会议中心	−105	20	22	6	10	3	8	−14
体育场馆	−105	20	22	6	10	3	8	−14
民航机场	−105	20	22	6	10	3	8	−14
宾馆酒店	−105	10	22	19	10	3	8	−8
娱乐场所	−105	10	22	19	10	3	8	−8
地下停车场	−110	20	22	6	10	3	8	−19
电梯	−110	20	22	19	10	3	8	−6

运营商自 2G/3G 建设以来，已经建成了不少规模的室内分布系统。引入 LTE FDD 后，需要现有室内分布系统的改造，以满足 LTE 的要求，但是由于物业协调难度大，改造通常难以实施，代价过大。因此，在现有室内分布天线的布局密度下，如何保证 LTE 信号的覆盖质量，LTE FDD 天线出口的功率计算与设置变得更加重要。

2. 单天线覆盖半径

类似地，如果在已知天线出口功率 P_t、天线增益，以及边缘场强 P_r 的情形下，可以直接计算出该场景的最大路径损耗。再依据楼宇的功率损耗系数 N、楼层穿透损耗因子 $L_f(n)$ 和阴影衰落余量 X_δ，可以计算出 LTE FDD 在该场景下的单天线覆盖半径，此之谓覆盖能力，如表 7-7 所示。

表7-7 LTE FDD 单天线覆盖能力（$P_t = -10dBm$ 为例）

典型场景	天线出口功率 P_t（dBm）	衰落余量（dB）	天线增益 G_t（dBi）	边缘场强 P_r（dBm）	功率损耗指数	楼层穿透损耗因子（dB）	阴影衰落标准差(dB)	单天线覆盖半径（m）
写字楼	−10	8	3	−105	22	15	10	10.79
商场超市	−10	8	3	−105	22	6	10	27.68
会展中心	−10	8	3	−105	22	6	10	27.68
会议中心	−10	8	3	−105	22	6	10	27.68
体育场馆	−10	8	3	−105	22	6	10	27.68
民航机场	−10	8	3	−105	22	6	10	27.68
宾馆酒店	−10	8	3	−105	22	19	10	7.10
娱乐场所	−10	8	3	−105	22	19	10	7.10
地下停车场	−10	8	3	−110	22	6	10	46.71
电梯	−10	8	3	−110	22	19	10	11.98

7.4 室内容量分析

7.4.1 容量指标

LTE FDD 室内的容量指标参考如下。

（1）在室内单小区 20MHz 组网，支持 MIMO 情况下，要求单小区平均吞吐量满足 40Mbit/s/10Mbit/s（下/上行）。

（2）若实际隔离条件不允许，可以按照单小区 15MHz、双频点异频组网规划，要求单小区平均吞吐量满足 20Mbit/s/5Mbit/s（下/上行）。

（3）在 20MHz 带宽、10 用户同时接入情况下，小区边缘用户速率约 1Mbit/s/250kbit/s（下/上行）。

7.4.2 估算流程

LTE FDD 的容量估算的目的在于根据场景信息，对用户密度进行测算，并进一步了解用户的行为习惯，根据可能使用业务的流量模型确定该场景下的业务流量，如图 7-5 所示。

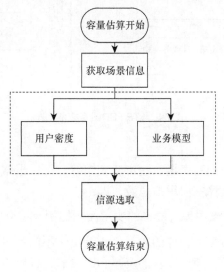

图 7-5　室内容量估算流程

为了叙述的方便与统一，信源的选取将在下面的章节进行描述。由于用户行为习惯的差异性，导致其业务模型的估计也异常复杂，需要针对每个场景进行特定分析。

7.4.3 业务模型

LTE FDD 室内业务模型首先需要根据室内分布发生的场景，确定业务可能发生的楼宇、区域。由于不同的场景内用户行为的差异性比较大，人口密度及用户密度也不尽相同，因此需要针对各类场景，确定用户的业务行为模型，在此基础上根据各种业务的结构模型，计算出各种业务的平均数据流量，汇总得出各场景下的用户流量。

具体流程如图 7-6 所示。

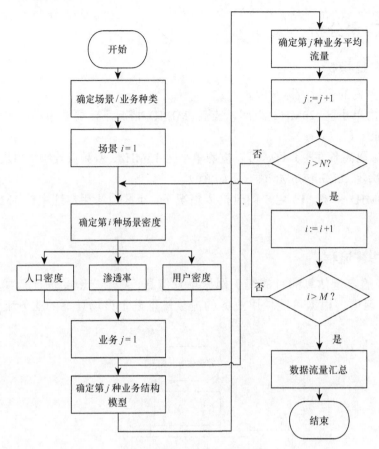

图 7-6　LTE FDD 业务模型分析

1. 场景密度

对于不同的室内场所，如写字楼、超市、宾馆等，可以根据各自的建筑面积，按照建筑面积与人员的比例关系来估算室内用户总数，即：

室内用户总数=建筑面积×楼宇的实用面积比例×占有比例×手机拥有率　　（7-5）

不同的场所，其典型值是不一样的。表 7-8 给出了不同室内场景下的人口密度和用户密度的估算方法，其数据参考了国外提供的资料和国内的工程经验，并统一按高峰时段给出。

表 7-8　　　　　　　　　　室内场景下的人口密度与用户密度

场景	总人数计算	4G 渗透率	LTE FDD 渗透率	人口密度（人/1 000m²）	用户密度（用户/1 000m²）
写字楼	建筑面积×75%×20%×1	40%	60%	150	36
商场超市	建筑面积×75%×50%×1/2	30%	60%	187	33
会展中心	建筑面积×80%×50%×1/3	50%	60%	133	40
会议中心	建筑面积×80%×50%×1	50%	60%	400	120
室内体育场馆	建筑面积×80%×50%×1	50%	60%	400	120
民航机场	建筑面积×80%×10%×1	50%	60%	80	24

场景	总人数计算	4G 渗透率	LTE FDD 渗透率	人口密度（人/1 000m²）	用户密度（用户/1 000m²）
宾馆酒店	客房数×2×40%	50%	60%	8[1]	2.4
娱乐场所	建筑面积×70%×50%×2/3	40%	60%	233	56
地下停车场	建筑面积×50%×20%×1/4	40%	60%	25	6

注[1]：对宾馆酒店估算时，以多少人/10 个客房为单位，而不是以多少人每 1 000m² 估算。

在对室内用户进行分析时，因为用户行为的差异性，必须对楼宇内不同的功能区域进行不同的估算，然后累加，得出整栋楼宇的用户规模。但需要注意的是，用户规模跟室内分布系统建设时期以及运营商的市场占有率相关。以上各项数据是对各类常见的室内场所进行分析后，估算得出的用户总数规模，可作为预测 LTE FDD 室内分布系统用户规模的参考计算方法。表 7-8 数据仅起示范作用，实际数据需要通过实地调研获取。

2. 业务模型

根据前面对楼宇场景需求的分析，可以得出不同场景下用户的业务行为模型。首先，计算不同楼宇场景下的单用户平均流业务量，即：

$$单用户平均业务流量=（带宽要求（kbit/s）×BHSA× \tag{7-6}$$
$$PPP占空比×PPP会话时长）/3\,600$$

$$单用户平均业务流量=（手持总段业务行为比例+数据卡业务行为比例）× \tag{7-7}$$
$$单用户平均业务流量$$

$$单用户的场景流量模型 = \sum_i 单用户第 i 种业务的总流量 \tag{7-8}$$

然后根据各场景下的用户密度、业务渗透率，以及上下行吞吐量比例得出不同场景下的业务吞吐量，即：

$$单场景总吞度量=用户密度×业务渗透率×单用户的场景流量 \tag{7-9}$$

$$下行吞吐量=单场景总吞吐量×上下行业务经验比例 \tag{7-10}$$

不同场景下的业务模型，可以参考表 7-9。

表 7-9　　　　　　　　　不同场景下的业务模型

场景	用户密度（用户/1 000m²）	业务渗透率	每用户吞吐量（kbit/s）	总吞吐量（kbit/s/1 000m²）	下行吞吐量（kbit/s/1 000m²）
写字楼	36	30%	41.18	444.77	352.96
商场超市	33	2%	26.56	17.92	14.22
会展中心	40	30%	35.99	431.88	342.73
会议中心	120	50%	41.18	2 470.95	1 960.90
室内体育场馆	120	30%	26.56	955.99	758.66

续表

场景	用户密度（用户/1 000m²）	业务渗透率	每用户吞吐量（kbit/s）	总吞吐量（kbit/s/1 000m²）	下行吞吐量（kbit/s/1 000m²）
民航机场	24	40%	26.56	254.93	202.31
宾馆酒店	2.4	50%	41.18	49.42	39.22
娱乐场所	56	10%	26.56	148.71	118.01
地下停车场	6	5%	0.71	0.21	0.17

7.5 室内规划技术

LTE FDD 室内分布规划原理大体上与其他室内分布系统类似，首先需要分析其系统特性，包括覆盖和容量的要求、共建共享的必要性、电磁辐射的环保要求等。在此基础上，需要对业务的需求进行分析，了解不同楼宇场景存在的建筑结构特点、用户行为特点等，最终建立用户业务的数据模型。在规划过程中，需要同步考虑室内和室外信号的干扰协调，并引入相关新技术以提高 LTE FDD 室内网络的质量。具体规划流程如图 7-7 所示。

其中，业务场景、用户密度、业务模型已经在上文中作过描述。规划目标包括覆盖指标和容量指标，也分别在 7.3 节和 7.4 节完成介绍。因此，本章将就 LTE FDD 室内分布系统规划涉及的系统特性、规划方案，以及其他相关的内容展开介绍。

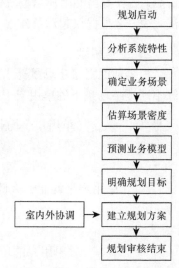

图 7-7 LTE FDD 室内分布规划流程

7.5.1 系统特性

LTE FDD 室内分布系统与其他通信体制的室内分布系统相比，具有以下特点。

（1）公共信道和业务信道的覆盖分开考虑。

（2）工作频段高、损耗大，信号室内传播能力差，深层覆盖难度加大。

（3）在室内分布区域向室外覆盖区域移动时，只能选择硬切换。

（4）有源设备系统时延控制。相比 WCDMA 等 3G 系统而言，LTE FDD 的传输时延只有其 1/4，因此对中继设备提出了更高的时延要求，以保证上下行之间互不干扰。

基于这些特性，对于 LTE FDD 室内分布系统，如果采用室内分布的站点已有 GSM、WLAN 等室内分布，则应优先考虑共用现有的室内分布系统。如果无现存室内分布系统，则新建室内分布系统应具备为其他系统提供服务的综合接入能力。

LTE FDD 室内分布系统设计要求具体表现在以下方面。

（1）室内室外站点统一规划。根据室外覆盖以及室内业务需求，确定室内分布站点。

（2）室内分布系统方案需要综合考虑目标区域内的覆盖、容量、质量等多方面的需求。

（3）受网络建设投资限制，应以客户感知为衡量标准，制定不同建筑物的室内质量目标。对于不同的区域及建筑物，可在建设策略、建设阶段进行差异性调整。

（4）系统配置应满足当前业务需要，兼顾一定时期内业务增长的要求。

（5）室内外干扰协调。在建设室内覆盖时，要考虑室外信号对室内分布系统的影响，同时考虑室内泄漏信号对室外干扰水平的提升。

（6）室内覆盖方案应综合考虑方案可行性、建设及运维成本，合理选择覆盖标准及设计方案，以达到最佳性价比。

（7）系统结构应综合考虑运营商当前及未来网络发展的需求，满足运营商其他制式系统当前和未来的接入需求，并充分考虑系统扩容和多运营商不同系统合路的可能性。

（8）满足国家有关环保要求，电磁辐射必须满足《电磁辐射防护规定》（GB 8702—1988）的相关要求，参见表 7-10。

表 7-10　电磁辐射级别

波长		允许场强	
		一级（安全区）	二级（中间区）
300MHz～300GHz	$\mu W/cm^2$	< 10	< 40

注：一级（安全区）要求接收电平<−7.47dBm，二级（安全区）要求接收电平<−1.45dBm。

表 7-10 中，一级标准为安全区，指在该电子波强度下长期居住、工作、生活的一切人群，均不会受到任何有害影响的区域；二级标准为中间区，指在该电子波强度下长期居住、工作、生活的一切人群可能引起潜在性不良反应的区域。

7.5.2　信号源选取及接入

LTE FDD 室内覆盖的规划方案包括信号源选取、接入方式和分布系统等几方面。本节只介绍信号源的选取和接入方式，分布系统的规划将在下面的章节叙述。

1. 信号源选取

从容量、覆盖、质量等方面对所需信号源进行选取，同时结合楼层结构，给出分布系统的干路结构和楼层天线布放方式。LTE FDD 信号源选取方法总结如下。

（1）根据建筑物内容量需求，从容量方面选取信号源，包括信号源数量和单个设备的载波数。

（2）根据建筑物的大小和结构，从覆盖方面选取信号源，包括信号源数量和通道个数。

（3）根据建筑物的用途，判断室内用户行为和业务需求，从质量方面选取信号源。考虑室内覆盖质量是否满足用户业务需要，是否可以支持高速数据业务。

（4）一个建筑物内需要设置多个信号源时，应考虑分区设置，分区应与建筑物结构和业务分布吻合，分区间的切换边界应避免设置在业务密集区。

（5）在满足室内覆盖、容量和质量的基础上，兼顾网络发展以及技术演进的需要。

（6）综合考虑电源、配套传输、周围站点情况等各项因素，选择信号源类型，配置信号源数量、信号源载波数和通道数。

2. 信号源接入方式

LTE FDD 系统在室内实现 MIMO 覆盖有 3 种方案，即单通道布线（MU-MIMO）、双通道布线（SU-MIMO）和单通道交叉布线（SU-MIMO）。

（1）单通道布线（MU-MIMO）

单通道布线方式如图 7-8 所示。

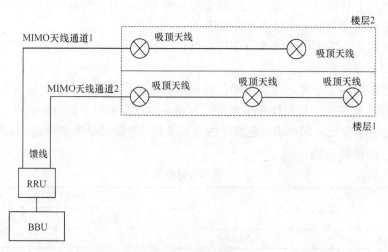

图 7-8　单通道布线

单通道布线实际上是利用楼层间的物理隔离，实现空分复用。

单通道布线不改变现有的分布式天线结构，仅在信号源接入方式上发生变化，施工方便。系统吞吐量也可以得到提升，和不采用空分复用相比，在采用 2 通道 RRU 的情况下，系统吞吐量理论上能够提高 1 倍。

（2）双通道布线（SU-MIMO）

双通道布线方式如图 7-9 所示。

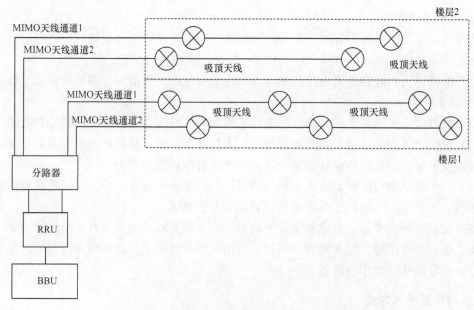

图 7-9　双通道布线

双通道的布线方式指在同一楼层内利用两副天线，实现 MIMO 传输。

双通道的布线方式具备完整的 MIMO 特性，用户速率获得提升。如果升级为 2×2MIMO 方式，和多用户的 MIMO 相比，理论上可以提供 2 倍的用户峰值速率。

（3）交叉布线（SU-MIMO）

交叉布线方式如图 7-10 所示。

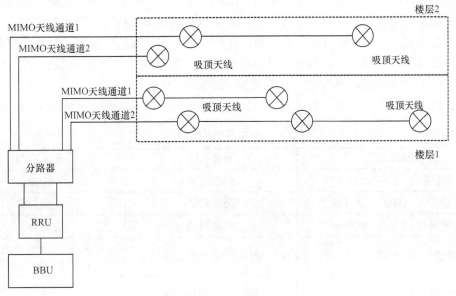

图 7-10　交叉布线

交叉方案是前面两种方案的融合，对覆盖目标进行细划分，保证重点区域实现双通道 SU-MIMO，用户速率得到提升。

对于非重点区域，采用单通道的 MU-MIMO，能保证 LTE FDD 信号的覆盖，也可以节省建设改造成本。

以上 3 种为 LTE FDD 实现 MIMO 的信源接入方案，如果不能实现 MIMO，则可采用单通道 SIMO 的信源接入，适合于对环境不敏感以及速率要求不高的场景。

7.5.3　分布系统选取

分布系统是室内覆盖中最重要的部分，尤其对于 LTE FDD 而言，由于存在 MIMO，分布系统的规划将存在典型的差异性。

LTE FDD 分布系统的选取一般综合考虑以下几个方面的因素。

（1）分布方式应综合考虑覆盖面积、建筑物结构、业务量需求等因素。根据当前技术发展和工程应用研究，一般情况下采用射频同轴电缆分布系统，特殊场景按需采用泄漏电缆和光纤。

（2）室内天线布放总体遵循"小功率、多天线"原则，使信号尽量均匀分布，减少信号外泄。

（3）在满足覆盖要求的前提下，应充分利用信号源功率，尽量采用无源分布系统，少采用干放等有源器件。

（4）元器件应满足分布系统的通信频段要求，满足分布系统设计指标和各制式通信系统的要求。

（5）尽量共用已有的室内天线分布系统，节约资源，加快建设，同时应尽量减少对现有 2G/3G 系统的影响。

考虑以上因素，对于覆盖面积较大、需布放较多天线的场景，可根据实际情况选用有源分布系统或光纤分布系统。对于建筑物内部结构简单、墙体屏蔽较小、楼层较低但建筑物较为分散的场景，应优先选用光纤分布系统。对于建筑物内部结构狭长的特别区域，可选用泄漏电缆分布系统。直放站信号源功率受限，在信号源功率不够的情况下，可选用有源分布系统；对于 BBU+RRU 等信号源场景，可以联合使用多个信号源中的多个通道，或接连多个单通道 RRU，信号源功率增加便利，优先选用无源分布系统。

各种典型区域的分布系统参见表 7-11。在实施过程中，可根据实际情况灵活选用。

表 7-11 分布系统类型

类型和面积		分布系统	无源/有源
小型建筑物（6 000m² 以下）		射频同轴	无源
中型建筑物（6000～1.2 万 m²）		射频同轴	无源为主
大型建筑物（1.2 万～5 万 m²）		射频同轴	有源为主
特大型建筑物（5 万～10 万 m²）		射频同轴/光纤分布	无源（高业务区域）/ 有源（低业务区域）
超大型建筑物（10 万 m² 以上）		光纤分布/射频同轴	无源（高业务区域）/ 有源（低业务区域）
狭长型建筑	地铁	射频同轴（出入口）/ 泄漏电缆（隧道）	有源
	铁路隧道	射频同轴（<200m）/ 泄漏电缆（>200m）	无源/有源
	公路隧道	射频同轴（<1 000m）/ 光纤分布（>1 000m）	无源/有源
	高速电梯	定向天线/泄漏电缆	无源/有源

7.5.4　分布系统规划

LTE FDD 室内分布的规划方式包括系统合路规划、完全新建规划和系统改造规划 3 种形式。

1. 系统合路规划

LTE FDD 目前均采用合路的方式馈入。根据合路的位置及采用器件，LTE FDD 的合路可以分为前端合路与后端合路、多频合路和 POI 合路。

（1）前/后端合路

前端合路指 LTE FDD 和 2G/3G 系统的信号从信源输出后立刻合路，通过同一干线输送到远站。后端合路则指 LTE FDD 和 2G/3G 系统的信号分别通过各自的干线输出到覆盖区域后在进入天线前合路。两种方案的差异性如表 7-12 所示。

表 7-12　　　　　　　　　　　　　　　　前后端合路

方案	前端合路	后端合路
描述	不增加主干，与原有 2G/3G 系统在主干线进行合路	增加 LTE FDD 主干，与原有 2G/3G 系统在进天馈前进行合路
适应场景	原 2G/3G 系统覆盖良好，馈线损耗与 WCDMA 系统相差不大，前端合路 LTE FDD 可达到良好的覆盖	原 2G/3G 系统覆盖良好，馈线损耗与 WCDMA 系统相差较大，主干线增加方便
特点	工程量小，投资少	覆盖效果较好，工程量较小
性能	一般	较好
投资	低	中

LTE FDD 与其他系统室内合路时需要遵循以下原则。

① 在确保 LTE FDD 覆盖和业务质量的同时，尽量避免对原 2G/3G 原有系统的影响，并尽量使各系统的覆盖范围大致相当。

② 对于小型楼宇，可以采用前端合路的方式，也可以为满足 MIMO 需求采用后端合路。

③ 对于大中型楼宇现网 WCDMA 改造通常采用后端合路或分级合路方式，则 LTE FDD 通常也考虑采用后端合路方式。

④ 干扰隔离要求较高的系统尽量避免直接合路，而采用末端合路的方式。

（2）多频/POI 合路

多频/POI 合路指通过 POI（Point Of Interface）等多频器件进行多系统的合路。POI 为多系统接入平台，运用频段合路器与电桥合路器，将接入的多种业务信号进行合、分路，将合分路后的信号引入天馈分布系统进行信号覆盖，达到充分利用资源、节省投资的目的。POI 的原理如图 7-11 所示。

现有多个移动通信系统均可以通过合适的 POI 器件，合路成为单缆信号，通过天线实现室内分布系统覆盖。但在选择 POI 多频合路器时，接口之间的隔离度要求满足系统的隔离要求。

POI 可以实现多系统共用天馈系统，多系统信号合分路传输，多系统信号单双向传输，多系统信号隔离，抑制干扰信号，多系统信号输入输出功率检测，以及多系统信号输出驻波检测。其特点如下。

① 工作频段及接口数目可以定制。

② 功率容量：采用空气介质，单路功率容量一般大于 100W。

③ 低损耗、高隔离。

④ 小互调：采用镀银工艺，减少互调干扰。

⑤ 高稳定：各模块高度密封，并采用可靠的散热方式。

下面给出典型 POI 合路器的指标，见表 7-13。

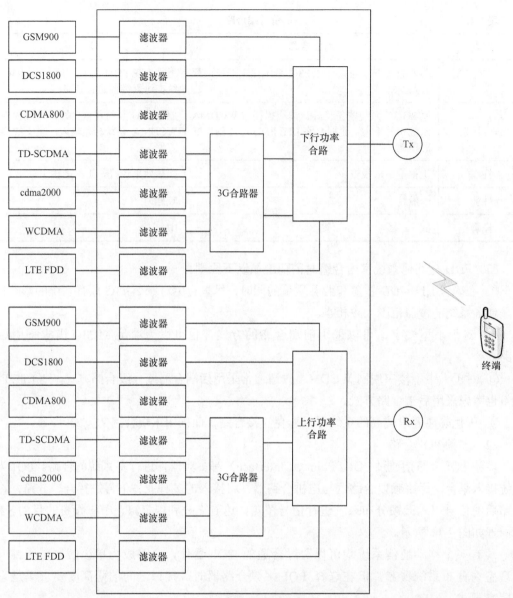

图 7-11　POI 原理

表 7-13　　　　　　　　　　　　　　　POI 指标

项目	指标	
	下行	上行
插入损耗		
GSM	≤6dB	≤6dB
DCS	≤6dB	≤6dB
CDMA	≤6dB	≤6dB
WCDMA	≤6dB	≤6dB
TD-SCDMA	≤6dB	≤6dB
LTE FDD	≤6dB	≤6dB

项目	指标	
	下行	上行
端口隔离度		
GSM	≥30dB	≥30dB
WCDMA	≥30dB	≥30dB
其他端口	≥95dB	≥95dB
收发隔离	≥95dB	≥95dB
功率容量	200 W	50 W
输入驻波比	<1.3	<1.3
互调抑制（2×43dBm）	≤−120dBc	—
波动	<1.2dB	<1.2dB
特性阻抗	50Ω	50Ω

　　POI 根据输入输出种类可以分为：单输入单输出、双输入单输出、单输入双输出和双输入双输出等几种，如图 7-12 所示。

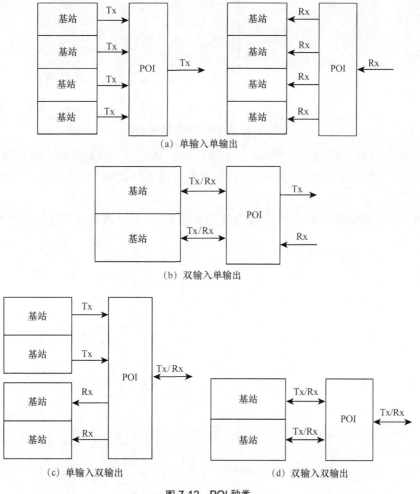

图 7-12　POI 种类

2. 完全新建规划

从以上信号源接入方式可知，LTE FDD 室内分布系统方式存在两种可能：单通道、双通道。这主要是由 MIMO 实现的性能来决定的，即是 SIMO，还是 MU-MIMO 或 SU-MIMO。

（1）单通道模式

单通道模式即通过合路器将 LTE FDD 系统馈入现有室内分布系统，LTE FDD 基站仅输出一路，形成 1×2 的 SIMO 系统。

单通道建设模式根据 WLAN 合路位置的不同，可以分为两种。

① WLAN 前端合路。WLAN 前端合路的 LTE FDD 单通道室分新建如图 7-13 所示。

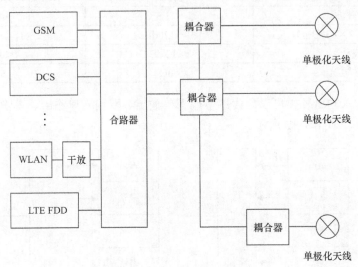

图 7-13　WLAN 前端合路单通道

这种方案只需要少量 AP，成本低、干线简单、易维护，但只适用于数据需求不大的小型楼宇，而且难以发挥 LTE FDD 最大功效。目前的合路器隔离度不能有效克服 WLAN 与 LTE FDD 间的干扰。

② WLAN 后端合路。WLAN 后端合路的 LTE FDD 单通道室分新建如图 7-14 所示。

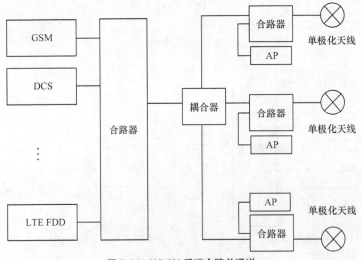

图 7-14　WLAN 后端合路单通道

这种方案末端合路使功率匹配效果好，覆盖效果好；但 AP 数量较多，成本相对较高，也不支持 MIMO，数据吞吐量较小，后期若数据需求上升，则容易形成瓶颈，只适用于数据需求不大的大、中型楼宇。

（2）双通道模式

双通道模式将双流引进 LTE FDD 室内分布建设，其优点在于支持 MIMO、数据吞吐量大。它与单通道的区别见表 7-14。

表 7-14　　　　　　　　　　　　　　　　单通道与双通道差异性

模式	优点	缺点	使用原则
单通道	无需对原室内分布系统进行改动，工程改造量较小	用户峰值吞吐量无法提升，无法充分发挥 LTE FDD 性能优势	仅对于实施困难的个别场景采用本方式
双通道	用户峰值吞吐量理论上可成倍提升，能充分体现 MIMO 上下行容量增益	工程改造量、协调量和投资均较大	建议作为 LTE FDD 新建室分系统主要建设方式，以验证室内环境的 MIMO 性能

双流引进可以采取两种方式：其一，一路通道通过合路器馈入现有室内分布系统，另外再新增一单独通道；其二，两路均新建。而根据天线极化方式的不同，双通道又可分为双通道单极化与双通道双极化。前者每路通道均使用单极化天线，因此，天线数量翻倍；而后者则采用一副双极化天线替换两副单极化天线，天线数量与单通道模式一致。

① 一路新建、一路合路。一路新建一路合路方案在不改动原系统天馈线的基础上，新增加一路天馈线系统。LTE FDD 一路接入新建馈线，另一路与原室分系统合路。其建设前提是目前室分无源器件的频段范围已涵盖了 LTE FDD 频率。

单极化的具体方案如图 7-15 所示。

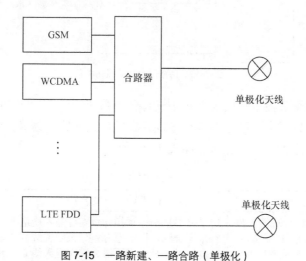

图 7-15　一路新建、一路合路（单极化）

双极化的具体方案如图 7-16 所示。

该方案需要进行干扰分析，满足隔离度要求方可与原系统合路，否则需要一定改造。由于其中一路与已有系统合路，后期如引入高频段时可能受限。

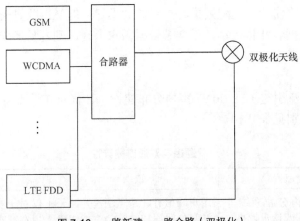

图 7-16　一路新建、一路合路（双极化）

　　② 两路新建。两路新建方案在不改动原分布系统天馈线的基础上，额外增加两路天馈线系统，保证 LTE FDD 独立使用新建馈线。

　　单极化的具体方案如图 7-17 所示。

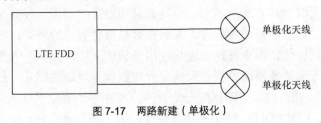

图 7-17　两路新建（单极化）

双极化的具体方案如图 7-18 所示。

图 7-18　两路新建（双极化）

　　该方案网络改造量和投资均较大。对于已有分布系统的建筑，新增两路天馈线系统实施难度大。建议仅在合路时存在严重多系统干扰并具备新增两路天馈线条件的场景应用。

　　对以上 3 种方式进行优劣势分析，如表 7-15 所示。

表 7-15　　　　　　　　　　　　　　　　　　方案对比

	单通道	一路新建，一路合路	两路新建
方案	LTE FDD 通过合路馈入原有单通道分布系统，根据原有室分天线位置或密度，考虑是否增加或调整天线布放点	LTE FDD 的一个通道与原有分布系统进行末端合路，根据原有室分天线位置或密度，考虑是否需要增加或调整天线布放点，并新增一个 LTE FDD 通道，实现单用户 MIMO	新建两个 LTE FDD 通道及天线点来实现单用户 MIMO
优点	对原分布系统影响最小，改造工程量小，投资成本较低	峰值速率提升，理论上是多用户 MIMO 的 2 倍	峰值速率提升，理论上是多用户 MIMO 的 2 倍

326

	单通道	一路新建，一路合路	两路新建
缺点	用户的峰值速率、系统容量受限，无法发挥 MIMO 优势	仍需建设一套分布系统，需要增加天线密度	需要新增两路独立的分布式系统和天线，成本较高
适合场景	适用于用户峰值速率/容量要求不高、双通道改造难度大的楼宇	适用于容量需求高，分布式系统可改造的楼宇	适合新建分布式系统的情况

LTE FDD 试验网的测试结果表明，在采用双通道单极化模式时，如果双通道天线的间距较小，则会导致信道角度扩散较大，信道相关性较小，如表 7-16 所示。

表 7-16　　　　　　　　　　　　不同场景下天线间距相关性

场景	天线间距（单位：波长）	相关系数
12 人办公室	2	0.246
	4	0.217 9
	6	0.161 5
	8	0.097
30 人会议室	2	0.22
	4	0.07
	6	0.155 1
	8	0.101 3
	10	0.160 8
狭长走廊	2	0.543 7
	4	0.588 8
	6	0.161 4
	8	0.244 5

实际配置室内天线时，建议两副单极化天线距离不小于 4λ（λ 为波长），在此前提下，测量的单通道和双通道小区吞吐量如图 7-19 所示。

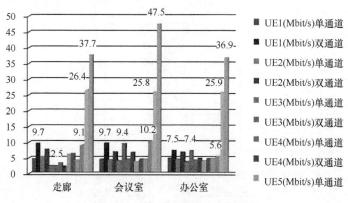

图 7-19　单双通道小区吞吐量测试

由此可见，相比单通道而言，LTE FDD 双通道的小区吞吐量在不同的场景下均有 60% 以上的提升，但对无线环境比较敏感，波动幅度较大。为此，针对 7.3 节提出的室内分布各场景，LTE FDD 室内分布在进行 MIMO 建设时的原则建议如表 7-17 所示。

表 7-17　　　　　　　　　LTE FDD 进行 MIMO 建设的原则

典型场景	MIMO 建设
写字楼	建议
商场超市	不建议
会展中心	建议
会议中心	建议
室内体育场馆	建议
民航机场	建议
宾馆酒店	考虑
娱乐场所	考虑
地下停车场	不建议
电梯	不建议

此外，LTE FDD 双通道模式还可以通过 SFBC（Space Frequency Block Code，空频块码）、空间复用等方式提高覆盖能力和用户速率。

SFBC 的技术原理如图 7-20 所示。

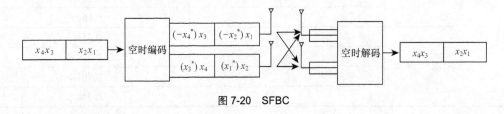

图 7-20　SFBC

空间复用的技术原理如图 7-21 所示。

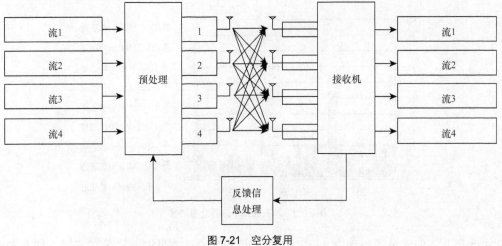

图 7-21　空分复用

3．系统改造规划

LTE FDD 室内分布共存在两种模式，即单通道和双通道。其中单通道模式改造量不大，不用过多介绍。而双通道模式鉴于现有室内分布系统或采用上下行合缆，或采用上下行分缆的布线方式，其改造方案也需因地制宜。

（1）现有室内分布系统采用上下行合缆

现有室内分布系统如果采用上下行合缆的，在进行 LTE FDD 改造时，可以从双通道单极化、双通道双极化两种方案入手。

① 双通道单极化改造。将 LTE FDD 的一个通道采用末端合路的方式与原分布系统合路，另外再单独新增一个 LTE FDD 通道及一副单极化天线来实现 SU-MIMO，如图 7-22 所示。此方案改造难度相当于新建一套室分系统，改造量较大，工程成本较高。新增天线与原有天线存在距离上的要求。

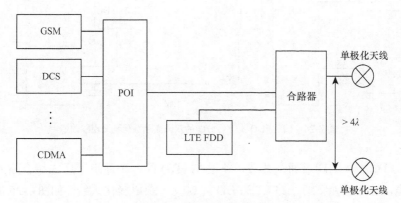

图 7-22　LTE FDD 上下行合缆的双通道单极化改造

② 双通道双极化改造。将 LTE FDD 的一个通道与原系统末端合路，并单独新增一个 LTE FDD 通道，将原天线更换为双极化吸顶天线，实现 SU-MIMO，如图 7-23 所示。此方案仅需更换天线类型，无需增加天线布设，大大降低了工程施工量，但工作量仍等同于新建一套分布系统。

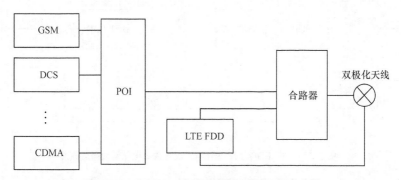

图 7-23　LTE FDD 上下行合缆的双通道双极化改造

（2）现有室内分布系统采用上下行分缆

对于现有室内分布系统采用上下行分缆的，考虑到双通道对无线环境的敏感性，如果对数据速率要求不高，改造方案可以充分利用现有的上下行分缆，以减少施工难度，否则建议增加新的通道。

总体考虑如下。

① 双通道单极化的利旧现缆改造。将 LTE FDD MIMO 的两个通道信号分别与分缆方式室分系统的 Tx（Transmit，发送端，下同）与 Rx（Receive，接收端，下同）进行末端合路，如图 7-24 所示。此方案无需对现有室内分布系统进行任何改动，成本相对较低，但 Rx 一路在 LTE FDD 上行时隙受多系统下行信号影响，互调干扰比较严重。

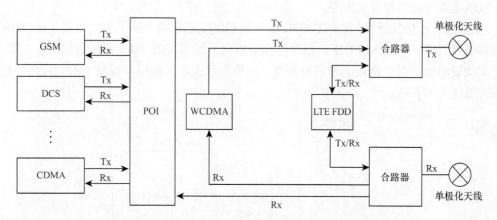

图 7-24　LTE FDD 上下行分缆的双通道单极化利旧现缆改造

② 双通道单极化的新增通道改造。将 LTE FDD 的一个通道采用末端合路的方式合路于下行 Tx 分缆，另外单独新增一路 LTE FDD 通道及一副单极化天线，如图 7-25 所示。此方案与前方案相比，系统间干扰较小，但系统改造量较大，成本较高。

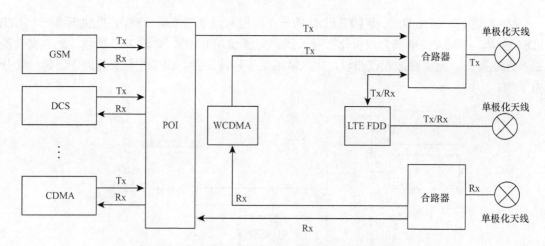

图 7-25　LTE FDD 上下行分缆的双通道单极化新增通道改造

③ 双通道双极化改造。将 LTE FDD 的一个通道采用末端合路方式合路于下行 Tx 分缆，另外单独新增一路 LTE FDD 通道。将原 Tx 的单极化天线更换为双极化天线，分别接入两路 LTE FDD 通道中，如图 7-26 所示。此方案仅更换 Tx 天线类型，多系统合路干扰相对较小。

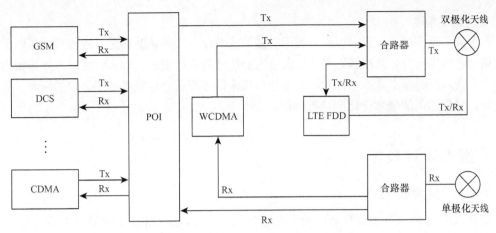

图 7-26　LTE FDD 上下行分缆的双通道双极化改造

7.5.5　室内外协调

1．信号的泄漏

室内外信号的泄漏包括室外信号向室内的泄漏以及室内信号向室外的泄漏。由于室外基站覆盖范围广，同时需要兼顾大多数室内信号的覆盖，因此室外信号向室内的泄漏很难控制。信号泄漏一般指后者，即不同高度楼层的室内信号向室外发生泄漏。在中高楼层中，室内信号通过窗户、门向外泄漏。尽管高层室外还存在切换区，但用户难以到达，所以影响较小。

在低楼层中，如果室内信号通过大厅、门、走廊或者玻璃泄漏到室外，这种泄漏会增加不必要的室内外切换，使网络服务质量下降，相对于高层而言，中低层的信号泄漏造成的影响更大。此时，需要利用楼层的天然阻挡，更改天线类型，减少窗口天线的输出功率等手段，控制室内信号泄漏到室外的能量。同时，还需要设置合理的切换带和切换参数。

为了从根本上加以控制，在进行室内分布系统设计规划时就应综合考虑，一方面要确定该建筑的实际建筑穿透损耗；另一方面对切换区进行合理规划和设计，对室内天线位置和发射功率进行合理规划。如果有必要，可以采用信号收发系统模拟测试，从而更准确地规划室内天线，控制室内信号泄漏。

2．信号的协调

对于 LTE FDD 室内外覆盖协调的问题，可以从容量角度、质量角度和成本角度，来分析研究室内外同频组网和异频组网的利弊得失。

（1）容量角度

如果室内外采用异频组网方式，那么频点就要分成两部分，一部分频点专门用于室内覆盖；另一部分频点专门用于室外覆盖。从整个室内外网络来说，频率复用因子是 2，频率的利用率降低了。如果室内外重复使用同一个频点，则频率复用度得到提高，但带来的后果是产生室内外同频信号之间的干扰。

（2）质量角度

采用异频方式对建筑物室内进行信号覆盖，室内、室外通过不同的频率提供较好的隔离，可以忽略室内外信号干扰。对于 LTE FDD 系统，异频间硬切换比同频间硬切换性能更加优越，所以从网络质量角度来说，异频组网比同频组网优越。

（3）成本角度

为了降低设备成本，室内覆盖会利用较多的直放站，这些辅助覆盖手段都需要从施主基站获取信号。如果室内外是同频组网，那么室内的信号源可以就近选取；而在室内外异频组网的网络中，室内外的频点是不一样的，室内分布系统信号源的选取就受到了一定的限制。从这一点上看，异频组网的成本会比同频组网高。

7.6 室内设计技术

7.6.1 技术要求

LTE FDD 室内分布系统建设应统一考虑覆盖、容量、质量和成本等多方面因素。在工程建设时，信号源的选取需要综合考虑建筑物的覆盖、容量和质量需求，适当考虑建筑物远期的业务发展需求，设备是否有安装位置、是否满足取电条件，周围网络状况及传输到位情况。在进行室内分布系统设计时，还需要考虑覆盖、切换和干扰等因素。对于覆盖，应考虑信号功率分配、信号的链路损耗、终端接收灵敏度、功率余量等；切换包括室外室内切换、室内切换、电梯内外切换等，还应考虑切换区域、切换方式、切换成功率等；对于干扰，应考虑 LTE FDD 系统开通后对原有 2G/3G 分布系统以及室外 LTE FDD 网络的影响。

根据 LTE FDD 技术特点，LTE FDD 室内分布系统工程建设一般遵从以下技术要求。

（1）应该根据室内建筑结构、覆盖要求和走线条件，设置天线位置，选择天线和馈线类型，天线尽量设置在室内公共区域。

（2）选用的设备、元器件和线缆应支持宽频，符合系统技术要求，接口标准化。

（3）对于层高较低、内部结构复杂的室内环境，宜选用全向吸顶天线，并采用低天线输出功率、高天线密度的天线分布方式，以使功率分布均匀，覆盖效果更好。对于净空较高且空旷的室内环境，可采用室内定向板状天线，并适当增大天线口输出功率。对于建筑边缘的覆盖，宜采用室内定向天线，避免因室内信号过度泄漏到室外而造成干扰。

（4）对于电梯的覆盖，一般采用 3 种方式：其一，在各层电梯厅设置室内吸顶天线；其二，在电梯井道内设置方向性较强的定向天线；其三，在电梯轿厢内增加发射天线，再配置随梯电缆，该方式通信效果较好，但对随梯电缆性能要求较高，工程造价高。前两种是比较常用的电梯覆盖方式，后一种一般用在信号屏蔽较严重的电梯。

（5）电梯内信号尽量归属于同一个小区，避免电梯运行过程中因切换造成的掉话。

（6）通过合理的功率配置，尽量少配置无源器件，减少器件插损，少用干放。

（7）分布系统改造过程中，尽量减少对现有 2G/3G 系统的影响。

（8）应根据不同室内建筑结构，合理设置切换带，应保证覆盖区域信号与周围室外其他基站各小区间能够进行正常切换，控制室内信号泄漏。

（9）在建设 LTE FDD 室内分布系统时，应充分考虑业主要求，以及机房、电源、传输、配套等条件。

除了以上所提的工程建设技术要求之外，为了达到一定的质量目标，室内分布系统还有信号覆盖电平、无线信道呼损、误块率（BLER）、连接成功率、切换成功率、掉线率、上行噪声电平抬高量、外泄电平等技术指标要求。

（1）信号覆盖电平。信号覆盖电平应在合理的范围之内，信号覆盖电平一般用边缘场强来衡量。普通建筑物信号电平 RSRP≥−105dBm，SINR≥5dB；地下室、电梯等封闭场景可以适当放宽。

（2）无线信道呼损

呼损率小于 2%。

（3）误块率（BLER）

室内分布系统数据业务上下行 BLER 应满足 5%~10%的要求。

（4）接入成功率

保证覆盖区域内信号强度基本均匀分布，目标覆盖区域内 90%的位置、99%的时间终端可接入网络。

（5）切换成功率

室内不同信号源之间、室外与室内之间以及电梯内与电梯外之间的切换成功率应满足设计要求，一般要求大于 95%~99%（具体取值由建网目标决定）。

（6）掉线率

忙时话务统计掉线率一般要求小于 1%~2%（具体取值由建网目标决定）。

（7）上行噪声电平抬高量

直放站、干放引入后，会提升施主基站的上行噪声电平。在基站接收端位置收到的上行噪声抬升量宜小于 3dB。

（8）外泄电平

室内分布系统不得过度覆盖室外，距建有室内分布系统的建筑物 10m 以外区域，室内导频信号强度不高于−125dBm，或者室内信号比室外信号的电平低 10dB 以上。

7.6.2　单站设计流程

室内分布系统设计流程如图 7-27 所示。

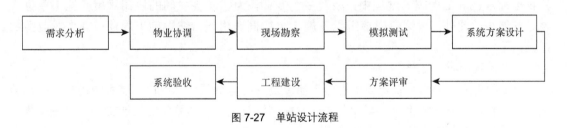

图 7-27　单站设计流程

下面对每一个过程进行简要介绍。

（1）需求分析

综合考虑目标建筑物室外无线网络的覆盖现状，目标建筑物的地理位置、周边情况、话务量、用户组成和分布情况等。根据不同通信系统的特点和运营商的质量指标要求，结合目标建筑物结构和用户分布情况，确定该分布系统覆盖区域，以及覆盖、容量和质量要求。

（2）物业协调

充分了解业主对室内分布系统的建设要求，对相关资源（如机房或信号源安装位置、供电、接地、传输接入、馈线路由等）进行现场确认。确认业主配合事项，在平等互利的基础上，签订室内分布系统建设协议，确保室内分布系统建设顺利进行，不给日后维护遗留问题。

（3）现场勘察

为了了解室内无线传播环境和室内分布系统建设条件，需要对楼宇进行现场勘察。在勘察过程中，应确定机房或信号源安装位置、引电接地点位置、传输线路及馈线走线路由等。

（4）模拟测试

对于特殊结构的楼宇，可以进行模拟信号测试，确认该楼宇的室内传播特性及穿透损耗，估算单天线覆盖半径，为分布天线设置提供依据。根据目标覆盖区室内外信号传播特性，选择合理的天线类型。对各种典型楼层，确定天线安装位置和天线口输出功率需求，使得室内信号均匀分布，同时减少室内信号的外泄。结合目标覆盖区的特点和建设要求，天线位置设置在相邻覆盖目标区的交叉位置，保证其无线传播环境良好，节省建设成本。

（5）系统方案设计

系统方案设计是一项综合工程，涉及信号源安装位置、传输接入和分布器件设计方案。由于这几方面的内容互相制约，必须同时兼顾各专业的需求，减少设计返工。传输专业涉及光缆是否可以进楼、附近是否有 BBU 设备、裸纤资源是否充分、传输设备是否还有空余的资源等。分布器件设计需要体现分布天线拓扑结构、安装位置、信号源功率分配、线缆类型及走线路由等，综合分布系统还涉及原有分布系统的改造、多系统合路等方面内容。信源部分涉及设备安装位置、引电是否满足功率及安全性要求、室内有无接地点、GPS 安装位置以及馈线走线路由等。

（6）方案评审

运营商组织相关单位各个专业进行设计方案的联合评审，确保建设方案的合理性。方案合理性主要体现在以下几个方面：设计方案满足用户及业务需求，充分利用现有资源，方案经济合理，各专业接口不脱节、不冲突，设计方案可以顺利施工，日后维护、扩容便利。

（7）工程建设

工程建设应在业主许可的情况下，文明施工，按图施工，遵照通信建设工程施工及验收标准规范。工程施工过程中，涉及多个专业，为了减少中间的协调难度，施工单位应该尽可能少。此外，运营商应该组织各施工单位同时进场，缩短施工周期，减少对业主的打扰。

（8）系统验收

为了确保室内分布系统建设工程施工质量及系统运行质量，应该对全系统进行验收，验收流程与验收规范参考相应国家标准、行业标准以及室内分布系统的设计文件。系统验收中发现问题时，要落实责任人，限期改正。

针对上述流程，下面重点介绍现场勘察、模拟测试与系统方案设计等方面的内容。

7.6.3　现场勘察

1. 现网勘察

如果目标楼宇周围存在 LTE FDD 现网覆盖，则室外小区有可能对室内分布系统形成干扰，如同频干扰、导频污染等。需要在室内环境下对室外基站的泄漏信号进行测试，以了解室外信号在楼层内的分布情况。室外信号测试可以在大楼内有选择地进行，比如在大楼底部选择 1～2 个楼层、在大楼中部选择 1～2 个楼层、在大楼顶部选择 1～2 个楼层。对于已有

GSM 室内分布系统的大楼，在 LTE FDD 室内系统设计时可以参考 GSM 网络测试情况。在调查时应注意记录已有 GSM 室内分布系统的覆盖电平情况，注意总结 GSM 室内分布覆盖不好的区域或者楼层，以便在 LTE FDD 分布系统建设中加以改正。

根据现网勘察情况，了解该楼宇建设室内分布系统的必要性，同时为室内分布系统的建设方案的确定提供可靠的实测数据。除了测试室外信号在室内的覆盖情况之外，还需要勘察楼宇内现网资源（机房、电源、传输、配套、基站设备等），了解楼宇周边的室外基站位置、负载、传输等现网资源情况。

2．室内勘察

室内勘察主要是为室内分布系统设计做好信息搜集工作，通过现场勘察、与业主交流，最后要完成以下任务。

（1）确定覆盖范围，明确大楼内各楼层的覆盖要求与区别。

（2）拍摄足够数量的照片，以体现大楼室内细节和外形轮廓。

（3）确定门窗、楼板、天花板的建筑材料和厚度，以估计其穿透损耗。

（4）确定可获得的传输、电源和布线资源，以及业主对施工的要求。

（5）确定基站设备必需的机房或井道安装墙面，以及天线、馈线等器件线缆的安装空间和走线路由。

关于布线资源的勘察，需要了解布线环境的承重和曲率半径条件。曲率半径勘察要关注以下两点：如果业主提供布线用的 PVC 管线，则需要了解 PVC 管线拐弯处的曲率半径；需要了解大楼垂直走线井到各楼层走线口拐弯处的曲率半径。

为了便于了解室内结构，需要拍摄照片，加深记忆。拍照之前首先需要选择特征楼层，这样能够保证以较高的效率完成照片拍摄工作，并且提供足够的建筑物特征信息。假设目标大楼共有 25 层，按照建筑结构和楼层布局分类，则 1 层为一个特征楼层；2～5 层结构和布局相同，可从中任选一个楼层作为特征楼层；6～25 层结构和布局相同，再从中任选一个楼层作为特征楼层。

选定了特征楼层以后，开始室内拍摄，每个特征楼层内拍摄的照片数量应满足以下要求。

（1）体现特征楼层平面布局，2～4 张照片。

（2）体现天花板结构特征，1～2 张照片。

（3）候选的天线架设位置，1～2 张照片。

（4）体现外墙与窗户特征，1～2 张照片。

（5）体现走廊与电梯间特征，1～2 张照片。

（6）异常的结构（如大的金属物件）和设备房间（可能的干扰源），1～2 张照片。

（7）信号源安装位置（机房或井道），1～2 张照片。

（8）引电位置，1～2 张照片。

（9）GPS 安装位置，1～2 张照片。

（10）特征楼层馈线穿孔位置，1～2 张照片。

（11）体现全楼的外形轮廓的全景照，1～2 张照片。

一般的商业楼宇对室内摄影、摄像控制得比较严格，因此拍摄室内照片之前需要获得业主的许可。室内现场拍摄典型照片如图 7-28 所示。

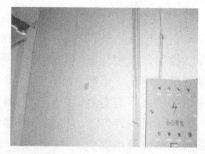

图 7-28　室内勘察典型照片

在图 7-28 中，左图显示的是平面楼层结构，右图显示的是信号源安装墙面以及引电位置。

3．图纸准备

通过与业主的沟通，获得尽可能详细的大楼建筑图纸，包括每个楼层的平面图、各个方向的立面图，尽可能获得 CAD 格式的电子文件，其次为工程晒图的扫描件。建筑物楼层平面图参见图 7-29。

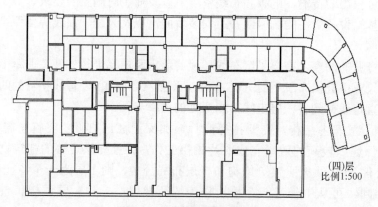

(四)层
比例1:500

图 7-29　建筑物楼层平面图举例

除了建筑物楼层平面图，还需要获得大楼内部强电井、弱电井的施工图纸，并在图纸上面标注业主允许走线穿孔的位置，以及可用的电源、传输线路以及接地点位置。

7.6.4　室内模拟测试

为了获得大楼的室内传播特征信息，需要进行室内导频或连续波 CW 测试。室内模拟测试有以下两个目的。

（1）完成测试之后，确定测试楼宇的天线布置方案；

（2）通过对大量测试数据的分析，获得典型楼宇单天线覆盖半径，以及典型隔墙、楼板、天花板的穿透损耗值，以指导类似站点的室内分布系统建设。

由于现有规划软件室内信号仿真基于射线跟踪模型，不支持室内模型校正，因此室内模拟测试一般不提倡进行室内传播模型的校正工作。

室内模拟测试常用测试工具包括以下几种。

（1）模测信号发生器：可模拟发射 LTE FDD 下行导频信号或 CW 信号。

（2）天线（根据现场测试需要，可选择全向吸顶天线或定向天线）：用于发射信号。

（3）便携计算机：已安装路测软件。

（4）测试终端：用于 CQT。

（5）测试扫频仪：路测软件支持的接收设备。

（6）其他附属器件：支架、线缆、安装工具等。

模拟测试流程如图 7-30 所示。

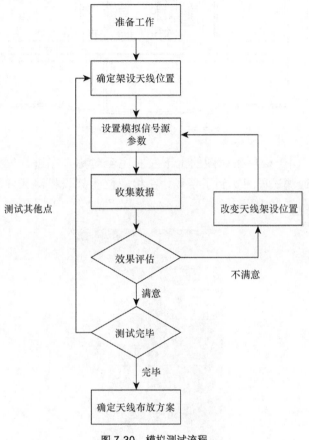

图 7-30　模拟测试流程

下面对每一个过程进行简要介绍。

1. 准备工作

准备工作主要包括物业协调、测试工具调测、测试人员安排、交通工具准备等，此外还需准备楼宇平面图纸和模测记录表格。

2. 确定天线架设位置

根据建筑物平面结构、天线口输出功率以及边缘场强要求，确定天线候选位置和天线类型。进行 CW 测试时，发射天线的摆放位置应靠近天线候选位置。天线候选位置为设计中预计要安放的并有实际操作可能的天线架设位置。通过现场勘测及与业主交流，结合工程师的经验，确定天线候选位置。模测天线候选位置以及测试点数量由平面楼层特征决定，如图 7-31 所示。

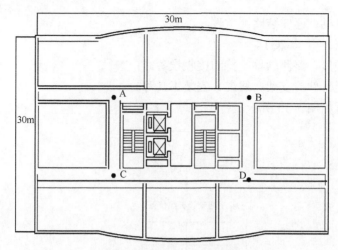

图 7-31　模测天线候选位置图

在图 7-31 中，由于楼层平面图的上下左右完全对称，在进行模拟测试时，4 个点中只要任选 1 个点进行测试即可。到了现场，在相应位置架设模测天线和信号模拟设备，模拟天线架设方式如图 7-32 所示。

图 7-32　模拟天线架设方式

3．设置模拟信号源参数

设置 LTE FDD 系统室内分布 E 频段频点，通常将天线出口功率设置为 10～15dBm（信号源输出功率扣除跳线损耗）。原则上按设计需要设置模拟信号源输出导频或 CW 频点和功率。

4．收集数据

收集数据有两种方式，即 DT 和 CQT。DT 利用路测软件将测试终端或扫频仪接收到的信号强度实时记录在相应的测试位置。CQT 利用终端记录每一个测试点的实测数据。CQT 测试点位置分布如图 7-33 所示。

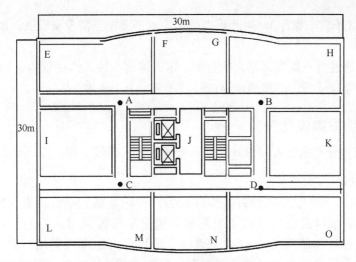

图 7-33　CQT 测试点位置分布图

若以 A 点为模拟测试点，则 CQT 测试点取图 7-33 中的 E、F、G、H、I、J、K、L、M、N、O 任一点。

5. 效果评估

效果评估是核实单天线的覆盖效果是否符合设计指标要求。完成了特征楼层的天线候选位置的模拟测试后，为了确定分布天线建设方案，需要对测试数据进行分析。路测重在观察天线覆盖区域的整体效果，而 CQT 重在检查天线覆盖边缘的信号情况。若采用 CW 测试，则只能判断信号强度是否符合设计要求。一般通过计算 CW 信号的路径损耗，来推算楼宇内的导频信号（RSRP）强度覆盖。若采用导频测试，则除了 RSRP 导频强度外，还可以测得 RSRP C/I 指标。

6. 确定天线分布方案

通过对分布天线的效果评估，最终确定分布天线架设方案。在图 7-33 中，模拟天线 A 点测试结果的差异可以引起天线布置方案的不同。若所有 CQT 测试点的指标都满足要求，则意味着该楼层的无线传播环境特别好，只要架设一副天线，就可以满足整个楼层的覆盖要求。在此情况下，建议在 J 点再进行一次模拟测试，正常情况下，所有的测试点也可以满足要求，建议把天线架设在 J 点。

若 E、F、G、I、J、L、M 测试点的测试结果满足要求，则意味着 A 点天线已经完全覆盖了该楼层平面左上角的一半区域。在 D 点再架设一副天线，进行模拟测试。若该模拟天线可以覆盖 H、B、J、K、N、O 测试点，则意味着 D 点天线已经完全覆盖了该楼层平面右下角的一半区域。由此可以确定，该平面楼层只要 A、D 两副天线就可以满足建设要求。根据平面结构的对称性，若把天线架设在 B、C 两个位置，同样可以满足该楼层的信号覆盖。

若只有 E、F、I、J 测试点的测试结果满足要求，则意味着 A 点天线只覆盖了该楼层平面的左上角约 1/4 区域（含电梯厅）。由此可以确定，该平面楼层需要架设 A、B、C、D 四副分布天线。

若只有 E、F、I 测试点的测试结果满足要求，则意味着 A 点天线只覆盖了楼层平面的左上角约 1/4 区域（不含电梯厅）。由此可以确定，该平面楼层需要架设 A、B、C、D、J 五副分布天线。

以此类推，通过对不同测试结果的分析，可以得到多种天线位置的分布组合。从环境、性能和投资方面综合分析，最终确定测试楼层的天线分布方案。

7.6.5　系统方案设计

LTE FDD 室内分布系统方案设计包括信号源设计、天线布置，以及分布系统设计等。

1．信号源设计

信号源设计包括信号源主设备、传输设备、传输线路、电源、机房配套等方面的内容，应根据业务需求以及机房获取难易程度来确定信号源类型。有通信专用机房的楼宇，将 BBU 以及电源、传输等设备安装在通信专用机房内，可以提供可靠的通信保障。在没有机房的楼宇，相关通信设备应尽量简化，就近安装。挂墙型信号源设计主要考虑以下因素。

（1）墙体材料

首选砖墙结构。隔板墙体承重不够，钢筋混泥土浇铸的墙体太结实，打孔不便。

（2）墙面空间

墙面有成片空闲区域，设备挂墙安装空间足够；井道或房间深度至少是设备挂装厚度的 2 倍，确保有一定的安装维护空间，以满足安装、调测、维护和散热的要求。

（3）供电

一般采用交流供电，需要从业主交流配电箱找一个满足容量要求的空闲空开，根据交流线线长和设备负载，确定电源线的线径。

（4）接地

若井道内有桥架或接地点，则可供信源设备接地；室外有楼顶防雷带或接地点，以确保天馈线可靠接地。

（5）光纤路由

光纤路由包括传输光缆线路、BBU 与 RRU 或 RRU 与 RRU 设备间光纤。光纤路由不仅要勘察现有资源，也需要跟业主沟通，以确认最佳方案。

2．天线布置

LTE FDD 室内分布系统不可能采用智能天线，只能采用普通天线，跟其他制式的分布天线布置方式类似。室内覆盖的天线分全向天线和定向天线两种，根据应用场景合理选择。室内分布系统天线以吸顶天线为主，通常分有 3dBi 天线和 5dBi 天线。3dBi 天线适合开阔空间的覆盖，如会议厅。5dBi 天线的垂直发射角度相对于前者要小，能量更加集中。定向天线可以指向室内需求方向，同时防止室内信号泄漏到室外。

室内分布系统一方面要最大限度地吸收室内业务量；另一方面要控制其信号覆盖，保证泄漏到建筑物外的室内信号在规定的范围之内。在室内分布系统方案设计中，考虑到室内环境的特殊性、室内外信号干扰等方面因素，采用多天线、小功率的原则，保证室内信号均匀分布。在规划天线时，天线的安装和馈线的布放路由首先要考虑建筑物的结构，天线布置要结合墙体、过道、门窗等；其次要考虑天线输出的功率是否可以满足信号边缘覆盖要求。

室内天线的选型主要取决于天线覆盖要求、安装位置、楼宇安装条件及业主要求（如避免视觉污染、与天线安装位置周围的装修相协调）等。天线选型跟应用场景紧密结合，通常采用以下几种方式。

（1）吸顶安装

紧贴天花板安装。选用吸顶全向天线，进行层内覆盖。

（2）贴墙安装

一般选用平板定向天线，进行层内覆盖。

（3）隐蔽安装

安装在天花板上面。选用吸顶或棒状全向天线，进行层内覆盖。隐蔽安装额外增加了天花板的穿透损耗。

（4）电梯井

一般选用八木天线或对数周期天线。电梯的底部一般为全钢板结构，穿透困难，一般在电梯井顶部安装天线，波瓣朝下打，覆盖电梯。其中，八木天线使用带宽有限，一般只适用于频段接近的系统，在综合分布系统中不能采用。

（5）大型仓储超市

这类场景内部装修一般不考究，可以因地制宜地在对角等地方安装对数周期天线、吸顶天线或者壁挂式天线。

在以上几种安装方式中，以吸顶安装方式最为普遍。室内环境复杂多样，下面介绍几种常见的室内建筑结构中的天线分布方式，供设计者参考。

（1）回字形结构天线规划

回字形结构天线规划如图 7-34 所示。

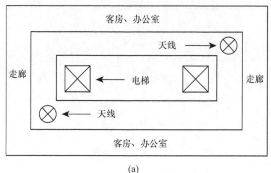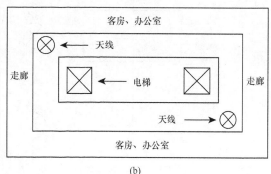

图 7-34　回字形建筑结构天线分布参考图

在回字形结构的天线布放中，建议奇数层、偶数层天线交叉布放。此外，根据回字形结构规模，可以选用两副或四副天线进行覆盖。

（2）长廊形结构天线规划

长廊形结构天线规划如图 7-35 所示。

在长廊形结构中，根据长廊长度确定楼层内需要的天线数量，多天线采用等间距的天线布放方式。

（3）会议厅/大厅结构天线规划

会议厅、大厅结构的天线规划如图 7-36 所示。

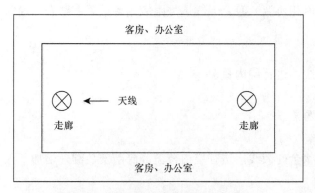

图 7-35　长廊形建筑结构天线分布参考图

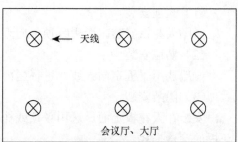

图 7-36　会议室/大厅等结构天线分布参考图

在开阔的厅面结构中，可以采用矩阵型天线布放方式，矩阵维度由大厅面积决定。

（4）电梯覆盖天线规划

电梯覆盖天线规划如图 7-37 所示。

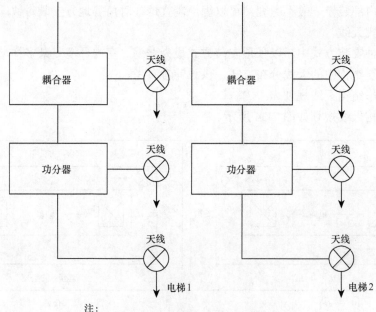

注：
（1）线缆、功分器和耦合器安置在电梯井道内；
（2）定向天线方向朝下，安放在电梯井道墙上。

图 7-37　电梯覆盖天线分布参考图

3. 分布系统设计

根据规划时选用的信号源和传输介质，在确定了天线安装位置后，需要完成分布系统拓扑图的设计。设计拓扑结构时，应考虑以下问题。

（1）设备利用合理

合理应用 LTE FDD 信号源的多个通道，在天线功率满足边缘覆盖的要求下，应尽量减少室内分布系统中有源或无源器件的数量，合理节省投资。

（2）功率分配合理

主要考虑信号源功率是否得到合理、充分的利用。各楼层相同功能的天线口输出功率尽量平均分配。

（3）容量分配均匀

在一个分布系统内，可能会有多个扇区，除了功率分配要合理之外，每一个扇区的话务量分配要均匀。

（4）线缆选用合理

根据馈线长度和安装条件，确定馈线线径。1/2″馈缆对信号的衰耗较大，所以走线较长的线路优选 7/8″馈缆，以减少馈线损耗，也便于多系统合路。

（5）系统扩容便利

扩容包括覆盖和容量两方面的要求。应考虑到覆盖区域是否会延伸、规模是否会增加，业务量提升之后，容量扩容是否便利。

（6）系统演进与多系统合路

系统包括对新技术、新业务、新频段的支持，应尽可能减少对分布系统的改造，以及无源器件的更换。

7.6.6　常用分布器件

与其他通信体制的分布系统类似，在 LTE FDD 室内分布系统中，经常使用的器件包括功分器、干放、天线、耦合器和射频电缆等。

1．功分器和耦合器

耦合器与功分器都属于功率分配器件，其主要差别在于，功分器为等功率分配，而耦合器为不等功率分配，因此耦合器与功分器有不同的应用场合。同一楼层内分配功率，使用等功率分配的功分器；从干线向不同楼层的支路分配功率时，使用不等功率分配的耦合器。耦合器与功分器的搭配使用，主要是为了达到一个目标，即使信号源的发射功率能够尽量平均分配到系统的各个天线口，保证整个分布系统中的每个天线发射功率基本相同。

功分器、耦合器分为微带和腔体两种，采用宽频器件后可以兼容多种制式。腔体设备插入损耗小，整体性能好，使用广泛；微带设备插损较大，已经很少使用。室内分布系统中功分器、耦合器的选型相对简单，主要考察器件性能指标，满足带宽和隔离度等要求。功分器、耦合器典型性能指标如表 7-18 和表 7-19 所示。

表 7-18　　　　　　　　　　　功分器（腔体/800～2 500MHz）

序号	参数	指标			备注
1	类型	2 功分	3 功分	4 功分	
2	插入损耗	≤3.3dB	≤5.3dB	≤6.6dB	包含分配损耗
3	带内平坦度	≤0.3 dB			
4	工作频段	806～965MHz；1 700～2 500MHz			

序号	参数	指标	备注
5	功率不平衡度	≤0.5dB	
6	特征阻抗	50 Ω	
7	驻波比	≤1.3	
8	功率容量	50W	
9	接头形式	N-K	
10	工作温度	−25～+65℃	

表 7-19　　　　　　　　　耦合器（腔体/800～2 500MHz）

参数	指标							
类型	5dB ZXIB-CO-5-A-2	6dB ZXIB-CO-8-A-2	7dB ZXIB-CO-7-A-2	10dB ZXIB-CO-10-A-2	15dB ZXIB-CO-15-A-2	20dB ZXIB-CO-20-A-2	25dB ZXIB-CO-25-A-2	30dB ZXIB-CO-30-A-2
分配损耗	≤2.0dB	≤1.8dB	≤1.4dB	≤0.8dB	≤0.4dB	≤0.2dB		
带内波动	≤±0.6dB	≤±1dB						
端口方向性	≥20dB							
耦合度偏差	±0.5dB		±1dB			±1.5dB		
工作频段	806～965MHz；1 710～2 500MHz							
特征阻抗	50Ω							
驻波比	≤1.3							
功率容量	≥100W							
接头形式	N-F							
工作温度	−25～+65℃							

2. 干放

在 LTE FDD 室内分布系统中，某些分布系统支路由于馈线长而导致损耗大，需要采用干线放大器（简称干放），以弥补长距离传输和分配的损耗。干放是一个双向放大器，主要指标是噪声系数、最大输出功率、增益和互调。干放为有源器件，在采用干放的室内分布系统中需要考虑干放的噪声系数对于分布系统下行的灵敏度影响和对于整个分布系统上行的噪声抬高。首先，上行增益不能过高，以免影响系统性能；其次，下行增益既要保证下行支路的天线口有足够的发射功率，又要注意上下行增益调节适度，保证上下行平衡。

在 LTE FDD 与其他制式系统共用室内分布系统时，不同频段的信号路损不同，应均衡各频段信号的放大倍数，以达到最佳的覆盖效果。

3. 天线

室内分布系统中的天线由于近距离覆盖、发射功率限制、安装空间限制、视觉污染限制等因素，而有别于室外型天线。室内应用场景使用的天线，一般增益较小，对波束的半功率宽度也没有特殊要求，多系统共用天线时应选用宽频天线。

室内应用场景天线类型一般选择吸顶全向天线，尺寸小、增益小（5dBi 以下）、造型美观。

对于覆盖区域较小的场合，建议使用全向天线；覆盖比较空旷的狭长区域，建议采用定向天线。双极化和单极化室内天线的指标分别见表 7-20 和表 7-21。

表 7-20　　　　　　　　　　　室内天线性能指标（双极化）

参数	垂直极化		水平极化
频率（MHz）	824～960	1 710～2 600	1 880～2 400
电压驻波比	≤1.42	≤1.46	≤1.47
隔离度（dB）	≥25.2		
天线增益（dB）	5.1～7.7		3.2～5.9
半功率波瓣宽度（°）	42～64		55～71

表 7-21　　　　　　　　　　　室内天线性能指标（单极化）

参数	全向天线	定向天线
频率范围（MHz）	800～2 500	800～2 500
输入阻抗（Ω）	50	50
输入驻波	≤1.4	≤1.4
极化方式	垂直极化	垂直极化
增益（dBi）	2～4	4～7.5
水平波瓣角（°）	360	90 左右
接头	N-K 型阴头	N-K 型阴头
工作温度	−40～60℃	−40～60℃
工作湿度	20%～95%	20%～95%
雷电保护	直接接地	直接接地
最大输入功率（W）	50	50
垂直半功率角（°）	140	60 左右

4．合路器

合路器将多个系统信号合路到一套分布系统中，目前常用的合路器从 2 频段合路到 7 频段合路不等。以最复杂的 7 频段合路器为例进行介绍，相关技术指标参见表 7-22。

表 7-22　　　　　　　　　　　7 频段合路器技术指标

通道	CH1	CH2	CH3	CH4	CH5	CH6	CH7
频率范围（MHz）	825～835	890～909	909～915	1 920～1 935	1 940～1 955	1 880～1 910& 2 110～2 125	2 410～2 483.5
插入损耗（dB）	≤1.5	≤5.0	≤5.0	≤2.5	≤2.5	≤2.5	≤2.5
带内波动（dB）	≤1.0	≤1.5	≤1.5	≤1.5	≤1.5	≤1.5	≤2.0

通道	CH1	CH2	CH3	CH4	CH5	CH6	CH7
驻波比	≤1.4	≤1.4	≤1.4	≤1.4	≤1.4	≤1.4	≤1.4
带外抑制（dB）	≥80@其他	≥20@CH3 ≥80@其他	≥20@CH2 ≥80@其他	≥50@CH5 ≥50@CH6 ≥80@其他	≥50@CH4 ≥50@CH6 ≥80@其他	≥50@CH4 ≥50@CH5 ≥80@其他	≥80@其他
三阶互调（dBc）	≥120						
功率容量（W）	≥50						
阻抗（Ω）	50						
工作温度（℃）	−20～+65						
接口形式	N-F						

5. 射频电缆

射频电缆用作室内分布系统中射频信号的传输，要求对信号的衰减小，屏蔽性能好，主要工作频率范围在 100～3 000MHz 之间。在室内分布系统设计中，使用馈线把所有器件连接起来。一般可以选用两种馈线，一种是损耗大，但成本低、容易弯曲的 1/2″馈线；另一种是损耗小，但成本高、不易弯曲的 7/8″馈线。一般情况下，1/2″馈线适合于每楼层的支线连接，7/8″馈线适合于楼层与楼层间的干线连接。

相关技术指标参见表 7-23。

表 7-23   射频电缆的性能指标

参数		1/2″馈线	7/8″馈线
尺寸（mm）	内导体半径	4.83	8.6
	外导体半径	13.80	24.9
	绝缘套半径	12.30	22.7
特性阻抗（Ω）		50±2	50±2
工作频率上限（GHz）		4	4
一次最小弯曲半径（mm）		125	250
损耗（dB/100m）	800MHz	6.46	3.63
	900 MHz	6.87	3.88
	1 800 MHz	10.10	5.75
	2 000 MHz	10.70	6.11
	2 500 MHz	12.10	6.95

7.7　室内案例介绍

7.7.1　覆盖目标

假设需要对某政府大楼进行室内分布系统建设，该楼宇高 8 层，地下 1 层为车库，为半架空的结构。第 8 层为一个羽毛球场和电梯机房，其余 1～7F 均有办公室，有两部电梯。总建筑面积约 11 000m²，覆盖面积约 10 500 m²，覆盖范围包括楼层、地下室/停车场和电梯等，具体如表 7-24 和表 7-25 所示。

表 7-24　　　　　　　　　　　　　　　　覆盖目标

	楼层	功能区说明	建筑面积（m²）	覆盖面积（m²）
地上	1F	会议室、办公场所	700	10 500
	2F	办公场所	600	
	3F	办公场所	600	
	4F	办公场所	600	
	5～7F	办公场所	600×3	
	8F	羽毛球场和电梯机房	600	
地下	B1F	地下室/停车场	6 700	

表 7-25　　　　　　　　　　　　　　　　电梯信息

电梯编号	运行区间	机房位置	用途	共井情况	覆盖方式
L1	B1～7F	8F	客梯	不共井	电梯井覆盖
L2	1～7F	8F	客梯	不共井	电梯井覆盖

具体楼宇结构图详见图 7-38 和图 7-39。

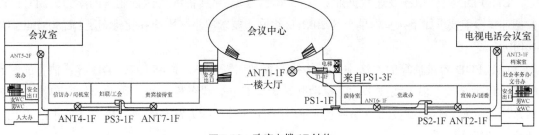

图 7-38　政府大楼 1F 结构

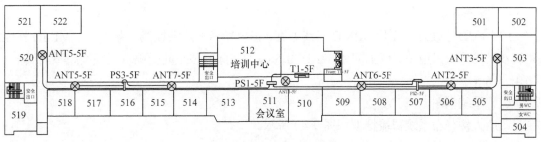

图 7-39　政府大楼 2～7F 结构

该楼宇已存在 GSM、TD-SCDMA 和 WLAN 的室内覆盖，目前需要进行 LTE FDD 的室内分布系统改造。

7.7.2　指标分析

根据本章 LTE FDD 室内分布的设计要求，可知：

（1）在目标覆盖区域内满足参考信号 SINR（同频网络空载）> 5dB 的概率大于 95%。

（2）在覆盖区域内信号电平 RSRP⩾−105dBm。

（3）室内覆盖信号应尽可能少地泄漏到室外，在室外距离写字楼外墙 10m 处，室内信号泄漏强度应小于室外覆盖信号 10dB 以上。

（4）要求在 LTE FDD 网络无线覆盖区 90% 位置内，99% 的时间终端可接入网络。

（5）服务质量：块差错率目标值（BLER Target）为 10%。

7.7.3　设计方案

1．信源

（1）统一对除 B1F 以外的所有楼层进行 MIMO 改造。

（2）RRU 输出功率能力考虑为 20W/通道。

（3）总共配置 1 个 BBU 和 3 个 RRU。

2．覆盖估算

LTE FDD 天线出口功率按 −15～−10dBm 计算，按覆盖能力及 P.1238 传播模型计算，天线的覆盖半径在 10m 左右。

3．容量估算

LTE FDD 主要承载高速数据业务（>500kbit/s），并具备承载话音业务的能力。LTE FDD 数据速率覆盖要求如下：室内单小区 20MHz 组网，要求单小区平均吞吐量满足 DL 40Mbit/s/UL 10Mbit/s。

LTE FDD 容量估算的方法不同于传统的容量估算方法，影响 LTE FDD 容量估算的因素较多，包括环境、多天线技术、干扰消除、调度算法、设备性能等，因此不能简单地利用公式来进行计算。目前主要通过系统仿真和实测统计数据的方法获得各种配置下的小区吞吐量和小区边缘吞吐量。

4．覆盖方案

LTE FDD 系统尽量采用 MIMO 天线方案，需要新增一路天馈线。为了保证 MIMO 性能，建议双天线尽量采用 10λ 以上间距，为 1～1.5m，如实际安装空间受限双天线间距不应低于 4λ（0.4～0.6m）。

（1）系统框图

政府大楼分布系统覆盖框架如图 7-40 所示。

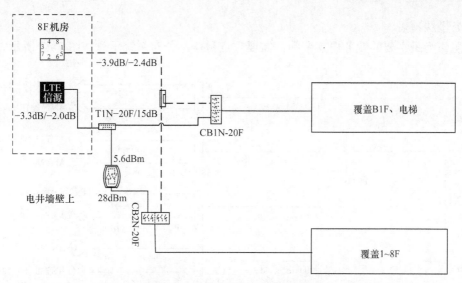

图 7-40　政府大楼分布系统覆盖框架

（2）地下室/停车场、电梯覆盖

地下室/停车场和电梯范围内由于业务质量要求不高，可以采取统一覆盖的方式，如图 7-41 所示。

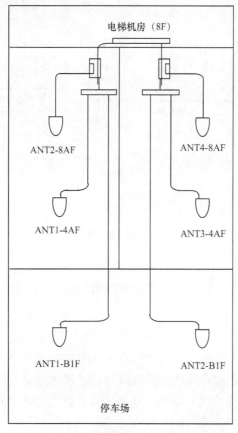

图 7-41　地下室/停车场、电梯覆盖

（3）楼层覆盖

楼层作为最主要的业务覆盖范围，需要重点覆盖，分布系统示意如图 7-42 所示。

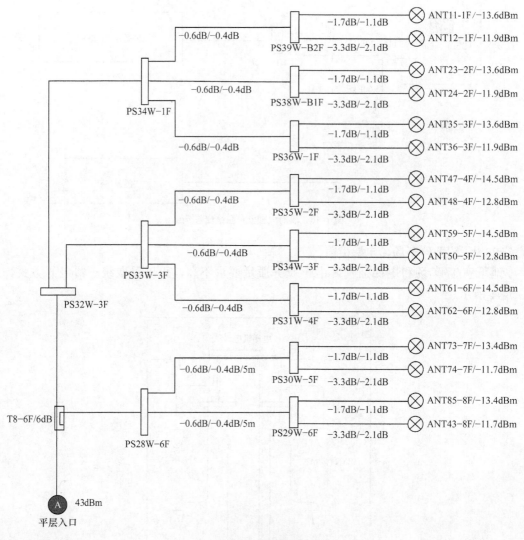

图 7-42　楼层覆盖

5．小区规划

借助楼宇楼板、墙体等自然屏障产生的穿透损耗形成小区间的隔离，不同小区之间采用异频组网的方式。

6．切换规划

（1）切换区域应综合考虑切换时间要求及小区间干扰水平等因素设定。

（2）楼宇小区与室外宏基站的切换区域规划在建筑物的出入口处。

（3）将电梯与 B1F 划分为同一小区，电梯厅尽量使用与电梯同小区信号覆盖，确保电梯与平层之间的切换在电梯厅内发生。

7. 外泄控制

室内覆盖系统的信号不过度覆盖室外,保证覆盖楼宇 10~15m 外室内覆盖系统电平低于室外 10dBm。

为防止信号过度泄漏,靠近楼宇门窗处的天线可按如下方法处理:1~7F 采用定向吸顶天线。

参考文献

[1] 肖清华,汪丁鼎,等. TD-LTE 网络规划设计与优化. 北京:人民邮电出版社,2013.

[2] ITU 国际电信联盟.用于规划频率范围在 900 MHz 到 100GHz 内的室内无线电通信系统和无线局域网的传播数据和预测方法. ITU-R P.1238-6 建议书,P 系列,2010.

[3] 龙紫薇. 基于用户分级和业务分类的 QoS 保障机制. 移动通信,2012.8.

[4] 中国电信 LTE 室分技术交流. 京信通信.

第8章
LTE FDD 无线网络优化

8.1 网优概述

移动通信网络随着不断扩容及外界环境的发展变化，往往会产生很多新的问题，导致服务质量达不到应有的水平，影响用户感知。如何调整和优化系统结构，提高系统的运行效率，改善移动通信系统的服务质量是无线网络优化的重要任务。

8.1.1 优化目标

所谓网络优化，就是根据系统的实际表现和实际性能，对系统分析的基础上，通过对网络资源和系统参数的调整，使系统性能逐步得到改善，达到系统现有配置条件下的最优服务质量。

移动通信网是一个不断变化的网络，网络结构、无线环境、用户分布和使用行为都在不断地变化，需要持续不断地对网络进行优化调整以适应各种变化。网络优化是一个长期的过程，它贯穿于网络发展的全过程。只有不断地提高网络质量，才能让用户满意，吸引和发展更多的用户。

在网络大规模建设完成之后，由于站点获取的不确定性，网络建设与网络规划存在不一致性，为了尽量减少工程建设对网络性能的影响，需要对全网进行一次工程网优，通过技术手段或参数调整使网络达到最佳运行状态。

根据其阶段和目的不同，网络优化可以分为工程网优和运维网优。工程网优在系统刚刚开通或每次扩容结束时进行，其作用主要是解决工程建设中可能存在的遗留问题以及新的设备安装开通后对原有系统所产生的不利影响。因此，工程优化的主要目的是进行清网排障的工作，是保证网络正常地开通和运行所进行的网络优化。运维网优是在网络验收完毕，运营商接管网络之后进行的，由于用户数量的增加、外界环境的改变等都会导致系统运行状态的恶化，因此，运维优化是日常优化，保证网络能以优良的运营状态为用户服务，其目的是提高系统的运行效率。

根据网络优化的任务，可分为持续性和阶段性两种网优模式。持续性网优需要长期监控网络质量，并随时根据需要对网络进行一些调整。持续性网优对网络改动较少，只需要少量固定的优化工程师，属于运维网优的一部分。阶段性网优需要在某个期限内（如扩容完成后1个月内）提高网络质量。阶段性网优时间紧、任务重，需要对网络进行较大调整。

8.1.2　优化内容

一般而言，网络优化任务包括寻求最佳的系统覆盖、最小的掉话和接入失败、合理的切换、均匀合理的基站负载等。优化参数包括每扇区的发射功率、天线位置（方位角、下倾角、高度）、邻区列表、切换门限值等。无线资源管理一般包括切换控制、功率控制、接纳控制、负载控制和资源分配策略等。

一切可能影响网络性能的因素都属于网络优化的工作范畴，网络优化的工作内容主要包括以下几方面。

（1）设备排障。

（2）提高网络运行指标，包括接入成功率、掉线率、最坏小区比例、切换成功率、阻塞率、吞吐量等。

（3）解决用户投诉，提高通信质量。

（4）均衡网络负载及业务量，包括网内各小区之间业务量均衡、信令负载均衡、设备负载均衡和链路负载均衡等。

（5）合理调整网络资源，包括提高设备利用率、提高频谱利用率和每信道业务量等。

（6）建立和长期维护网络优化平台，建立和维护网络优化数据库。

8.1.3　优化措施

LTE 的优化措施除了常规的优化手段，如排除设备故障、网络仿真、DT/CQT 测试等，还包括系统参数调整等。

相比于 3G，在 LTE 网络中，引入了 SON 功能。随着版本的升级，SON 功能不断完善。在 R8 版本，SON 自配置包括了自发现、自动软件下载、自动邻区、自动 PCI 功能。在 R9 版本，SON 增加了对移动健壮性/切换优化、RACH 优化、负载优化等的支持。在 R10 版本，增加了分层网络叠加、与现有移动网络的互操作功能（小区覆盖与容量、eICIC、小区中断检测与补偿、自愈、最小化路测、节能）。

解决 LTE 网络中存在的各种问题，需要综合利用各种技术手段，实现对问题的定位和排除。无线网络性能综合表现在 3 个方面，即覆盖、容量和质量。围绕这 3 个方面，可以采取不同措施，调整覆盖，实现负载均衡，降低和规避干扰，提高频谱利用率，提高网络质量。常用网络优化措施如下。

（1）排除设备故障

检查和发现与设计不符合、安装错误以及运行异常的设备，定位并解决网络故障。

（2）基站勘察

通过现场勘察，发现工程中遗留的问题，并予以解决。建立可靠、完善的基站数据库，为今后的维护优化工作奠定坚实的基础。

（3）网络仿真

通过规划优化软件，仿真网络运行情况。通过仿真，对覆盖的合理性进行分析，初步分析频率、时隙配置是否合理，与覆盖有关的参数设置是否合理。

（4）DT/CQT 测试

通过实际测试，获得真实的无线环境和网络性能参数及使用感受，对问题进行准确的定位，发现并解决问题。

（5）数据核查分析

数据核查分析的内容包括小区结构和资源、小区参数、OMC 报表、用户投诉记录、交换局数据、交换性能指标、网络同步、信令负载和质量、传输和 VLR 用户情况等。

（6）信令分析

对主要网络接口进行信令分析，这些网络接口包括无线网接口（Uu、X2）、核心网接口（S1、S3、S4、Gx、Rx）等。

（7）工程参数优化

工程参数包括站点位置、天馈线类型、增益、方位角、下倾角和高度等方面的内容。通过调整工程参数，合理控制无线覆盖范围。

（8）系统参数调整

小区系统参数包括公共和业务信道发射功率配置、功控参数、切换参数、资源管理和系统消息等方面的内容。

（9）SON 自优化

根据网络设备的运行状况，自适应调整参数，优化网络性能。自优化包括覆盖与容量优化、节能、PCI 自配置、移动健壮性优化、移动负荷均衡优化、RACH 优化、自动邻区关系、小区内干扰协调等。

8.1.4　优化流程

网络优化是一项高技术含量工作，要求优化人员不仅要有精深的移动通信理论知识，还要有丰富的网络维护实践经验；要不断监视网络的各项技术数据，并反复多次进行路测，通过对数据进行全面分析来发现问题。最终通过对设备参数的调整使网络的性能指标达到最佳状态，最大限度地发挥网络能力，提高网络的平均服务质量。网络优化流程包括优化准备、网络评估测试、问题分析与定位、优化方案制定、优化方案实施、验证性测试及优化总结 7 个步骤。

（1）优化准备

优化准备需了解网络建设进度，了解网络运维状况、网络存在的问题及严重程度，了解竞争对手的信息，准备网络优化测试设备、网络优化软件以优化人员分工，确定优化目标、优化期限以及责任分工等。此外，还需要检查网络规划思路的具体实施情况，检查前期规划是否存在不当之处，检查当前环境与当初规划期间的相比是否有重大变化，检查实际工程与相关规划文档是否存在不一致，检查天馈线的安装，检查各网元的软、硬件版本。收集网络的设计目标以及能反映现网总体运行和工程情况的系统数据，并经过比较和分析，迅速定位需要优化的对象，为下一步更具体的数据采集、深入分析和问题定位做好准备。

（2）网络评估测试

在网络优化前，需要了解网络的现实情况。通过采用各种测试手段，更加有针对性地对网络性能和质量情况进行测试。网络评估测试包括单站性能测试、全网性能测试和定点 CQT 抽样测试。测试项目包括覆盖率、呼叫成功率、掉线率、切换成功率、数据的呼叫成功率和下行平均速率等。

（3）问题分析与定位

在分析网络问题时，应对网络现有状况进行全面的了解。调查内容应包括基站业务数据、信令数据、路测、呼叫质量测试、用户投诉和 PCI 规划等。通过 DT、CQT、干扰源查找以及话务统计分析等技术手段，定位网络问题。根据系统调查的数据，寻找影响网络指标较大的因素，以便进行网络评估及问题的初步定位。

（4）优化方案制定

全网无线网络优化需要经过单站优化、分簇优化、全网优化 3 个阶段完成。单站优化需要确保其覆盖范围跟设计要求保持一致，基站工作正常、业务可用、性能稳定。簇群优化是在单站优化完成的基础上进行的，主要是对相邻基站间可能存在的问题进行调整优化。簇群优化是以小区簇为单位进行优化。小区簇是指由网络内覆盖连续、质量相关的若干个基站组成的地理区域，通常包含 10~15 个站点。小区簇的大小随城市不同有所区别，主要考虑地理分隔、基站密度、用户分布、测试队伍数量、设备资源、数据后处理和分析工具数量等因素。全网优化是在簇群优化完成的基础上进行的，主要任务在于寻求全网最佳的系统覆盖、最佳的导频分布、均匀合理的基站负荷和合理的切换等。其优化的内容涉及扇区的发射功率、工程参数、邻区列表和导频优先次序、邻区搜索窗大小和切换门限值等。全网优化需要对切换控制策略、功率控制、ICIC、接入控制策略、负载控制策略和资源调度策略等 RRM 进行调整优化。

在对业务统计报表和 DT、CQT 数据分析的基础上，结合现网的运行和工程情况制定出适宜的优化调整方案。网络优化方案应本着先全局后局部的原则，为避免每次网络优化方案影响上一次实施的效果，应按照一定的顺序来逐步解决网络中存在的问题。

（5）优化方案实施

调整方案确定后向运营商提交网络测试分析的结果、网络优化方案制定的依据及理由，讨论网络优化方案的可行性。经运营商认可，网管工程师执行网络参数的调整，测试工程师组织相关人员对天馈线进行调整。运营商协助网优工程师完成网络调整。

（6）验证性测试

在对网络采取了优化措施之后，需要进行数据采集，以验证优化后系统性能是否提高，核查优化前的网络问题是否消除，对比优化前后的路测数据和关键性能指标，从而确定所采取的网络优化方案是否有效。

步骤（3）～（6）是一个不断循环反复的过程，直至达到优化目标。

（7）优化总结

在优化结束后，通过对全网的大规模数据采集，对全网性能进行后评估。评估主要关注网络 KPI，从而判断网络性能是否达到指定要求，最后输出优化总结报告。

8.2　优化原则和思路

LTE 网络优化的基本原则是在一定的成本和网络服务质量的前提下，建设一个容量和覆盖范围都尽可能大的网络，并适应未来网络发展和扩容的要求。LTE 网络优化的思路是首先做好覆盖优化，在覆盖能够保证的基础上进行业务性能优化最后进行整体优化。整体网络优化的原则包含以下几个方面。

8.2.1　最佳的系统覆盖

覆盖优化是优化环节中最重要的一环。工程建设已经完成了基站位置、天线参数设置及发射功率设置，后续网络优化中根据实际测试情况进一步调整天线参数及功率设置，从而优化网络覆盖。通过调整天线、功率等手段使最多地方的信号满足业务所需的最低电平的要求，尽可能利用有限的功率实现最优的覆盖，减少由于系统弱覆盖带来的用户无法接入网络或掉话、切换失败等。

在 LTE 网络中，判断系统覆盖可通过扫频仪和路测软件可确定网络的覆盖情况，确定弱覆盖区域和过覆盖区域。对于 LTE FDD 网络，弱覆盖区域指在规划的小区边缘的 RSRP 小于 −110Bm；过覆盖是在规划的小区边缘 RSRP 高于−90dBm。

调整天线参数可有效解决网络中大部分覆盖问题，天线对于网络的影响主要包括性能参数和工程参数两方面。

（1）天线性能参数：天线增益、天线极化方式、天线波束宽度。

（2）天线工程参数：天线高度、天线下倾角、天线方位角。

一般在网络规划设计时已根据组网需求确定选择了合适的天线，因此天线性能参数一般不调整，只在后期覆盖无法满足要求，且无法增设基站，通过常规网络优化手段无法解决时，才考虑更换合适的天线。因此，在网络优化中，天线调整主要是根据无线网络情况调整天线的挂高、下倾角和方位角等工程参数。例如，弱覆盖和过覆盖主要通过调整天线的俯仰角以及方位角来解决，弱覆盖可通过减小俯仰角、过覆盖可通过增大俯仰角来改善。

在单站和簇优化时，需要保证对每个基站的天馈参数都进行现场核实，后续在不断优化的过程中，对天馈进行调整，同时也要注意对基站数据资料的更新。同时，随着新加站的开启，仍需要对覆盖的合理性进行全方位的评估和优化调整。

8.2.2 合理的邻区优化

邻区过多会影响到终端的测量性能，容易导致终端测量不准确，引起切换不及时、误切换及重选慢等；邻区过少，同样会引起误切换、孤岛效应等；邻区信息错误则直接影响到网络正常的切换。这两类现象都会对网络的接通、掉话和切换指标产生不利的影响。因此，要保证稳定的网络性能，就需要很好地来规划和优化邻区。

做好邻区规划可使在小区服务边界的手机能及时切换到信号最佳的邻小区，以保证通话质量和整网的性能。合理制定邻区规划原则是做好邻区规划的基础。LTE 与 3G 邻区规划原理基本一致，需综合考虑各小区的覆盖范围及站间距、方位角等因素。LTE 邻区规划已经在第 5 章中叙述，这里不再赘述。

邻区校正和优化主要参考以下几个来源来做判断。

① 通过实际的路测。

② 扫频数据。

③ 报表统计的分析。

④ 网络设计数据。

目前的邻区优化包括增加邻小区、设置黑名单、优化邻区覆盖范围。

（1）增加邻小区

根据路测情况以及邻区的分布情况，增加用户移动路线上的邻小区关系。由于 LTE 中支持 UE 对指定频点的测量，对于没有配置邻区关系的邻区，UE 也可以自动发现和测量到，并在满足测量事件（如 A3）的情况下上报测量报告，此时如果基站侧没有配置邻区关系且没有开启 ANR 算法，则切换就会失败。对这种没有邻区关系而 UE 自动上报的测量报告进行分析，结合覆盖图，确认该邻区是否应该属于合理的邻区，如合理则增加邻区关系，如不合理，则可以设置为黑名单或调整该小区的覆盖范围。

（2）设置黑名单

为了避免 UE 测量到规划不期望的邻区，并导致切换失败的情况，会根据覆盖情况以及 UE 自动上报的测量报告，对非预期的邻小区设置为黑名单，这样 UE 将不再对此邻区进行测量和上报。这种方式主要用于切换区域存在该邻区的信号，但该邻区不是直接地理上相邻的小区且信号不稳定。

实际网络优化中，黑名单的设置需要综合考虑周围基站邻区切换的各种情况后再行设置。

（3）优化邻区覆盖范围

在切换的优化过程中，根据测试情况结合之前的覆盖优化情况，通过调整邻区的方位角、俯仰角以及发射功率等调整邻区的覆盖范围，调整切换带，保证连续切换。

现网优化中，一个重要步骤就是进行邻区核查工作，保证邻区的准确性。同样，在升级与割接后，需要对邻区关系进行核查，避免出现割接后数据与现网数据不匹配的情况。

8.2.3　系统干扰最小化

LTE 的干扰一般分为两大类，一是系统内引起的干扰，如参数配置不合理、GPS 跑偏、RRU 工作异常等；另一类是系统外干扰。这两类干扰均会直接影响网络质量。

LTE 网络优化中，通过调整各种业务的功率参数、功率控制参数、算法参数等，尽可能将系统内干扰最小化；通过外部干扰排查定位，尽可能将系统外干扰最小化。

（1）系统内干扰最小化

LTE 有 6 种信道带宽配置，其中 3GPP TS 36.104 设备规范将 5MHz、10MHz、15MHz、20MHz 作为配置选项，配置大系统带宽优势明显，既可以获得更高的峰值速率，也可以获得更多的传输资源块，这样需要考虑选择同频组网方式。

相对异频组网，同频组网最明显的优势在于可以高频率效率地利用频率资源，但小区之间的干扰造成小区载干比环境恶化，使得 LTE 覆盖范围收缩，边缘用户速率下降，控制信令无法正确接收等。

（2）系统外干扰最小化

对于系统外部的干扰，在无法明确干扰源的情况下，在网络初期优化的过程中，可先通过逐个关闭受干扰基站附近 1~2 圈的站点，逐个进行排查。外部干扰可通过使用八木天线进行测试位置选取天线方向以及极化方向进行定位，过程周期较长，需要优化人员的细心耐心排查。

8.2.4　均匀合理的负荷

LTE 网络的数据业务，各个小区并不平衡，根据国外商用 LTE 网络运营经验，LTE 网络业务负荷的不平衡程度比 3G 还大。因此，在网络优化中，要积极关注各个小区的负荷情况，通过调整基站的覆盖范围，合理控制基站的负荷，使其负荷尽量均匀。

8.3 LTE 网优相关的重要特性及算法

LTE 网络优化中，几个重要的特性和算法是我们需要掌握的。部分算法在 LTE 原理相关书籍中有叙述，这里不再详细展开。

8.3.1 调度算法

从调度算法上看，LTE 与传统的 WCDMA、cdma2000 系统并无差别，仍然以 MAX C/I、RR、RF 3 类算法为基本调度方法。

（1）最大载干比调度算法

按照信道瞬时质量为用户区分调度优先级，使系统的无线资源一直为信道条件好的用户服务，当该用户信道质量变差后再选择信道条件更好的用户分配资源。

优点：可获得最大的系统吞吐量；算法复杂度低。

缺点：完全没有考虑用户公平性的指标。

（2）轮询调度算法

循环地调用每个用户，所有的接入用户都有均等的机会得到资源分配。

优点：可以保证用户间的长期和短期的公平性；算法实现简单。

缺点：没有有效地利用多用户分集增益，降低了资源利用率。

（3）比例公平调度算法

首先为所有接入用户分配优先级，当进行调度时，基站优先为优先级最高的用户分配资源。

优点：比例公平调度算法能够在保证用户公平性的前提下，使系统吞吐量最大化，而且算法的复杂度不高。

8.3.2 ICIC 算法

不同于 WCDMA 和 cdma2000 利用快速功率控制以及软切换技术，对小区间的干扰进行抑制，或是利用邻区信号增强终端的信号接受强度，LTE 小区间干扰抑制技术主要包括以下几个方面。

（1）小区间干扰随机化

干扰随机化就是要将干扰信号随机化。这种随机化不能降低干扰的能量，但能使干扰的特性近似白噪声，从而使终端可以依赖处理增益对干扰进行抑制。

经过长期研究，LTE 最终决定采用 504 个小区扰码（和 504 个小区 ID 绑定）进行干扰随机化。这种技术是对各小区的信号在信道编码和信道交织后采用不同的伪随机扰码进行加扰以获得干扰白化效果。

（2）小区间干扰消除

利用在接收端的多天线空间抑制方法来进行干扰消除，又称为干扰抑制合并（IRC）接收技术。相关的检测算法在多输入多输出（MIMO）的研究中已经被广泛采用。

（3）小区间干扰协调（ICIC）

小区间干扰协调是一种通过考虑小区间干扰来增强小区边缘用户数据率的调度策略，即通过小区内的调度器对上行链路和下行链路的资源（时间/频率/功率等）进行一定的约束来控制小区间的干扰。由于这种技术使用灵活，实现简单，效果理想，很快成为小区间干扰抑制的主流技术。

① ICIC 频率复用。ICIC 技术中，部分频率复用的特点是在小区中心区域频率复用因子为 1，而在小区边缘地区频率复用因子大于 1。部分频率复用的典型应用方式是静态的，也就是说在网络规划阶段对于小区内可用的频率资源进行分配，一部分用于小区边缘用户，一部分用于小区中心用户。这种静态的分配方式固然简单易行，但是其灵活性和可扩展性差，因此提出了非静态的部分频率复用方式，即由调度器灵活配置资源。自适应部分频率复用并不是完全动态的复用方案的实现，而是几种基本的复用方式的灵活使用。

② ICIC 功率分配。这里的功率分配和传统的功率控制是两个不同的概念。这里的功率分配是指在小区间对于不同的频率进行功率谱密度的配置，如图 8-1 所示。通过这种功率配置，可以保证在同时同频条件下小区间的相对干扰减少。

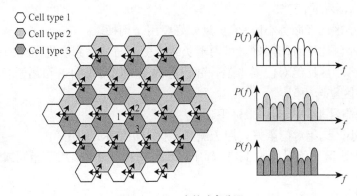

图 8-1　ICIC 中的功率分配

8.3.3　接入控制算法

接入控制的目的是资源利用率的最大化，保障已有业务的 QoS。当系统拥塞的时候，通常意味着现有业务的 QoS 无法得到保证，因此接入控制算法以 QoS 为核心。

接入控制由 eNodeB 实现，相关控制参数（QCI、ARP、GBR、MBR、AMPR）由 MME下发。接入控制的准则有：

（1）RB 利用率，其越高则系统资源利用率越高。

（2）业务准入成功率，其越高则用户感受越好。

（3）业务 QoS 满意率，其越高则系统对 QoS 保证得越成功。

（4）掉线率，其越低则系统负载控制越好，系统越稳定。

8.3.4　切换算法

LTE 的切换流程与 WCDMA、cdma2000 系统基本相同，差别是 CDMA 系统是软切换，有软切换增益存在，而 LTE 系统是硬切换。根据切换间小区频点的不同与所属系统的不同，LTE 切换可分为同频切换、异频切换以及异系统切换。

切换包括切换测量、切换决策与切换执行 3 个阶段。测量阶段，UE 根据 eNodeB 下发的测量配置消息进行相关测量，并将测量结果上报给 eNodeB。决策阶段，eNodeB 根据 UE 上报的测量结果进行评估，决定是否触发切换。执行阶段，eNodeB 根据决策结果，控制 UE 切换到目标小区，由 UE 完成切换。整个切换流程采用了 UE 辅助网络控制的思路，即测量下发、测量上报、判决、资源准备、执行、原有资源释放 6 个步骤。

系统内切换主要可以分为站内切换和站间切换。

站内切换是指同一 eNodeB 下不同小区间的切换。

站间切换包括：

① eNodeB 间 X2 口切换：适用于同属于一个 MME 且之间有 X2 连接的两个 eNodeB。

② eNodeB 间 S1 口切换：用于无 X2 连接的两个 eNodeB 切换或者是跨 MME 切换。

LTE 同系统内的测量事件采用 Ax 来标识，同系统内事件报告种类有：

① A1：服务小区比绝对门限好。用于停止正在进行的异频/IRAT 测量，在 RRC 控制下去激活测量间隙。

② A2：服务小区比绝对门限差。指示当前频率的较差覆盖，可以开始异频/IRAT 测量，在 RRC 控制下激活测量间隙。

③ A3：邻小区比（服务小区+偏移量）好。用于切换。

④ A4：邻小区比绝对门限好。可用于负载平衡，与移动到高优先级的小区重选相似。

⑤ A5：服务小区比绝对门限 1 差，邻小区比绝对门限 2 好。可用于负载平衡，与移动到低优先级的小区重选相似。

LTE 异系统测量事件用 Bx 来标识。

① B1：邻小区比绝对门限好。用于测量高优先级的 RAT 小区。

② B2：服务小区比绝对门限 1 差，邻小区比绝对门限 2 好。用于相同或低优先级的 RAT 小区的测量。

（1）同频切换

LTE 同频切换决策是 eNodeB 根据 UE 测量报告获取满足事件 A3 要求的小区，生成切换目标小区列表 HO_Candidate_List，对切换目标小区列表进行小区过滤，如图 8-2 所示。

同频切换执行由 eNodeB 控制，UE 和 eNodeB 共同完成路径转换，切换目标小区列表中质量最好的小区发起切换。切换成功，源 eNodeB 释放相关资源。如果切换失败，UE 进行小区选择，再进行所选小区的 RRC 连接重建过程。

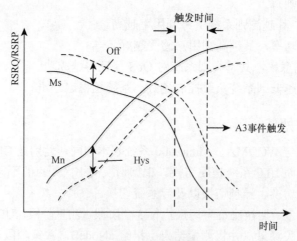

图 8-2　LTE 同频切换

（2）异频切换

如图 8-3 所示，LTE 的异频切换测量触发 A1 和 A2 事件。A1 和 A2 事件采用事件上报方式，同频事件 A2 触发异频测量（服务小区的质量已经低于一定门限值），同频事件 A1 停止异频测量（服务小区的质量已经高于一定门限）。事件 A2 的相关测量报告触发异频测量，异频测量控制 A4 事件配置的下发，异频测量采用 Gap 辅助测量的方法，异频切换事件 A4 触发及上报（即邻区质量高于一定门限值）。异频切换判决和执行与同频切换一致。

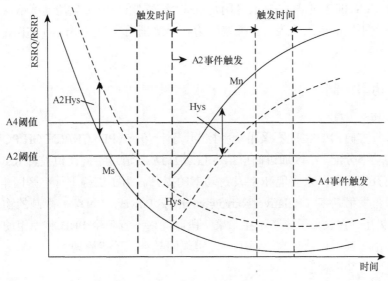

图 8-3　LTE 异频切换

8.3.5　QoS 管理

3G 的 QoS 管理手段有限，一般只能通过设置金、银、铜牌用户等方式进行 QoS 差异化管理。LTE 的 QoS 管理相对细化且丰富。LTE 的 QoS 管理更加完善，其主要内容在第 2 章中有过阐述，这里将 LTE 的主要 QoS 参数列表，如表 8-1 所示。

表 8-1　LTE 主要 QoS 参数

QoS 参数	说明
QCI	3GPP 按照 QoS 要求将业务分成 9 类，并定义相应的 QCI。QCI 标准化了业务的 QoS 要求。每个 QCI 指示每类业务的资源类型、优先级、时延、丢包率等质量要求
ARP	ARP 是分配保持优先级，指示一个 EPS 承载相对另一个 EPS 承载的资源分配和保持的优先级。在资源受限情况下，eNodeB 可以根据 ARP 决定是否接受一个承载建立/修改请求。在发生拥塞后，eNodeB 可以根据 ARP 决定释放掉哪个或者多个承载
GBR MBR	GBR 是承载预期能够提供的比特速率，MBR 是承载能够提供数据速率的上限。系统保证数据流的比特速率在不超过 GBR 时能够全部通过；比特速率超过 MBR 时全部丢弃；比特速率超过 GBR 但小于 MBR 时需要考虑网络是否拥塞，如果拥塞，则丢弃；如果不拥塞，则通过
AMBR	AMBR（Aggregate Maximum Bit Rate）是集合最大比特速率系统，通过限制流量方式禁止一组数据流集合的比特速率超过 AMBR，多个 EPS 承载可以共享一个 AMBR

LTE 有 4 种 QoS 控制模式。

（1）基于 ARP 的 QoS 控制。

（2）基于 QCI 的 QoS 控制。

（3）GBR 和 MBR 的 QoS 控制。

（4）基于 AMBR 的 QoS 控制。

以基于 ARP 的 QoS 控制为例，用户开户时与运营商签约其用户优先级为 ARP。在 E-RAB 建立时，EPC 会下发 ARP 给 eNodeB。eNodeB 将 ARP 映射为用户优先级，用户的优先级被分为不同级别。eNodeB 根据 ARP 或者用户优先级确定用户的负载控制策略，例如在准入时为不同用户设置不同的准入门限，在拥塞时为各个级别用户设置不同的 GBR 业务释放或降速门限。

8.3.6 功率控制

（1）下行功率分配

LTE 的下行方向，PDSCH 不采用功率控制。下行信道（PDSCH/PDCCH/PCFICH/PHICH）采用半静态的功率分配。小区通过高层信令指示 P_B/P_A，通过不同比值设置 RS 信号在基站总功率中的不同开销比例，来实现 RS 发射功率的提升。为了支持下行小区间干扰协调，LTE 定义了基站窄带发射功率（Relative Narrowband Tx Power，RNTP）限制的物理层测量，在 X2 口上进行交互。它表示了该基站在未来一段时间内下行各个 PRB 将使用的最大发射功率的情况，相邻小区利用该消息来协调用户，实现同频小区干扰协调。

（2）LTE 上行功率控制

LTE 上行功控的目的是终端的节电和抑制用户间干扰。控制终端在上行单载波符号上的发射功率，使得不同距离的用户都能以适当的功率到达基站，避免"远近效应"。

系统通过 X2 接口交换小区间干扰信息，进行协调调度，抑制小区间的同频干扰，交互的信息有：

① 过载指示 OI（被动）：指示本小区每个 PRB 上受到的上行干扰情况。相邻小区通过交换该消息了解对方的负载情况。

② 高干扰指示 HII（主动）：指示本小区每个 PRB 对于上行干扰的敏感程度。反映了本小区的调度安排，相邻小区通过交换该信息了解对方将要采用的调度安排，并进行适当的调整以实现协调的调度。

LTE 上行功率控制分成以下 3 种。

① 上行共享信道 PUSCH 的功率控制。

② 上行控制信道 PUCCH 的功率控制。

③ SRS 的功率控制。

8.3.7 PCI 规划

LTE 中的 PCI 规划和 CDMA 系统中的 PN 规划类似，可以采用将 PCI 分为若干簇进行规划，但是区别是 PCI 规划需要避免 PCI 模 3 和模 6 干扰。LTE 的 PCI 规划在第 5 章有过详细介绍，这里不再赘述。

8.4　网络测试

无线网络优化需要对已建设完成的网络进行参数采集、测试和数据分析，找出影响网络质量的原因，然后运用各种技术手段或调整参数，使网络达到最佳运行状态。

8.4.1　优化工具

网络规划和优化是一个理论与经验并存的反复迭代过程，在各种网规网优工具的帮助下，通过规划和优化人员的判断和推理，合理配置网络，优化网络性能，使网络的投资和收益达到最佳的契合点，让运营商以合理的投资创造最大的价值。在网络优化过程中，需要有不同工具参与优化，各自发挥作用。常用的优化工具有规划工具、网管系统、路测工具与分析软件、导频扫描仪、矢量信号分析仪、频谱分析仪、设备厂家信息采集软件和其他辅助工具等。

1．规划工具

在工程优化阶段，将调查得到的站点信息和现有业务统计输入电子地图，经过仿真分析，可以对工程参数进行优化，如站点位置、天线类型、天线俯仰角和方向角等；也可以判断网络建设是否能达到预期目标。

目前关于 LTE 无线网络的规划优化已经存在比较完善的工具，它们一般都具有仿真功能，能够利用基站数据、路测、性能统计、数字地图等多种数据源，固化规划优化经验，对无线场景进行分析，优化小区参数和 2G/3G 系统的邻区列表等。

2．网管系统

网管系统从统计的角度反映了整个网络的运行质量状况。在成熟网络中，运营商以数据吞吐量的统计指标作为评估网络性能的主要依据。网管系统主要起到监控和搜集数据的作用。它能显示系统提供的业务分布和质量状况，包括阻塞率、掉线率、呼叫失败率、通话成功率、切换成功率、上下行负载、数据业务重传和延迟等。有些指标以整个 eNodeB 的范围为统计基准，有些以扇区的载波为统计基准。网络优化时根据需要登记相应的指标项。

除了以上统计指标外，告警数据收集也是网管系统的重要功能。告警是设备使用或网络运行中异常或接近异常状况的集中体现，反映了设备运行状况。网优工程师不仅要收集小区的告警，还需要查看系统 eNodeB 的相关告警，同时注意网络当前与历史告警信息。在网络优化期间，应该关注告警信息，以便及时发现预警信息，避免事故的发生。

3．路测软件

DT 路测是选取一定的路径，利用路测工具进行抽样测试，路测数据从抽样的角度反映了网络的运行质量。一套完整的路测设备包括测试接收机、GPS、数据线、电源转换设备以及便携式计算机。软件包括前台数据采集软件（简称路测软件）和后台数据处理软件（简称后处理软件）。路测软件是网络优化最重要的工具之一，路测软件可以存储、分析和显示测试终端或者其他测试设备采集到的空中无线信号，为室内外网络优化提供基础测试数据。在基础测试数据中，一部分是动态数据，如接收信号强度、终端发射和接收信号的 BLER 等；另一部分是统计数据，如切换次数、切换成功率等。除了可以采集基础测试数据外，路测软件还可以记录 Uu 接口层 2 和层 3 消息。

路测软件会收集大量的数据，收集的数据要易于分析和显示，这就需要后台处理软件对路测数据进行分析处理。后台处理软件主要包括导入、分析和显示 3 个部分。导入部分将各种格式的路测数据转化成系统可以识别的数据并保存到系统中；分析部分主要实现对导入的网络测试数据进行过滤、查询和统计等操作；显示部分将分析结果以图和表的形式显示。

数据显示具有地图显示、图形显示、列表显示、报表显示和消息浏览器显示等功能。数据分析功能可以从多个维度进行，按照不同的统计方法进行参数统计。参数统计可以统计指定参数的平均值、最大值、最小值、方差、均方差和个数，还可以设置统计参数门限值。

4．测试终端/仪器

（1）测试终端

LTE 网络建设和优化过程中需要进行大量的测试，感知网络质量。测试终端包括专用测试手机及数据卡。测试终端是增强型的商用终端，可以模拟用户的各种行为，进行各种各样的业务测试，与商用终端最为接近，可以比拟用户感受，还可以记录测试过程，通过信令与数据对测试效果进行分析，所以测试终端在网络优化中应用得最为广泛。

（2）导频扫描仪

导频扫描仪对所有可能的导频进行一次彻底的搜索。在覆盖区域内的测试路线上，导频扫描仪不间断地进行导频扫描，由此得到测试路线每一点上所有可检测到的导频。设置准确的邻区列表非常重要。初始化邻区列表是在覆盖预测的基础上完成的，利用导频扫描的结果可以进一步完善邻区列表。在导频扫描过程中，可以检测到在某一个区域中较强且没有加入到主覆盖小区邻区列表中的导频。另外，列入邻区列表且在该小区内没有检测到的导频，可以从邻区列表中剔除。

导频扫描仪的特点：不需要网络配合，简单方便，应用灵活；不受网络控制，客观反映网络覆盖；测试能力与速度不受规范控制，测试精度较高。利用导频扫描仪可进行多径、时延等方面的深度挖掘。

5．信令分析仪

信令跟踪是无线网络优化非常重要的手段。网络中所有行为都是由一组遵从一定规范的信令流程构成的，如无线接入、信道分配、位置更新和切换等。通过信令跟踪设备，获取网络接口信令数据。信令跟踪可以检测到每个通话的信令流程，发现异常的通信中断，以查找异常通信的原因，快速有效地解决问题。通过对大量呼叫的统计，可以很容易发现硬件或网络中存在的问题，并及时加以解决。

跟踪分析信令流程，找出其中的异常点，可直接对故障问题较为准确地定位，大大简化查找故障点的过程，缩短排除故障的时间，提高工作效率。信令跟踪可提供大量的信息，补充其他网络监控手段的不足。

6．频谱分析仪

频谱分析仪主要用于测试信号的频域特性，包括频谱、邻信道功率、快速时域扫描、寄生辐射和互调衰减等。在网络优化中常常使用频谱分析仪进行电磁背景测试。

在进行电磁背景测试时，首先把全向小天线接到频谱仪上，进行宽频段的全方位测试。若发现有信号出现，则依据信号所在的频段，将扫描带宽降低，并适当调节参考电平、每行的幅度值及分辨率带宽，对信号进行详细分析。信号定位方式与此类似，只是将全向天线换为定向天线，通过旋转天线方位角，观察测量信号的大小，从而判断信号所在的方位。

7. 其他辅助工具

其他辅助工具包括地理信息系统（GIS）、全球定位系统（GPS）、天馈线测试仪、误比特测试仪、频率计和功率计等。

GIS 俗称数字化地图，是按照地球椭球体结构，以一定的投影方式把地球分为不同的板块。地理信息系统常用的投影方式有 Gauss-Kruge 投影和 UTM 投影等；常用的参照系有WGS-84 坐标系和 GRS-1980 坐标系等。数字化地图分二维地图与三维地图两种。三维地图主要用于仿真软件。二维地图（如 MapInfo、GoogleEarth）用于初始布点和路测。

GPS 主要用在基站勘察和路测中。常用的手持式 GPS 系统具有以下特点：多种方式记录航迹，并可以存储多条航迹；多个航迹求面积；自建多条航线；可以显示速度、移动时间和航线方向等数据；具有测两点间直线距离的功能。

天馈线分析仪的主要用途是在射频传输线、接头、转接器、天线、其他射频器件或系统中查找问题。它用于各种通信基站天馈线系统的测试。在天馈线系统安装、调试及日常维护时，对其进行电压驻波比、回波损耗、电缆损耗、功率及故障定位等测试。

误比特测试仪用于以光纤、微波、电缆为传输媒质的通信系统的测试、分析和监视，诊断传输故障。

频率计主要用于测量频率、时间间隔、周期、上升/下降时间、正/负脉冲宽度、占空比、相位、峰值电压、时间间隔平均和时间间隔延迟等。

功率计的主要用途是在基站天馈系统安装好以后，测试天馈系统的发射功率、电压驻波比和回波损耗等。

8.4.2　数据采集

无论是 2G/3G，还是 LTE 网络，进行网络优化的前提是采集足够的数据进行分析。针对任何一类网络问题，只有采集了充分的相关数据、进行详尽的分析，才可能制定出合理、有效的网络优化手段。

数据采集的方法主要包括 OMC 统计、信令、DT、CQT 和客户感知等。通过不同方法得到的采集数据，从不同方面反映网络性能。对网络进行整体性能评估时，应该配合使用多种方法。

1. OMC 吞吐量统计

数据吞吐量统计的作用是通过网管系统收集和统计无线网络运行质量的关键性能指标（Key Performance Indicator，KPI），以反映网络质量。话务统计通常针对有实际在网用户的网络，并需要一定时间周期作为网络质量指标统计的基础。话务统计是整个网络优化过程中最基本的参考依据，运营商通常就是通过 OMC 统计获取网络 KPI，来掌握无线网络的基本运行状况的。

OMC 吞吐量统计提供大量、不间断的网络性能数据，为网络性能评估提供了完备的数据源，是最方便、消耗资源最少的性能统计方法。OMC 可以对容量、QoS、呼叫建立时间、呼叫成功率、掉线率等参数进行统计。

2. 信令

信令是非常有价值的数据，因为任何通信事件都要遵循一定的信令流程，信令数据可以真实地反映网络的运行状态。LTE 网络中有两类信令数据对于网络优化具有十分重要的意义，一种是各种信令流程，通过对其分析可以发现异常的通信中断，并进一步找到引发通信异常的原因，从而快速有效地解决网络故障。信令采集具有采样充分、全面的优点，可以监控网络内的所有在线用户的终端，可以长时间采集，数据真实准确，但实现复杂，对设备要求较高；另一种是各种测量报告，测量报告来自终端和基站所执行的大量测量（包括频率内测量、频率间测量、系统间测量、业务量测量、质量及内部测量等）。测量报告直观反映了用户所处的无线环境，可以全面、真实地反映网络的覆盖、干扰和业务质量等状况。基于测量报告，可以开展网络评估、问题小区分析、地理化显示、干扰排查、频率优化等一系列的网络优化应用。

3. DT

DT 是借助仪表、测试终端及测试车辆等工具，沿特定路线进行网络参数和通话质量测定的测试形式，从实际用户的角度去感受和了解网络质量。具体方法是测试设备装载在一辆专用汽车（测试车）上，沿途软件按要求自动（或测试人员手动）拨打通信，并记录数据。记录的数据包括用户所在位置、基站距离、接收信号强度、接收信号质量、越区切换地点以及邻小区状况等。在进行网络整体性能评估时，路测的范围应包括网络内所有蜂窝小区和扇区，所选的测试路线要尽量多。大规模的中心城市可以选取有代表性的区域和环境进行测试，对有问题的区域进行重点测试。通过测试，可以发现和定位网络问题，并给出优化建议。

（1）DT 时间

DT 时间建议安排在网络忙时，对忙时的确定可以参考网管话务统计。2G/3G 时代参考忙时为：上午 10:00～12:00；下午 16:00～19:00。LTE 的忙时跟 2G/3G 有所不同，其中接入用户数忙时在 8:00~24:00，忙时分布相对平坦，在中午 12:00 有一个高峰；业务流量在中午 11:00~13:00 有一个小高峰，在晚上 20:00～24:00 则是全天最大的业务高峰。因此，在 LTE 纯数据网络时代，网络忙时有显著的变化。

（2）DT 测试"线"与"面"的选取原则

① "线"即为交通道路，测试路线要求在城区之内，均匀覆盖市区主要街道。环城高速、高架桥、市区到机场公路等交通要道必须测试。

② "面"即为室外成片覆盖区域。面区域选取比例，繁华商业街区取 40%，市内公园景点取 20%，成片开发的住宅区与必须保障通信畅通的重点场所取 40%。

③ 测试路线应包括市中心密集区、市区主要干道、居民区、沿江（河）两岸、桥面等重要地方，尽量覆盖整个市区。

④ 测试路线应尽量避免重复，全面且合理。

⑤ 对用户投诉多的地方应重点测试，在测试路线上进行标记，必要的时候可重复测试。

（3）测试内容

目前 LTE 主要基于数据业务测试。利用测试终端进行会话类、流媒体类、交互类和后台类的业务测试。以后台类的下载为例，假如测试文件大小为 100MB，申请 128/1 024kbit/s 业务。下载完成或掉线后，间隔 3min 进行下一次尝试。

测试内容包括无线覆盖率、接通率、接入时间、掉线率、切换成功率、位置更新成功率、业务质量和 FTP 下载平均速率等指标。

4. CQT

尽管目前 LTE 并没有直接开通话音业务，但同样可以像 2G/3G 系统一样开展 CQT（Call Quality Test）测试。在城市中选择多个测试点，在每个点进行一定数量的呼叫，通过呼叫接通情况及测试者对业务质量的评估，分析网络运行质量和存在的问题。具体方法是利用测试终端或数据终端在指定地点进行业务测试，并记录测试情况，如吞吐量大小、接收电平的高低、切换及掉线情况等。CQT 的要求如下。

（1）测试时间

测试时间建议安排在忙时，参考忙时时间为：上午 11:00～13:00；晚上 20:00～24:00。在空网情况下，测试时间可以在白天任何时段进行。

（2）CQT 选点原则

由于 LTE 的业务主要发生在室内，选点原则可参考 3G 室内 CQT 选点原则：大型城市宜选 50 个测试点，中型城市宜选 30 个测试点，小型城市宜选 20 个测试点。

测试点选取范围包括数据业务高话务区、飞机场候机楼、火车站候车室、会展中心、三星级以上酒店、重要写字楼、居民小区。要求在每个 CQT 点选取 3 个测试位置进行测试，对于酒店应包括大厅（一楼咖啡厅）、客房、会议室等位置。

（3）拨打要求

LTE 的 CQT 需要关注数据业务的承载速率，以保证用户的切实感知，业务掉线后不再重新下载。

相对于 OMC 统计和 DT，CQT 最接近终端用户的感受，并且可以在不同系统、不同厂家设备之间采用同样的测试准则，进行横向评估。

5. 客户感知

从用户投诉、运营商的意见和现场工程师的主观感觉等方面，了解网络中可能存在的问题。从用户角度感受网络质量、体验业务，从而开展基于客户感知的端到端的网络优化。

6. 现网统计、主动测量和客户感知的关系

现网统计包括 OMC 话务统计和信令采集两个方面。OMC 统计是从信令流程出发，通过 OMC 配置相关的计数器，得到网络统计性能。现网统计从设备运行以及技术分析的角度，对现网中的用户行为进行无差别的完整记录，最后统计得出全网通信质量。主动测量包括 DT 和 CQT 两个方面。主动测量是对重点区域主要业务行为进行的选择性评估，是现网统计的一个抽样，同时用于模拟客户感知，从用户角度来检查网络的性能。

现场测量和 OMC 统计两种方式互为补充。在网络建设初期，网络的话务容量还没有达到规模，暂不具备统计特性，现场测量可以作为网络评估的主要方式。在网络建设后期，随着用户数增加，当业务量达到一定门限的时候，抽取相关 KPI，作为网络质量的判断标准。此外，由于不可能得到对方运营商的统计报表，只能采用现场测试的方式对其他运营商的网络进行评估。

不管是现网统计，还是主动测量，最终目的都是反映客户感知，从而满足用户各种各样的通信需求。

8.5 网优新技术

8.5.1 SON 自优化

SON 是在 LTE 网络的标准化阶段由移动运营商主导提出的概念，其主要思路是实现无线网络的一些自主功能，减少人工参与，降低运营成本。

LTE 系统中的 SON 功能与 Ad-hoc 自组织网络有很大差别。Ad-hoc 网络是一种特殊的无线移动网络，网络中所有节点的地位平等，无需设置中心控制节点；网络中的节点不仅具有普通移动终端所需的功能，而且具有报文转发能力。与普通的移动网络和固定网络相比，Ad-hoc 具有无中心、自组织、多跳路由、动态拓扑 4 大特点，这使其在体系结构、网络组织、协议设计等方面与普通的蜂窝移动通信网和固定通信网有显著区别。SON 具有下述 4 大功能。

（1）自配置：eNodeB 即插即入、自动安装软件、自动配置无线参数和传输参数、自动检测、邻接关系的自动管理等。自配置能减少网络建设开通中工程师重复手动配置参数的过程，减少网络建设难度和成本。

（2）自优化：根据网络设备的运行状况，自适应调整参数，优化网络性能。传统的网络优化，可以分为两个方面，其一为无线参数优化，如发射功率、切换门限、小区个性偏移等；其二为机械和物理优化，如天线方向和下倾、天线位置、补点等。自优化只能部分代替传统的网络优化。自优化包括覆盖与容量优化、节能、PCI 自配置、移动健壮性优化、移动负荷均衡优化、RACH 优化、自动邻区关系、小区内干扰协调等。

（3）自治愈：通过自动告警关联发现故障，及时隔离和恢复。

（4）自规划：动态地自动重计算网络的规划，如系统扩容时的站点规划和无线参数配置。

SON 的架构分集中式、分布式和混合式 3 种，3 种架构各有优缺点，不同的用例采用的架构不同，现在多数用例倾向采用混合式架构。集中式目前主要在网管系统上实现，分布式是通过 SON 分布式来实现，二者各有优缺点：集中式的优点是控制范围较大、互相冲突较小，缺点是速度较慢、算法复杂；分布式与其相反，可以达到更高的效率和速度，且网络的可拓展性较好，但缺点是彼此间难协调。混合式可结合两者的优点，但缺点是其设计变得更加复杂。

1. SON ANR

邻区规划优化是无线网络优化中进行得非常频繁的一项工作。GSM、WCDMA 等无线网络的邻区关系是手动管理和规划的，这个方法浪费资源，增加了运营成本，且易出错。与早期的 WCDMA 等系统的邻区规划方式不同的是，LTE 中的 SON ANR 功能实现了自动邻区关系建立和维护。

ANR 即自动邻区关系，通过 UE 测量发现未知邻区，并在临时邻区列表中按照策略配置对测量上报次数、切换成功次数等进行统计过滤，最后上报 OMC 添加配置信息后正式添加记录。删除则是在邻区总数到达一定门限后按照切换次数，切换成功率等指标统计后决定是否进行删除。

自动邻区关系功能依赖于小区广播，它的全球范围内的标识为 Global Cell Identifier（GCI）。ANR 功能受 O&M 的控制，eNodeB 侧邻区关系列表的变化需要通知 O&M。

在 LTE 系统同频下，ANR 功能具体执行如图 8-4 所示。

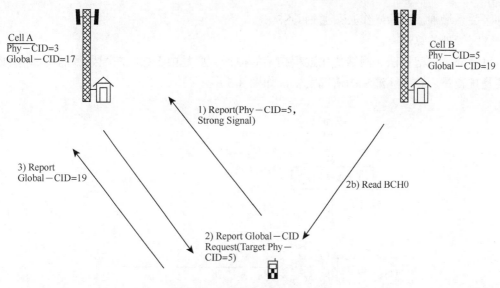

图 8-4　LTE 系统同频 ANR 功能

在正常的通信过程中，eNodeB 指导每个 UE 去进行邻小区的测量。eNodeB 为每个 UE 指定不同的测量策略和上报测量报告的时间。

（1）UE 上报关于小区 B 的测量报告。测量报告中包括小区 B 的 Phy-CID，不包括 GCI。

（2）eNodeB 指导 UE 根据最新上报的 Phy-CID，读取相应邻区 GCI、TAC（Tracking Aera Code，跟踪域）和所有可用的 PLMN ID。因此 eNodeB 需要调度合适的 Idle 周期使 UE 读取检测邻区的广播信道，以获取 GCI。

（3）如果 UE 发现新小区的 GCl，则 UE 将该值上报给服务小区的 eNodeB。另外 UE 根据 eNodeB 的需要决定是否上报 TAC 和所有的 PLMN ID。

（4）eNodeB 判决是否将该小区加入邻区关系，根据 Phy-CID 和 Global-CID：

① 更新邻区关系列表。

② 查找新 eNodeB 的传输层地址。

③ 根据需要判断是否需要与新 eNodeB 建立 X2 接口。

ANR 的主要核心技术是邻区列表和邻区管理算法。邻区列表有：

（1）eNodeB 侧——eNodeBNRT。eNodeBNRT 就是在 eNodeB 侧维护的邻区关系列表，记录 eNodeB 当前可用的邻区关系信息。当 UE 向 eNodeB 发起切换时，eNodeB 查询邻区关系列表确定目标小区信息。

（2）OSS 侧——OSSNRT。从 ANR 算法描述的简易性出发，定义的一个抽象的 OSSNRT 表，在 OSS 侧实现中可以没有对应的实体存在，但在 OSS 内部的信息上是能够重构出 OSSNRT 中所包含的信息内容的。

OSS 侧对 NRT 表的操作包括邻区增加／删除／修改操作。其增加／删除操作主要针对邻区关系列表中的邻区关系；其修改操作主要针对邻区关系列表中的所有内容（邻区关系和邻区关系属性）。

eNodeB 侧对 NRT 表的操作包括邻区增加／删除操作。为了和 OSS 侧保持一致，eNodeB 侧不能对邻区关系属性进行修改操作，邻区关系属性修改只能由 OSS 侧实现。同时，eNodeB

LTE FDD/EPC 网络规划设计与优化

侧邻区关系增加 / 删除操作必须通知 OSS 侧。

邻区管理的算法有：

（1）邻区漏配算法。网络优化过程初期的掉话主要是由于邻区漏配导致的，邻区的优化主要是排查是否有邻区漏配的情况发生，如图 8-5 所示。

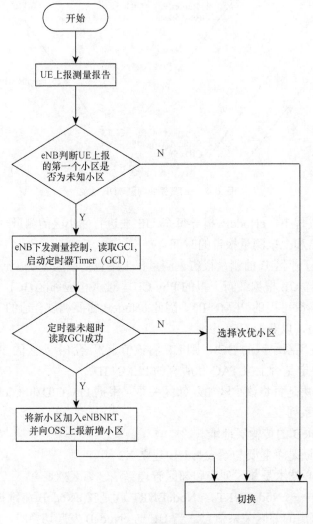

图 8-5　邻区漏配算法

（2）邻区多配算法。移动网络的不断变化，造成邻区关系失效的情况，例如一个小区或者 eNodeB 不能工作，新建筑物的出现使小区或 eNodeB 覆盖的地区形成了盲区；一个小区或者 eNodeB 不存在了等。在这些情况下，邻区关系已经没有存在的必要。此时，需要清除邻区关系列表中已经不存在的邻区关系，保证邻区关系列表的精简。

ANR 的删除邻区功能主要是根据 NRT 表中维护的"切换统计信息"判断。

① 切换发起次数，在统计周期内，本小区切换到对应邻区的切换次数低于一定门限，则认为该邻区关系满足了 ANR 删除小区统计特性要求。

② 切换成功率，在连续 N 个统计周期内，本小区切换到对应邻区的平均切换成功率低

于 ANR 删除小区门限，则认为该邻区关系满足了 ANR 删除小区统计特性要求。

③ 邻区上报次数，在连续 N 个统计周期内，UE 上报测量报告检测到邻区存在的次数小于一定门限，则认为满足该邻区关系满足了 ANR 删除小区统计特性要求。

（3）越区邻区覆盖算法。越区邻区关系场景，在 RF 特征上能够检测到非邻区关系的其他小区，其基本表现是在小区质量上满足切换条件，但由于上下链路不平衡，其他小区的干扰大导致其切换成功率低。

越区邻区主要是由越区覆盖引起的。一个设计合理的网络就是让每个小区只覆盖 eNodeB 周围的区域，UE 驻留（或通话）在距离最近的小区上。越区覆盖是指某小区的服务范围过大，在间隔一个以上的基站后仍有足够强的信号电平使得手机可以驻留或切入。越区覆盖是实际小区服务范围与理想服务范围严重背离的现象，带来的影响有话务吸收不合理、干扰、掉话、拥塞、切换失败等。越区覆盖算法有：

① 基于距离、层数的越区邻区判断。

② 基于方位角关系的越区邻区判断。

③ 基于距离、层数和方位角关系的越区邻区判断。

2. SON PCI 冲突混淆检测

随着网络的扩大，网元数目越来越多，特别是基站密集分布区域，邻区关系数目较多，PCI 冲突难免发生。

（1）PCI 的分配

在 OMC 执行 PCI 参数分配时，根据配置的可用 PCI 范围，按算法从中选出可配 PCI。算法的输入包括邻区关系、共站小区信息、复用距离、全网小区的经纬度信息和 PCI 信息。小区新建时，一般由离线工具根据 PCI 分配算法和邻区信息计算 PCI，并人工设置小区配置表中的 PCI 字段。

PCI 分配原则如下。

① 第一第二层邻区 PCI 不能重用。

② 共站小区模 3 不同。

③ 复用距离内 PCI 不重复。

以上优先级由高到低，在不能保证同时满足的情况下，由下到上依次取消限制。当然复用距离内和一二层邻区用 PCI 肯定是有交叠的，在放开复用距离的约束时，肯定不能包括第一二层邻区用 PCI。

（2）PCI 的冲突检测

SON PCI 冲突检测通过不同的 GCI 具有相同的 PCI 作为 PCI 冲突判断条件。当 eNodeB 检测到 PCI 冲突时，首先需要向 OSS 系统上报冲突，对冲突小区进行重新规划，解决 PCI 冲突。

① 触发条件。

a. PCI 功能开关打开。

b. 初始网络部署，基站建立 Cell 时，做数据有效性检查。

② 处理流程。在作 eNodeB 配置数据时进行数据有效性检查，运用 PCI 冲突检测算法，如果有 PCI 冲突的小区配置，则不允许建立该小区，由管理者重新配置数据。

③ 对基站的影响。在初始部署时期，O&M 启动 PCI 防冲突自动检测功能后，PCI 不满足条件的小区 O&M 不允许建立 Cell。通过网规网优重新部署小区的 PCI 值。

（3）PCI 的在线调整

由于 OMC 可以获取管辖范围内所有小区的 PCI 值以及邻区关系，因此 PCI 分配方案采用集中式分配，即 eNodeB 进行冲突检测及上报，由 OMC 进行 PCI 分配及调整。如果 OMC 判断发生冲突/混淆的是异系统邻区，则直接上报给 NMS，不作 PCI 重配处理；否则，对 PCI 进行调整重配。

① 当 eNodeB 装载完毕运行后，建立新 Cell 时，启动一个 PCI 定时器。

② 从 OMC 给予的可用 PCI 集合（或单个 PCI）中随机（或某种算法）选取 PCI 值，这个新 Cell 就采用这个随机的 PCI 值作为扰码的参数。

③ 根据 eNodeB 的 ANR 功能，UE 能检测到所服务的 Cell 的邻小区的 PCI 值并通过测量上报给 eNodeB，ANR 功能将这些获取的 PCI 值存储在邻小区 ANR 列表中，这样新 Cell 就获得了它邻近所有 Cell 的 PCI 值，并且通过 ANR 功能还获取了邻近 Cell 的 ECGI 值。

④ 新 Cell 通过 ANR 功能逐一将检测到的邻 Cell 信息添加到自己的邻小区列表中，再根据 X2 相关属性决定哪些邻 Cell 是需要建立 X2 连接的。

⑤ 同理，这些周围的 Cell 也会收到报告得知新 Cell 的引入，从而将新 Cell 的信息加入它们自己的邻小区列表中，是否触发建立 X2 连接，取决于配置 X2 相关属性以及相邻小区与新 Cell 被检测到的先后顺序（有可能邻小区先被检测到，由邻小区先建立 X2 连接）。

⑥ 如果 X2 建立，新 Cell 和邻 Cell 可以通过 X2 接口获取对方的资源信息。

⑦ 当新小区的 PCI 定时器超时后，这个新 Cell 根据之前获得的邻小区列表的信息，判断新 Cell 的 PCI 是否满足 PCI 冲突判决条件，如果有 PCI 冲突，则 eNodeB 通知 OMC 有 PCI 冲突。

⑧ 同样与新 Cell 有 PCI 冲突的邻小区也会通知 OMC，OMC 判决后决定是否通知新 Cell 所在 eNodeB 需要重新配置 PCI，并且下发一个有效的 PCI 集合（或具体值）到 eNodeB。

⑨ 如果这个新 Cell 根据 PCI 集合选择出新 PCI 值，则通知它的邻小区这个新采用的 PCI 值，使邻小区同步更新信息；并且通知 OMC 该小区采用新的 PCI 值。

3. SON MRO

移动通信网络中，切换参数的固定设置无法适应动态变化的无线环境，从而会导致用户发生诸如乒乓切换、无线链路失效的切换问题。在传统通信网络中，手动设置切换参数是十分耗时耗力的，因此系统通过监测切换性能来自适应调整切换参数，从而避免切换问题的发生。

为了解决上述问题，3GPP 在 LTE 系统的 SON 技术中引入了移动健壮性优化（MRO）功能。MRO 的主要目标是减少切换相关的 RLF 发生。其主要思路是通过先检测到相关问题，然后根据问题的分析提供解决方案并进行优化。

3GPP TR36.902 提出在 MRO 中需要优化的基本内容可以分成以下几个部分：过晚切换、过早切换、选择错误小区切换、不必要切换以及小区重选等。其中选择错误小区切换、不必要切换以及小区重选等内容在 ANR 和 PCI 冲突检测中有涉及，不作为 MRO 中的重点。

（1）过早和过迟切换

在 LTE 中，RLF 造成 UE 与 eNodeB 断开连接，会带来很差的用户体验。UE 用接收到的下行链路的信干比 SINR 来判断 RLF。UE 每隔 10ms 进行一次下行链路的 SINR 测量，并进行对进入同步（In-sync）和离开同步（Out-of-sync）的判断。当 UE 的下行 SINR 在 200ms 滑动窗口内的平均值低于门限值 Q_{out}，则启动 N310 计数器；如果 N310 计数器计数完毕，并且滑动窗口内的 SINR 平均值仍低于 Q_{out}，则开启 T310 计时器；如果在 T310 时间内一直满足平均 SINR 低于 Q_{out}，则发生 RLF；如果在 T310 时间内，100ms 滑动窗口内的 SINR 平均值高于门限值 Q_{in} 并持续 N311 次，则跳出 RLF 判断。

RLF 判断示意图如图 8-6 所示。

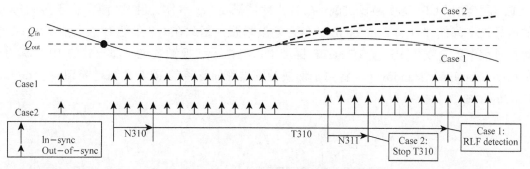

图 8-6　RLF 判断示意图

更为具体的 RLF 判断流程如图 8-7 所示。

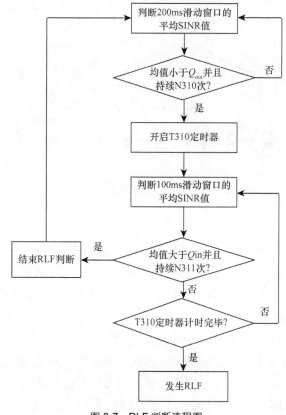

图 8-7　RLF 判断流程图

通过上面的分析可知，UE 较差的下行 SINR 是导致 RLF 发生的根本原因。由于 LTE 小区之间采用同频复用，因此 UE 的下行 SINR 的计算是与 UE 接收到的源 eNodeB 的信号强度以及来自相邻 eNodeB 的干扰信号密切关联的。

在 LTE 的切换过程中，如果切换触发时机不合理，则会导致 UE 发生 RLF。如图 8-8 所示，UE 由小区 1 向小区 2 运动。如果 UE 切换触发过早，在 A 点满足 A3 事件并触发切换，当其完成切换过程之后，源 eNodeB 由 eNodeB1 变为 eNodeB2，此时接收到的源 eNodeB 信号较低，而来自其邻居 eNodeB 的信号过高，从而导致下行 SINR 较低而发生 RLF；反之如果 UE 切换触发过晚，在 B 点才能满足 A3 事件并触发切换，由于源 eNodeB 的信号逐渐降低并且邻居 eNodeB 的信号逐渐增强，因此在 UE 到达 B 点之前或者 UE 在切换过程中就会发生 RLF。在 3GPP 标准中，将由于切换触发过早而导致的 RLF 称为过早切换（Too Early Handover），将由于切换触发过晚而导致的 RLF 称为过晚切换（Too Late Handover）。

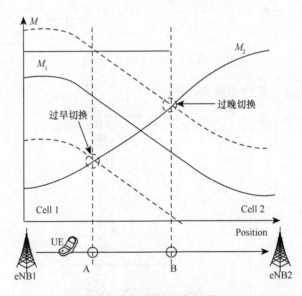

图 8-8　过早切换和过晚切换

（2）乒乓切换

乒乓切换同样属于 LTE 中的切换问题之一，该切换问题是指 UE 由源小区切换至目标小区之后，在很短的时间内又由目标小区切换回源小区。乒乓切换虽然不会导致 UE 与其所属 eNodeB 断开连接，但是会造成网络资源的浪费，原因是 UE 会在很短时间内同时消耗源 eNodeB 和目标 eNodeB 的资源。

在 LTE 中，切换参数设置的不当会导致乒乓切换的发生。如图 8-9 所示，由小区 1 向小区 2 的切换触发事件以及由小区 2 向小区 1 的切换触发事件满足图中公式的关系，导致小区 1 与小区 2 的切换触发门限的位置发生了重叠。当 UE 经过重叠区域时，由于同时满足了向两个小区切换的条件，因此会出现 UE 从小区 1 切换至小区 2，之后又从小区 2 切换回小区 1 的现象，从而发生乒乓切换。

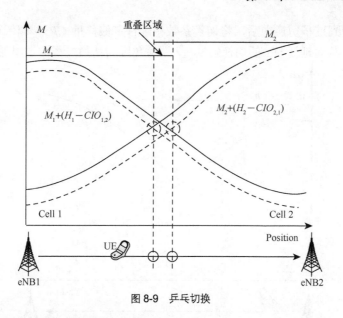

图 8-9　乒乓切换

（3）MRO 技术及切换问题优化

在传统的 2G/3G 通信网络中，切换参数都是通过手动设置的，这种方式不仅耗时耗力，而且在很多情况下都无法适应动态变化的无线传播环境。移动健壮性优化（MRO）则通过对 UE 的 RLF 信息收集和相邻 eNodeB 之间的信息交互，对 UE 的切换问题进行判断之后，再进行切换参数的自适应调整。MRO 不仅节省了人力开销，而且还能在很大程度上适应动态变化的无线传播环境，因此成为网络自优化中非常重要的功能之一。

3GPP TR 36. 902 中，MRO 主要对以下切换参数进行优化：迟滞因子（Hyst）、触发时间（TTT）、小区偏置参数（CIO）、小区重选参数（CRS）。

TTT 是时间滞后参数，是用户汇报 A3 事件前的一个时间观察窗，即一旦用户的无线链路环境满足 A3 事件的不等式，就进入 TTT 观察时间窗，只有在 TTT 时间窗内用户的无线链路环境满足 A3 事件的不等式条件，A3 事件才会上报，来触发可能的切换过程。

Hyst 是用户当前服务基站的迟滞参数，用来判决是否触发 A3 事件，是影响发生 A3 事件的判决门限和迟滞范围。该参数对切换门限可以进行适度的调整，使用户提前或者延后进行切换，可用来避免由于频繁切换造成的乒乓效应，同时也可避免过多的信令开销，这里 TTT 和 Hyst 的作用相近，都是对用户所在服务基站 S 进行参数设置。

CIO 是用户当前服务基站 S 对应邻居基站 nj 的小区偏置参数，且影响 CIO 设置的因素有很多，利用此参数可以调整用户选择的目标小区。对于每个邻居关系，都用带内信令分配一个偏移，在用户评估是否一个 A3 事件已经发生之前，应将偏移加入到测量量中，从而影响测量报告触发的条件。

① 过早切换的判决及优化。当 UE 由源小区成功切换至目标小区之后，如果在很短时间内发生了 RLF，重新连接时未能连接到目标小区而又尝试连接到源小区，那么这类切换问题属于过早切换。MRO 功能通过 UE 的 RLF 信息上报，以及源小区和目标小区各自所属 eNodeB 之间的信息交互来对该问题进行判决和优化。

产生过早切换的原因是由源小区至目标小区的切换过程被过早地触发，因此源小区所属 eNodeB 的 MRO 功能会自适应地将切换触发门限调高，从而延缓切换过程的触发。如图 8-10

所示，MRO 检测到过早切换之后，将切换参数小区特定偏移量 $CIO_{1,2}$ 调低至 $CIO_{1,2}'$，使得切换触发门限增加，从而延缓 UE 的切换触发过程，避免因为切换过程的过早触发而发生的 RLF。

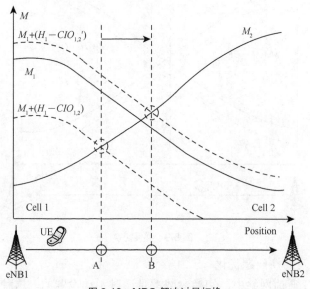

图 8-10　MRO 解决过早切换

② 过晚切换的判决及优化。如果在源小区为 UE 初始化切换之前发生 RLF，并且在之后重新连接到另外一个小区；或者 UE 在源小区与目标小区的切换过程当中发生 RLF，并且在之后 UE 重新连接到目标小区，那么这类切换问题属于过晚切换。MRO 同样通过 UE 的 RLF 信息上报，以及源小区和目标小区各自所属 eNodeB 之间的信息交互来进行判决和优化。

产生过晚切换的原因是由源小区至目标小区的切换过程太晚被触发，因此源小区所属 eNodeB 的 MRO 功能会将相应的切换触发门限降低，从而提前源小区至目标小区的切换触发。如图 8-11 所示，MRO 检测到过晚切换之后，会将小区特定偏移量 $CIO_{1,2}$ 调高至 $CIO_{1,2}'$，减小切换触发门限，从而提前 UE 的切换触发过程，避免因为切换过程触发过晚导致的 RLF。

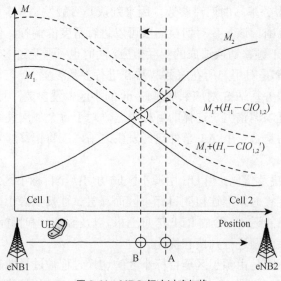

图 8-11　MRO 解决过晚切换

③ 乒乓切换的判决及优化。如果 UE 由源小区切换至目标小区，之后在很短时间内又由目标小区切换至源小区，那么这类切换问题被称为乒乓切换。该切换问题可以由源小区所属的 eNodeB 或者目标小区所属的 eNodeB 来解决。产生乒乓切换的原因是两个小区之间的切换触发门限位置发生了重叠，因此消除重叠区域是解决乒乓切换的直接方法。MRO 检测到乒乓切换之后，通过自适应的调整，使两个小区的切换参数满足式（8-1）来消除重叠区域，从而避免乒乓切换的发生。

$$(H_1 - CIO_{1,2}) + (H_2 - CIO_{2,1}) > 0 \tag{8-1}$$

8.5.2　最小化路测

为了能够更为全面地掌握网络情况，降低网络运营成本，3GPP 在 R9 版本规范中提出了最小化路测（Minimization of Drive Tests，MDT）技术。其通过为用户终端设定专门的 MDT 测量来获得网规网优工作所需的相关性能指标，从而提供了一种能够替代常规路测方法的解决方案。

1. MDT 的工作原理

MDT 测量本质上仍是一种 RRM 测量。MDT 测量需在 RRM 测量的基础上进行。MDT 的测量报告主要包含时间信息、地理位置信息、服务小区的测量信息以及同频、异频或异系统邻区的测量信息，其上报周期应满足 UE 节电与网络侧信令负荷的需要。网络侧可以通过基于区域的 MDT（Area based MDT）和基于信令的 MDT（Signalling based MDT）来实现不同范围的 MDT 测量。基于区域的 MDT 可设置特定小区、位置区以及路由区集合内的 UE 进行测量，是基于管理的 MDT 的一种增强；基于信令的 MDT 可以根据 IMSI 或 IMEI 选择特定的 UE 进行测量。

MDT 技术的测量模式分为存储 MDT（LoggedMDT）和立即 MDT（Immediate MDT）两种。

（1）存储 MDT

存储 MDT 在 UE 的空闲状态或 CELL_PCH、URA_PCH 状态下进行测量，UE 存储测量所得的结果，并在进入连接状态后将测量结果上报给 eNodeB。

对于存储 MDT，如图 8-12 所示，网络侧在 UE 处于连接状态时下发 Logged Measurement Complete 消息，通过该消息通知 UE 存储 MDT 的测量策略，UE 在空闲状态根据测量策略收集测量信息。存储 MDT 采用按需上报的方式来上报测量信息，当配置了存储 MDT 测量的 UE 回到连接状态时，通过 RRC 消息中的指示信元来通知网络侧存储 MDT 的测量结果可用。网络侧收到 UE 的 MDT 测量指示后，自行决定是否需要上报测量。如果需要上报，则下发 RRC 消息 UE Information Request 通知 UE 上报测量，UE 通过 RRC 消息 UE Information Response 将收集的测量结果分段发送给 eNodeB，再由 eNodeB 转发给 TCE（Trace Collection Entity，跟踪收集实体）。当上报完成后，UE 删除测量记录。如果 UE 再次回到空闲状态后存储 MDT 仍处于有效时间范围内，则可以继续进行测量；如果配置的有效时间超时且测量结果未传回网络，UE 保存现有的测量结果 48 小时。在 48 小时内，网络侧仍可以要求 UE 上报存储 MDT 的测量结果。UE 进入关机或者去附着状态后，相关的测量信息和配置策略都将被清除。

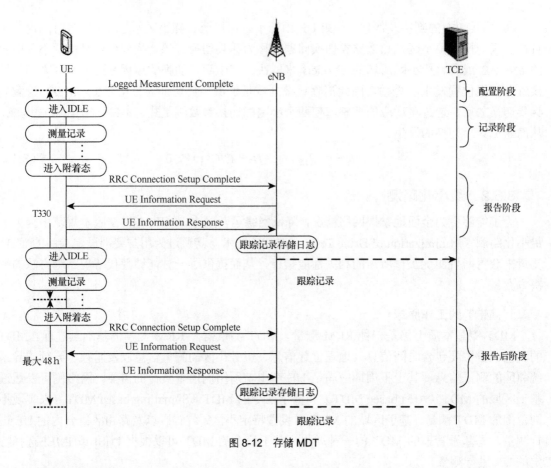

图 8-12　存储 MDT

（2）立即 MDT

　　立即 MDT 在 UE 的连接状态下进行测量，并直接将结果上报给网络。立即 MDT 的上报过程则相对简单，在其触发的时间周期和事件条件满足时，沿用已有的 RRM 测量机制将测量结果直接上报给网络，eNodeB 可以保存一定量的 MDT 结果，并最终发送给 TCE，如图 8-13 所示。

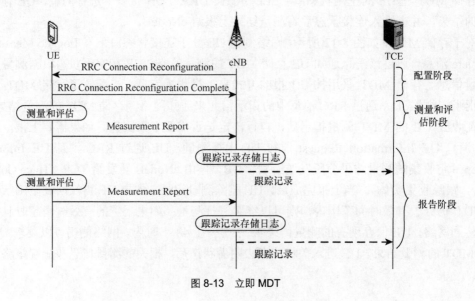

图 8-13　立即 MDT

2．MDT 的测量内容

在 LTE 网络中，存储 MDT 的测量内容为服务小区的 RSRP 和 RSRQ 以及邻区的信号强度，其最多可测量 6 个同频邻区、3 个异频邻区、3 个 GSM 邻区以及 3 个 UMTS 邻区。立即 MDT 的测量内容分为以下两种。

（1）UE 测得的 RSRP 和 RSRQ，由周期或服务小区低于相对门限的 A2 事件触发测量结果的上报。

（2）UE 测得的 PH（Power Headroom，功率余量），功率余量报告由 MAC 层信令承载。

同时，MDT 需要 UE 测量可用的详细地理位置信息。如果详细的位置信息可用，报告中应包含采样点的经纬度信息；如果无可用的详细位置信息，UE 可通过携带 RF 信息以供网络侧估算其所处位置。此外，UE 需要一同上报获得详细位置信息的时间，以便网络侧判断该位置信息的有效性。

3．MDT 的应用场景

从目前 MDT 技术的进展情况看，R10 版本的 MDT 报告主要包括 UE 测量获得的无线环境信息。MDT 报告主要可用于优化人员监测并及时发现网络中存在的覆盖问题，如：

（1）用户投诉的分析处理与定位。目前的移动通信网络中，对用户的信令过程进行跟踪，操作的流程烦琐、复杂，难以掌握。而常规的路测方法又耗时耗力，很难及时对用户投诉作出反应。基于信令的 MDT 测量可以选择特定 IMSI 或 IMEI 的 UE 上报测量报告，从而实现用户投诉等问题的快速定位与处理。

（2）全网覆盖数据的采集。传统的路测不可能全天候进行，也不可能完成对全网覆盖区域的遍历，在全网范围实施的 MDT 测量可以弥补路测手段在这方面的不足。

（3）弱覆盖区域的发现。MDT 报告中可提供用户所处位置的地理信息，且在用户空闲状态下与连接状态下均可进行测量，因此通过 MDT 报告能够发现覆盖不足的区域。

（4）越区覆盖的发现。通过分析 MDT 报告中 UE 的位置信息和信号强度来判断小区覆盖是否处于规划的范围之内，从而对网络进行有针对性的调整。

（5）上下行不平衡问题的发现。在 LTE 连接状态下，MDT 报告可以提供 UE 的发射功率余量，从而获得 UE 实际的上行状况。优化人员可据此对 UE 所处的无线环境进行评估，通过网络参数或天馈系统的合理配置，避免上下行不平衡问题的发生。

4．MDT 的劣势

MDT 技术所需的测量与 LTE 网络中的 RRM 测量完全相同，对网络侧而言，MDT 仅增加了测量的频次，会少量增加信令信息的负荷，对无线资源并无明显影响。但 MDT 技术需要 UE 保存空闲状态下的测量结果，在一定程度上增加了终端设备的复杂度和硬件成本，同时地理位置信息的频繁测量可能会造成终端耗电量的增加。

（1）MDT 测量上报对终端耗电的影响

立即 MDT 对于现有的 RRM 测量来说，均是采用测量完成后即时上报的方式，因此，如果 MDT 重用现有的测量，并且在 UE 为了移动性等目的上报给网络的同时，用于 MDT 分析，不会对 UE 的耗电产生太大影响。

对于存储 MDT 测量来说，需要存储相应的测量报告，需要将测量报告存储在其他实体当中（如外部设备等），就会涉及与外部设备之间的信令交互，也就必然会增加 UE 的耗电。

（2）MDT 对终端存储空间的影响

立即 MDT 测量结果直接上报结果给网络，沿用了已有的 RRM 测量机制，对 UE 的存储没太大的影响。

存储 MDT 在网络没有取走相关 MDT 测量报告前，UE 必须要负责存储，以保证在特定时间或在网络侧需要时进行上报，所以对 UE 存储空间有一定要求。

8.6　网络 KPI 评估

8.6.1　网络评估

无线网络评估旨在通过对网络运行数据的分析，给出合理的评估，包括网络规划质量、网络运行状况、网络运行中存在的问题和网络投资利用率等。网络评估有以下两个目的。

（1）对采集的数据进行统计，以确定系统是否满足验收要求。

（2）掌握网络的整体运行状况，为网络进一步优化和建设提供直接参考。

网络评估通常可按以下步骤进行。

（1）设定质量指标，定义端到端的质量目标、不同业务类型的性能指标，并设定考核 KPI 值。

（2）通过网管系统、路测设备、协议分析仪甚至用户反馈意见等，收集网络性能数据。

（3）对网络测试数据进行分析，给出网络评判结果和优化建议。

从技术层面来看，无线网络评估是围绕着覆盖、容量和质量 3 个方面进行的。下面对无线网络评估的内容和细则进行详细描述。

1. 网络覆盖评估

LTE 网络覆盖采用 RSRP 和 SINR 来衡量，包括下/上行覆盖状况、公共/业务信道的平衡情况及下/上行链路的平衡情况。下行衡量指标包括 SINR 和 RSRP，上行衡量指标主要参考终端发射功率。LTE 的覆盖水平需要根据覆盖或数据吞吐量要求进行适当调节。

2. 容量评估

直接按照网络规划设计的下/上行数据吞吐量或 OMC 统计的下/上行吞吐量，都不能客观地评价网络，而资源利用率则可以很好地对此进行评估。它可反映出实际网络运营资源与规划设计总资源的比例，从而有效地提高资源利用率，使运营网络的各项投资成本达到最大的性价比。

具体的评估过程如下：从网络规划设计方案中得出网络规模容量，通过 OMC 统计查询得到实际的忙时下/上行吞吐量，将两者相除，即可得到网络资源的利用率，从而体现网络的承载负载。

3. 网络质量评估

网络质量主要受到无线传播环境、信号覆盖、干扰、业务容量以及设备性能的影响，是这些因素的综合性表现。可参照以下评估准则：在 SINR>−3dB、RSRP>−105dBm 的全部路测数据中，数据质量 BLER<5%的数据占全部数据的百分比。

4. 网络布局评估

网络布局要求按照蜂窝结构进行网络建设。网络布局评估包括综合网络规模、覆盖区域类型、地物地形分布、服务区设计指标、网络结构、站址/话务密度和室内覆盖策略等。

在评判网络布局时，可参考以下 3 方面内容。

（1）站点拓扑结构是否符合蜂窝结构

首先按照地形划分区域，每个区域以某个基站为中心，计算出周围 6 个基站与中心的距离，从而得到平均站间距和平均小区覆盖半径 R，再以 R 为基准，画出标准的蜂窝结构。若周围相邻基站偏离标准蜂窝超过小区半径的 1/4，则统计一次布局不合理，依次类推完成整个区域和整个网络的评估。

（2）宏蜂窝天线的挂高

首先按照地形划分区域，每个区域对天线挂高取平均值，如果某基站的天线低于或者高于平均值的 15%，则统计一次布局不合理。

（3）超闲小区和超忙小区的比例

超忙小区的出现会增大忙时拥塞率，严重影响网络质量，应该对其进行扩容。超闲小区的出现与移动用户数、网络运行阶段及运营商市场推广等因素密切相关，很难完全消除。

在实际建网过程中，由于楼宇位置分布不理想，站址获取具有不确定性，网络布局不合理情况难以避免。网络布局评估结果从一个侧面体现了网络结构状况。当网络布局评估结果不理想时，一方面反映了复杂的无线环境；另一方面则要求投入更多的精力来开展网络优化工作。

5．吞吐量统计和测试指标的对比

吞吐量统计指标和测试指标是反映无线网络性能的重要指标，可用来判断网络性能是否达标。吞吐量统计更能反映出无线网络的整体性能，因此，在条件允许的情况下，测试指标应与吞吐量统计指标进行对比分析。

8.6.2　业务评估

在业务测试中，呼叫次数、接入时长、信号强度、干扰强度和间隔时间等指标会影响业务评价的正确性。业务测试测试点的选取要有代表性，可以参考 CQT 测试点。为了提高测试精确性，每次测试过程中，要保证测试终端在业务进行过程中始终处于有电状态。

这里以流媒体类、交互类和后台类的典型业务进行说明。由于 LTE 初期不承载话音，在此会话类的 KPI 暂不作评估。

1．流媒体业务（流媒体类）

流媒体业务测试需要配置视频流服务器。测试时需要发起流媒体业务，确认终端能否成功登录视频流服务器，并完成下载播放；是否可以顺利地打开并播放不同传输格式（如MPEG4 和 H.263 等）的视频流文件；下载播放过程中，记录传输速率跟测试终端分配到的时隙个数是否相匹配；在播放过程中，记录话音和视频是否清晰同步，视频流是否中断。最后统计出流媒体业务的成功率、中断率和下载速率。音乐随身听、手机视频业务是典型的流媒体业务。

音乐随身听业务的主要指标体系包括以下内容：获取歌曲列表所需时间、获取频道信息是否成功、完整播放成功率、是否异常中断、初始播放时延、缓冲时延、播放过程中缓冲时间、播放过程中最多缓冲次数等。

2．WAP 浏览（交互类）

WAP 浏览测试需要配置 Web 服务器。在不同传输环境下，打开不同的网页，检验 Web 浏览是否正常。WAP 浏览过程中，记录传输速率跟测试终端分配到的时隙个数是否相匹配，传输结束之后，页面传输是否无误。记录 WAP 尝试次数、成功次数和中断次数，最后统计业务成功率和中断率等。手机邮箱、定位业务、移动 MM、手机阅读等业务是典型的 WAP 浏览业务。

手机邮箱业务的主要指标体系包括以下内容：手机邮箱开通时间、手机邮箱成功率、网络连接时间、邮件接收速率、邮件接收成功率、邮件打开时间、邮件打开成功率、邮件显示准确率、邮件发送速率、邮件发送成功率等。

3．短/彩信（后台类）

检验短信是否能够成功发送和接收，以及短信从发送到成功接收所用的时间。在测试过程中，可以用不同长度的短信来检验短信的发送情况。发短信方记录发送尝试次数、发送成功次数、接收成功次数和及时到达次数（短信发送接收时间应该在几秒之内），最后统计出发送成功率、发送及时率、丢失率和正确显示率等。天气预报、来电助手等业务以短信的形式发送给用户，通过短信测试，可以测试这些业务的性能。

彩信测试与短信测试方式一致，只是彩信的文本内容更为丰富，可以是文本、话音和图像的任意组合。对于彩信业务，需要统计发送成功率、发送及时率、彩信接收时间、丢失率和正确显示率等。手机报等业务以彩信的形式发送给用户，通过彩信测试，可以测试这些业务的性能。

4．下载（后台类）

数据业务激活后，通过 FTP 同时上传和下载，测试业务数据的传送速率。测试需要配置 FTP 服务器，以消除各种干扰因素。根据发起业务和传输方向不同，定义不同的传输文件大小，一般可采用 5～100MB 的文件用于下载。在传输结束之后，查看文件是否正确无误。数据业务测试指标有通信中断率、最大吞吐率和平均吞吐量等。

8.6.3　面向客户感知的网络质量评估

1．引入客户感知的必要性

现有的移动通信网络质量评估体系，主要是在移动通信网络建设中对设备维护监控系统的基础上初步发展而来。虽然现有的网络质量评估体系有了较为全面的指标监控、质量评估系统，但是仍然偏重于话务统计、数据分析，通过对于交换机、基站的话音接通率、呼损、话务流量等分析、评定网络质量水平，缺少对于用户感知程度的科学合理的评价。现有网络质量评估体系存在以下问题。

（1）现有的移动通信网络质量评估体系面向设备，不能直接反映客户感知程度。

（2）现有的移动通信网络质量评估体系基于专业职能，以此形成的业务流程面向企业内部专业功能，没有面向过程的组织流程。

（3）现有的移动通信网络质量监控系统缺乏和质量评估体系的联系，对于用户感知的质量问题反馈较少。

（4）移动通信整体用户满意度中涉及客户感知的比例较少，缺乏"端到端"的客户体验。

如何进一步提高客户对服务的感知、提升客户的满意度，已不仅是直接面向客户的市场和营销部门的职责，也是网络运维等后端部门需要重点考虑的问题。运维部门在关注移动网络和设备的同时，需要重视客户对网络质量的感受和综合满意程度，应更新理念、完善体系，从面向网络、面向设备向面向客户转变，从客户的角度促进服务的提升和产品 / 业务品质的提高。如何全面评价用户感知，如何使用户对业务的感知可量化、可测量，能否给出明确的优化方向，是一个很有挑战性的工作，具有较大的价值和意义。

2. 客户感知概念

客户感知（Quality of Experience，QoE）是客户对移动整体网络及其提供的业务服务质量在主观感受上的综合满意程度，用量化的方法来表示客户对业务与网络的体验和感受，并反映当前业务和网络的质量与用户期望的差距。客户感知的评价主体是客户，评价对象是业务和支撑业务的网络。

服务质量（QoS）被定义为系统在大多数有效成本方式下为不同业务或用户提供可选择性处理方案的能力，当客户使用一个特定服务时可以得到较好的体验。QoS 是衡量网络或服务的机制，QoS 的目标是提供高的 QoE。

有许多因素影响 QoE，既有技术因素，也有非技术客观因素，例如网络/服务的覆盖、服务的提供、技术支持的程度、服务质量、终端、价格等；另外也有主观的因素，包括用户期望、特殊体验、用户要求等。

客户感知的提升，依赖于运营商如何把整个产业链整合起来，并从客户的角度来检验结果。这个产业链包含如下环节。

（1）移动内容提供者。包括内容创作者、网站、游戏、视频、音频、Portal 等。

（2）业务网络提供者。移动运营商以及因特网服务提供商（Internet Server Provider，ISP）负责把内容传递给终端用户。

（3）终端用户的设备及应用程序。终端和应用程序决定了客户如何体验内容。除了网络设备和内容会影响到客户的体验之外，终端软件的易用性和能力对用户感知也相当重要，如果终端不能提供合适的能力，也会导致用户的不满。

（4）电信设备制造商。电信设备制造商是终端用户看不到的环节，使得上述的 3 个环节连接在一起。

把上述 4 个环节整合在一起，为客户提供良好的体验，移动运营商起着最为关键的作用，也承担着最大的责任。对于移动运营商来讲，要营造好的客户业务体验，就必须对影响客户感知的各方面要素有一个很好的认识，并把这些认识或经验落实到实际产品或业务的需求中。这个贯穿整个流程的工作降低了客户不满意的风险，使得产品或业务能够更好地满足客户的需求。

3. 网络质量客户感知的获取

虽然客户感知是主观的感受，但是可以设计出一种方法，使得这种感受尽可能地被准确测量。客户感知的测量方案是多样化的组合，好的组合将带来最佳和实际的结果。可实施的网络质量客户感知的获取方法有以下 3 种。

（1）终端用户抽样调查统计法。

终端用户抽样调查统计法实施步骤如下。

① 对影响客户感知的因素进行筛选和分类。

② 设计合适的用户问卷和统计方法。

③ 寻找统计样本（分布不同的地区、场景、时间等），并对真正的用户进行指标数据的搜集。

④ 利用客户访谈（或电话）来获取采集结果。

⑤ 根据用户反馈的结果来作统计和分析，得出客户感知评价结果。

终端用户抽样调查统计法的评价准确性高，具有较高的普遍性，工作量大，效率低，不易重复度量；在评价不同网络时，由于地域和人文上的差别，该评价方法的可比性较弱。

（2）现网业务指标拨测法。

现网业务指标拨测法实施步骤如下。

① 研究用户行为模型，找到需要测量的指标。

② 设计测试方案和客户感知评估体系。

③ 在不同的条件下，大量模拟用户的真实操作，记录相关感知结果。

④ 分析和统计采集到的感知结果，根据客户感知评估模型，汇总后计算得出客户感知评价结果。

现网业务指标拨测法的评价准确性较高，普遍性不高，工作量较大，效率较低，可以重复实施。

（3）设备性能指标推导法。

设备性能指标推导法实施步骤如下。

① 分析业务流程或网络结构，设计需要采集的数据。

② 在设备上安装相应的代理工具。

③ 通过这些工具收集 KPI 统计数据。

④ 使用分析工具来处理采集到的统计数据，得到客户感知评价结果。

设备性能指标推导法的评价准确性不高，普遍性不高，工作量小，效率高，可以轻易地重复实施。该方法需要对客户感知到网络性能指标的映射有深刻的理解，并设计全面的性能指标且要有强大的分析工具。目前业界水平普遍偏低，故造成准确性较低。

对于客户感知的评价，面向终端用户的抽样调查统计法最能保证客户感知评价结果的准确性。由于实施周期长、工作量大、成本高，造成该评价方法不易重复实施。业务和网络的优化是一个不断改良的过程，如果这个评估体系不能方便地重复实施，将影响业务和网络的优化效率。为了保证评价结果的准确性、评估体系的可操作性，以网络性能指标为主进行综合评价。

可以预见，随着客户感知评估体系的不断积累和网络性能指标的完善，通过网络性能指标来推导客户感知的评价方法将逐渐成为主要方法，其他两种方法将作为这个方法的补充和验证。

4．基于设备性能指标的网络质量客户感知评估体系

根据客户感知中端到端应用级服务质量，设计相关移动通信网络质量指标来构建整体评估体系。首先需要掌握客户感知（QoE）的量化方法，建立客户感知（QoE）的网络质量评

估体系。客户感知网络质量可归于以下几个方面。

（1）可靠性：对内容、服务网络和用户端应用软件的可用性、可接入性和可维持性。

（2）舒适性：包括内容、服务和使用设备的软件的质量。

根据 ETSI TS102 250-1 规范，应用级 QoS KPI 可以定义为以下 3 类。

（1）服务接入性（Accessibility）质量。如果用户想要使用一项应用服务，运营商尽可能快地保证服务接入，如接入成功率。

（2）服务完整性（Integrity）质量。在用户使用应用服务过程中的质量，如业务速率。

（3）服务保持性（Retainability）质量。用来描述一项应用服务的终止（是否和用户的意愿一致），如掉线率。

QoE KPI 可直接与应用级的 QoS KPI 相关。QoE 的可靠性（Reliability）与 QoS 服务接入性（Accessibility）和保持性（Retainability）相关；QoE 的舒适性（Comfort）与服务完整性（Integrity）相关。

QoE KPI 和应用级 QoS KPI 的关系如表 8-2 所示。

表 8-2　　　　　　　　　　　　QoE KPI 和应用级 QoS KPI 的关系

分项	QoE	QoS
定义	QoE 是客户对应用或全网的感受（目的）	QoS 是网络和应用的衡量机制，为了保证客户的感受（过程、手段）
KPI特点	（1）由客户来感受（非专业人员），对所有客户可见； （2）评价应一直围绕业务的使用展开； （3）客户对服务的定性评价，例如采用优、良、中、差或劣 5 分制量化	可在网络或应用中测量或监控（可分为网络级和应用级）；应用级的 QoS KPI 从最终客户的角度说明服务质量，而不用考虑服务底层的技术方面（协议）或相应的网络解决方案（承载）；采用各种量化方法，如%、时间、数字等
KPI归类	QoE KPI 主要归类为可靠性和舒适性	QoS KPI 可分为网络级和应用级，其中应用级 QoS KPI 可定义为 3 类：服务接入性、服务保持性和服务完整性

客户感知评估体系设计的主体思路是围绕移动通信网络的客户感知，建立客户感知评估体系，具体运用现网业务指标拨测和设备性能指标等手段，构建客户感知指标体系以及客户感知评估模型，如图 8-14 所示。

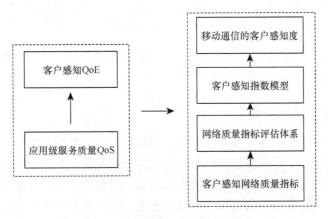

图 8-14　网络质量评估体系设计原理

考虑到统计工作的复杂性和评价过程的可行性，结合感知评估体系的特点，客户感知评估体系的建立应遵循以下原则。

（1）评估体系应该遵循客户导向理念。客户导向理念强调客户的核心地位，从客户角度进行思考。对网络质量进行评价的主体是客户，网络质量评估体系应贴近客户的需求、反映客户的心理，各项指标的设置应符合客户视角，指标的权重应体现客户的关注程度，体系设计应以提高客户满意度和提升客户价值为最终目的。

（2）评估体系应包含电信服务的全过程，体现客户的全面感知。电信产品本身就是一种服务，客户不仅会在获取和接受产品的过程中形成服务质量感知，在使用产品过程中也会形成服务质量感知。评价指标所反映的服务质量应该具有全面性，能够体现电信服务的全过程和电信客户的全面感知，指标体系应该能够反映电信服务质量的综合情况。

（3）可操作性原则。指标的含义要明确，可测量。客户感知的维度以及相应的指标有明确的测试方法、表述方法，减少客户感知影响维度或指标之间的相关性，以便于操作、重复和验证。

（4）适应性原则。指标与指标体系设置时应使其在一定时期内，在含义、范围、方法等方面保持相对的稳定性，以便于不同条件下评价结果之间的比较。

客户感知评估体系将影响客户感知的指标分成多个维度，每个维度再划分为多个指标，每个指标又对应着多个度量项。根据以上原则，同时参考 QoE、用户满意度、软件质量等指标模型。基于用户的感知顺序，用户感知指标模型参见图 8-15。

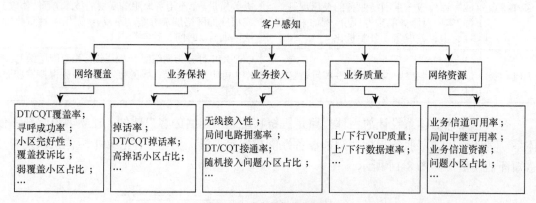

图 8-15　客户感知指标模型

指标模型采用自上而下、逐层细分的方法，将影响客户感知的指标按不同的维度、层次分解归类，并制定各项指标的度量方法和评分标准。

8.6.4　网络 KPI 和用户 KPI

LTE 网络系统指标有很多，每个运营商可以根据不同的网络发展阶段，制定不同的网络关键性能指标 KPI。KPI 是网络整体性能的集中体现，简化了网络评价流程，使不同制式的网络性能具有了可比性。网络 KPI 可通过 DT、CQT 和 OMC 吞吐量统计 3 种方法来获取，3 种方法在网络建设、发展和评估过程中应结合使用。KPI 从性质上可以分为网络覆盖、容量和质量指标 3 方面，从感知上可以分为网络和客户指标两方面。

1．网络指标

（1）网络覆盖率

DT 通过测量导频来考察网络信号覆盖的质量，覆盖率定义为：

$$覆盖率=（SINR>-6dB、RSRP>-105dBm 的总次数）/采样总次数×100\% \tag{8-2}$$

（2）寻呼拥塞率

寻呼拥塞率主要指在寻呼信道（PBCH）上由于资源限制原因而导致寻呼消息发送失败的情况。寻呼拥塞率定义为：

$$寻呼拥塞率=呼叫失败次数（资源限制原因）/呼叫接入发起次数×100\% \tag{8-3}$$

（3）连接成功率

所谓连接就是指系统在空闲状态下，通过正常或者快速的方式，建立终端与 EPC 的连接，从而进入连接状态。连接成功率定义为：

$$连接成功率=（终端发起连接成功数+网络发起连接成功数）/$$
$$（终端发起连接请求数+网络发起连接请求数）×100\% \tag{8-4}$$

网络侧的连接成功率与客户类的接入成功率指标相关。

（4）里程掉线比

$$里程掉线比=掉线总次数/路测总里程（km）×100\% \tag{8-5}$$

网络侧的掉线比与客户侧的掉线率相关。

（5）链路层 BLER

链路层 BLER 基于传输块的 CRC 评估，是反映无线信号传输质量的重要指标，用于衡量系统接收性能。BLER 具体公式为：

$$BLER=传输块中出现错块的个数/传输块的总数 \tag{8-6}$$

（6）RLC 流量

RLC 无线链路流量即 RLC 层 PDU（Protocol Data Unit）的总字节数，包括用户数据、RLC 层包头、重传和信令流量。

2．客户指标

（1）接入成功率

$$接入成功率=接入成功的次数/接入请求的次数×100\% \tag{8-7}$$

（2）业务建立时延

业务建立时延是衡量系统性能的一个重要指标，是指用户发起呼叫到响应之间的时间差。

（3）切换时延

业务随着终端移动产生切换，整个切换过程产生的时间差即为切换时延。

（4）掉线率

$$掉线率=掉线总次数/连接总次数 （km）×100\% \tag{8-8}$$

（5）切换成功率

切换成功率反映切换的成功情况，是用户能直接感知的、较为重要的性能指标之一。切换成功率定义为：

$$切换成功率=切换成功次数/切换请求次数×100\% \tag{8-9}$$

（6）业务速率

业务速率是反映数据业务在传输过程中的快慢指标。

（7）状态转换时间

状态转换时间即系统控制面由 Idle 向 Active 状态转换产生的时延。低状态转换时间带给客户"永远在线"的体验。

8.6.5 主要优化指标

在 LTE 网络中，决定用户平均吞吐量和性能的参数为 SINR 值。SINR 值越高，则 UE 的性能越好，该值主要与下行的 RSRP 和 RSSI 值相关，因此下行的优化主要体现提升下行的 SINR 值。决定基站侧平均吞吐量和性能的参数为上行的 SINR 值，该值与 UE 的发送功率、路径损耗和平均 IoT 水平相关，由于 UE 的发送功率和 IoT 水平都是不可控的，只有路损可以根据基站的发送功率和 RSRP 值推导得到，因此上行的优化主要体现在当基站的发送功率一定时，提高下行的 RSRP 值。

RSRP（Reference Signal Received Power，参考信号接收功率）：小区下行公共导频在测量带宽内功率的线性值（每个 RE 上的功率），当存在多根接收天线时，需要对多根天线上的测量结果进行比较，上报值不低于任何一个分支对应的 RSRP 值：Max（RSRP00，RSRP01）。信号功率反映当前信道的路径损耗强度，用于小区覆盖的测量和小区选择/重选及切换。

RSSI（Received Signal Strength Indicator 接收信号强度指示）：UE 探测带宽内一个 OFDM 符号所有 RE 上的总接收功率（若是 20M 的系统带宽，当没有下行数据时，则为 200 个导频 RE 上接收功率总和，当有下行数据时，则为 1 200 个 RE 上接收功率总和），包括服务小区和非服务小区信号、相邻信道干扰、系统内部热噪声等。总功率为 $S+I+N$，其中 I 为干扰功率，N 为噪声功率。总功率反映当前信道的接收信号强度和干扰程度。

RSRQ（Reference Signal Received Quality，参考信号接收质量）：$M×RSRP/RSSI$，其中 M 为 RSSI 测量带宽内的 RB 数，即为系统带宽内的 RB 总数。反映和指示当前信道质量的信噪比和干扰水平。为了使测量得到的 RSRQ 为负值，与 RSRP 保持一致，因此 RSRP 定义的是单个 RE 上的信号功率，RSSI 定义的是一个 OFDM 符号上所有 RE 的总接收功率。

RS-SINR（Signal to Interference Noise Ratio，信干噪比）：UE 探测带宽内的参考信号功率与干扰噪声功率的比值，即为 $S/(I+N)$，其中信号功率为 CRS 的接收功率，$I+N$ 为参考信号上非服务小区、相邻信道干扰和系统内部热噪声功率总和。反映当前信道的链路质量，是衡量 UE 性能参数的一个重要指标。

8.7 LTE 参数配置

8.7.1 LTE 的系统参数

LTE 系统参数包括公共和业务信道发射功率配置、功控参数、切换参数、资源管理和系统消息等方面的内容。具体包括以下几个方面。

（1）小区配置参数

小区配置参数包括 E-UTRA 无线信道号（EARFCN）、信道带宽（Channel bandwidth FDD）、PDCCH 最大占用 OFDM 符号数（maxNrSymPdcch）、语音承载开关（actConvVoice）、小区安全开关（actCiphering）等。

（2）功率控制参数

功率控制参数包括小区最大发射功率（pMax）、发射功率降幅（dlCellPwrRed）、PUCCH 标称功率（p0NomPucch）、PUSCH 标称功率（p0NomPusch）、上行功率控制补偿因子（ulpcAlpha）、上行闭环功率控制（Enable Closed Loop Uplink Power Control）等。

（3）系统消息参数

系统消息参数包括物理小区 ID（PhyCellId）、跟踪区域码（TAC）、宏站识别码（lnBtsId）等。

（4）系统调度参数

系统调度参数包括下行调度方案类型（Downlink scheduler type）、上/下行 BLER 目标值（ulTargetBler/DL target BLER）、上/下行最小比特率（minBitrateUl、minBitrateDl）、上/下行最大比特率（maxBitrateUl/ maxBitrateDl）、周期性 CQI 反馈间隔（cqiPerNp）、每 TTI 上/下行最大调度用户数（maxNumUeUl、maxNumUeDl）等。

（5）寻呼参数

寻呼参数包括寻呼信道（PBCH）等。

（6）随机接入参数

随机接入参数包括 PRACH 配置索引（prachConfIndex）、PRACH 循环移位（prachCS）、PRACH preamble 根序列索引（rootSeqIndex）等。

（7）准入控制参数

准入控制参数包括最大激活 DRB 数量（maxNumActDrb）、最大激活终端数（maxNumActUE）、最大 RRC 连接数（maxNumRrc）等。

（8）切换管理参数

切换管理参数包括连接状态下启测门限（threshold1）、A5 事件服务/邻小区门限（Threshold3/ Threshold3a）、A3 事件触发偏置（a3offset）、A3 事件测量间隔（a3ReportInterval /a5ReportInterval）、A3/5 事件触发时延（a3TimeToTrigger/ a5TimeToTrigger）等。

（9）重选控制参数

重选控制参数包括同频小区重选控制（intrFrqCelRes）、小区重选迟滞（Cell Reselection Procedure Hysteresis Value）、小区重选计时器（Cell Reselection Timer）等。

（10）传输模式参数

传输模式参数包括传输天线模式（riEnable）、传输模式控制（soundRsEnabled）、闭/开环 MIMO 激活 CQI 上门限（mimoClCqiThU/ mimoOlCqiThU）、闭/开环 MIMO 激活 CQI 下门限（mimoClCqiThD / mimoOlCqiThD）、下行 MIMO 模式（Downlink MIMO Mode）等。

（11）定时器参数

定时器参数包括 RRC 连接定时器（T300）、RRC 建立和初始接入（T301）、RRC 建立控制（T302）、DL 同步判决（T310）、小区搜索（T311）、连接态下的同/失步计数器（N311/N310）等。

LTE 系统参数众多，这些参数在 LTE 系统中的功能和取值建议在本书不再一一叙述，这里仅选择网优中常见的几类参数进行概括说明，以供读者参考。

8.7.2 小区选择与重选参数

小区选择与重选参数如表 8-3 所示。

表 8-3 小区选择与重选参数

参数设置	参数说明	功能描述	调整建议与原则
参数名称：小区选择的最小信道要求； 协议名称： q-RxLevMin； 取值范围：−140～−44； 单位：dBm； 步长：2； 默认值：−120	小区内 UE 的最小接收功率（配置时 Qrxlevmin 应该参考 UE 的接收灵敏度）。 36.331 协议中规定如下： Actual value = IE value×2 Q-RxlevMin: INTEGER (−70..−22)	要求 UE 的接收功率必须大于最小接收功率后方可接入	设置该值的目的是避免 UE 在接收信号电平很低的情况下接入系统，而接入后却无法提供用户满意的通信质量且无谓地浪费网络的无线资源。对该参数的设置应结合运营商的服务策略，即兼顾覆盖边缘的接入概率和通话质量。该值设置时需要考虑小区的大小、小区的覆盖情况、背景噪声等因素。 减小该参数会扩大小区的允许接入范围，但此时通话质量可能会比较差。因此从网络性能评估的角度看，该值设置太低会导致覆盖边缘由于信号强度太弱而造成的掉话升高。设置太高的话会形成覆盖盲区。此外，对应干扰噪声较大的地区，应适当提高该值以保证通话质量
参数名称：上行链路最大发射功率； 协议名称：p-Max（可选）； 取值范围：−30~33； 单位：dBm； 默认值：23dBm（协议36.101 上规定的最大值）	UE 允许使用的最大上行链路发射功率	用于限制 UE 在此小区内的发射功率	该参数的设置关系到 UE 接入成功率、控制干扰等，设置过大时，在基站附近的 UE 会对本小区造成较大的干扰，影响小区中其他 UE 的接入和通信质量；反之，若该参数设置得过小，则会使小区边缘的 UE 接入成功率降低。该参数的设置原则为：在确保小区边缘处 UE 有一定的接入成功率的前提下，尽可能减小 UE 的接入电平。显然，小区覆盖面积越大，允许 UE 使用的最大发射功率也就越大。 该参数为可选参数，如果不出现，则默认为 36.101 协议中规定的对应频段上的对应功率等级（功率等级为 3）的 UE 的最大输出功率
参数名称：同频小区测量门限； 协议名称：s-IntraSearch（可选）； 取值范围：0~62； 单位：dB； 步长：2； 默认值：6 dB	定义了空闲终端在何种情况下发起对同频邻小区的测量。 36.331 协议中规定如下： Actual value = IE value×2 SIntraSearch: INTEGER (0..31)	当终端测得的服务小区的信号质量（S 值）低于该门限值时，开始进行同频邻小区的测量和重选过程	若该值取值过大，发起对相邻小区的测量早，增加了 UE 的开销，减少了待机时间，并且满足小区重选条件的小区概率增加，容易导致小区重选频繁。若该值取值过小，发起对相邻小区的测量晚，尽管减小了 UE 的开销及耗电量，但可能会使 UE 不能及时地驻留在最好的小区，所以在取值时需中选择。 该参数为可选参数，如果不出现，则默认为要启动对同频邻小区的重选测量

参数设置	参数说明	功能描述	调整建议与原则
参数名称：非同频测量门限； 协议名称：s-NonIntraSearch（可选）； 取值范围：0~62； 单位：dB； 步长：2； 默认值：4dB	定义了空闲终端在何种情况下发起对较低（包括相等）优先级的 E-UTRA 异频频点或 inter-RAT 频点邻小区的测量。 36.331 协议中规定如下： Actual value = IE value×2 SNoIntraSearch：INTEGER（0..31）	当终端测得的服务小区的信号质量（S 值）低于该门限值时，开始进行较低（包括相等）优先级的 E-UTRA 异频频点或 inter-RAT 频点邻小区的测量和重选过程	参见"同频小区测量门限"参数设置
参数名称：小区重选定时器； 协议名称：Treselection； 取值范围：0~7； 单位：s； 步长：1； 默认值：3s	定义了小区重选的一个判决时间	仅当新小区的质量持续好于服务小区 Treselection 时间后，UE 才可以重选，可以避免不必要的频繁的重选动作	该参数取值过大，可能会使 UE 长期处于接收信号恶劣的情况下，而不能及时重选到信号质量好的小区中去；取值过小，会导致频繁的不必要的小区重选
参数名称：当前服务小区重选滞后量； 协议名称：q-Hyst；取值范围：0~24； 单位：dB； 步长：1； 默认值：2dB	同频或等优先级异频小区重选中，计算服务小区信号质量的迟滞因子	主要目的是避免频繁的小区重选。仅用于 E-UTRA 同频或等优先级异频小区重选	设置 q-Hyst 1s 的目的就是提高服务小区的优先级，降低小区重选的次数，减少不必要的位置更新，减轻信令负荷。可以根据服务小区的情况对该值作相应的调整。比如，某一小区业务量过载或小区处于拥塞状态，可以相应调低该小区的 q-Hyst 值，使小区重选容易发生，从而达到均衡业务量及防止小区进一步拥塞的目的
参数名称：小区个性偏移、频率偏移； 协议名称：q-OffsetCell、q-OffsetFreq（可选）； 取值范围：−24~24； 单位：dB； 步长：2； 默认值：0dB	q-OffsetCell 是服务小区与邻小区的偏移，为修正值； q-OffsetFreq 是异频频点相对于服务频点的偏移	同频情况下： Qoffset = q-OffsetCell； 异频情况下： Qoffset = q-OffsetCell + q-OffsetFreq	Qoffset 为修正值，可以结合小区的业务量及负荷情况对该值作相应的调整，目的是鼓励 UE 优先进入某些小区或阻碍 UE 进某些小区。例如，若某一小区负荷较重，可以增大该值，使 UE 不容易重选进入该小区。Qoffset 越大，本小区排斥性越大。若某小区负荷较轻，可以减小该值，使 UE 比较容易重选入该小区。该值越小，该小区倾向性越大。各个小区的 Qoffset 参数可以根据小区自身状况设置为不同的值。设置为 0dB 是指各个小区的业务量分布均匀，小区负荷状况相当，不需要对各个小区的优先级进行加权

8.7.3　定时器与计时器参数

定时器与计时器参数如表 8-4 所示。

表 8-4 定时器与计时器参数

参数设置	参数说明	功能描述	调整建议与原则
参数名称：T300； 协议名称：T300； 取值范围： （ms100，ms200，ms300，ms400，ms600，ms1 000，ms1 500，ms2 000）； 单位：ms 默认值：600	UE在发送RRC Connection Request 消息后启动此定时器，接收到 RRC Connection Setup、RRC Connection Reject 消息后停止	当 UE 在上行链路上发送一条 RRC Connection Request 消息后，启动定时器 T300。 当 UE 收到 RRC Connection Setup 消息时，应停止定时器 T300，并根据收到的信息按规范定义进行后续动作。 当 UE 收到 RRC Connection Reject 消息时，应停止定时器 T300、启动定时器 T302，T302 超时后，可根据需要重新发起 RRC 连接建立过程。 若定时器 T300 超时，则 UE 的 RRC 连接建立失败	随机接入过程需要一定的时间，如果 T300 设置太小，会降低 RRC 建立成功率。T300 设置过大，会加大呼叫建立时长，降低用户使用满意度
参数名称：T301； 协议名称：T301； 取值范围： （ms100，ms200，ms300，ms400，ms600，ms1 000，ms1 500，ms2 000）； 单位：ms； 默认值：600	UE 在发送 RRC Connection Reestablishment Request 消息后启动此定时器，接收到 RRC Connection Reestablishment、RRC Connection Reestablishment Reject 消息后停止	当 UE 在上行链路上发送 RRC Connection Reestablishment Request 消息后，启动定时器 T301。 当 UE 收到 RRC Connection Reestablishment 消息时，应停止定时器 T301，并根据收到的信息按规范定义进行后续动作。 当 UE 收到 RRC Connection Reestablishmen Reject 消息时，应停止定时器 T301，释放 RRC 连接进入空闲态。 若定时器 T301 超时，则 UE 释放 RRC 连接进入空闲态	同 "T300" 描述
参数名称：T310； 协议名称：T310； 取值范围： （ms0，ms50，ms100，ms200，ms500，ms1 000，ms2 000）； 单位：ms； 默认值：2 000	同步失步判决定时器	当 UE 的底层连续上报了 N310 个失步指示后，启动该定时器。在 T310 超时前，底层又连续上报了 N311 个同步指示，或者触发了切换过程，或者开始进行 RRC 连接重建立过程，则停止该定时器。 若 T310 超时，如果安全已激活，则释放 RRC 连接进入空闲态；如果安全未激活，则触发 RRC 连接重建立过程	T310、N310 如果设置过小，则可能会在信号质量还不太差的时候频繁地触发重建立过程，如果设置过大，则可能在信号质量已经不好的情况下，迟迟没有举措，导致掉话
参数名称：N311； 协议名称：N311； 取值范围：（n1，n2，n3，n4，n5，n6，n8，n10）； 单位：次数； 默认值：1	接收底层同步指示最大次数	当 RRC 层收到来自底层的 N311 个同步指示，且定时器 T310 已经启动时，停止 T310	N311 设置过大，则可能在信号已经恢复的时候，不能及时检测到，导致不必要的重建
参数名称：N310； 协议名称：N310； 取值范围：（n1，n2，n3，n4，n6，n8，n10，n20）； 单位：次数； 默认值：20	接收底层失步指示最大次数	当 RRC 层收到来自底层的 N310 个失步指示，且 T300、T301、T304 和 T311 都没有启动时，启动定时器 T310	同 "N311" 描述

续表

参数设置	参数说明	功能描述	调整建议与原则
参数名称：T304； 协议名称：T304； 取值范围：(ms50，ms100，ms150，ms200，ms500，ms1 000，ms2 000)； 单位：ms； 默认值：2 000	UE 执行切换过程的定时器	UE 接收到切换命令（携带移动性控制参数的 RRC 连接重配消息）时，启动该定时器。 在切换成功完成后停止该定时器。 在 T304 超时时，启动重建立过程	T304 实际上要大于以下时间之和：终端收到切换命令后进行目标小区同步的时间、随机接入过程的时间。此值越大，切换成功率相对会增大，同时切换时延会增大。建议配置 2 000ms
参数名称：T311； 协议名称：T311； 取值范围：(ms1 000，ms3 000，ms5 000，ms10 000，ms15 000，ms20 000，ms30 000)； 单位：ms； 默认值：3 000	重建立过程中的重选定时器	UE 触发重建立过程时，启动定时器 T311，在选到合适的小区后停止该定时器。 T311 超时时，UE 释放 RRC 连接进入空闲状态	T311 实际上要大于以下时间之和：UE 进行小区搜索的时间，UE 读取 MIB、SIB1、SIB2 的时间。 从多次测试来看配置 2 000ms 较好

8.7.4　切换控制参数

切换控制参数如表 8-5 所示。

表 8-5　　　　　　　　　　　　切换控制参数

参数设置	参数说明	功能描述	调整建议与原则
参数名称： 过滤系数（RSRP、RSRQ）； 协议名称： Filter Coefficient； 取值范围： 0~19； 默认值： 4	取值为 (0，1，2，3，4，5，6，7，8，9，11，13，15，17，19)	用于测量。 L3 过滤是对物理层上报的数据进行加权或平均等处理，以加强历史数据的影响，降低偶然因素	参数配置得越大，经过 L3 过滤后的值与历史（旧的）测量结果越相关，也就是历史测量结果对当前值影响较大，这可以有效避免当前测量误差产生的抖动，但由于受历史因素的影响，可能无法反映出当前真正的测量结果；参数配置得越大，历史因素影响越小，越能够真实反映当前测量结果，但避免测量误差产生的抖动效果会差一些。 如果该参数配置为 0，那么过滤后的值就等于当前最近一次的测量值，与历史测量结果无关
参数名称： 事件触发滞后因子； 协议名称： Hysteresis； 取值范围：0~15； 单位：dB； 步长：0.5； 默认值：2	36311 协议： actual value=IEvalue×0.5 dB； Hysteresis： INTEGER（0..30）	用于测量。 也可称为事件的迟滞系数。 事件触发上报的进入和离开条件中使用的滞后因子	合理的设置保证了目标小区选择的可靠性，从而提高切换成功率。 如果设置过大，可能无法及时切换，导致掉话；设置过小，可能选择不合适的目标小区，导致误切

参数设置	参数说明	功能描述	调整建议与原则
参数名称： 触发持续时间； 协议名称： Time to trigger； 取值范围： （ms0，ms40，ms64，ms80，ms100，ms128，ms160，ms256，ms320，ms480，ms512，ms640，ms1 024，ms1 280，ms2 560，ms5 120）； 单位：ms； 默认值： 512	持续满足上报触发条件的时间。 "0"意味着达到门限后立即上报	用于测量。 触发测量报告需要满足事件准则的持续时间，即满足某一事件的进入或退出条件达到此时间后才能触发对应的测量上报。持续时间的配置要大于测量周期	Time to Trigger 参数可以在时域上设置切换启动迟滞值，可过滤无线信号抖动造成的不必要的切换，事件偶然性大，调大 Time to Trigger 参数会使切换时间触发门限条件变得苛刻，事件及时性差。 虽然 Time to Trigger 参数可抑制乒乓切换，但是参数设置过大会使切换过程时间过长，导致由于无法及时进行切换而导致切换失败，一般不推荐使用此参数抑止乒乓。 对移动速度较快的小区（如覆盖高架道路和轻轨的小区），为了使切换能够及时进行，以避免影响业务质量甚至掉话，该参数设置可以适当减小。对用户移动速度较慢的小区（如广场、步行街、室内等），此参数可以调大。 减小事件中的"触发时间"，使切换点向服务小区移动；增加事件中的"触发时间"，使切换点向目标小区移动。 不合理的配置会影响业务质量及掉话率
参数名称： A3 事件触发偏移值； 协议名称： a3-Offset； 取值范围： −15～15； 单位：dB； 步长：0.5； 默认值：1dB	36311 协议： actual value=IE value ×0.5 dB； a3-Offset： INTEGER（−30..30）	A3 事件测量上报触发条件中使用的偏移值	合理的设置保证了目标小区选择的可靠性，从而提高切换成功率。 如果设置过大，可能无法及时切换，导致掉话；设置过小，可能选择不合适的目标小区，导致误切

8.7.5　功率控制参数

功率控制参数如表 8-6 所示。

表 8-6　　　　　　　　　　　　　　　功率控制参数

参数设置	参数说明	功能描述	调整建议与原则
参数名称： 上行 PUCCH 功控目标 SINR； 取值范围：−127～128； 单位：dB； 步长：1dB； 默认值：6dB	上行 PUCCH 功控目标 SINR	该值用于上行 PUCCH 闭环功控，是 PUCCH 上行功率功控期望获得的 SINR 目标值	该参数设置过高，会导致系统 PUCCH 所在资源上干扰增加；设置过低，会导致 PUCCH 的接收性能无法保证。建网初期，建议根据厂家默认值配置；后期根据网络优化统计结果进行调整

参数设置	参数说明	功能描述	调整建议与原则
参数名称：路损补偿系数； 协议名称：alpha； 取值范围：枚举取值{al0, al04, al05, al06, al07, al08, al09, al1}； 默认值：al08	上行 PUSCH/SRS 功控中的路损补充系数	该参数在终端计算上行 PUSCH/SRS 发送功率时使用	该参数取值越高，路损越能够得到补偿，可以提高边缘用户上行速率，但是同时可能导致边缘用户发送功率较高，从而提高了整个系统的干扰水平；该值设置过低，会导致边缘用户的路损不能得到很好补偿，边缘用户上行速率低，但是可以降低小区间干扰水平。建网初期，建议根据厂家默认值配置；后期根据网络优化统计结果进行调整
参数名称：非持续调度 PUSCH 期望接收功率； 协议名称：p0-NominalPUSCH； 取值范围：−126～24； 单位：dBm； 步长：1dB； 默认值：−70dBm	上行 PUSCH（动态调度）/SRS 功控中动态调度的期望接收功率，小区级参数	该参数在终端计算上行 PUSCH（动态调度）/SRS 发送功率时使用	该参数设置过高，会导致系统上行干扰水平增加；设置过低，会导致整个小区的上行业务速率低。建网初期，建议根据厂家默认值配置；后期根据网络优化统计结果进行调整
参数名称：PUCCH 期望接收功率； 协议名称：p0-NominalPUCCH； 取值范围：−127～−96； 单位：dBm； 步长：1dB； 默认值：−112dBm	上行 PUCCH 功控中动态调度的期望接收功率，小区级参数	该参数在终端计算上行 PUCCH 发送功率时使用	该参数设置过高，会导致系统 PUCCH 所在资源上干扰增加；设置过低，会导致 PUCCH 的接收性能无法保证。建网初期，建议根据厂家默认值配置；后期根据网络优化统计结果进行调整
参数名称：PBCH 信道 EPRE 与 CRS EPRE 的比值； 取值范围：−3～6dB； 单位：dB； 步长：1dB； 默认值：0	PBCH 信道 EPRE 与 CRS EPRE 的比值	该参数用于计算 PBCH 发送功率	该参数设置越高，PBCH 信道覆盖越远，但是在子帧 PRB 资源占用较满的情况下可能影响同符号的 PDSCH 信号的发送功率，从而影响 PDSCH 的接收性能。建网初期，建议根据厂家默认值配置；后期根据网络优化统计结果进行调整
参数名称：主同步信号 EPRE 与 CRS EPRE 的比值； 取值范围：−3～6dB； 单位：dB； 步长：1dB； 默认值：0	主同步信号 EPRE 与 CRS EPRE 的比值	该参数用于计算主同步信号发送功率	该参数设置越高，主同步信号覆盖越远，但是在子帧 PRB 资源占用较满的情况下可能影响同符号的 PDSCH 信号的发送功率，从而影响 PDSCH 的接收性能。建网初期，建议根据厂家默认值配置；后期根据网络优化统计结果进行调整

参数设置	参数说明	功能描述	调整建议与原则
参数名称：辅同步信号 EPRE 与 CRS EPRE 的比值； 取值范围：−3～6dB； 单位：dB； 步长：1dB； 默认值：0	辅同步信号 EPRE 与 CRS EPRE 的比值	该参数用于计算辅同步信号发送功率	该参数设置越高，辅同步信号覆盖越远，但是在子帧 PRB 资源占用较满的情况下可能影响同子帧的 PDSCH 信号的发送功率，从而影响 PDSCH 的接收性能。建网初期，建议根据厂家默认值配置；后期根据网络优化统计结果进行调整
参数名称：PCH 信道 EPRE 与 CRS EPRE 的比值； 取值范围：−3～6dB； 单位：dB； 步长：1dB； 默认值：0	PCH 信道 EPRE 与 CRS EPRE 的比值	该参数用于计算 PCH 发送功率	该参数设置越高，寻呼信号覆盖越远，但是在子帧 PRB 资源占用较满的情况下可能影响同子帧的 PDSCH 信号的发送功率，从而影响 PDSCH 的接收性能。建网初期，建议根据厂家默认值配置；后期根据网络优化统计结果进行调整
参数名称：承载 SIB 的 DL-SCH 信道的 EPRE 与 CRS EPRE 的比值； 取值范围：−3～6dB； 单位：dB； 步长：1dB； 默认值：0	承载 SIB 的 DL-SCH 信道的 EPRE 与 CRS EPRE 的比值	该参数用于计算承载广播的 PDSCH 发送功率	该参数设置越高，广播信号覆盖越远，但是在子帧 PRB 资源占用较满的情况下可能影响同子帧的 PDSCH 信号的发送功率，从而影响 PDSCH 的接收性能。建网初期，建议根据厂家默认值配置；后期根据网络优化统计结果进行调整
参数名称：PCFICH 信道 EPRE 与 CRS EPRE 的比值； 取值范围：−3～6dB； 单位：dB； 步长：1dB； 默认值：3	PCFICH 信道 EPRE 与 CRS EPRE 的比值	该参数用于计算 PCFICH 发送功率	该参数设置越高，PCIFCH 信道覆盖越远，但是在控制区资源占用较满的情况下可能影响同子帧的 PDCCH 信号的发送功率，从而影响 PDCCH 的接收性能。建网初期，建议根据厂家默认值配置；后期根据网络优化统计结果进行调整

8.8　典型问题分析

LTE FDD 无线网络优化中，常见的问题可以归为几类。按照通常的分类，网优问题可以归为：

（1）覆盖问题，主要包括信号问题、掉话问题、干扰问题、接入问题等。

（2）切换问题，主要是切换失败、不合理切换等问题。

（3）时延问题，包括控制面时延和用户面时延问题。

（4）吞吐量问题，主要是吞吐量异常等。

8.8.1　覆盖相关优化

1．覆盖优化

（1）弱覆盖、覆盖空洞

弱覆盖：某区域各小区信号都小于基线，导致终端无法注册网络或接入的业务无法满足 QoS 的要求。

信号盲区：某一片区域没有网络覆盖或者覆盖电平过低产生的空洞。空洞区域内下行接收电平很不稳定，从而会导致手机的接收电平小于 UE 最小接入电平而掉网；通话态的用户进入该区域后无法切换到电平更强的小区，会明显感到通话质量下降，甚至掉话。

信号盲区解决办法如下。

① 如果两个相邻基站覆盖不交叠区域内用户较多或者不交叠区域面积较大，则应新建 eNodeB 基站，或者增加这两个基站的覆盖范围（如提高发射功率、天线高度）。在增加覆盖的同时，要注意覆盖范围增大对周边基站带来的影响。

② 对于凹地和山坡背面等盲区，可用新增基站覆盖的方法，也可以用 RRU 拉远的方法。

③ 对于隧道、地下车库和高大建筑物内部的信号盲区，可以引入室内分布建设。

④ 小区天线、功率调整，尽量减少弱覆盖区域。

弱覆盖除了由于主小区信号较弱外，还有邻区缺失引起的弱覆盖、参数设置不合理引起的弱覆盖等。

邻区设定不合理指的是邻区漏设、错设等不合理设置，导致终端在移动过程中切换不正常，甚至是乒乓切换，容易掉线，下载速率不稳定。对于邻区设置的问题，解决办法是根据邻区设置的互易性、邻近、百分比重叠覆盖，以及临界小区等原则对服务小区进行合理的邻区设置，添加合理的邻区，通过增加本小区的发送信号功率，从而提升本小区的 SINR 值。

（2）越区覆盖

越区覆盖一般是指某些基站的覆盖区域超过了规划的范围，在其他基站的覆盖区域内形成不连续的主导区域。比如，某些大大超过周围建筑物平均高度的站点，发射信号沿丘陵地形或道路可以传播很远，在其他基站的覆盖区域内形成了主导覆盖，产生"孤捣"的现象。

在实际网络中，高基站沿平原、丘陵或道路可以传播很远，而产生"孤岛"问题。远离基站但仍有该基站信号的小区域称为孤岛。终端在孤岛区域进行呼叫通话时，由于孤岛周围的基站没有加入到其邻区列表，当终端离开该孤岛时，没有合适的切换目标小区，会立即发生掉话。

对于由于越区覆盖导致的覆盖问题，应通过调整问题小区天线的方位角/下倾角或者降低小区发射功率解决，通过调整小区天线的方位角可以改变基站的覆盖方向，调整小区的下倾角则可以改善基站的覆盖大小，但是降低小区发射功率将影响小区覆盖范围内所有区域的覆盖情况，不建议采用此种方法解决越区覆盖问题。

（3）上下行不平衡

上下行不平衡主要是信号在上行、下行以及业务信道、公共信道覆盖特性不平衡产生的覆盖不平衡问题。

如果在进行 RF 优化时没有话统数据,那么推荐在 OMC 进行单用户跟踪,获取 Uu 口信令上的上行 Measurement Report 信息,与路测文件一同分析;如果有话统数据,则建议通过话统中"上下行平衡"任务来分析优化区域内每个小区的每个载频是否存在上下行不平衡的问题。对于上行干扰产生的上下行不平衡,可以通过监控基站的告警情况来确认是否存在干扰。

其他原因也可能造成上下行不平衡的问题,比如直放站等设备上下行增益设置存在问题;收发分离系统中,收分集天馈出现问题;eNodeB 硬件原因,如功放故障等。这类问题一般应该检查设备工作状态,采集告警信息。

(4)导频污染,无主导小区

对于 LTE 导频污染定义如下:一般存在超过 4 个 RSRP>-90dBm 的强导频,并且最强导频与第 N 个强导频信号的差值小于门限值 D(一般取 6dB),则视为导频污染。导频污染会干扰信道质量,接通率不高,下载速率低。解决办法是通过调整覆盖区域基站的工程参数,形成主覆盖小区,规避导频污染。

针对无主导小区的区域,确定网络规划时用来覆盖该区域的小区后,应当通过调整天线下倾角和方向角等方法,增强某一强信号小区(或近距离小区)的覆盖,削弱其他弱信号小区(或远距离小区)的覆盖。如果实际情况与网络规划有出入,则需要根据实际情况选择能够对该区域覆盖最好的小区进行工程参数的调整。

(5)设备故障及安装问题

对于天馈安装与规划设计不一致(包括同一基站小区间天馈接反或者天馈下倾角/方位角不合适等)引起的覆盖问题,应对天馈进行调整;对于由于基站 GPS 故障引起的弱覆盖,应及时上站更换故障模块。

2. 掉话优化

掉话率是一个重要考量指标,在 LTE 移动通信系统中,掉话也是网络优化一个重要的考量指标。由于 LTE 网络只提供 PS 数据业务,在网优中,通常用掉线率来表示,其含义与掉话率相同。

掉话从原因来分可以分为以下 3 大类。

(1)弱覆盖导致掉话。

(2)切换问题导致掉话。

(3)干扰导致掉话。

弱覆盖引起掉话在建网初期占相对大比重,天线系统安装是按照规划数据进行,但是规划设计数据因为覆盖环境影响或者站址位置偏移,往往规划角度不符合实际角度,导致部分区域存在弱覆盖,在建网初期需要重点优化覆盖。在排除了覆盖问题前提下考虑切换及干扰等其他因素。掉话分析可以参考以下几步。

(1)数据采集。通过 DT 测试,采集长呼、短呼等各种路测数据。采集 eNodeB 侧数据跟踪、单用户跟踪、日志等数据。

(2)获取掉话的位置。采用路测软件获取掉话的时间和地点,获取掉话前后采集的 RSRP 和 SINR 数据,以及掉话前后服务小区和邻小区信息,获取掉话前后的信令信息。

（3）数据分析。根据获得数据，分析划分为切换掉话问题、弱覆盖掉话问题、干扰掉话问题、设备原因掉话问题及其他问题，针对具体的掉话类型进行分析，提出相应的解决方案。

（4）实施优化方案。通过网络性能评估和问题分析与定位，制定和实施优化方案。优化方案主要包括天线参数调整、无线数据配置调整。天线参数调整应优先考虑天线方向角与下倾角的调整，再考虑发射功率的调整。

（5）验证优化效果。通过重新进行路测，比较优化前后各项性能指标的改善情况，验证优化效果。

3．干扰优化

在移动通信系统中，不同的频段分配给不同的通信系统导致系统间产生干扰；同时由于各系统采用不同的复用方法来提高频谱效率，以增加系统容量，又带来了同/邻频干扰。另外，系统还存在由于电波传播的多径效应造成的干扰等。干扰会给系统带来很大的影响，尤其当干扰严重时，会对手机注册、呼叫和切换产生影响；另外如果在接收频段内存在干扰，对接收机的灵敏度也会造成影响，会把系统接收噪声电平抬高。

在 LTE 网络系统中主要干扰来源有几个方面。

（1）系统外干扰。如今可能造成外部干扰的原因正不断增多，有些易跟踪，有些则非常细微，并且发生时间不定，很难识别。虽然无线系统设计时可以提供一定的保护，但多数情况下对干扰信号只能在源头处进行控制。下面列出最常见的干扰源，在实际情况下就可确定从何处着手，要注意的是大多数干扰源来自外部。

① 非法发射器：非法运营商在没有得到许可情况下，在同一频段发射。

② 信号互调：两个或两个以上信号混在一起后会形成新的调制信号。最常见的互调是 3 次信号，例如两个间隔为 1MHz 的信号会在原高频信号之上 1MHz 和低频信号之下 1MHz 各产生一个新信号。

③ 广播发射器谐波：大功率源如商业广播电台等会产生大功率信号谐波，影响附近的移动通信发射器。

（2）LTE 系统内干扰。同频同 PCI 基站覆盖区域过近，覆盖区域重叠，相邻基站 PCI 模 3、模 6 相同引起的干扰。

在进行干扰测试前，需要得到运营商和当地无线电管理委员会的帮助，充分了解当地无线频段划分和企业使用无线电设备情况。在测试前要确定测试时间和测试地点，准备测试仪器、测试天线和车辆、GPS、指北针等。

如何发现网络中存在干扰可以从几个方面入手。

（1）进行 DT 测试发现。

（2）从话务统计分析发现。

（3）提取基站底噪 IoT 和上行 RSSI 值发现。

对于设备原因引起的干扰，可通过设备排障手段解决；对于外部干扰或规划不合理引起的干扰，一旦发现后，应该及时调整网络或通知客户进行协调解决；无法明确外部干扰源的情况下，在网络初期优化的过程中，可先通过逐个关闭受干扰基站附近 1～2 圈的站点，逐个进行排查。

如何查找干扰源，可采用定向天线多点交叉方法进行定位，如图 8-16 所示。

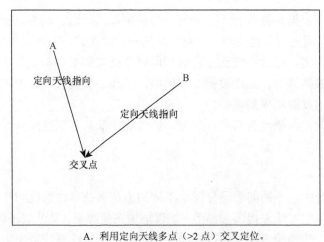

A. 利用定向天线多点（>2 点）交叉定位。
B. 缩小定位半径，重复上述 A。

图 8-16 定向天线多点交叉方法进行干扰定位

4．接入优化

接入问题是业务建立过程中表现出的各种问题。问题的收集工作，很大程度上依赖于日常的路测（DT）和日常的定点拨打测试（CQT）的测试结果分析。这就要求在测试中，完整记录当时的无线质量状况、无线参数、空口的信令消息等，为后续的分析工作奠定良好基础。

在实际网络优化和维护工作中，还可以通过 OMC 话务统计报告的处理和用户投诉的处理等，来收集接入过程中存在的问题。但一般情况下，通过 OMC 和用户投诉收集信息后，都需要进行实地的 DT 或者 CQT 测试，对发现的问题进行确认，同时收集问题发生现场的无线环境和无线参数，然后进行问题分析定位及问题解决。

业务建立过程中，主要有如下几个主要过程的全部或者部分。

（1）RRC 建立过程。

（2）鉴权过程。

（3）加密过程。

（4）业务请求与建立过程（初始直传与直传消息交互）。

（5）被叫的寻呼响应过程。

因此，接入问题的发现与定位，往往都是以路测事件的分析入手的。接入优化中，以事件进行问题分类比较容易进行。

由于业务建立所有的过程都有空口上行和下行消息的交互，因此所有过程都与无线口上行和下行链路的质量有关联。

掌握和了解各个主要流程的信令交互过程、网络拓扑结构图，是进行问题快速定位的基础。找出问题定位，再结合问题处理办法，就能及时解决网优中的接入问题。

8.8.2 切换优化

切换成功率的统计为：

成功率=完成次数/尝试次数×100%

其中：尝试次数是指 eNodeB 下发的用于切换的"RRC Connection Reconfiguration"消息

的个数；完成次数是指 eNodeB 收到的用于切换的"RRC Connection Reconfiguration Complete"消息的个数。

切换问题常见的表现可以分为 4 大类。

（1）小区不能切入：周围小区不能够切入问题小区，但是问题小区能够切出至周围小区。

（2）小区不能切出：周围小区能够切入问题小区，但是问题小区不能够切出至周围小区。

（3）小区不能切入也不能切出：周围小区不能和问题小区进行切换。

（4）过早切换、过迟切换或者切换到错误小区。

1．切换问题定位

在切换优化中，通过路测终端进行测试，收取测试日志来发现网络中存在的切换问题。对于切换失败，首先需要分析定位失败原因，然后对网络进行有针对性的调整。

具体在分析切换失败时，通常采用表 8-7 给出的定位方法。

表 8-7　　　　　　　　　　　　　切换失败问题定位

切换失败分类	定位方法
信道质量问题	DT/CQT 测试，观察 RSRP、SINR、BLER、DL/UL_Grant 等；用 OMC 的用户性能跟踪，分析上/下行信道质量
配置问题	查看是否有邻区漏配；X2 相关配置；鉴权开关；随机接入相关配置
传输问题	查看告警，是否有链路闪断；传输是否稳定。该问题概率性出现，很难抓取 Log 定位

切换问题的定位分析流程如图 8-17 所示。

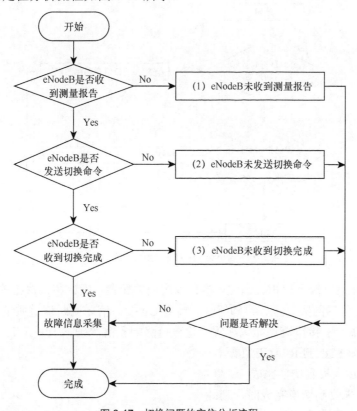

图 8-17　切换问题的定位分析流程

（1）eNodeB 未收到测量报告

当 eNodeB 未收到测量报告时，则：

① 检查切换开关，确认设置为开启。

② 检查 ANR 开关，确认设置为开启。

③ 检查是否邻区漏配，包括外部小区、同频邻区、异频邻区。

如果是站内切换，需要配置同频 / 异频邻区后才能进行切换；如果是站间切换，需要配置外部小区、同频/异频邻区后才能进行切换。一般来说，小区 A 与小区 B 的外部小区、同频邻区需要相互配置，使得 UE 可以双向切换。

当 ANR 打开时，站内切换不需要配置同频 / 异频邻区，站间切换只要配置外部小区即可正常切换；当 ANR 关闭时则不管站内切换或站间切换都需要配置同频/异频邻区。

④ 检查黑名单。加入黑名单后 UE 将不会测量上报名单中的小区信号，黑名单可以用在一些特殊情况，比如：

a. 对于某些切换成功率较低或不稳定，但又未达到通过 ANR 自动删除条件的邻区关系。

b. 被 ANR 删除后又可能被 ANR 发现并添加回来形成乒乓效应的邻区关系。

（2）eNodeB 未发送切换命令

当发现 eNodeB 未发送切换命令时，判断 eNodeB 是否向目标发出切换请求以及 eNodeB 是否收到目标的切换请求回应，见图 8-18。

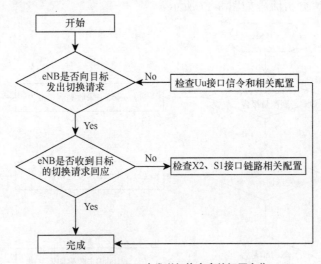

图 8-18　eNodeB 未发送切换命令的问题定位

① 检查 Uu 接口信令和相关配置。检查判决相关配置，确认和判决相关的配置不会导致判决无法切换，包括同频邻区、异频邻区。检查 Uu 接口信令判断信道质量。

② 检查 X2、S1 接口链路相关配置。检查链路配置情况确认 IPPATH、SCTPLINK 以及 X2INTERFACE、S1INTERFACE 匹配。

（3）eNodeB 未收到切换完成

当 eNodeB 未收到切换完成时，则：

① 检查安全加密算法开关设置是否一致。如果源侧与目标侧安全加密算法开关设置不一

致，会导致目标侧小区 L2 对切换完成消息的完整性校验失败，上报 L3 将 UE 释放。目的侧基带收到切换完成消息，但上层由于完整性校验失败没有解出来；从信令跟踪看，UE 发出了切换完成消息，但是 eNodeB 没有收到，如果看到这样的现象，可以检查源侧与目标侧配置的算法是否一致。

② 检查信号质量。查看源小区和邻区信号质量，如果邻区信号陡升，对服务小区造成很大干扰；下行 SINR 很低，UE 不能正确解调切换命令。

2. 信道质量问题

信道质量较差导致信令丢失、切换失败。比如，测量报告丢失、切换命令丢失、切换完成丢失等。信道质量可以分为上、下行来分析。但是，上、下行不是完全分离的，下行信道质量差不仅会影响下行信令的解调，PDCCH 解调错误还会还影响上行信令的调度，造成上行信令丢失。因此，不能简单地认为上行信令丢失是上行信道质量差导致的。

我们可以观察 RSRP、SINR、BLER、DL/UL_Grant 以及网管的用户性能跟踪，来分析上、下行信道质量。

（1）RSRP：尽管导频与数据域的信道质量有一定差异，通过导频 RSRP、SINR 可以大致了解数据信道状况。一般 RSRP>-85dBm，用户位于近点；RSRP=-95dBm，用户位于中点；RSRP<-105dBm，用户位于远点。判断用户近、中、远点并不能完全判断用户的信道质量，有可能中点、近点用户的信道质量仍然不理想（当邻区 RSRP 与服务小区 RSRP 较接近时）。

（2）SINR：通过导频 SINR 可以大致了解数据信道状况。如果 SINR<0dB 说明下行信道质量较差，当 SINR<-3dB 说明下行信道质量恶劣，容易造成切换信令丢失，导致切换失败。上行 SINR 可以通过网管的用户性能跟踪获得。

（3）BLER：正常情况下，BLER 应该收敛到目标值（目标值为 10%，当信道质量很好时BLER 接近或等于 0%）；如果 BLER 偏高说明信道质量较差，数据误比特较多，很容易造成掉话、切换失败、或者切换大时延。下行 BLER 可以从路测工具中获得，而上行 BLER 通过网管的用户性能跟踪获得的数据较之路测工具准确。

（4）PDCCH DL/UL_Grant：从 DL_Grant 可以得知 UE 正确解调 PDCCH 的个数。当上/下行数据源足够时，eNodeB 每个 TTI 均调度用户，1s 内调度的 PDCCH 个数为 1 000。若DL/UL_Grant=999、1 000，说明 PDCCH 解调正常，信道质量正常；若 DL/UL_Grant 偏低，说明 PDCCH 解调有错，信道质量可能比较差。

至于下行信道质量差导致的上行信令异常，由于缺少易操作的跟踪定位手段，只能通过信道质量分析作大致的判断。

对于信号质量问题，主要解决优化措施有：

（1）如果是信道质量差、信令丢失导致切换失败，需要确认是覆盖有问题还是干扰较大造成。如果是覆盖问题，需要网规网优人员协助，优化网络覆盖（减少弱覆盖；减少切换点信号交迭）。如果是干扰导致信道质量差，可以打开 ICIC 算法开关，进行干扰协调。

（2）优化切换 A3 事件参数，优化异频 A2、A4 事件参数。

下面给出一个目标小区信号质量差导致 UE 随机接入失败的案例。

（1）Preamble 达到最大发送次数，仍然没有收到 RAR 响应，上行信道质量差，导致上行信令丢失。

（2）切换完成空口信令丢失。分析上行、下行信道质量好坏，SINR 数值是否均为负值、BLER 是否收敛，可判断干扰大小、信道质量好坏。

UE 发送 Preamble 达最大次数仍没有收到 RAR，如图 8-19 所示。

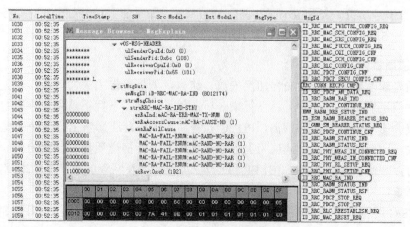

图 8-19　UE 随机接入失败案例

3．配置问题

配置问题主要包括切换算法开关、邻区关系、X2 配置等。eNodeB 切换算法开关未开启会导致相应测量控制没有下发。在检查配置问题时，需要查看 eNodeB 切换算法是否开启。

邻区漏配且 ANR 关闭会导致 eNodeB 不处理 UE 发送的测量报告，切换失败；如果 UE 继续往远离服务小区的方向移动，会因为信道质量恶化导致掉话。

配置了邻区关系（外部小区、同频邻区）后，如果配置了相应的 X2 配置，会触发 X2 切换；如果没有配置 X2，会触发 S1 切换。当触发 X2 切换时，如果 X2 配置错误，会导致切换失败（如源侧发出 X2 切换请求后会收到 X2 切换准备失败消息）。

4．传输问题

S1 链路闪断、传输受限等问题导致的切换失败，通常是概率性出现，难以定位分析，对路测切换性能有一定影响。

运营商调整传输网络也会导致传输性能受到影响。X2 准备时间过长，分析站点日志时没有发现 X2 链路故障的情况：底层 SCTP 链路发出消息后，如果在 1s 内没有收到数据包的 ACK 响应就会发起数据包重传，如果连续 10 次重传失败就会上报 SCTP 链路告警断开 SCTP。初步定位是由于 X2 信令重传导致信令传输时延增大。

5．案例

（1）切换过早

切换过早，一般是邻区的信号还不够好或不够稳定，eNodeB 就发起了切换，主要有以下几种。

① 源小区下发切换命令后，由于目标小区信号质量不佳，UE 切换到目标小区发生失败，UE 发起 RRC 重建回到源小区。如图 8-20 所示，这种场景下，UE 在切换到新小区时随机接入或发送 msg3 失败导致切换失败，然后 UE 在源小区发起 RRC 连接重建。

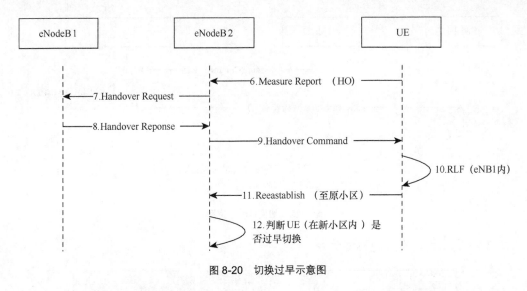

图 8-20　切换过早示意图

② UE 虽然成功切换到目标小区但是立即出现下行失步，然后在源小区发起 RRC 连接重建。这也是切换过早。

③ UE 虽然成功切换到目标小区但在很短时间内（5s）切换到第三方小区，也是切换过早。

图 8-21 所示为切换过早典型信令。

12	2008-01-05 06:13:1...	RRC_UL_INFO_TRANSF	RECEIVE
13	2008-01-05 06:13:1...	RRC_CONN_RECFG	SEND
14	2008-01-05 06:13:1...	RRC_CONN_RECFG_CMP	RECEIVE
15	2008-01-05 06:13:1...	RRC_CONN_RECFG	SEND
16	2008-01-05 06:13:1...	RRC_CONN_RECFG_CMP	RECEIVE
17	2008-01-05 06:13:1...	RRC_CONN_RECFG	SEND
18	2008-01-05 06:13:1...	RRC_CONN_RECFG_CMP	RECEIVE
19	2008-01-05 06:13:5...	RRC_MEAS_RPRT	RECEIVE
20	2008-01-05 06:13:5...	RRC_CONN_RECFG	SEND
21	2008-01-05 06:13:5...	RRC_CONN_REESTAB_REQ	RECEIVE
22	2008-01-05 06:13:5...	RRC_CONN_REESTAB	SEND
23	2008-01-05 06:13:5...	RRC_CONN_REESTAB_CMP	RECEIVE
24	2008-01-05 06:13:5...	RRC_CONN_RECFG	SEND
25	2008-01-05 06:13:5...	RRC_CONN_RECFG_CMP	RECEIVE
26	2008-01-05 06:13:5...	RRC_CONN_RECFG	SEND
27	2008-01-05 06:13:5...	RRC_CONN_RECFG_CMP	RECEIVE
28	2008-01-05 06:13:5...	RRC_CONN_RECFG	SEND
29	2008-01-05 06:13:5...	RRC_CONN_RECFG_CMP	RECEIVE

图 8-21　切换过早信令

（2）切换过晚

切换过晚在实际情形中比较多，主要有以下几种。

① 在下行 100％加载的场景，源小区服务质量不好（一般 SINR 低于−3 就会概率性出现切换命令发送失败），UE 因为服务小区信号不好没有收到切换命令，或收到切换命令，但随机接入过程失败，UE 就发生 RRC 重建，重建到目标小区，此时由于目标小区已建立上下文，重建可以成功。

② UE 还来不及上报测量报告，源小区的信号已经急剧下降导致下行失步，UE 直接在目标小区发起 RRC 连接重建，此时由于目标小区无 UE 上下文，重建必然被拒绝，信令流程如图 8-22 所示。

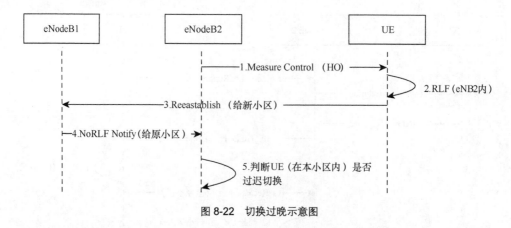

图 8-22　切换过晚示意图

图 8-23 所示为切换过晚典型信令。

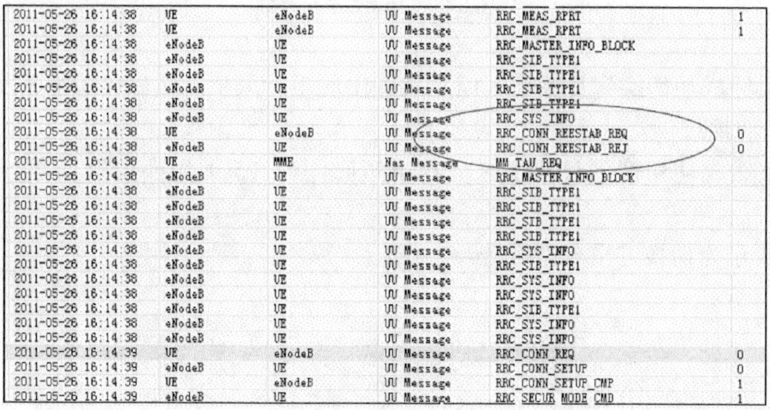

图 8-23　切换过晚信令

8.8.3　时延优化

1. 控制面时延

控制面时延在 UE 侧和 eNodeB 侧都是计算从 RRC_CON_REQ 到第一个 RRC_CON_RECFG_CMP 之间的时延。

控制面时延的优化总体思路是：根据信令流程，对每一条消息和下一条消息之间的处理时间计算为两条消息之间的时延，总的接入时延就是这些消息之间的时延总和。对接入过程中涉及到的 RRC 层的信令消息分段处理和分析，如果发现问题，再根据问题点细化处理。

时延数据的采集和分析，主要通过 S1 口消息跟踪、Uu 口消息跟踪、OMC 和测试软件进行数据的采集，利用 Excel、Assistant 工具进行数据的统计。

（1）eNodeB 侧 Uu 口的消息处理

eNodeB 侧主要通过 OMC 或 LMT 跟踪 Uu 口的信令消息，然后将跟踪数据导出到 Excel 表格，处理计算出各个信令间时延数据。

（2）DT/CQT 测试

统计 UE 侧的消息之间的时延，由于 OMC 的日志数据无法直接保存到 Excel，不方便直接统计计算，可以利用优化测试和分析工具帮助进行测试和统计，可以节省大量的手动统计工作量。

（3）分析工具统计

测试记录的日志文件，导入到分析软件内，然后进行接入时延的统计，就可以统计出相关的时延。

2．用户面时延

用户面时延包括 RAN 时延、EPC 时延和 E2E 时延 3 部分，是 RTD（Round Trip Delay，环路往返时延），如图 8-24 所示。其中空口时延是在良好的信道质量和系统空载下测试。时延测试可采用 Ping 方法。

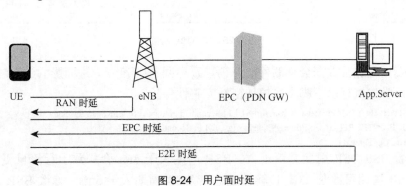

图 8-24　用户面时延

（1）信道质量

如果测试时 UE 所处环境的信道质量不好，则会对解调性能造成一定的影响，这样有可能造成错包或者丢包，进而影响时延结果。

（2）HARQ 重传

如果数据包在传输过程中出现了错误或者丢失（触发原因可能因为瞬时信号质量变化使得较高的 MCS 无法解调正确），那么会触发 HARQ 重传，直到数据包接收正确为止。因此，信道质量越差，重传次数越多，时延也就越大。

（3）调度方式

由于不同调度方式的流程间存在区别，则调度采用预调度还是非预调度会对时延造成影响。

① 预调度：调度器始终为其分配资源，不需要调度请求（Scheduling Request）。

② 非预调度：在首包到达之后调度器再为其分配资源。UE 要通过调度请求来初始化这一流程。

当 Ping 时延数据结果和预期结果有较大差距的时候，就需要经过分段测试、定位的方法，特别是因为 S1 口到核心网 SGW/服务器侧的波动带来的 Ping 时延的不稳定问题。

Ping 时延分段测试可以通过以下途径获得。

① Ethereal：用在本地 PC 端，可以计算出端到端的精确时延。

② WebLMT：在基站侧对到核心网的 IPPATH 进行 Ping 命令测试，可以排除核心网和传输侧时延问题。

③ 在 OMC 上可以利用用户面消息跟踪打印出 eNodeB 侧 L2 每一层的时间戳信息。

另外，还可以在核心网服务器侧，利用 Ethereal 计算出服务器侧的处理时延。

3．检查案例

下面给出一个环回时延检查的案例。

（1）检查空口是否加密，如图 8-25 所示。

图 8-25　空口加密检查

有些终端处理加密数据会有额外的开销导致环回 RTT 变长，进而影响到吞吐量。如果空口已经加密，尝试执行以下脚本去掉加密及完整性保护。

MOD ENODEBCIPHERCAP: PrimaryCiperAlg=NULL, SecondCiperAlg=AES, hirdCiperAlg=Snow3G;

MOD ENODEBINTEGRITYCAP: PrimaryIntegrityAlg=NULL, SecondIntegrityAlg=AES,
ThirdIntegrityAlg=Snow3G;

（2）查看 BSR、SR 周期是否过大。BSR 周期大于 5ms 会导致上行流量受限，RTT 增大，缩短 BSR 周期可改善 TCP 传输性能。若 BSR 周期大于 5ms，修改 BSR 为 5ms 的命令如下（其中的 QCI 等级请根据开户类型进行调整，以下命令中全部使用 QCI9 为例，如图 8-26 所示）。

MOD TYPDRBBSR: QCI=QCI9, TPERODICBSRTIMER=TPeriodBSRTimer_sf5,
RETXBSRTIMER=sf320;

```
+++   HUAWEI     2010-06-06 21:09:21
TRAFFIC   #42299
%%LST TYPDRBBSR:;%%
RETCODE = 0  Operation succeeded.

Display TYPDRBBSR
------------------
QoS Class Indication  Periodic BSR Timer(subframe)  RetxBsrTimer(subframe)

QCI 1                 10 subframes                   sf320
QCI 2                 10 subframes                   sf320
QCI 3                 10 subframes                   sf320
QCI 4                 10 subframes                   sf320
QCI 5                 10 subframes                   sf320
QCI 6                 10 subframes                   sf320
QCI 7                 10 subframes                   sf320
QCI 8                 10 subframes                   sf320
QCI 9                 5 subframes                    sf320
(Number of results = 9)
```

图 8-26　BSR 检查

8.8.4　吞吐量优化

1．吞吐量异常现象

（1）定点 UDP 吞吐量异常表现

由于 UDP 面向无连接、不保证可靠交付的传输特性，UDP 流量异常的表现就是平稳但无法达到峰值。

（2）定点 TCP 吞吐量异常表现

TCP 由于面向连接，保证交付，且采用滑动窗口等数据传输拥塞避免机制，故吞吐量异常的表现非常多，一般常见的有以下几种。

① 吞吐量平稳但低于峰值 5%以上。

② 吞吐量能达到峰值但有波动，明显的"掉坑"现象，后又缓慢"爬起"。

③ 吞吐量能达到峰值但有波动，变化较"陡峭"。

2．吞吐量异常定位思路

（1）判断该数传业务是 UDP 的还是 TCP 的，如果当前是 TCP 流量不足，则先用单线程 UDP 上下行灌包进行 UDP 峰值测试，排除网卡限速、空口参数配置错误等故障。一般当 UDP 流量无法达到峰值时，TCP 流量也很难上到峰值。

UDP 流量问题定位，采用"追根溯源"法，即从服务器到 UE 采用端到端排查，看资源在哪里受限。

（2）如果 UDP 流量能够达到峰值而 TCP 不行，则将问题原因锁定在 TCP 本身传输机制上。

3．UDP 流量问题检查

UDP 整体的流量定位流程如图 8-27 所示。

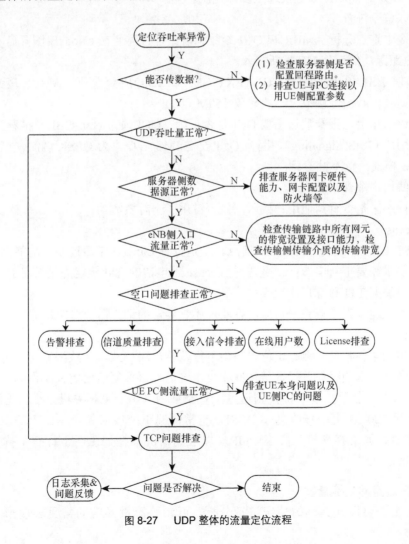

图 8-27　UDP 整体的流量定位流程

其中，空口问题排查包括告警、基本配置参数、接入信令、在线用户数、License 排查、空口信道质量排查。优先排查告警，防止某些突发告警导致流量异常。实际环境中空口问题引起流量异常的原因非常多，这里仅列举了几种常见的情况。

（1）eNodeB 侧告警排查

通过 WebLMT 查看是否有异常告警，如果有告警，先清除告警看吞吐量是否能恢复正常。

（2）空口信道质量排查

① 检查空口误块率（BLER）。如果空口误块率高的话，会导致部分 RB 用于重传数据，进而影响吞吐量，此时应该重新选一个 BLER 低的点。峰值比拼测试中，要求选点位置的 BLER 必须为 0。

② 检查 RSRP、SINR 等参数。峰值测试中如果要使得实际峰值逼近理论峰值，要保证小区 RSRP 在−85dBm 以上，SINR 在 26dB 以上。

③ 检查 CQI 等参数。CQI 主要由 SINR 决定，UE 上报的 CQI 又决定了下行调度的 MCS，如果 SINR、CQI 等偏低，则更换选点多试几次。

（3）接入信令排查

接入信令中重点分析 AMBR 和 QCI 参数。信令排查需要在 eNodeB 侧开启 LMT Uu 口和 S1 口信令跟踪，然后使 UE 重新接入。

在 S1 口信令 S1AP_INITIAL_CONTEXT_SETUP_REQ 中查看开户 AMBR 是否设置恰当，如果不合适需要核心网侧修改，一般建议 150M 以上。

同样在该信令上可查看默认承载 QCI 是否正确，QCI 须为 Non-GBR，推荐为 6、8、9，一定不要使用 5（IMS signaling），因为 QCI=5 是 IMS 信令，为 QPSK 调制，速率达不到峰值；7 为 UM 模式，也不推荐。

（4）在线用户数查询

查询当前小区是否有其他用户接入，是否占用了下行资源。

（5）License

通过 LST LICENSE 查看 License 信息。一是查看 License 是否过期，功能是否有限制，如果不满足要求需要重新申请；二是查看 License 上申请的吞吐量能力是否足够。

（6）空口调度 TTI 跟踪日志反馈

如果按照上述步骤排查完空口后，吞吐量还是异常的话，需要对空口调度 TTI 跟踪日志进行专家分析。

上行数传业务吞吐量异常时定位思路与下行数传思路一致，从数据流向上进行排查，只不过排查的网元先后顺序与下行数传正好相反，这里不再重复给出定位流程图。

上行检测中，上行空载干扰检测通过上行空载时（所有 UE 关机，小区里没有业务），可以检测上行 100RB 上的接收功率 RSSI，正常情况下空载时每个 RB 上的 RSSI 应该在−120dBm 左右，如果有突然升高 3～5dBm 以上的情况存在，说明上行有干扰，需要排查干扰源。

4．TCP 流量问题检查

TCP 问题需要根据具体的情况进行分析，可参照流量异常的常见表现形式，如果是吞吐量平稳但达不到峰值则需要查看窗口等相关参数是否已优化，时延（RTT）是否过大；如果能达到峰值但是速率不稳，有掉坑现象，则需要检查是否有丢包、严重乱序现象发生。

TCP 流量异常排查思路如图 8-28 所示。

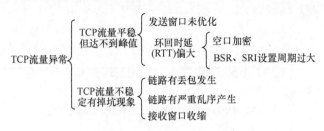

图 8-28　TCP 流量异常排查思路

5．检查案例

（1）检查空口误块率（BLER）

空口误块率高会导致部分 RB 用于重传数据，进而影响吞吐量，此时应该重新选一个 BLER 低的点。峰值比拼测试中，要求选点位置的 BLER 必须为 0，如图 8-29 所示。

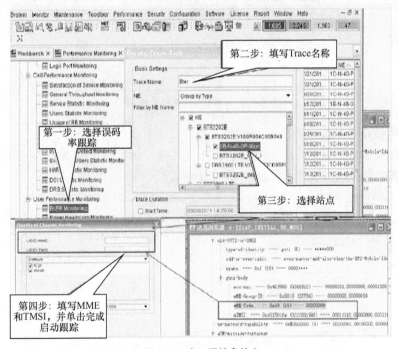

图 8-29　空口误块率检查

（2）检查 RSRP、SINR 等参数

在峰值测试中，要使得实际峰值逼近理论峰值，要保证小区 RSRP 在-85dBm 以上，SINR 为 26dB 以上。

① 对于华为 UE，可通过 Probe 软件查看，如图 8-30 所示。

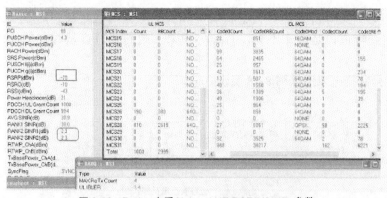

图 8-30　Probe 查看 Huawei UE RSRP/SINR 参数

② 对于三星 UE，首先使用 Ctrl＋Shift＋F8 调出 LTE TM 窗口，输入密码"seclte"，在 UE 接入后查看小区 PCI 是否是目的小区；对于 RSRP 和 SINR 值，一般要求 RSRP>-85dBm，SINR>25dB，如图 8-31 所示。这个界面查看的 SINR 值是两路信号的平均值。

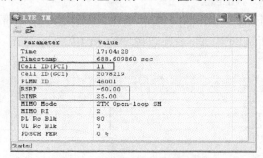

图 8-31　三星 LTE TM 查看 RSRP

（3）检查 CQI 等参数

CQI 主要由 SINR 决定，UE 上报的 CQI 又决定了下行调度的 MCS，如果 SINR、CQI 等偏低，则更换测试点多试几次，如图 8-32 所示。

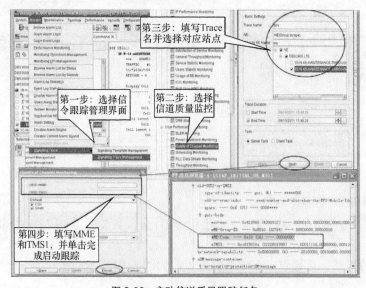

图 8-32　启动信道质量跟踪任务

双击正在跟踪的 Trace 即可查看 CQI 参数，如图 8-33 所示。

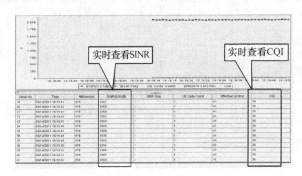

图 8-33　实时查看 SINR 和 CQI

（4）在线用户数查询

查询当前小区是否有其他用户接入，是否占用了下行资源，如图 8-34 所示。

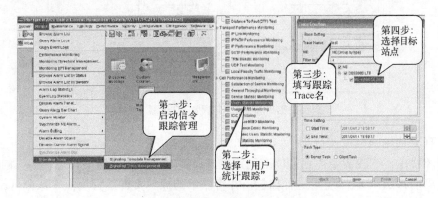

图 8-34　查询当前小区用户

双击正在跟踪的 Trace 即可查看小区的在线用户数，如图 8-35 所示。

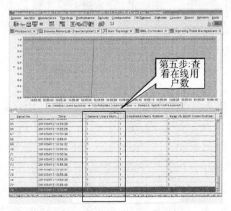

图 8-35　查看小区在线用户数

（5）空口调度 TTI 跟踪

空口调度 TTI 跟踪日志也是检查问题的重要途径。在问题排查中，将空口调度 TTI 跟踪日志给局点支持专家分析（图 8-36 中的 33/49 分别代表上下行的跟踪）。

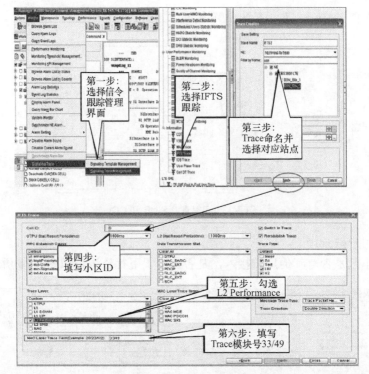

图 8-36　上下行调度 TTI 跟踪

（6）TCP 问题抓包反馈日志

现网环境中，往往需要抓包才能准确定位出原因。如果在经过多种排查后，问题还是没有解决，可以按照图 8-37 所示进行抓包，并将以下的抓包文件返回局点专家分析。

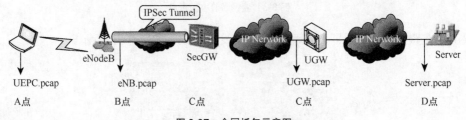

图 8-37　全网抓包示意图

① A 点抓包只需抓取包头 100Byte 以节省文件大小，并命名为：局点名_UEPC.pcap。

② 如果实际组网环境有安全网关的话，B 点抓包考虑到要能正确解密数据，必须要将 IPSec 通道设置为空加密，同时抓包时必须抓完 s 整的包，命名为：局点名_eNB.pcap。同时因该点数据量大，为防止占用内存过大，抓包保存时可使用多个文件，避免单个文件过大。

③ C 点抓包只需抓取包头 150Byte 即可，命名为：局点名_UGW.pcap。

④ D 点抓包只需抓取包头 100Byte 即可，命名为：局点名_Server.pcap。

（7）上行空载干扰检测

通过上行空载时（所有 UE 关机，小区里没有业务），可以检测上行 100RB 上的接收功率 RSSI，正常情况下空载时每个 RB 上的 RSSI 应该在-120dBm 左右，如果有突然升高 3～5dBm 以上的情况存在，说明上行有干扰，需要排查干扰源。在 M2000 上进行小区性能监测，选择干扰检测，填写正确的小区 ID，如图 8-38 所示。

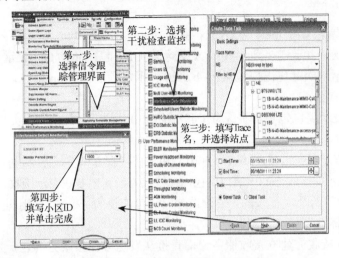

图 8-38　M2000 查看上行空载干扰检测

跟踪 10min 小区干扰检测，如果没有干扰，每个 RB 上平均的 RSSI 应该保持在−120dBm 左右，如图 8-39 所示。

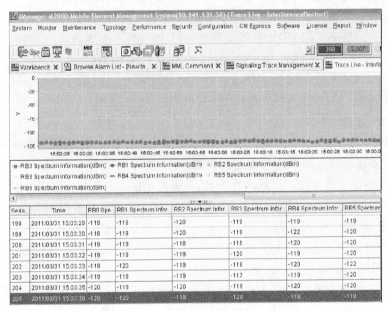

图 8-39　干扰实时检测

（8）iperf 灌包

iperf 是一种网络流量检测工具，有 UDP 和 TCP 两种检测方式。

首先将 iperf.exe 文件放置在服务器以及 UE PC 中，即接收和发送方计算机都有该程序。打开 DOS 窗口，将工作路径设置到 iperf 文件所在文件夹。参照下面的说明，采用 UDP 或 TCP 灌包。

UDP：

① 在接收方建立接收服务器，输入命令 iperf –s –u –i 1。

其中，–s 表示建立接收服务，–u 表示接收的是 UDP 业务，–i 1 表示每 1s 显示一次接收到的流量。

② 在发送方输入命令 iperf –c x.x.x.x –u –t 10000 –i 1 –b 50m。

其中，–c x.x.x.x 表示连接到该 IP；–u 表示灌 UDP 包；–t 10 000 表示灌包时长 10 000s；–i 1 表示每 1s 显示一次灌包出口流量；–b 50m 表示每秒灌 50Mbit 的包。

③ 其他常用参数：

–l 1400——表示灌包包长，默认为 1 498Byte（IP 层统计，包括 IP 头），需要在接收方和发送方都进行设置。

–p 5010——表示灌包端口，默认为 5001，需要在接收方和发送方都进行设置。注意，在发送方设置该参数表示往接收方的该端口灌包，在接收方设置该参数表示接收方在该端口接收。

–P 2——表示用两个线程来灌，假设设置的灌包流量为–b 1m，采用两个线程后即每秒灌 2Mbit。该参数只需在发送方设置。

说明：若未在接收方建立接收服务，而直接从发送方往接收方灌包，那么接收方每收到一个包都会返回一个 176Byte 的 ICMP 包（IP 层统计，包括 IP 头）。若接收方已建立接收服务，则没在回包。

TCP：

① 在接收方建立接收服务器，输入命令 iperf –s –i 1 –w 512k。

其中，–s 表示建立接收服务，–i 1 表示每 1s 显示一次接收到的流量，–w 512k 表示接收方的接收窗口是 512KB。与 UDP 的接收服务器相比，少了–u 选项。

② 在发送方输入命令 iperf –c x.x.x.x –t 10000 –i 1 –w 512k。

其中，–c x.x.x.x 表示连接到该 IP；–t 10 000 表示灌包时长 10 000s；–i 1 表示每 1s 显示一次灌包出口流量；–w 512k 表示发送方的接收窗口为 512KB。

③ 其他常用参数：

–M 1 400——表示 TCP 包的 MSS（即不包括 IP 和 TCP 头的净荷最大长度），默认为 1 460Byte，需要在接收方和发送方都进行设置。

–p 5 010——表示灌包端口，默认为 5 001，需要在接收方和发送方都进行设置。注意，在发送方设置该参数表示往接收方的该端口灌包，在接收方设置该参数表示接收方在该端口接收。

–P 2——表示用两个线程来做业务，等同于两线程下载或上传。该参数只需在发送方设置。

说明：若未在接收方建立接收服务，而直接从发送方往接收方灌包，则会提示连接建立失败。

（9）交换机端口镜像

Lanswitch 上做镜像端口操作原理就是把交换机上 A 端口发送接收的数据复制一份到 B 端口上。由于目前 LTE/SAE 组网过程中大量用到 Lanswitch 作为 SGi、S1 接口连接，因此镜像端口能有效隔离出 TCP 丢包导致速率上不去或掉底发生的位置。以常见的 HuaweiS3900 交换机为例，如果 eNB 的 S1 接口连接到 Lanswitch 千兆端口的 1 号端口，可以将 1 号端口作为被镜像端口，2 号端口作为监测端口连接到一台能抓包的 PC 上，S3900 的命令如下。

第一步：创建镜像组 mirroring-group。

```
# 配置本地端口镜像组。
<Quidway> system-view
System View: return to User View with Ctrl+Z.
[Quidway] mirroring-group 1 local
```

相关命令如下：

配置本地端口镜像组：mirroring-group group-id { local | remote-destination | remote-source }。

取消本地端口镜像组：undo mirroring-group { group-id | all | local | remote-destination
| remote-source }。

第二步：创建被镜像的端口 mirroring-group mirroring-port。

\# 配置 GigabitEthernet1/1/1 为镜像源端口，并且对该端口接收的报文进行镜像。

```
<Quidway> system-view
System View: return to User View with Ctrl+Z.
[Quidway] mirroring-group 1 mirroring-port Gigabitethernet1/1/1 both
```

相关命令如下：

创建被镜像端口：mirroring-group group-id mirroring-port mirroring-port-list { both | inbound | outbound }。

取消被镜像端口：undo mirroring-group group-id mirroring-port mirroring-port-list。

第三步：创建监测端口 mirroring-group monitor-port。

\# 配置 GigabitEthernet1/1/2 为镜像目的端口。

```
<Quidway> system-view
System View: return to User View with Ctrl+Z.
[Quidway] mirroring-group 1 monitor-port Gigabitethernet1/1/2
```

相关命令如下：

创建监测端口：mirroring-group group-id monitor-port monitor-port。

取消监测端口：undo mirroring-group group-id monitor-port monitor-port。

参考文献

[1] 3GPP TS 36.211 v10.7.0. Evolved Universal Terrestrial Radio Access (E-UTRA); Physical channels and modulation.

[2] 3GPP TS 36.213 v10.9.0. Evolved Universal Terrestrial Radio Access (E-UTRA);Physical layer procedures.

[3] 3GPP TR 36. 902 v9.3.1. Evolved Universal Terrestrial Radio Access Network (E-UTRAN); Self-configuring and self-optimizing network (SON) use cases and solutions.

[4] 3GPP TS 37.320 v10.4.0. Universal Terrestrial Radio Access (UTRA) and Evolved Universal Terrestrial Radio Access (E-UTRA); Radio measurement collection for Minimization of Drive Tests (MDT); Overall description; Stage 2.

[5] 肖清华，汪丁鼎，许光斌，丁巍. TD-LTE 网络规划设计与优化. 北京：人民邮电出版社，2013.

[6] 罗建迪，汪丁鼎，肖清华，朱东照. TD-SCDMA 无线网络规划设计与优化. 北京：人民邮电出版社，2010.

[7] 张普，王军选. LTE 系统中切换算法的研究. 西安邮电学院学报，2010.

[8] 龙紫薇. 基于用户分级和业务分类的 QoS 保障机制. 移动通信增刊，2012.8.

[9] 张轩. LTE SON:PCI 的研究与设计. 中国科技论文在线 http://www.paper.edu.cn/.

[10] 中国移动. TD-LTE 规模试验网络优化指导手册（大唐系统）（版本号，V0.1）.

[11] 王艳霞. LTE 系统自动邻区关系的研究. 西安电子科技大学硕士学位论文，2009.

[12] 刘志强. LTE 移动负载均衡技术研究. 中国科学技术大学硕士学位论文，2011.

[13] 赵博. 最小化路测技术的研究与探讨. 移动通信，2012 年第 20 期.

[14] 华为技术. LTE eRAN2.2 问题定位指导书——流量篇.

[15] 华为技术. LTE eRAN2.2 问题定位指导书——切换篇.

第9章
LTE FDD 和 TD-LTE 的混合组网

9.1 混合建网必然性

3G 时代，中国的移动互联网有了一个快速的起步发展，用户使用移动互联网已经成为一种习惯。随着时间的推移，智能手机的功能越来越多，具备了大部分便携计算机的功能，其界限也越来越模糊。智能手机和移动互联网结合，智能手机能发挥超乎想象的魔力，它可以是装在口袋里的百科全书、大型超市、电影院和游戏场。智能手机改变着价值创造的过程。

近两年移动互联网业务量呈爆发式增长，2012 年全球移动数据流量增长了 1.5 倍，预计今后 5 年的每年复合增长率为 70%～90%，如图 9-1 所示。随着智能终端日益普及和移动网络宽带化，移动互联网爆发出巨大的生机和活力。另外，随着传感技术的发展和通信网络覆盖的不断扩大，物联网也呈现出蓬勃发展的势头。移动互联网、物联网的结合，给未来信息化发展，提供了广阔的空间。根据预测，未来 10 年，移动互联网数据流量将增长 500～1 000 倍。

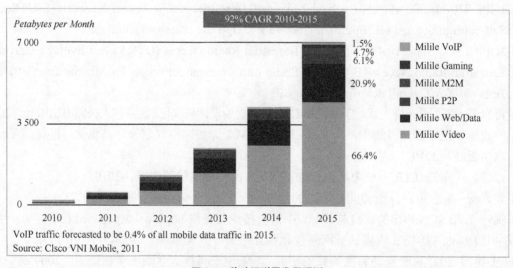

图 9-1 移动互联网发展预测

从移动互联网的用户流量密度看，未来城市的用户流量也迫使运营商在网络建设中需要考虑网络的容量需求，甚至是多网混合组网。根据中国典型城市的人口密度，密集市区每平方千米 1.5 万～2.5 万人、一般市区每平方千米 8 000 人至 1.5 万人计算，到 2020 年，移动互联网流量密度，在密集市区达到 6Gbit/s/km² 左右、一般市区达到 4Gbit/s/km² 左右。再考虑不同运营商的市场份额，每个网络需要承载的流量密度仍然很高。在 FDD 频率资源并不充裕的情况下，利用 TDD 频段资源丰富的条件，FDD 与 TDD 混合组网将成为必然的选择。

频谱资源是移动通信最关键的资源，直接影响着网络的覆盖、容量和质量。不同制式移动通信的覆盖能力主要取决于其频率资源，频段越低，无线电波传播范围越广，基站覆盖能力自然越强。表 9-1 是不同频段的同样距离的传播损耗对比。

表 9-1　　　　　　　　　　　不同频段的同样距离的传播损耗

频率（MHz）	Factor	700	820	900	1 850	1 950	2 600
自由空间（dB）	20log（f）	56.90	58.28	59.08	65.34	65.80	68.30
标准传播模型（dB）	33.9log（f）	96.45	98.78	100.15	110.76	111.53	115.77

图 9-2 是不同最大路径损耗差异下的基站规模对比。

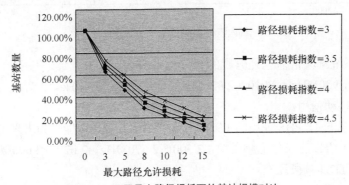

图 9-2　不同最大路径损耗下的基站规模对比

比如，对于 1 800MHz 和 2 600MHz 频段对比，有 5dB 的路径损耗差，要达到同样覆盖，基站规模相差 40%～50%。

ITUT 关于移动通信的分配，FDD 系统使用频段 1～25，TDD 系统使用频段 33～43。FDD 的频段在 700～2 600MHz 之间，TDD 在 1 900～2 600MHz 之间。国内 TD-LTE 的频段主要在 2 600MHz 频段。LTE FDD 频段主要集中在 1.8GHz、2.1GHz。因此，从网络覆盖上看，TD-LTE 在 2.6GHz 单频段组网，要形成市区全覆盖，代价较大。从覆盖的角度，2.6GHz 的 TD-LTE 组网需要一个更加低频段的 LTE 频段作为广覆盖层，作全面覆盖。

因此，从覆盖需求、业务量需求以及频率资源的角度看， 4G 网络，仅有一种 LTE 制式，难以满足业务的发展需求。TDD 和 FDD 在技术特点上各有各的优势，中国是世界第一移动大国，频谱资源日益短缺是移动网络建设迫切需要解决的第一问题。就频谱资源来看，FDD 频谱资源紧张，TDD 频谱资源丰富。在这一点上，TDD 的优势更明显一些。因此，从各方面来看，对于混合组网在国内的好处，显而易见。

另外，在标准和产业发展上，TDD 与 FDD LTE 具有一定的兼容性。两者都采用的是 OFDM 新技术的 4G 标准，从主要技术特征来看差异并不大，两者具有一定的兼容性，从终端开发到市场推广无疑会更具效应。在网络设备方面，两者的共性面很大，融合的设备将成为主流。在终端方面，高通推出的手机芯片，也支持 TDD/FDD 双模 LTE。

9.2　LTE 频段的分布

ITU-T 移动通信频段关于 LTE FDD 和 TD-LTE 频段分配以及国内 LTE FDD 可用的频段已经在第 5 章进行了讲述。国内移动通信的频段分配如图 9-3 所示。

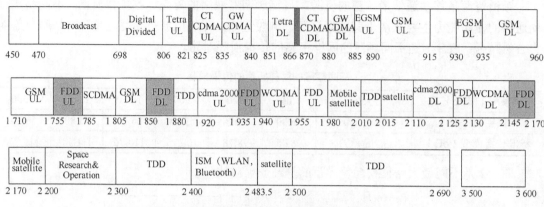

图 9-3　国内移动通信的频段分配（单位：MHz）

国内 TDD 系统频段目前已经分配的有：

（1）1 880～1 900MHz、2 010～2 025MHz、2 320～2 370MHz、2 570～2 620MHz 这些频段都分配给中国移动使用。

（2）在电信和联通，PHS 使用的 1 900～1 920MHz 频段也可能作为未来 TD-LTE 可用频段。

在明确给 TD-LTE 的未分配频段中，2 500～2 570MHz、2 620～2 690MHz 尚未分配。另外，潜在可能的 TDD 频段还有：

（1）700MHz 频段：698～806MHz，这个频段目前由广电模拟电视信号使用，短期内尚难以退出。

（2）450MHz 频段：450～470MHz，目前该频段用于农村通信以及专网通信，未来有可能划分出 7.2MHz 的频率用于 TD-LTE。

根据现有运营商手中的频段以及待分配的频段看，TD-LTE 使用的频段为 2.6GHz、1.9GHz 频段。2.3GHz 频段仅作中国移动室内分布系统使用。700MHz 和 450MHz 频段待频段清理后，未来可作郊区和农村的广覆盖使用。

因此，从国内总体的 FDD 和 TDD 可用频段看，TDD 系统的频段资源较丰富，但是现阶段，TDD 系统的频段较高，在覆盖上相对较弱。未来，TDD 系统获得低频段的可能性较大，这些频段可以作为广覆盖使用。国内 FDD 频段主要集中在 1.8GHz 和 2GHz，频率资源较少，但是也不排除，运营商从现有的 2G 系统的频段中，整合部分频段作 LTE FDD 系统的广域覆盖的可能性。

9.3　混合组网的技术分析

9.3.1　核心网

从 EPC 核心网的特点来看，EPC 本身即是一个融合架构的网络，EPC 的网络架构适应多种无线接入方式，包括 E-UTRAN、GERAN、UTRAN、eHRPD、WLAN 等，屏蔽了接入侧技术的差异性。同时在 E-UTRAN 接入方式下，LTE FDD/LTE TDD 两种双工方式能够共享同一张 EPC 网络。主要原因在于：

（1）从无线网 LTE FDD/LTE TDD 接入核心网的协议栈来看，两者的差异是在物理层，包括帧结构、测量、信道映射等方面，其层 2、层 3 及以上各层的协议结构高度一致，没有什么区别。

（2）3GPP 标准定义的 EPC 核心网架构、3GPP2 标准定义的互操作架构等系列规范，没有针对 LTE FTT/LTE TDD 的无线制式作区分。

（3）LTE FDD 与 LTE TDD 的差异仅在于无线调制制式，从 eNodeB 连接核心网的 S1 接口开始，其核心网完全相同。

（4）从消息流程上来看，无线网与核心网交互的信息中包括初始附着、切换等流程，这些流程中包含的 TAI 信息等都是在物理层之上的信息，不包含无线所采用的 FDD、TDD 制式信息。

（5）核心网与无线网的各类接口，包括 eNodeB 和 EPC 之间，互操作时的 S2a、S101 等接口消息，无论是控制面还是用户面的消息，都不包含无线 FDD/TDD 制式信息。

因此，从上述分析看，LTE FDD/LTE TDD 这两种无线制式可以共用一套 EPC 核心网。共 EPC 核心网的 LTE 混合组网结构如图 9-4 所示。

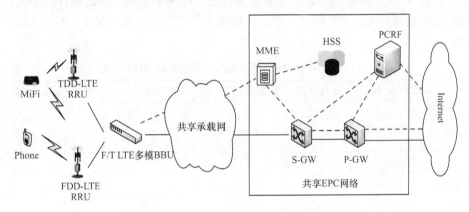

图 9-4　共 EPC 的 LTE 混合组网结构

9.3.2　无线网

1. 覆盖能力对比

TD-LTE 系统采用 8 天线和 2 天线的 MIMO 技术。当采用 8 天线配置时，下行控制信道使用 2 天线端口的 2×2 发送分集（SFBC），下行业务信道使用 8×2 波束赋形；上行控制信道和业务信道均使用 1×8 接收分集。当采用 2 天线配置时，下行控制信道和业务信道使用 2×2 发送分集，上行控制信道和业务信道使用 1×2 接收分集。

TD-LTE 的上行链路受限于 PUSCH，即业务信道。TD-LTE 的下行链路受限于 PDCCH，即控制信道。在上下行链路的业务信道目标速率相同时，PDSCH 覆盖优于 PUSCH，即上行业务信道受限。对比上下行链路预算和覆盖范围，TD-LTE 系统覆盖受限于 PDCCH，即下行链路控制信道受限。

按照上行 256kbit/s、下行 1Mbit/s 的边缘速率，不同频段的几个典型场景的 TD-LTE 链路预算结果见表 9-2。

表 9-2 不同频段典型场景的 TD-LTE 链路预算结果

频段	天线	密集市区（dB）	一般市区（dB）	郊区（dB）	农村（dB）
2.6GHz	8 天线	121.6/117.6	125.6/121.6	136.9/132.8	—
1.9GHz	2 天线	121.7/115.6	125.6/119.6	136.0/129.9	—
700MHz	2 天线	—	124.7/120.6	134.9/130.8	136.9/132.8
450MHz	2 天线	—	—	—	136.9/132.8

按照上行 256kbit/s、下行 1Mbit/s 的边缘速率，不同频段的几个典型场景的 LTE FDD 链路预算结果见表 9-3。

表 9-3 不同频段典型场景的 LTE FDD 链路预算结果

频段	天线	密集市区（dB）	一般市区（dB）	郊区（dB）	农村（dB）
2.0GHz	2 天线	118.8/131.8	124.3/137.3	133.6/146.6	—
800~900MHz	2 天线	115.8/128.8	123.3/136.3	132.6/145.6	136.6/149.6

同一无线环境中，其链路预算的差异主要在于天线增益和墙体穿透损耗的不同。

根据 Hata 模型和 Cost231 模型，计算典型场景的 TD-LTE 基站覆盖半径和 LTE FDD 对比见表 9-4。

表 9-4 典型场景的 TD-LTE 基站覆盖半径和 LTE FDD 对比

制式	频段（MHz）	天线模式	密集市区（km）	一般市区（km）	郊区（km）	农村（km）
TD-LTE	2.6GHz	8 天线	0.17	0.27	1.50	—
TD-LTE	1.9GHz	2 天线	0.20	0.32	1.54	—
TD-LTE	700MHz	2 天线	—	0.88	3.40	14.11
TD-LTE	450MHz	2 天线	—	—	—	17.87
LTE FDD	2.0GHz	2 天线	0.24	0.37	1.39	—
LTE FDD	800~900MHz	2 天线	0.43	0.86	3.14	15.00

从 LTE FDD 和 TD-LTE 的覆盖能力看，2.6GHz 频段的 TD-LTE 与 2GHz 频段的 LTE FDD 存在一定的距离。采用 2 天线技术的 1.9GHz 的 TD-LTE 覆盖能力还是稍弱于 2GHz 频段 LTE FDD。但是，在 700MHz 和 450MHz 频段，TD-LTE 的覆盖能力较强；在 800~900MHz 频段，LTE FDD 的覆盖能力较强。因此，可以结合频率资源和各个频段的覆盖特性，制订有针对性的覆盖策略和建设策略。

2．LTE 设备形态

目前，不管是 LTE FDD 还是 TD-LTE，基站设备形态基本相同，有宏基站、BBU+RRU、微基站等类型。目前，LTE FDD 和 TD-LTE 同厂家共 BBU 已经实现。

两种制式的宏基站的安装面的面积：最大 600mm×600mm，其设备高度范围为 700~1 500mm。设备安装方式有落地安装或堆叠安装。部分典型厂家宏基站设备参数见表 9-5。

表 9-5   典型厂家宏基站设备参数

厂家	射频性能			物理性能			
	单机柜最多可容纳的射频模块数	射频模块发射功率	射频模块支持的天线方式	满配时重量（kg）	功耗（最大输出功率）（W）	尺寸（$H \times W \times D$）（mm）	环境温度（℃）
爱立信	12 个	80W	1T2R	<215	2 400	1435×600×483	+5～+50
华为	6 个	40W×2	2T2R	135	1 350	700×600×480	−20～+55
中兴	6 个	80W×2	2T2R/2T4R	<250	2 010	950×600×450	−15～+45

　　两种制式的 BBU 设备安装空间均为 19 英寸模块设备，最大高度 3U；安装方式有机柜安装、机架安装和挂墙安装。典型厂家 BBU 设备参数见表 9-6。

表 9-6   典型厂家 BBU 设备参数

制式	厂家	基带板	单 BBU 连接 RRU 的能力		物理性能			
		单个 BBU 支持基带板数量	支持最大级联数	最大支持连接 RRU 数	重量（kg）	功耗（S111 配置）（W）	尺寸（标准 19 英寸）	环境温度（℃）
LTE FDD	爱立信	2	4	12	<3	130	1.5U	−5～+55
	阿朗	3	4	12	<13	232	2U	−5～+65
	华为	6	4	18	<12	150	2U	−20～+55
	中兴	3	4	18	<7.5	135	2U	−15～+50
TD-LTE	华为	6	4	12	<12	<535	2U	−20～+55
	中兴	9	4	27	<9	<550	3U	−10～+55
	大唐	6	4	18	<10	<400	2U	−40～+55

　　两种制式的典型厂家 RRU 设备参数见表 9-7。设备均支持机柜安装、挂墙安装、抱杆安装。

表 9-7   典型厂家 RRU 设备参数

制式	厂家	输出功率（W）	供电方式	物理性能（最大配置、最大输出功率）			
				重量（kg）	功耗（W）	尺寸（$H \times M \times D$）（mm）	环境温度（℃）
LTE FDD	爱立信	2×40	直流/交流	23	420	500×431×182（含太阳罩 39L）	−40～+55
	阿朗	2×60	直流/交流	18	445	510×285×179（26L）	−40～+55
	华为	2×60	直流/交流	14	400	400×300×120（12L）	−40～+55
	中兴	2×60	直流/交流	<20	400	480×320×150（23L）	−40～+55
TD-LTE	华为	8×10	直流/交流	21	320	545×300×130（21L）	−40～+55
	中兴	8×5	直流/交流	14	240	380×280×126（12L）	−40～+55
	大唐	8×5	直流/交流	22	220	495×341×141（23L）	−40～+55

在基站设备方面，LTE FDD 同 TD-LTE 相似，对混合组网没有太大影响。

在天线方面，目前 2 天线的 LTE FDD 和 TD-LTE 已经实现共天线。8 天线的 TD-LTE 尚不支持同 LTE FDD 的共天线。因此，当需要使用 8 天线时，共站的 LTE 站点，需要多一个天线安装的位置。LTE FDD 天线在第 6 章中已有叙述，这里仅介绍 TD-LTE 相关的天线。常见的单频 TD-LTE 和多频段 TD-LTE/LTE FDD 天线见表 9-8。

表 9-8　　　　　　　　单频 TD-LTE 和 TD-LTE/LTE FDD 多频天线

天线配置			单天线端口数	增益（dBi）	尺寸（长×宽，mm）	重量（kg）	说明
TDD	FDD	频段（MHz）					
2T2R	2T2R	1 710～2 170	4	18	1 400×320	15	两列双极化肩并肩，T/F 独立电调
		2 500～2 690		18			
2T2R	2T4R	1 710～2 170	6	18	1 500×500	22	3 列双极化肩并肩，其中一列 TDD，两列 FDD，T/F 独立电调
		2 500～2 690		18			
8T8R	—	2 500～2 690	9	16.5	1 400×320	12	单 D 频段智能天线
2T2R	2T2R	820～960	6	15	1 600×350	25	两列双极化肩并肩，一列共轴高低频嵌套、一列高频，各路独立电调
		1 710～2 170		18			
		2 500～2 690		18			

对于其他配套，包括机房、塔桅、电源、接入传输，这些都与 LTE 技术制式无关，对两者都是一视同仁。仅有的差异在于：天线大小不同，风荷不同；设备功耗不同，电源配置不同；接入传输需求不同，配置传输带宽不同。

因此从基站设备、天线及其配套看，混合组网的限制条件很少，对于两种制式，共站安装没有太大的技术问题。

3. 系统间的隔离度要求

在天馈方面，除了要考虑两个系统天线的足够安装空间外，还需要考虑不同系统间足够的天线隔离距离。LTE FDD 与其他系统的隔离距离在第 6 章已经叙述。TD-LTE 与其他系统的隔离距离在文献[1]中有相关分析。两种 LTE 制式间的干扰要求，如表 9-9 所示。

表 9-9　　　　　　LTE FDD 与其他各系统的干扰隔离要求（单位：dB）

系统	杂散干扰	阻塞干扰	互调干扰	系统间干扰
LTE FDD 与 TD-LTE	34.7	30	0	34.7

根据这个隔离度要求计算系统间的隔离距离。以两个 LTE 系统中较低频段为计算频段，计算水平和垂直隔离距离见表 9-10。

表 9-10　　　　　　　　　两系统间水平和垂直隔离距离

两个 LTE 系统中较低的频段	垂直隔离距离（m）	水平隔离距离（m）
2.0GHz	0.22	0.65
1.9GHz	0.24	0.70
800～900MHz	0.53	1.57
700MHz	0.63	1.85
450MHz	0.98	2.88

对于双系统共天线的场景，因为在天线内部已有足够的隔离，不用再单独考虑两者的隔离度。

4．系统间切换及互操作

LTE FDD 和 TD-LTE 的切换在 3GPP 协议中是支持的。目前，在商用网络上已经实现了 LTE FDD/TD-LTE 切换。移动网络切换主要在无线网络侧实现，与 2G 和 3G 不同的是，LTE 的无线网取消了类似 BSC/RNC 这样的节点，基站直接通过 IP 传输网与核心网相连。因此在切换过程中，大部分工作就在基站之间直接协调完成。

在 LTE FDD/TDD 融合组网时，LTE 基站通过 ANR 技术来自动收集、自动调整邻区关系，并辅以无线信号测量、传播特性估计、无线信道测算等技术，优化切换机制，快速准确无缝地实现切换。

9.4　混合建网的策略

LTE FDD 和 TD-LTE 网络的定位跟它们所处的频段相关。LTE 网络定位，是运营商需要面对的问题。目前各个运营商的网络有 2G 网络、3G 网络和 LTE 网络，各个网络的定位和协同发展在第 6 章中已经叙述。

LTE 是蜂窝网的演进，其特点是没有 CS 域业务，支持高速移动的高速率数据，因此主要承载高带宽、高质量的移动互联网业务。对于同一运营商出现的 LTE FDD 和 TD-LTE 混合组网，应从产业链、终端、频率等综合的角度分析，为两个 LTE 网络作合理定位。LTE FDD 网络主要支撑高速移动通信业务，在 3G 网络广覆盖的基础上逐渐建成覆盖人口较密集区域以上的 4G 网络，用于满足智能手机用户的需求；TD-LTE 网络初期作为补充和延伸覆盖网络，将主要支撑固定宽带接入业务，用于满足数据卡或 CPE 用户的需求。同时，也应看到 TD-LTE 频段配置灵活的特点，如有可能，在 450MHz、700MHz 频段，可以作为农村固定宽带的接入的延续，解决农村最后 1km 的光纤和铜缆宽带接入问题。

在多网定位上，根据不同的区域和不同的频率资源，可以简单归纳为表 9-11，供读者参考。

表 9-11　　　　　　　　　　不同网络在不同区域的覆盖

网络	频段	城市商务区、办公区、产业园区	城市住宅区	高校园区	县城	乡镇	农村	重要景区	重要交通干线	其他景区	其他道路
LTE FDD	1.8～2.0GHz	★	★	★	★	☆		☆			
LTE FDD	800～900MHz					★	☆	★	★		
TD-LTE	2.6GHz	☆	☆	☆	☆						
TD-LTE	1.9GHz	☆	☆	☆	☆						
TD-LTE	700MHz					★	☆	★	★		
TD-LTE	450MHz					★			★	☆	☆

注：★表示数据业务全覆盖；☆表示数据业务部分覆盖/热点热区覆盖。

在 LTE 混合组网网络建设中，建议遵循以下建设策略。

（1）在 LTE 网络建设中，应充分认识两个 LTE 网的定位和其技术特点，每个网络各司其责，发挥各自的特点，多网协同发展。

（2）在 LTE 网络建设中，需要认清建设的主次。LTE 网络所承载的业务是高速数据业务，这些业务的发展首先在城区繁华区域和人口密集区域。因此，在网络建设中，优先满足城市，其次是郊区和景区，最后才是道路和农村。根据覆盖区域的需要和可用频率资源，进行有针对性的 LTE 网络建设。

（3）在多制式多频段 LTE 混合组网中，需要考虑业务的实际需求，考虑到现网 LTE 与 3G 之间的切换互操作。在 LTE 建设中，有高速数据业务需求了，再进行网络建设，以市场为驱动，避免建设的浪费。

（4）在网络建设中，要充分发挥运营商现网网络资源，特别是基站配套资源，提高投资效益。在基站规划布局基本合理的情况下，尽量利旧现有站址，进行共站建设，共享配套资源。

（5）协调好 LTE FDD 和 TD-LTE 网络与 3G 网络的切换和互操作。在网络规划建设中，应充分考虑好网络之间的切换及互操作，制订合理的 4G 内部、4G 和 3G 之间的切换策略。

（6）在 LTE 网络建设中，要扬长避短，也应该看到 LTE 网络的弱点，其网络容量也有一定限制。因此，在 LTE 的短板区域，要用其他网络来填补。在高速数据业务要求不高的区域，用 3G 的已形成的广覆盖特点，提供给中低速率业务。在高带宽需求的区域，如果对 QoS 和移动性要求不高的区域，要用 Wi-Fi 去积极分流业务。

（7）在 LTE FDD 和 TD-LTE 无线网络混合组网时，应共用一张 EPC 核心网络，无需为 LTE FDD/LTE TDD 这两种无线制式分别建设两张 EPC 核心网。采用 EPC 核心网共享的方式可以减少用户在混合组网环境下的跨多个核心网的业务切换，提升接入成功率，最大限度地保障用户业务体验。

在具体的分期建设中，一般按照先城区，后郊区、农村的建设顺序，逐步由城市向郊区农村及道路推进。

9.5 混合建网的实施

9.5.1 核心网

运营商采用 LTE FDD 和 TD-LTE 混合组网的策略时，应采用共享同一套 EPC 的建设方案。EPC 中的核心网设备由移动性管理设备（MME）、服务网关（S-GW）、PDN 网关（P-GW）以及用于存储用户签约信息的 HSS 和用于计费和策略控制的单元（PCRF）等组成。LTE 无线网络的 eNodeB 包括两种制式：TD-LTE 和 LTE FDD，两种制式的 eNodeB 接入同一套 EPC 的 MME 和 S-GW。

9.5.2 无线网

1. 混合组网建设场景

在 LTE FDD 和 TD-LTE 混合组网中，基站的建设包括共站建设和非共站建设两种。非共站建设的场景如图 9-5 所示。

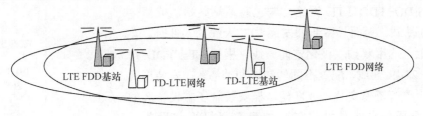

图 9-5　非共站建设场景

在这种场景中，LTE FDD 和 TD-LTE 基站独立建设，各自形成信号覆盖范围。这种场景下信号覆盖范围有重叠交叉，也有互补。

共站建设的场景如图 9-6 所示。

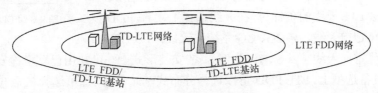

图 9-6　共站建设场景

在这种场景中，LTE FDD 和 TD-LTE 基站共站址建设，形成大致重叠信号覆盖范围。

在实际混合组网中，以上两种情形同时存在，并且交叉分布。这里主要讨论共站建设场景。混合组网共站建设常见的几种场景有：

（1）FDD/TDD LTE 各自独立天线

建设 FDD+TDD LTE 网络，与已有基站共站或新建站址。天面具备新增安装两副 LTE 天线的条件。在天线选择上，可以独立选择 LTE FDD 天线和 TD-LTE 天线。在安装形式上，可共用已有塔桅安装，或新建塔桅安装。在主设备选型上，可以选择分布式基站设备，也可选择机柜式设备。FDD+TDD 独立天线场景如图 9-7 所示。

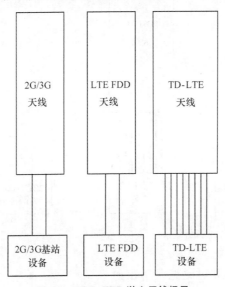

图 9-7　FDD+TDD 独立天线场景

（2）FDD+TDD 共天线

建设 FDD+TDD LTE 网络，与已有基站共站，或新建 FDD+TDD 基站。天面具备新增安装 LTE 天线的条件时，在天线选择上，选用双频双极化定向天线。根据 LTE FDD 是 2T2R 还是 2T4R 天线，配置不同的端口和馈缆。在安装形式上，可共用已有塔桅安装，或新建塔桅安装。在主设备选型上，可以选择分布式基站设备，也可选择机柜式设备。FDD+TDD 共天线场景如图 9-8 所示。

（3）LTE FDD 与其他 2G/3G 系统共天线，TD-LTE 独立天线

建设 FDD+TDD LTE 网络，与已有 2G/3G 基站共站，天面具备新增安装 LTE 天线的条件时，在天线选择上，LTE FDD 选用双频双极化定向天线，与 2G、3G 系统共天线；TD-LTE 选用单频双极化定向天线（以 8 端口为例）。在安装形式上，可共用已有塔桅安装，或新建塔桅安装。在主设备选型上，LTE FDD 可以选择分布式基站设备，也可选择机柜式设备；TD-LTE 选择分布式基站设备。TD-LTE 独立天线场景如图 9-9 所示。

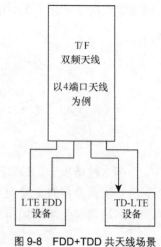

图 9-8　FDD+TDD 共天线场景

（4）2G/3G 系统、LTE FDD、TD-LTE 3 系统共天线

建设 FDD+TDD LTE 网络，与已有 2G/3G 基站共站，天面不具备新增安装 LTE 天线的条件时，在天线选择上，选用 2G/3G/LTE FDD/TD-LTE 3 频双极化定向天线。在安装形式上，替换原有 2G/3G 天线，利旧原有塔桅安装。在主设备选型上，可以选择分布式基站设备，也可选择机柜式设备。3 系统共天线场景如图 9-10 所示。

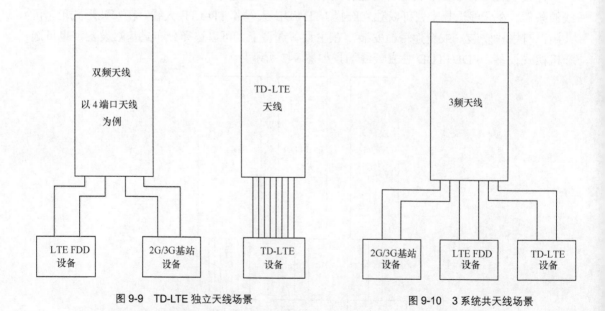

图 9-9　TD-LTE 独立天线场景　　　　　　图 9-10　3 系统共天线场景

4 种常见的共站场景主要对比见表 9-12。

表 9-12　　　　　　　　　　　　　　　　4 种常见的共站场景对比

场景	场景特征	优点	缺点	主要应用场合
1	FDD/TDD LTE 各自独立天线	单独新增 LTE 天线，系统间天馈均独立	天面占用位置多，天线多	每个扇区可以新增两副天线的场合
2	FDD+TDD LTE 共天线	单独新增 LTE 天线，对现有 2G、3G 基站不影响	两种 LTE 天线方位角不可单独调整	可以新增天线，对 TD-LTE 覆盖要求不高的场合
3	LTE FDD 与其他 2G/3G 系统共天线，TD-LTE 独立天线	两种 LTE 天线分开，覆盖范围单独可调	LTE FDD 与已有 2G、3G 系统共天线，施工时对现有基站有影响	可以新增天线，同时对 TD-LTE 的覆盖需求较高的场合
4	2G/3G 系统、LTE FDD、TD-LTE 3 系统共天线	无需新增天线安装位置	3 个系统的方位角不可独立调整。施工时对现有基站有影响。天线较大	不能新增天线的场合

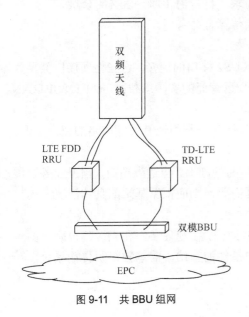

图 9-11　共 BBU 组网

2．共 BBU 组网

在 LTE 混合组网中，两种 LTE 共站建设的情形，可以采用双模 BBU。LTE FDD 和 TD-LTE RRU 共用一个 BBU，可以进一步减少 BBU 的数量，节省传输端口数和 BBU 的配套需求，如图 9-11 所示。

共 BBU 组网在业界已有商用的网络，目前大部分设备商已经支持双模 BBU，但是 BBU 内部，两种 LTE 的协调、切换以及策略，各个厂家有所不同。随着技术的进一步成熟，两种 LTE 技术的融合度会越来越高，双模 BBU 的功能将更加完善。

3．配套电源要求

对于 LTE 混合组网，基站的配套和电源应充分共用。在机房方面，主要考虑空间的使用。

在电源方面，需要考虑两套系统的足够功率的供电和足够的后备电池容量。交流配电设备的配置应按满足远期容量考虑。组合式开关电源的机架容量应按远期容量考虑，其整流模块应按近期负荷 $N+1$ 冗余配置。蓄电池组的总容量由蓄电池组独立向负载供电的时间确定，蓄电池组独立向负载供电的时间应结合基站重要性、市电可靠性、运维能力、机房条件等因素确定。具体容量计算公式参考《通信电源设备安装工程设计规范》（YD/T 5040—2005）。

基站地线系统应采用联合接地方式，即工作接地、保护接地、防雷接地共设一组接地体的接地方式。在机房内应至少设置 1 个地线排。

4．基站接入传输

（1）传输需求

LTE 接入网传输带宽需求主要为 S1 接口用户面流量及 X2 接口用户面流量，与小区平均吞吐量有关。对于 LTE 混合组网，主要根据 LTE FDD 和 TD-LTE 基站的载扇数，配置接入传输需求。

两种制式单载扇传输需求见表 9-13。

表 9-13　　　　　　　　　　　　两种制式单载扇传输需求

系统带宽（MHz）	20	15	10
LTE FDD 系统单载扇传输需求（Mbit/s）	39.5	29.7	19.8
TD-LTE 系统单载扇传输需求（Mbit/s）	29.7	22.2	14.8

对于系统带宽均为 20MHz，配置为 LTE FDD S111 和 TD-LTE S111 的混合组网基站，基站接入传输需求为 208Mbit/s。

对于规模建设的 LTE 网络，初期基站接入传输带宽可根据用户业务的发展情况，适当降低传输带宽配置。另外，在实际具体配置中，郊区和交通干道的基站接入传输带宽可以适当再减小配置。在密集市区的高话务基站，可以根据需求，再考虑 10%～20% 的余量。

对于共 BBU 的 LTE FDD 和 TD-LTE 基站，接入传输合并考虑。

（2）传输建设

LTE FDD 和 TD-LTE 无线网基站的接入传输是 X1/S2 接口的连接，这些物理接口类型为 GE。对于 LTE 混合组网的接入传输技术方案，应该结合运营商的实际承载网（如 PTN、IP-RAN 等）现状，在遵循以下原则的前提下，综合考虑选择。

① LTE 基站传输接入应采用光缆接入方式。建设应充分利用现有传输网络的空余资源，实现共用传输网。

② 对于新建传输系统，在满足近期业务发展需要的基础上，应适当超前，预留业务发展余量和设备端口。共址基站的传输设备如不满足工程需要，则应根据基站的具体情况考虑扩容改造。

③ 从安全可靠性出发，接入层系统尽量采用环网结构，在地理条件和光缆建设确有困难的情况下可少量采用链型结构。对于不具备后备电源条件的基站，需单独组织传输系统。

参考文献

[1] 肖清华，汪丁鼎，许光斌，丁巍. TD-LTE 网络规划设计与优化. 北京：人民邮电出版社，2013.

[2] 3GPP TS 36.104 v10.10.0. Evolved Universal Terrestrial Radio Access (E-UTRA), Base Station (BS) radio transmission and reception.

[3] 3GPP TS 36.101 v10.10.0. Evolved Universal Terrestrial Radio Access (E-UTRA), User Equipment (UE) radio transmission and reception.

缩 略 语

3GPP	the 3rd Generation Partnership Project	第三代合作伙伴计划
AAS	Active Antenna System	有源天线系统
ACK	ACKnowledgement	肯定确认
AHP	Analytic Hierarchy Process	层次分析法
AM	Acknowledged Mode	确认模式
AMBR	Aggregate Maximum Bit Rate	聚合的最大比特率
AMC	Adaptive Modulation and Coding	自适应调制编码
ANR	Automatic Neighbour Relation	自动邻区关系
AoA	Angle of Arrival	到达角
ARQ	Automatic Repeat Request	自动重传请求
AuC	Authentication Center	鉴权中心
BBU	BaseBand Unit	基带单元
BCCH	Broadcast Control CHannel	广播控制信道
BCH	Broadcast CHannel	广播信道
BCMCS	BroadCast MultiCast Service	广播多播服务
BCU	Broadcast Control Unit	广播控制单元
BE	Best Effort	尽力而为业务
BER	Bit Error Ratio	误比特率
BF	BeamForming	波束赋形
BG	Border Gateway	边界网关
BHSA	Busy Hour Service Acesss	忙时服务接入
BLER	BLock Error Rate	误块率
BMC	Broadcast/Multicast Control	广播/多播控制
BO	Buffer Occupancy	缓存占用量
BPSK	Binary Phase Shift Keying	二相移相键控
BSC	Base Station Controller	基站控制器
BTS	Base Transceiver Station	基站收发信台
CA	Carrier Aggregation	载波聚合
CAC	Cell Access Control	小区接入控制
CAZAC	Constant Amplitude Zero Auto-Correlation	恒定幅度零自相关

CCCH	Common Control CHannel	公共控制信道
CCE	Control Channel Element	控制信道单元
CCPCH	Common Control Physical CHannel	公共控制物理信道
CCX	Cisco Compatible eXtensions	思科兼容性扩展
CDD	Cyclic Delay Diversity	循环延迟
CDMA	Code Division Multiple Access	码分多址
CE	Customer Edge router	客户端边缘路由器
CFI	Control Format Indicator	控制格式指示
CFN	Connection Frame Number	连接帧号
CGI	Cell Global ID	全局小区 ID
CI	Cell Identification	小区标识
CINR	Carrier to Interference-plus-Noise Ratio	载波与干扰+噪声比
CIR	Carrier Interference Ratio	载干比
CM	Configuration Management	配置管理
CM	Connection Management	接续管理
CoMP	Coordinate MultiPoint	多点协作
CP	Cyclic Prefix	循环前缀
CPE	Customer Premise Equipment	客户终端设备
CPICH	Common PIlot CHannel	公共导频信道
C-Plane	Control Plane	控制平面
CPRI	Common Public Radio Interface	普通公共无线接口
CQI	Channel Quality Indicator	信道质量指示器
CRC	Cyclic Redundancy Check	循环冗余校验
C-RNTI	Connection-Radio Network Temporary Identifier	连接无线网络临时标识
CRS	Common Reference Signal	公用参考信号
CSFB	Circuit Switched FallBack	电路交换回落
CSI	Channel State Information	信道状态信息
CTCH	Common Traffic CHannel	公共业务信道
CW	Continuous Wave	连续波
DCCH	Dedicated Control CHannel	专用控制信道
DCI	Downlink Control Information	下行控制信息
DFT	Discrete Fourier Transform	离散傅里叶变换
DFT-S-OFDM	Discrete Fourier Transform Spread OFDM	DFT 扩展 OFDM
DLL	Data Link Layer	数据链路层
DLSCH	DownLink Shared CHannel	下行链路共享信道
DMRS	DeModulation Reference Signal	解调参考信号
DPCH	Dedicated Physical CHannel	专用物理信道
DRD	Direct Retry Decision	直接重试
DRNC	Drift Radio Network Control	漂移 RNC
DRS	Dedicated Reference Signal	专用参考信号
DRX	Discontinuous Receiving	非连续接收

DSCH	Downlink Shared CHannel	下行共享信道
DTCH	Dedicated Traffic CHannel	专用业务信道
DTX	Discontinuous Transmission	非连续发送
DVRB	Distributed VRB	离散式虚拟资源块
DwPCH	Downlink Pilot CHannel	下行导频信道
DwPTS	Downlink Pilot Time Slot	下行导频时隙
EARFCN	E-UTRA Absolute Radio Frequency Channel Number	E-UTRA 绝对无线频率信道号
EBB	Eigenvalue Based Beamforming	基于特征值的波束赋形
ECGI	UTRAN Cell Global Identifier	全球小区识别符
E-DCH	Enhanced Dedicated CHannel	增强专用信道
eICIC	enhanced Inter-Cell Interference Coordination	小区间干扰协调增强
EIR	Equipment Identity Register	设备标识寄存器
EIRP	Effective Isotropic Radiated Power	有效全向辐射功率
eMBMS	enhanced Multimedia Broadcast/Multicast Service	增强型多媒体广播/多播服务
EM-layer	Element Management-layer	网元管理层
eNB-Id	eNodeB Identifier	eNodeB 标识符
EPC	Evolved Packet Core network	演进型分组核心网
EPS	Evolved Packet System	演进型分组系统
EUTRAN	Evolved UMTS Terrestrial Radio Access Network	演进型通用陆地无线接入网
FACH	Forward Access CHannel	前向接入信道
FDD	Frequency Division Duplex	频分双工
FDMA	Frequency Division Multiple Access	频分多址
FFR	Fractional Frequency Reuse	部分频率复用
FH	Frequency Hopping	跳频
FM	Frequency Modulation	调频
FP	Frame Protocol	帧协议
FSTD	Frequency Switched Transmit Diversity	频率切换发射分集
GBR	Guaranteed Bit Rate	保证比特速率
GCI	Global Cell Identifier	全球小区标识符
GERAN	GSM EDGE Radio Access Network	GSM/EDGE 无线接入网
GGSN	Gateway GPRS Support Node	网关 GPRS 支持节点
GMSC	Gate Mobile Switch Center	关口移动交换中心
GPRS	General Packet Radio Service	通用分组无线服务
GSM	Global System for Mobile communication	全球移动通信系统
GUTI	Globally Unique Temporary UE Identity	全球唯一临时 UE 标识
HARQ	Hybird Automatic Request Retransmission	混合自动重传请求
HCS	Hierarchical Cell Structure	分层小区结构
HeNet	Heterogeneous Network	异构网

HI	HARQ Indicator	HARQ 指标器
HII	High Interference Indicator	高干扰指示器
HLR	Home Location Register	归属位置寄存器
HSDPA	High Speed Downlink Packet Access	高速下行分组接入
HST	High Speed Train	高速铁路
HSUPA	High Speed Uplink Packet Access	高速上行分组接入
ICIC	Inter-Cell Interference Coordination	小区间干扰协调
IFFT	Inverse Fast Fourier Transform	快速傅里叶逆变换
IMEI	International Mobile Equipment Identity	国际移动设备标识
IMS	IP Multimedia Subsystem	IP 多媒体子系统
IMSI	International Mobile Subscriber Identity	国际移动用户识别码
IR	Incremental Redundancy	完全增量冗余
IRC	Interference Rejection Combining	干扰抑制合并
ISI	Inter Symbol Interference	符号间干扰
ISR	Idle state Signaling Reduction	空闲状态的信令缩减
JP	Joint Processing	联合处理
LA	Location Area	位置区
LAI	LA Identity	位置区标识
LBS	Location Based Services	基于位置的服务
LOS	Line Of Sight	视距
LPN	Lower Power Node	小功率基站
LSP	Label Switched Path	标签交换路径
LTE	Long Term Evolution	长期演进
LVRB	Localized VRB	集中式虚拟资源块
MAC	Media Access Control	媒体接入控制
MAT	Multiple Access Techniques	多址接入技术
MBMS	Multimedia Broadcast Multicast Service	多媒体广播多播服务
MBSFN	Multicast Broadcast over Single Frequency Network	多播/广播单频网络
MCC	Mobile Country Code	移动国家码
MCE	Multicell/Multicast Coordination Entity	多小区/多点传送协调实体
MCH	Multicast CHannel	多播信道
MCPA	Multi Carrier Power Amplifier	多载波功放
MCS	Modulation and Coding Scheme	调制和编码方案
MDT	Minimization of Drive Tests	最小化路测
MIB	Master Information Block	主系统信息块
MIMO	Multiple Input Multiple Output	多入多出
MM	Mobility Management	移动性管理
MME	Mobility Management Entity	移动性管理实体
MNC	Mobile Network Code	移动网络码
MOS	Mean Opinion Score	主观平均分
MPR	Maximum Power Reduction	最大功率降低

MRC	Maximum Ratio Combining	最大比合并
MSC	Mobile Switching Center	移动交换中心
MSISDN	Mobile Station international ISDN number	移动台国际 ISDN 号码
MTCH	Multicast Traffic CHannel	多播业务信道
MU-MIMO	Multiple User MIMO	多用户 MIMO
NACK	Negative ACKnowledgement	否定应答
NAS	Non-Access Stratum	非接入层
NCL	Neighbor Cell List	邻区列表
NDI	New Data Indicator	新数据指示符
NGBR	Non-Guaranteed Bit Rate	非保证比特速率
NMS	Network Management System	网络管理系统
NRT	Non Real Time	非实时
OFDM	Orthogonal Frequency Division Multiplexing	正交频分复用
OFDMA	Orthogonal Frequency Division Multiple Access	正交频分多址
OI	Overload Indicator	过载指示符
OMC-R	Operations & Maintenance Center-Radio	无线操作维护中心
OTN	Optical Transport Network	光传送网
PAPR	Peak to Average Power Ratio	峰均功率比
PBCH	Physical Broadcast CHannel	物理广播信道
PCC	Policy Control and Charging	策略控制和计费
PCCH	Paging Control CHannel	寻呼控制信道
PCEF	Policy and Charging Enforcement Function	策略及计费执行功能
PCFICH	Physical Control Format Indicator CHannel	物理控制格式指示信道
PCH	Paging CHannel	寻呼信道
PCI	Physical Cell ID	物理小区 ID
PCRF	Policy and Charging Rule Function	策略与计费规则功能
PDCCH	Physical Downlink Control CHannel	物理下行控制信道
PDCP	Packet Data Convergence Protocol	分组数据会聚协议
PDG	Packet Data Gateway	分组数据网关
PDN	Public Data Network	公用数据网络
PDSCH	Physical Downlink Shared CHannel	物理下行共享信道
PDU	Protocol Data Unit	协议数据单元
PEAP	Protected Extensible Authentication Protocol	受保护的可扩展身份验证协议
PF	Proportional Fairness	比例公平算法
PGW	PDN GW	PDN 网关
PHICH	Physical Hybrid-ARQ Indicator CHannel	物理 HARQ 指示信道
PICH	Paging Indication CHannel	寻呼指示信道
PLMN	Public Land Mobile Network	公众陆地移动通信网络
PMCH	Physical Multicast CHannel	物理多播信道
PMI	Precoding Matrix Indicator	预编码矩阵指示

PO	Paging Occasion	寻呼时机
PRACH	Physical Random Access CHannel	物理随机接入信道
PRB	Physical Resource Block	物理资源块
P-RNTI	Paging RNTI	寻呼 RNTI
PS	Packet Switching	分组交换
PSC	Primary Synchronization CHannel	主同步信道
PSS	Primary Synchronization Signal	主同步信号
PTN	Packet Transport Network	分组传送网
PTP	Precision Time Protocol	精密时间协议
PUCCH	Physical Uplink Control CHannel	物理上行控制信道
PUSCH	Physical Uplink Shared CHannel	物理上行共享信道
PUURC	Per User Unitary Rate Control	每用户酉速率控制
QAM	Quadrature Amplitude Modulation	正交幅度调制
QCI	QoS Class Identifier	QoS 等级标识符
QoE	Quality of Experience	客户感知
QoS	Quality of Service	服务质量
QPSK	Quadrature Phase Shift Keying	四相移相键控
RA	Routing Area	路由区
RACH	Random Access CHannel	随机接入信道
RAI	RA Identity	路由区标识
RAN	Radio Access Network	无线接入网络
RA-RNTI	Random Access RNTI	随机接入 RNTI
RAT	Radio Access Technology	无线接入技术
RB	Resource Block	资源块
RBC	Radio Bearer Control	无线承载控制
RBG	Resource Block Group	资源块组
RE	Resource Element	资源单元
REG	Resource Element Group	资源单元组
RG	Resource Grid	资源格
RI	Rank Indicator	秩指示符
RIM	Ran Information Management	RAN 信息管理
RLC	Radio Link Control	无线链路控制
RNTI	Ratio Network Temporary Identifier	无线网络临时识别号
ROHC	Robust Header Compression	健壮性头压缩
RR	Round Robin	轮询
RRC	Radio Resource Control	无线资源控制
RRM	Radio Resource Management	无线资源管理
RRU	Radio Remote Unit	射频拉远单元
RS	Reference Signal	参考信号
RSCP	Received Signal Code Power	接收信号码功率
RSRP	Reference Signal Received Power	参考信号接收功率

RSRQ	Reference Signal Received Quality	参考信号接收质量
RSRQ	RS Received Quality	RS 接收质量
RSSI	Received Signal Strength Indicator	接收信号强度指示符
RT	Real Time	实时
RTP	Real Time Protocol	实时协议
RTT	Round Trip Time	环回时间
RTT	Radio Transmission Technology	无线传输技术
RV	Redundancy Version	信道编码冗余版本
SAE	System Architecture Evolution	系统架构演进
SB	Scheduling Block	调度块
SC-FDMA	Single Carrier-Frequency Division Multiple Access	单载波频分多址
SCH	Synchronization CHannel	同步信道
SDM	Space Division Multiplexing	空分复用
SDMA	Space Division Multiple Access	空分多址
SDU	Service Data Unit	业务数据单元
SFBC	Space Frequency Block Code	空频块码
SFN	Single Frequency Network	单频点网络
SFR	Soft Frequency Reuse	软频率复用
SGSN	Serving GPRS Support Node	GPRS 业务支持节点
SGW	Serving GW	业务网关
SIB	System Information Block	系统消息块
SIMO	Single Input Multiple Output	单入多出
SINR	Signal to Interference plus Noise Ratio	信号与干扰加噪声比
SIR	Signal to Interference Ratio	信号干扰比
SI-RNTI	System Information RNTI	系统信息 RNTI
SISO	Single Input Single Output	单入单出
SNR	Signal to Noise Ratio	信噪比
SON	Self-Organizing Network	自组织网络
SPS-CRNTI	Semi Persistent Scheduled C-RNTI	半静态调度使用的 C-RNTI
SR	Scheduling Request	调度请求
SRB	Signalling Radio Bearer	信令无线承载
SRS	Sounding Reference Signal	探测参考信号
SRVCC	Single Radio Voice Call Continuity	单射频语音呼叫连续性
SSCH	Secondary Synchronization CHannel	辅同步信道
SSM	Synchronization Status Message	同步状态消息
SSS	Secondary Synchronization Signal	辅同步信号
SSUP	Site Selection based on User Perception	基于用户感知的选址
STBC	Space Time Block Code	空时块码
S-TMSI	SAE Temporary Mobile Subscriber Identifier	SAE 临时移动用户识别符
SU-MIMO	Single User MIMO	单用户 MIMO

SVD	Singular Value Decomposition	奇异值分解
TA	Trace Area	跟踪区
TAC	Tracking Aera Code	跟踪域代码
TAI	Tracking Area Identity	跟踪区标识符
TAU	Tracking Area Update	跟踪区更新
TB	Transport Block	传输块
TBS	Transport Block Size	传输块尺寸
TCP	Transport Control Protocol	传输控制协议
T-CRNTI	Temporary C-RNTI	临时 C-RNTI
TDD	Time Division Duplex	时分双工
TDM	Time Division Multiplexing	时分复用
TDMA	Time Division Multiple Access	时分多址
TD-SCDMA	Time Division Synchronous CDMA	时分同步码分多址
TFI	Transport Format Indicator	传输格式指示符
TM	Transmission Mode	传输模式
TMN	Telecommunication Management Network	电信管理网
TMSI	Temporary Mobile Subscriber Identity	临时移动用户识别
TPC	Transmit Power Control	发射功率控制
TSTD	Time Switched Transmit Diversity	时间切换发射分集
TTG	Tunnel Termination Gateway	隧道终结网关
TTI	Transmission Time Interval	传输时间间隔
UCD	Uniform CHannel Decomposition	均匀信道分解
UCI	Uplink Control Information	上行控制信息
UDP	User Datagram Protocol	用户数据报文协议
UE	User Equipment	用户设备
UL	UpLink	上行
ULSCH	UpLink Shared CHannel	上行链路共享信道
UM	Unacknowledged Mode	非确认模式
UMTS	Universal Mobile Telecommunications System	通用移动通信系统
Uni-PON	Union Passive Optical Network	联合无源光网络
UPI	User Perception Indicator	客户感知指标符
U-Plane	User Plane	用户平面
UpPTS	Uplink Pilot Time Slot	上行导频时隙
URA	UTRAN Registration Area	UTRAN 注册区域
UTRA	UMTS Terrestrial Radio Access	UMTS 陆地无线接入
VLR	Visitor Location Register	访问位置寄存器
VoIP	Voice over IP	IP 话音
VRB	Virtual RB	虚拟资源块
WCDMA	Windband Code Division Multiple Access	宽带码分多址
WDM	Wavelength Division Multiplexing	波分复用
ZF	Zero Forcing	迫零算法